과학기술의 역사

곽영직 저

북스힐

머 리 말

근대 과학이 시작되기 이전에는 과학과 기술이 엄격하게 분리되어 있었다. 과학은 자연 현상의 원인을 설명하는 논리체계였고, 기술은 자연을 실생활에 유용하게 이용하는 방법이었다. 과학은 학자들에 의해서 계승 발전되어 왔고, 기술은 장인들의 손에 의해 발전되어 왔다. 고대에는 기술과 과학이 같은 장소에 있게 되어도 교류하는 일이 드물었다. 그러나 갈릴레이 이후, 이러한 과학과 기술의 관계에는 큰 변화가 생겼다. 과학사학자들 중에는 갈릴레이를 가리켜 학자의 체면을 벗어던지고 장인의 작업장으로 뛰어든 사람이라고 설명한 사람도 있다.

실험과 관찰을 중요시한 갈릴레이의 태도는 근대 과학을 발전시킨 과학자들에 의해 계승 발전되었다. 그 결과, 이제 더 이상 과학과 기술을 분리하는 것은 의미없는 일일 뿐만 아니라 가능하지도 않게 되었다. 따라서 과학사를 이야기하면서 기술과 관련된 이야기를 빼놓을 수가 없고, 과학을 이야기하지 않고 기술을 이야기하는 것이 불가능하게 되었다. 과학사와 기술사를 결합시킨 과학기술사가 필요하게 된 것은 이 때문이다.

역사 이야기에서는 과학과 기술에 대한 이야기보다 과학이나 기술과 관련된 사람들이나 사건 이야기가 주가 되기 쉽다. 이 책도 과학과 기술의 역사 이야기를 다루고 있으므로 과학과 기술의 발전 과정에 관련된 역사적인 내용을 소홀히 할 수는 없었다. 따라서 과학과 기술의 발전에 중요한 역할을 한 사람이나, 중요한 계기가 되었던 사건의 내용을 자세히 정리하려고 노력하였다. 그러면서도 과학이나 기술 자체의 내용 역시 자세히 다루려고 시도하였다. 궁극적으로 과학과 기술의 내용이 들어 있는 역사 이야기를 하고 싶었던 것이다.

고대의 과학과 기술에서부터 현대 과학과 기술, 그리고 동양과 우리나라의 과학기술을 한 권의 책에 담는 것은 쉬운 일이 아니었다. 그러나 과학과 기술의 전반적인 발전 과정을 한눈에 조망해 볼 수 있도록 하기 위해서는 어느 것도 뺄 수 없었다. 따라서 이 책에서는 고대 과학과 기술에서부터 현대 과학과 기술에 이르기까지 과학기술의 발달 과정을 포괄적으로 정리하였다. 과학과 기술의 큰 흐름에 대한 깊은 이해가 없이는 과학이나 기술의 발전에 공헌할 수 없다고 생각했기 때문이다.

이 책에는 저자가 이전에 썼던 『과학 이야기』, 『자연과학의 올바른 이해』, 『자연과학의 역사』에 수록되었던 내용 일부가 다시 사용되었다. 특히 『자연과학의 역사』의 과학사 부분이 다시 수록되었음을 밝혀둔다.

북스힐의 조승식 사장님을 비롯한 직원들의 격려와 노력이 아니었으면 이 책이 나올 수 없었을 것이다. 항상 학생들에게 좋은 교재를 제공하기 위해 애쓰는 북스힐 직원들의 노력과 이 책을 만들기 위해 애쓴 다른 여러 사람들의 노고가 독자들이 이 책을 읽는 즐거움으로 보상받을 수 있기를 바란다.

2009년 6월

저 자

차 례

1장

문명의 태동

1 석기시대와 철기시대

(1) 인류의 등장

과학자들은 지구를 포함한 태양계가 약 46억 년 전에 형성되었다고 설명하고 있다. 이렇게 긴 지구의 역사에 비하면 인류의 역사는 매우 짧다. 지질시대 중에서 영장류가 지배하는 시대인 신생대는 약 6,500만 년 전부터 현재에 이르는 시기로 제3기와 제4기로 나누어지는데, 3기는 다시 팔레오세, 에오세, 올리고세, 마이오세, 플라이오세로 나누어지고, 4기는 홍적세와 충적세로 나누어진다. 홍적세는 플라스토세, 충적세는 홀로세(현세)라고 부르기도 한다. 인류가 언제부터 다른 영장류에서 갈라져 나왔는지에 대해서는 여러 가지 주장이 있어 쉽게 단정하기 힘들다. 몇몇 학자들은 인류가 마이오세 말기 또는 플라이오세 때 고릴라나 침팬지 계통에서 갈라졌다고 주장한다. 그런가 하면 마이오세 초기 또는 올리고세까지 거슬러 올라간다고 보는 학자들도 있다.

그러나 두 발로 걷고 도구를 사용한 증거가 뚜렷한 인류가 3기 말 또는 4기 초에 지구상에서 살고 있었던 것은 확실하다. 신생대 4기는 인류가 지구를 지배하는 시대로서, 지금으로부터 약 230만 년 전에 시작되었다. 4기는 홍적세와 충적세로 나눌 수 있고, 홍적세는 다시 네 차례의 빙하기와 그 사이의 간빙기로 이루어져 있다. 약 1만 년 전에 마지막 빙하기가 끝나고 기후와 동식물의 분포가 현재와 거의 비슷해진 시대가 충적세이다.

현재 지구상에 살고 있는 영장류는 반원류(半猿類)와 원류(猿類)로 분류된다. 원류는 다시 꼬리가 있는 유미원류(有尾猿類)와 꼬리가 없는 유인원으로 분류된다. 유미원류와 유인원은 신생대 초기에 공통의 조상에서 갈라져 나왔을 것으로 보고 있으며, 인류는 유인원과 공통의 조상에서 갈라져 나와 진화했을 것으로 보고 있다. 그러나 지구상에 나타났던 인류가 모두 현생인류의 조상은 아니다.

표 1-1 지질시대의 구분

<table>
<tr><th>시대</th><th colspan="2">기 세</th><th>시작 연대(만 년)</th><th>계속 연수(만 년)</th><th>특 징</th></tr>
<tr><td rowspan="2">선캄브리아대</td><td colspan="2">시생대</td><td rowspan="2">380,000</td><td rowspan="2">323,000</td><td rowspan="2">생물이 처음 나타남</td></tr>
<tr><td colspan="2">원생대</td></tr>
<tr><td rowspan="6">고생대</td><td colspan="2">캄브리아기</td><td>57,000</td><td>6,000</td><td>삼엽충</td></tr>
<tr><td colspan="2">오르도비스기</td><td>51,000</td><td>7,100</td><td>필석류</td></tr>
<tr><td colspan="2">실루리아기</td><td>43,900</td><td>3,100</td><td>최초 육상생물</td></tr>
<tr><td colspan="2">데본기</td><td>40,800</td><td>4,800</td><td>고사리식물</td></tr>
<tr><td colspan="2">석탄기</td><td>36,000</td><td>7,000</td><td>푸줄리나</td></tr>
<tr><td colspan="2">페름기</td><td>29,000</td><td>4,500</td><td>겉씨식물</td></tr>
<tr><td rowspan="3">중생대</td><td colspan="2">트라이아스기</td><td>24,500</td><td>3,800</td><td>공룡, 암모나이트</td></tr>
<tr><td colspan="2">쥐라기</td><td>20,800</td><td>6,200</td><td>시조새, 두족류</td></tr>
<tr><td colspan="2">백악기</td><td>14,600</td><td>8,100</td><td>속씨식물</td></tr>
<tr><td rowspan="7">신생대</td><td rowspan="5">3기</td><td>팔레오세</td><td>6,500</td><td>5,400</td><td rowspan="5">화폐석
포유류
속씨식물</td></tr>
<tr><td>에오세</td><td>5,400</td><td>3,800</td></tr>
<tr><td>올리고세</td><td>3,800</td><td>2,600</td></tr>
<tr><td>마이오세</td><td>2,600</td><td>700</td></tr>
<tr><td>플라이오세</td><td>700</td><td>470</td></tr>
<tr><td rowspan="2">4기</td><td>홍적세</td><td>230</td><td>230</td><td rowspan="2">인류의 등장</td></tr>
<tr><td>충적세</td><td>1</td><td>1</td></tr>
</table>

지구상에 나타났던 인류는 원인(猿人), 원인(原人), 구인(舊人), 신인(新人)으로 구분된다. 원인(猿人)으로는 남아프리카의 오스트랄로피테쿠스와 파란트로푸스, 동아프리카의 진잔트로푸스가 대표적이다. 이 중에서 오스트랄로피테쿠스와 진잔트로푸스는 약 250만 년 전부터 약 175만 년 전까지 살았던 가장 원시적인 인류이다. 자바의 피테칸트로푸스(자바원인)와 중국의 시난트로푸스(베이징원인)로 대표되는 원인(原人)은 40만~50만 년 전인 제2간빙기에 살았다. 이들은 불과 도구를 사용한 흔적을 남기고 있다. 구인 곧 네안데르탈인은 30만 년 전에 나타나 7만 5000년 전까지 살았던 것으로 보인다. 현생인류의 조상으로 생각되고 있는 크로마뇽인이 출현한 것은 약 3만 5,000년 전이다. 신인은 문화 면에서는 후기 구석기 문화에 속했으며, 구인에 비해 진보된 문화 단계에 있었다.

(2) 구석기시대

19세기 초반 덴마크의 톰센(Christian Jürgensen Thomsen, 1788~1865)이 인류의 역사를 석기시대, 청동기시대, 철기시대로 나눌 것을 제안하였다. 석기시대를 구석기시대와 신석기시대로 나누면서 구석기시대라는 용어가 사용되기 시작하였다. 구석기시대는 인류가 최초로 도구를 만들어 사용하기 시작한 때부터 신석기시대가 시작된, 신생대 4기의 홍적세가 끝나고 충적세가 시작되는 시기, 즉 지금으로부터 약 1만 년 전까지의 시기이다. 학자들에 따라서는 홍적세가 끝난 뒤 충적세의 초기까지의 시기를 중석기시대(Mesolithic Age)로 구분하는 사람도 있지만, 모든 지역에서 중석기시대가 있었던 것도 아니며, 그 문화 내용 또한 구석기시대와 구분

그림 1-1 타제석기

하기 어려운 점이 많기 때문에 이 시기를 구석기시대에 포함시키거나 후기 구석기 시대라고 부르기도 한다. 구석기시대에 사용되던 대표적인 도구는 타제석기이다. 따라서 구석기시대를 전기 구석기시대, 중기 구석기시대, 후기 구석기시대의 세 시기로 나누는 가장 중요한 기준은 타제석기의 제작기술이다.

전기 구석기시대는 자연석에 아주 간단한 변형을 가한 타제석기가 사용되던 시기였다. 지금까지 발견된 석기 중 가장 오래된 것은 약 240만 년 전의 것이다. 인류가 처음 사용한 석기들은 형태가 일정하지 않고 그때그때 임시방편으로 만든 것으로 보이는 올두바이공작(Oldowan Industry)이었다. 올두바이석기공작은 보다 정제된 석기로 구성된 진보된 올두바이공작(Developed Oldowan Industry)으로 발전했으며, 이것은 다시 매우 정제된 형태의 아리안공작으로 이어진다. 아리안공작의 대표적 석기인 주먹도끼와 양면가공석기들은 약 150만 년 가까이 호모 에렉투스와 초기 호모 사피엔스의 대표적인 도구가 되었다.

중기 구석기시대는 고도로 정제된 박편가공기술을 이용하여 석기를 제작한 무스테리안공작의 등장과 함께 시작되었다. 무스테리안공작을 이용하여 석기를 만들어 사용한 사람들은 네안데르탈인을 비롯한 여러 호모 사피엔스 집단이라고 생각된다. 이 시기에 최초로 사체의 매장풍습이 등장하며, 원시적인 형태의 종교와 예술 행위의 증거도 발견되었다.

후기 구석기시대는 현대인의 조상인 크로마뇽인의 등장과 더불어 약 4만 년 전부터 시작되었다. 이 시대에는 눌러떼기(pressure flaking)라 불리는 기법을 이용해

그림 1-2 라스코 동굴벽화

고도로 정밀하고 소형화된 전문적인 목적의 석기가 다량 제작되었다. 이러한 기술적 발전은 자연 자원의 이용 효율을 크게 증대시켰다. 특히 후기 구석기에는 각종 복합도구가 만들어져, 도구의 효율성이 더욱 증대되었다. 이 시기부터 장거리에 걸친 교역이 이루어졌으며, 스페인의 알타미라와 프랑스의 라스코 동굴벽화, 빌렌도르프의 비너스상을 위시한 본격적인 예술작품이 등장하였다.

학자들은 구석기시대의 예술품을 두 가지 종류로 나눈다. 하나는 크기가 작은 조각품이며, 다른 하나는 동굴의 벽에 물감으로 그리거나 선으로 새기거나 또는 부조를 한 거대한 예술품이다. 이 시기 작품들은 지중해 전역에서 제작되었고 유라시아와 아프리카 지역에도 퍼져 있지만, 거의 대부분은 동유럽을 비롯한 스페인과 프랑스의 일부 지역에 몰려 있다. 후기 구석기시대 때 동유럽의 예술 전통은 주로 작은 조각품으로 이루어졌다. 이 지역의 전형적인 예술품에는 진흙으로 빚어 만든 형체조각품과 뼈나 상아에 모양을 새겨서 만든 조각품이 있다. 이들 예술품은 몸에 지니고 다닐 수 있을 정도로 크기가 작다. 동유럽에서 나온 예술품에는, 돌과 찰흙을 가지고 간단하지만 사실적으로 표현한 짐승 모습의 조각품과 돌에 여자의 모습을 조각한 작은 입체조각품이 있는데, 뒤의 것을 학자들은 비너스상이라고 부른다. 이러한 양식화된 여인상은 땅딸막한 모습으로 표현되었는데, 성과 다산에 관련된 여성의 신체 일부가 유난히 강조되어 있다. 이들 예술품은 주술 행위와 관련이 있을 것으로 추정되지만, 정보의 전달 및 갈등 해소의 기능도 했을 것으로 보인다.

그림 1-3 빌렌도르프의 비너스상

(3) 신석기 문명의 등장

수렵 채취 사회에서 가축 사육과 농경 사회로 바뀐 신석기 문화의 등장은 인류 발전사에 중요한 획을 그었다. 신석기시대는 지금부터 약 1만 년 전에 서아시아에서 시작되었다. 그러나 세계의 모든 농경이 서아시아로부터 전파되어 나간 것은 아니다. 유럽과 아시아의 곡물 재배는 서아시아 지역으로부터 전파되었거나 이에 영향을 받아 그 지역에 자생하던 벼, 조, 수수와 같은 곡물을 재배하기 시작했던 것으로 보이지만, 아메리카 대륙의 옥수수 재배는 독립적으로 발생했던 것으로 보인다. 경작을 통해 식량을 생산하게 되면서 사람들은 식량 생산에 필요한 여러 가지 도구를 만들어 사용하기 시작했고, 또한 도구를 만드는 기술의 진보는 식량 생산성을 증가시켜 인류 최초의 가장 큰 문화적 변화인 생산 혁명을 가능하게 하였다. 신석기시대의 생활상이나 생산 혁명의 내용을 자세하게 알 수는 없지만, 수렵 채취 생활에서 정착 농경 생활로의 전환은 인류 최초의 가장 큰 문화적 변화였음이 틀림없다. 신석기시대가 구석기시대에 비해 아주 짧은 기간이었는데도 불구하고 커다란 사회적·문화적 변천을 겪었던 것은 이러한 사실을 잘 말해 주고 있다.

신석기시대의 이러한 변화를 '신석기 혁명'이라고 표현한 사람은 오스트레일리아의 고든 차일드(Gordon V. Childe, 1892~1957)였다. 생산 양식의 변화를 시대 구

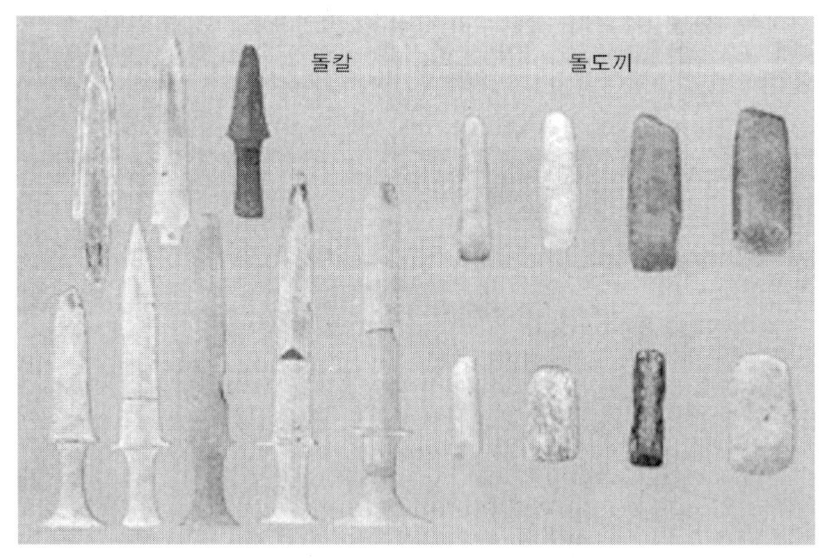

그림 1-4 여러 가지 석기

분의 기준으로 삼았던 그는 수렵에서 농경 사회로의 변화를 '신석기 혁명'이라고 불렀다. 그는 수렵 채집보다 농경 생활의 생산성이 월등히 높았으므로 정착 생활과 문화가 시작되었다고 주장하였다. 차일드는 홍적세 말기에 건조 상태가 확대됨에 따라 동물과 인간이 같은 오아시스에 모여들게 되었고, 그곳에서 가축 사육과 농경이 시작되었다고 주장하면서, 자연환경의 변화가 생산양식의 변화를 가져왔다고 주장하였다. 그러나 이 시기에 전 지구적으로 건조 지역이 확대되었다는 증거가 발견되지 않아 그의 주장은 반론에 부딪히게 되었다.

신석기시대의 주요 도구는 마제석기와 토기였다. 마제석기는 구석기시대와 중석기시대의 타제석기나 세석기와는 달리, 갈아서 만든 것으로 그 이전 것보다 훨씬 섬세해졌다. 토기 입구 둘레에 덧무늬가 그려져 있다. 신석기시대의 가장 이른 시기에 사용된 토기는 덧무늬토기로서 덧무늬에는 띠를 지그재그식으로 배열한 것과 돋은 평행선 바깥쪽에 팥알처럼 돋은 점열을 한 줄씩 배치한 것 등이 있다. 강석, 운모, 석영 따위의 모래가 섞여 있어 표면이 거칠고 흡수성이 강한 이른 민무늬토기는 단조로운 문양이 가끔 있을 뿐 대체로 무늬가 없고 두꺼운 것이 특징이다. 색깔은 다갈색, 회색이 보통이며 크고 작은 여러 가지 모양이 있는데 주로 사발, 단지 같은 것이다. 주둥이 부분은 대개 직선으로 올라간 것이 많으나 밖으로 벌어진 것도 있다. 밑바닥은 평면으로 된 것, 뾰족한 것 등 여러 가지이며, 뿔 모양의 손잡이가 있는 것이 특징이다. 이 밖에도 그릇 표면을 엄지와 검지로 찍거나 집어 눌러서 돌출 부분과 다음 돌출 부분 사이에 하트 문양이 생기게 하거나, 그릇 표면을 동물

그림 1-5 무문토기

뼈의 마디 부분이나 끝이 뾰족하거나 둥근 도구 또는 속이 빈 대롱 모양의 도구로 찍어 문양을 넣은 눌러찍기 무늬토기도 사용되었다.

그림 1-6 빗살무늬토기

중기 신석기시대에 널리 사용된 빗살무늬토기는 나무나 뼈 또는 그것으로 만든 여러 가닥이 난 빗살 모양의 무늬새기개를 가지고 그릇 바깥 면에 누르거나 그어서 문양을 새긴 토기이다. 빗살무늬는 질그릇에 따라 여러 모습을 나타내는데, 가장 특징적인 것은 선이나 점으로 이루어진 짧은 줄을 한쪽 방향으로 새기거나 또는 서로 방향을 엇바꾸어가면서 그려 넣은 것이다. 후기 신석기시대에는 2~3줄의 평행선과 점선을 긋고 그 사이를 점이나 빗금으로 사각형 또는 마름모꼴 등의 기하학적 무늬로 채운 번개무늬토기가 널리 사용되었다. 신석기 후기에는 빗살무늬토기도 계속 사용되었으며, 물결무늬토기도 사용되었다.

(4) 청동기시대와 철기시대

지금부터 약 5,000년 전부터 동과 주석이 풍부하게 출토되는 지방을 중심으로 청동기 문화가 나타나기 시작하였다. 청동은 구리 90 %, 주석 10 %로 된 합금인데 청동의 야금술이 최초로 개발된 곳은 BC 3100년 전의 메소포타미아 지방일 것으로 생각된다. 청동의 야금법은 중동지방에서부터 전 세계로 전파되었지만 구리와 주석이 출토되지 않는 지방에서는 훨씬 후세까지도 청동의 야금법이 알려지지 않았다.

철의 야금법은 BC 1400년경에 아르메니아 지방과 소아시아 지방에서 개발되어 미타니인과 히타이트인들에게 전파되었고, 이후 급속히 전 세계로 퍼져나갔다. 철은 청동과는 달리 지구상 곳곳에 풍부하게 매장되어 있었고 여러 가지 특성이 청동보다 우수했으므로 널리 사용이 된 것이다. 철기가 주로 사용된 시기를 고고학에서는 철기시대라고 부른다.

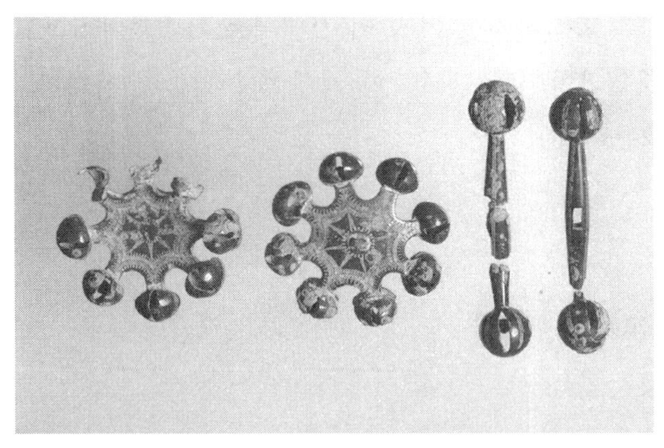

그림 1-7 여러 가지 청동제품

그러나 지방에 따라 청동을 사용한 시기와 철기를 사용한 시기가 다르고, 앞에서 언급한 바와 같이 어떤 지방에서는 아예 청동기를 사용하지 않고 철기를 사용한 곳도 있어, 청동기시대와 철기시대의 시대 구분에는 많은 어려움이 있다. 아메리카 대륙에서 찬란한 고대 문명을 이룩했던 민족들은 끝까지 청동기 문화를 거치지 않았고, 이집트를 제외한 아프리카에서도 청동기 문화를 찾아볼 수 없다. 그것은 청동기의 재료가 되는 구리와 주석 산지의 유무, 그리고 새로운 문화를 수입하는 것에 대한 기존 문화의 수용 태도 등에 따라 달라지기 때문이다. 지방에 따라서는 훨씬 앞선 문화를 가지고 있으면서도 오히려 뒤늦게 철기를 사용한 예도 많이 있다. 따라서 철기, 청동기와 같은, 그 당시에 사용된 도구를 중심으로 하여 시대를 구분하는 것은 그 당시의 문화적 특성을 올바로 나타내지 못하기 때문에 문제가 있다고 지적하는 학자들도 있다.

그러나 기술사적인 측면에서는 인류가 사용하던 도구가 석기에서 청동기, 그리고 다시 철기로 넘어가는 사건은 매우 중요한 사건이 아닐 수 없다. 이것은 단순한 도구의 발달이나 변천의 의미를 넘어, 사회의 변화 그리고 인간과 자연의 관계에 근본적인 변화를 가져왔기 때문이다. 새로운 도구의 출현과 함께 자연에 대한 인류의 지식도 차츰 증가하기 시작하였다. 문명이 발달한 지방에는 사냥도구, 농기구, 무기 등을 만드는 기술이 발달했고, 인간의 생활에 필요한 여러 가지 지식들, 특히 자연에 관한 지식들이 축적되었다.

이 기간 동안에 이룩한 자연에 대한 지식과 기술상의 발전이 자연과학이 싹트는 데 크게 기여한 것은 확실하지만 아직 이 시대에는 자연과학이라고 할 수 있는 논리 체계는 없었다. 자연과학이란 단편적인 지식이나 기술이 아니라 자연에 대한 체계적인 이해이기 때문이다.

2 고대 문명의 등장

(1) 메소포타미아 문명

세계 문명의 발상지로 대개 티그리스, 유프라테스 유역의 메소포타미아 지방, 나일 강 유역의 이집트, 갠지스 강 유역의 인더스 지방 그리고 황허 강 유역을 든다. 그 중에서도 메소포타미아 지방에 가장 먼저 문명이 싹트기 시작하였다. 메소포타미아 지방에는 BC 10000년과 5000년 사이에 영구 정착지가 형성되기 시작하였다. 처음에는 사냥을 하는 사람들과 가축을 방목하는 사람들이 살았겠지만 점차 항구적인 주택이 건설되고 도시가 만들어지기 시작하였다. 점토 용기가 제작되어 사용되기 시작하였고, 금속이 발견되어 가공되면서 석기시대는 서서히 청동기시대로 전환되어 갔다.

그러나 이 시기 문명의 내용은 단편적인 유물에 의해서 유추할 수 있을 뿐, 자세한 내용을 알기는 힘들다. 오랫동안 잊혀졌던 메소포타미아의 문명이 사람들에게 그 모습을 드러내기 시작한 것은 18세기 이 지방에 대한 대대적인 발굴이 진행되면서부터이다. 특히 독일의 언어학자였던 그로테펜트(Georg Friedrich Grotefend, 1775~1853) 등은 설형문자로 쓰여 있던 고대어를 해독하여 메소포타미아 문명을 이해하는 데 크게 공헌하였다.

메소포타미아 지방에 대한 발굴과 글자 해독 작업은 20세기 들어와서 더욱 활발하게 진행되어, 문화의 기원이 더욱 과거로 올라가게 되었고 당시 그 지방에서 사용되던 거의 모든 언어가 해독되었으며 전설로만 전해지던 수많은 고대 도시들이 발굴되었다. 이러한 발굴 작업의 결과로 현재 우리는 메소포타미아 문명에 대하여 상당히 자세히 알 수 있게 되었다. 이 지방에 대한 발굴 작업은 현재도 계속되고 있다.

그림 1-8　수메르 글자

메소포타미아 지방에 언제부터 촌락이 형성되고 문명이 나타났는지 밝혀내는 것은 그리 간단하지 않은 문제이다. 학자들 중에는 BC 7000년경부터 이미 북 이라크의 산악지대에 농경 정착민들이 살기 시작했다고 주장하는 이도 있다. 그러나 메소포타미아에 도시국가가 형성된 것은 BC 3200년경에 수메르인들에 의해서이다. 그 후 약 1,000년 동안 수많은 도시국가가 형성되어 서로 경쟁한 것으로 보인다. 이러한 도시국가들 중 가장 강력했던 것은 수메르인과 아카드인이 세운 도시국가들이었다.

도시국가를 통일한 것은 바빌로니아의 함무라비왕(Hammurabi, ?~BC 1750)이었다. 함무라비왕은 법전 정비와 달력 제정, 도량형 통일, 아카드어 보급을 통하여 문화의 발달에 중요한 역할을 하였다. 메소포타미아는 함무라비왕이 통일한 후에도 외부로부터의 많은 침입과 내부 분쟁이 계속되었다. 특히 메소포타미아 지방에 국가의 흥망과 민족의 교체가 심했던 것은 사방에서 접근이 가능한 이 지방의 지리적 환경 때문이었을 것이다. 메소포타미아의 문화가 매우 다양하게 발전할 수 있었던 것 역시 이런 지리적, 정치적 이유 때문이었다.

메소포타미아에서는 사회의 변천에 따라 기술 분야에서도 큰 발전이 있었다. 한때 메소포타미아의 패권을 잡았던 수메르인들은 일찍이 청동기를 사용하는 기술을 발달시켜 구리와 주석의 합금을 주조하여 각종 도구를 만들어 쓰기 시작하였다. 또한 수메르인들은 그들이 사용하던 표의문자를 개량하고 단순화하여 쐐기형의 문자를 만들어 기록을 남기기 시작하였다. 이 기록들에 의하면 수메르인들은 간단한 곱셈표를 만들어 사용했으며, 원주율도 사용했던 것을 알 수 있다.

바빌로니아는 수학이나 천문학 분야에서도 많은 발전을 이룩하였다. 함무라비법전으로 유명한 함무라비왕은 사원학교를 세워 관리를 양성했다고 전해진다. 이곳에서는 분수의 사용, 제곱근과 입방근의 사용법, 2차 3차 방정식의 해법 등을 가르쳤다고 알려지고 있으며, 당시에 이미 지름을 한 변으로 하고 원에 내접한 삼각형은 직각 삼각형이라는 것과 직각 삼각형에서는 빗변의 제곱이 다른 두 변의 제곱

그림 1-9 함무라비 법전이 새겨진 비석

그림 1-10 바빌로니아 숫자

의 합과 같다는 피타고라스정리를 이해하고 있었다.

또한 바빌로니아인들은 우주가 바다에 둘러싸인 반구로 되어 있으며 이 반구와 땅 사이에 모든 천체들이 위치한다고 생각하였다. 바빌로니아인들은 점성술을 신봉했기 때문에 천체 관측에 주력한 결과, 천문학에서도 많은 진전을 이룩하였다. 그들은 달을 중심으로 한 달력을 만들어 사용했으며, 1년을 365일로 했고, 1년은 다시 12개월로 나누었다. 그리고 달력을 농업행사와 일치시키기 위해 때때로 여분의 달을 끼워 넣었는데, 이는 오늘날 태음력에서 윤달을 삽입하는 것과 같았다.

그런가 하면 1일을 24시간으로 나누고 1시간을 60분으로 나누어 쓰기 시작한 것도 바빌로니아인들이었다. 그들은 금성의 운동을 정확히 관측하여 8년에 다섯 번 같은 자리에 온다는 것을 발견하였고, 행성의 운동을 관측하였으며, 월식과 일식을 관측하여 월식과 일식이 18년을 주기로 반복된다는 사실을 알고 있었다.

함무라비 법전을 보면 외과 수술을 성공시켰을 때는 2~10세겔의 보상을 해주고 실패했을 때는 손을 자르라는 규정이 있기 때문이다. 메소포타미아 지방에서는 의학도 발달했을 것으로 추정되는데 특이한 것은 외과 수술의 대가가 수술의 난이도에 따라 달라진 것이 아니라 환자의 신분에 따라 달랐다는 것이다. 노예가 외과 수술을 받았을 때는 2세겔을 내야 했지만 귀족은 같은 수술을 받고 5세겔을 내야 했었다. 수술이 실패했을 때 받는 벌도 환자의 신분에 따라 달랐다. 노예를 치료하다가 죽었을 경우에는 다른 노예를 대신 주면 되었지만, 귀족을 치료하다가 실패하면 의사의 손을 잘랐다. 또한 당시에는 병의 근본 원인이 신에게 있다고 생각해서, 병을 치료하기 위해서는 신의 노여움을 달래야 하고 약은 단지 고통을 덜어줄 뿐이라고 생각하였다.

화학, 금속학, 염색 등 당시 장인 계급에 의해 발달한 기술은 기록으로 정리되어 있지 않아 그 실상을 자세히 알기 힘들다. 이는 당시의 사제 계급이 담당했던 수학, 천문학, 의학 등이 기록으로 정리되어 있는 것과 대조를 이룬다. 사제 계급들은 그들의 생각과 발견을 점토판에 새겨 넣어 후세에 남겼기 때문에 지금도 당시의 문서가 속속 발굴되어 문화생활의 베일을 벗길 수 있다. 메소포타미아 지방에는 점토가 풍부했으므로 점토를 이용하여 판이나 원통 모양을 만들고 그 위에 대나무와 같은 날카로운 물질을 이용하여 글을 새겼다.

점토판은 책으로 묶거나 두루마리 형태로 보관할 수는 없지만 도서관과 같은 곳에 수집되어 보관되었다. 아시리아의 수도였던 니네베에는 25,000개에 달하는 점토판이 보관되어 있고, 그 밖의 다른 도시에도 점토판을 모아 보관하던 기록 보관소들이 발견되어 당시의 생활상을 전해주고 있다.

(2) 이집트 문명

이집트 지방에서는 지금부터 약 6,000년 전에 신석기 문화가 시작되었다. 이 시기에 이집트는 통일되었고, 두 차례의 중간기를 제외하고는 2,000년 이상 통일왕국을 유지하였다. 이집트의 통일왕국시대는 초기왕국시대, 고왕국시대, 중왕국시대, 신왕국시대 등으로 구분한다. 이집트의 통치자들은 파라오라고 불리었는데 파라오는 법을 통해 백성들을 다스렸다.

이집트는 통일왕국이 유지되는 2,000년 동안에 31왕조가 흥망하는 정치적 변혁을 거쳤다. 이 중에서 제4왕조에서 12왕조 사이에 천문 역법이 크게 발전했던 것으로 보인다. 이 시대의 천문 역법에 대한 기록이 현재까지 다수 전해지고 있다. 특히 12왕조 시대에는 파라오 자신이 위대한 행정가였으며 도량형을 표준화하고 상형문자를 이용해서 기록을 남겼다.

이집트인들은 왕국이 형성되기 전부터 파피루스에 글씨를 썼던 것으로 알려지고 있다. 파피루스의 원료는 키가 큰 풀의 줄기 속인데 키페루스 파피루스라고 불리는

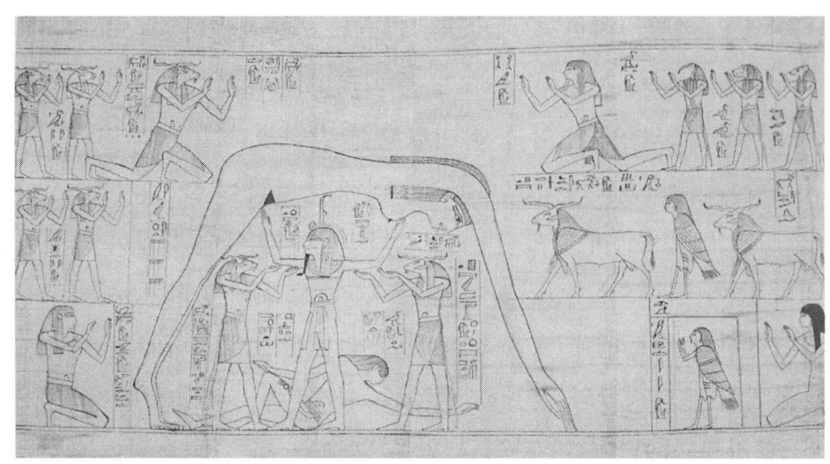

그림 1-11 사자의 서

이 식물은 나일 강 삼각주 주변의 습지에서 흔하게 얻을 수 있었다. 오늘날 종이를 페이퍼라고 부르는 것은 파피루스에서 그 기원을 찾을 수 있다.

인류 역사상 길이 남을 이집트의 건축물들은 이집트가 통일왕국을 세우기 이전부터 건설되기 시작했던 것으로 보인다. 제3왕조 시대부터는 이집트 북부 사카라 지방에 최초의 거대한 돌무덤인 계단식 피라미드가 건축되기 시작하였다. 쿠푸(Khufu, 재위기간 BC 2589?~BC 2566)왕 시대에는 이집트인들의 뛰어난 건축술을 유감없이 발휘한 거대한 피라미드가 건축되었는데, 그리스 역사가 헤로도투스에 의하면 피라미드의 건축에는 약 10만 명의 인원이 3개월씩 교대로 20년에 걸쳐 동원되었다고 한다. 쿠푸왕 시대에 건축된 피라미드의 건축에는 무게가 2.5톤이나 되는 석회암이 230만 개나 사용되었던 것으로 밝혀지고 있다.

이렇게 거대한 피라미드를 축조하기 위해서는 수많은 인원을 동원할 수 있는 정치적인 능력과 함께 예술적 창의성, 역학 원리에 대한 이해가 필요했을 것으로 추정되고 있다. 특히 수 톤이 넘는 암석을 운반해서 건축하기 위해서는 오늘날 일의 원리라고 부르는 원리들을 잘 이해하고 응용할 수 있어야 했을 것이다.

이집트인들은 실용적인 면에 더 많은 관심을 가지고 있었기 때문에 수학과 천문학과 같은 추상적인 분야에서는 바빌로니아보다 늦게 발달이 이루어진 것으로 보인다. 다만, 천문 관측 분야는 시간 계산에 필요하다는 실용적인 이유 때문에 일찍부터 발달했던 것 같다. 이집트인들은 태양과 달의 운동에 관한 어떤 이론도 세우지

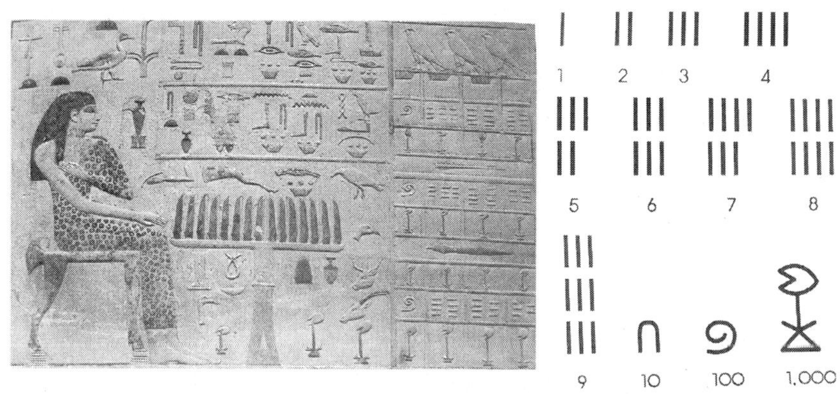

그림 1-12 이집트 숫자

않았으며, 행성들의 운동에 관한 구체적인 개념을 가지고 있지도 않았다.

그러나 그들은 1년을 시리우스의 운동을 중심으로 계산하였다. 그들은 큰개자리의 일등성인 시리우스별이 나일 강의 홍수 때가 되면 아침에 태양이 뜨기 직전에 동쪽에서 떠오른다는 것을 발견하였다. 이집트인들은 시리우스가 새벽에 떠오르는 날을 1년의 시작으로 정하였고, 1년의 길이도 자연히 시리우스별의 운동을 기준으로 계산하기 시작하였다. 이집트 초기의 역법은 12달로 이루어졌고, 한 달은 29일이나 30일로 정했던 것으로 알려지고 있다. 따라서 1년은 354일밖에 되지 않아 2년 내지 3년마다 윤달을 넣었다. 이 역법은 시리우스의 운동과 달의 운동을 기초로 하여 만들어졌지만 윤달을 넣는 것으로는 계절을 맞추는 것이 어려워 차츰 1년을 365일로 삼는 새로운 역법을 사용하게 되었다.

이집트에서는 수학도 실용적인 면에서만 그 의미가 부여되었다. 그들은 수학의 원리나 기하학의 이론적 체계에는 그다지 관심이 없었다. 실생활에 필요한 덧셈, 뺄셈, 곱셈, 나눗셈의 셈법에 관심을 가지고 있었다. 이집트인들은 10진법을 사용하고 있었으나 0을 사용한 흔적은 없고 분수를 사용한 예는 많이 찾아볼 수 있다. 기하학도 매년 범람하는 나일 강 유역을 측량할 실용적인 필요에 의해 발달하였다. 또한 그들은 길이가 3 : 4 : 5가 되는 밧줄을 이용하여 직각을 만들 줄 알았으며, 원주율인 π를 알고 있었던 것으로 전해진다.

의학 분야에 있어서는 이집트가 메소포타미아보다 더 큰 발전을 이룩해서 이집트의 의학 서적 중에는 BC 2000년경에 쓰인 책도 있다. 특히 조서(Djoser, 3왕조의 두 번째 왕)왕의 재상이었으며 시의였던 임호텝(Imhotep)이 기록한 것으로 알려진 의학 기록은 BC 2980년에 쓰였다고 한다. 전설에 의하면 임호텝은 이집트 의학을 시작한 사람으로 의학의 수호신으로 추앙받던 사람이다. 이 시대에는 질병을 인간이 악령의 지배를 받는 것으로 판단해서 인간에게서 악령을 몰아내는 여러 가지 처방이 질병의 치료에 사용되었다. BC 1600년경에 기록된 에베르스(Ebers Papyrus, BC 1550) 의학 기록은 약 47종의 질병을 기록하여 환자의 증상과 더불어 처방을 제시하고 있는데, 다분히 주술적인 성격을 띠고 있었다.

해부학이나 생리학에 관한 기록은 남아 있지 않지만 피라미드에 안치된 왕들의 미라 보존 상태로 보아 이 분야에 대한 일정 수준의 지식이 있었음을 알 수 있다. 그러나 의사들의 해부학적인 지식이 미라 제조에 응용되었는지에 대한 기록이나 증거는 없다. 외과적인 지식도 다른 의학 분야와는 독립적인 기술이었던 것 같다. BC 1700년경에 기록된 것으로 알려진 에드윈 스미드 외과문서(Edwin Smith papyrus)는 신체 여러 부분의 상처에 대하여 기술하고 있다.

이러한 이집트 문화에 대한 자세한 내용은 1779년 나폴레옹의 이집트 원정 때

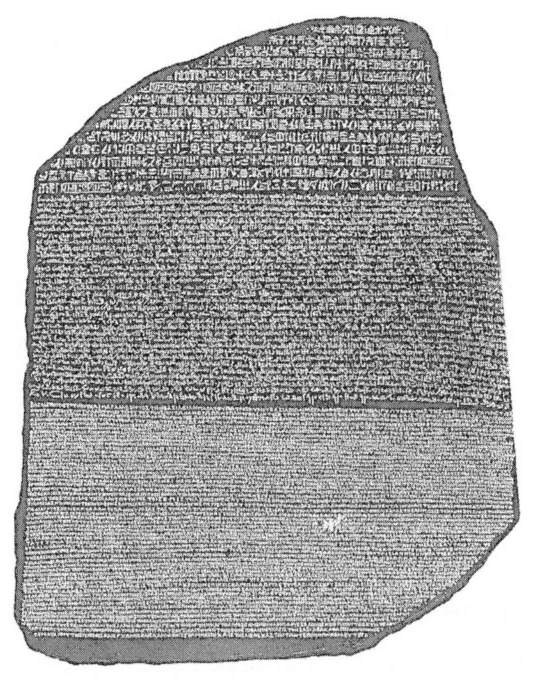

그림 1-13 로제타석

동알렉산드리아의 로제타(Rosetta)에서 발견된 로제타석이 1822년 영국의 의사이며 물리학자였던 토마스 영(Thomas Young, 1773~1829)과 프랑스의 학자 샹폴리옹(Francis Champollion, 1790~1832)에 의해 해독되면서 알려지기 시작하였다.

로제타석은 프톨레마이오스 5세 때 만들어진 검은색 비석으로, 같은 내용을 이집트 신성문자, 이집트 민중문자, 그리고 고대 그리스어 대문자로 적었다. 내용은 역대 왕들이 사제들과 신전에 베푼 여러 가지 혜택에 대해 감사하는 내용이다. 로제타석에는 같은 내용이 이집트 문자와 그리스 문자로 적혀 있어 고대 이집트 문자를 해석하는 실마리를 제공한다. 1814년 영국인 토마스 영이 이집트 민중문자를 해독했으며, 이집트 상형문자 해석을 시작하였다. 그러나 고대 이집트 상형문자를 해독하는 데 성공한 사람은 샹폴리옹이었다.

(3) 중국의 문명

중국에 문명이 등장한 것은 약 5,000년 전 황허강 유역을 중심으로 농경 생활을 시작하면서부터라고 한다. 그러나 이 시대의 중국 문명에 대해서는 하 왕조, 은 왕조에 관한 여러 가지 전설과 출토된 유물을 바탕으로 짐작할 수 있을 뿐이다. 그러나 은나라의 수도였던 안양에서 출토된 많은 유물들과 갑골문자의 해독을 통해 은 왕조 시대였던 BC 14세기에 이미 중국에서 한자가 사용되기 시작했고, 청동이 중요한 재료로 사용되었으며, 천문역산의 기초가 마련되었다는 것을 알 수 있다. 이 시기에 이미 10진법이 사용되었던 것도 갑골문자의 해독으로 밝혀졌다.

그림 1-14 갑골문자

은 왕조 이전부터 이미 사용되기 시작했던 것으로 보이는 청동기는 은 왕조 이후부터는 더욱 널리 사용되었다. 안양에서 출토된 유물 중에는 무게가 875 kg이나 되고 높이가 1 m나 되는 청동 제기가 있는데 이는 당시의 청동 야금 기술 수준을 짐작할 수 있게 해 준다. 안양에서는 1,200 ℃의 높은 온도에서 청동을 녹여 주조했던 것으로 보이는 도가니도 발견되었다.

중국에서 일찍부터 발달된 기술 중에는 방직기술이 있다. 은 왕조 이전부터 중국에서는 양잠이 시작되었다. 중국에서는 농업 생산성을 높이기 위한 영농기술도 일찍부터 발전하여 여러 가지 농기계구들이 사용되었다. 이러한 농기구들의 사용은 서양보다 적어도 2,000년 이상 앞선 것이었다.

중국에서는 농작물을 이랑에 심고 제초작업을 철저히 하는 영농기술이 BC 6세기부터 이미 사용되고 있었다. 그러나 이러한 영농기술이 서양에 도입된 것은 1,700년대였다. 또한 중국에서는 BC 6세기경에 주철로 된 괭이가 보급되어 농경에 사용되었고 여러 가지 쇠 쟁기가 사용되었다. 동력이 없었던 예전에는 서양이나 동양에서 다 같이 말과 소가 동력원으로 이용되었는데, 이때 말이나 소에 마차를 연결하는 마구도 중국에서는 매우 오래전부터 발달하였다. 말에게 무리를 가하지 않으면서도 말의 힘을 마차에 효과적으로 전달하는 마구의 발달은 매우 중요한 것이었다. 중국에서는 BC 3세기경부터 쇄골걸이 마구를 사용하여 말의 힘을 효율적으로 사용하는 방법을 알고 있었다. 그 외에도 파종기라든지 탈곡기와 같은 농기계들이 일찍부터 사용되었다.

은 왕조는 BC 12세기에 주 왕조로 대치되었고, BC 8세기 이후에는 제자백가가 활동하던 춘추전국시대라고 불리는 혼란한 시대가 계속되었다. 이 시기에 중국의 고대 문명은 절정기를 맞게 되고 자연철학도 확립하게 되었다. 주 왕조 시대에는 천문을 이용하여 점을 치던 점성술이 성행하였다. 따라서 천문 관측이 크게 진보되어 일식, 혜성의 출현 등이 관측되어 기록되었다. 『시경(詩經)』, 『예기(禮記)』, 『춘추(春秋)』에는 일식과 혜성에 관한 많은 기록이 남아 있다. 특히 『춘추』에는 37회의 일식이 기록되어 있는데 이 중 대부분은 실제로 있었던 일식으로 확인되었다. 이 당시에는 이미 하늘의 황도를 28개의 별자리로 나누어 28수라고 불렀다. 또 황도를 12개의 같은 간격으로 나누어 12차라고도 하였다.

이러한 천문 관측의 발달로 역법이 발달하여 태양의 운동과 달의 운동을 기초로 한 태음태양력이 확립되었다. 주 왕조 시대에 확립된 태음태양력에서는 19년마다 윤달을 7번 넣어 달의 운동 주기인 삭망월과 태양의 1년 주기인 회귀년을 조화시켰다. 이러한 역법은 메소포타미아를 거쳐 그리스에까지 전해진 것으로 보인다. 그리스에서는 메톤(Meton of Athens, BC 5세기경)이 19년이 235 삭망월과 같다는 것을 관측했다고 알려져 있다.

중국에서는 일찍부터 의학도 매우 발달하였다. BC 8세기에서 4세기 사이에 살았을 것으로 추정되는 편작(扁鵲, BC 5세기 전후)은 중국 의학의 태두라고 할 수 있다. 편작은 주술적인 치료방법에서 탈피하여 합리적인 방법으로 질병을 치료하도록 하는 데 크게 공헌하였다. 그는 무속을 의술과 구별하고 사람의 병이 낫지 않는 여섯 가지 이유 중 하나로 질병의 치료를 의술에 의존하지 않고 무속에 의존하는 것을 들었다.

중국의 자연관은 춘추전국시대에 활약한 학자들에 의해서 정립되었다. 이 시기에 중국에는 수많은 학파와 학자가 등장하는데 그 중에서 과학 기술 분야에 영향을 준 학파는 후에 중국 사상의 주류가 되었던 공자(孔子, BC 552~BC 479)를 태두로 하는 유가와 노자(老子, ?~?)를 태두로 하는 도가, 그리고 묵자(墨子, BC 470?~BC 391?)의 가르침을 따르는 묵가였다. 중국 역사에 가장 큰 영향을 끼쳤던 유가는 자연보다는 인간의 도덕과 윤리문제에 더 많은 관심을 보였다. 반면에 도가는 자연에 관심을 보이기는 했지만 자연에 인위를 가하기보다는 자연과 하나가 될 것을 권장하였다. 따라서 도가의 제자들이 자연에 관심을 가지고 자연에 대한 지식을 습득했다고 해도 그것이 서양에서처럼 자연을 적극적으로 개조하고 이용하는 데 사용되지 못하였다.

그러나 묵가의 생각은 달랐다. 묵가는 인위를 강조하여 인간에 이롭게 하기 위해서는 적극적으로 자연을 개조할 것을 권장하였다. 묵가의 저술에는 광학, 역학 등의 내용이 포함되어 있어서 묵가의 자연관을 엿볼 수 있다. 그러나 묵가의 생각은

그림 1-15 춘추전국시대의 화폐

중국 사상의 주류에서 밀려나 후세에 큰 영향을 미치지 못하였다.

수많은 나라가 패권을 겨루던 춘추전국시대는 진시황(嬴政, BC 259~BC 210)의 통일로 막을 내렸다. 그러나 진나라는 오래 계속되지 못하였다. 진나라 이후 중국을 다시 통일한 한나라는 전한과 후한을 합하여 약 400년 동안 중국을 통치하였다. 한(漢) 왕조 시대는 춘추전국시대의 사상과 과학 기술을 계승하고 발전시켜 많은 분야에서 큰 발전이 있었다.

(4) 인더스 문명

고대 사회의 문화와 자연에 대한 인식을 이해하기 위해서는 그들의 사회와 종교적 신념을 살펴보아야 한다. 그것은 그들의 자연관이 그들의 신앙관이기도 했으며, 자연을 신과 인간을 연결해 주는 매개적 존재로 파악하고 있는 경우가 많았기 때문이다. 이러한 경향은 앞에서도 언급한 것과 같이 거의 모든 고대 사회에 공통적으로 적용된다고 할 수 있다. 그러나 4대 문명 발상지의 하나인 인도의 인더스문명은 더욱 종교와 밀접한 관계를 가지고 있다.

1920년대부터 시작된 본격적인 인더스 강 유역의 발굴 조사에 의하면, 하랍파(Harapa)와 모헨조다로(Mohenjo-Daro)의 2대 도시를 중심으로 고도의 청동기 문명이 번영하였음을 밝혔다. 이를 인더스 문명이라 부른다. 인더스 문명은 BC 2000

그림 1-16 모헨조다로 유적

년을 전후해서 약 1,000년간이나 계속된 것으로 보인다. 또한 메소포타미아 지방의 수메르인들의 문화와 어떤 식으로든지 교류가 있었을 것으로 짐작된다.

그들은 이미 십진법을 사용하고 있었던 것으로 보이며, 그들의 십진법이 후에 아라비아를 통해 유럽에 전해져서 오늘날에 아라비아 숫자라고 하는, 전 세계적으로 사용하는 숫자가 되었다.

하랍파와 모헨조다로의 발굴에 의하면, 도시는 계획적으로 잘 정비되었고 높이 솟은 성채와 평지의 주택가로 이루어져 있었다. 주택가는 주요 도로와 이것에 연결되는 작은 도로로 정연하게 구획되었고 급수시설과 하수시설이 잘되어 있었다. 출토품 중에는 금, 은, 동, 청동, 석재, 보석, 무기, 기구, 장신구, 완구, 도기 등이 있으며 아직 해독하지 못한 문자가 새겨진 인장도 있다. 이런 문화를 이룩한 원주민들의 대부분은 문다인과 드라비다인이었다. 인더스 문명은 BC 1750년 무렵에 파괴되었다. 인더스 문명이 갑작스럽게 멸망하게 된 원인에 대해서는 홍수와 같은 자연 재해설, 인구 폭발에 따른 식량 부족설, 외부의 공격에 의한 파괴설 등 여러 가지 가정이 제시되고 있다.

모헨조다로와 하랍파로 대표되던 인더스 문명이 몰락한 후 인도 문명의 중심지는 갠지스 강 유역과 남인도의 해안지방으로 옮겨졌다. 이와 비슷한 시기에 시베리아 남북부와 투르키스탄 등지에 살던 유목민인 아리아인이 대규모로 인도에 이동하여 정착하게 되었다. BC 1500년에서 1200년 사이에 인도에 침입한 아리아인들은 처음

그림 1-17 리그베다

에는 펀자브 지역에 정착했으나, 서서히 활동무대를 갠지스 강 유역으로 옮기고 정착생활을 시작하였다.

아리아인들은 인간의 능력을 초월한 신의 세계가 존재한다고 생각하고, 인간의 길흉화복이 신들의 권능에 의해 결정된다고 믿었다. 아리아인들의 종교적 지식을 집대성한 최초의 성전인 리그베다는 아리아인이 인도에 침입하기 시작한 초기에 만들어진 것으로 보이는데, 이것은 자연계의 현상과 위력을 신격화하여 신을 찬양하는 내용으로 되어 있다. 그들에게 있어 자연은 신(god) 그 자체이거나 신의 일부로 받아들여지기 시작한 것이다. 베다종교에서는 부족민의 승리와 복지를 기원하는 제사가 존중되었으므로, 사제의 지위가 높아져서 신과 동등한 존재에까지 이르게 되어 사회의 최고 계층을 형성하게 되었고, 이를 필두로 인도의 신분제도인 카스트 제도가 자리를 잡아가게 되었다.

베다문학의 마지막이라고 할 수 있는 200여 종의 우파니샤드(Upanisad)가 BC 800년부터 200년 사이에 출현하였다. 우파니샤드는 스승이 제자에게 말로 전하던 가르침을 모아 집대성한 성전을 이른다. 우파니샤드에서는 우주의 근원인 브라흐만(梵)과 개인에게 내재하는 아트만(我)을 동일시하였다. 그들은 또 영혼의 윤회설을 믿고 있었다. 아트만은 죽은 후에 육체를 떠나지만 업(業)에 의해 다시 다른 몸으로 태어난다고 하였다.

신(God)인 자연과 아트만을 동일시하는 그들의 사상은 자신의 영혼을 탐구함으로써 우주의 궁극적 진리에 도달할 수 있다는 생각을 가지게 하였고 수많은 사상가들을 배출하였다. 수행자들은 생산 활동에 전혀 참여하지 않고 고행과 수도를 통해 궁극적인 진리에 도달하려고 노력하였다. 불법을 설파한 고타마 싯다르타(釋迦牟尼) 태자도 그러한 수행자 중의 한 사람이었다.

인도인들의 자연에 대한 생각에는 주목할 만한 부분이 많이 있다. 그들의 주된 관심이 인간의 내면 문제였으므로, 이러한 자연관이 체계적인 과학으로 발전해 가지는 못했지만 그들은 매우 웅대한 자연관을 가지고 있었다. 인도인들의 자연관은 불교와 함께 중국으로 전해지고 다시 우리나라에도 전해져서 우리에게도 많은 영향을 주었다.

인도인들은 일찍부터 물질이 더 쪼갤 수 없는 알갱이들로 되어 있다는 생각을 하고 있었다. 그들은 물질의 근본적인 요소에는 지, 수, 화, 풍의 네 가지가 있다고 하고 이를 4대 원소라고 하였다. 힌두교나 자이나교에서는 이 네 원소 외에 아사카라고 부르는 제5의 원소가 있다고 하였다. 아사카는 빈 공간을 채우고 있는 것으로, 불교에서 말하는 공과 비슷한 것이었다. 불교에서는 이러한 원자설을 더욱 발전시켜 근본 원자의 수를 일곱 또는 여덟 개로 보기도 하였다.

인도의 원자론은 기계론적인 물질관을 바탕으로 하고 있는 것이 아니라 감각적이고 추상적인 이론에서 벗어나지 못하고 있었다. 그리스의 간단한 원자론이 근대 과학의 발전에 크게 공헌한 것과는 반대로 인도의 풍부하고 다양한 원자론이 근대 과학으로 발전하지 못했던 것은 인도의 원자론이 추상적이고 감각적이기 때문이었을 것이다.

0을 처음으로 사용한 것도 인도인들이었다. 그리스에서 일찍부터 기하학을 발전시켰던 것과는 대조적으로 인도에서는 수를 이용한 대수학을 발달시켰다. 5세기에서 6세기 사이에 활약했던 인도의 아리아바타가 쓴 『아리야바타』라는 책에는 우리가 현재 사용하는 수의 체계를 이용한 사칙 계산 방법이 소개되어 있으며 제곱근과 세제곱근을 구하는 방법에 대한 설명도 실려 있다.

7세기의 수학자 브라흐마굽타(Brahmagupta, 598~665)는 양수와 함께 음수도 사용하였다. 그는 음수를 이용하여 0이란 두 개의 값이 같고 부호가 다른 수의 합이라고 정의하였다. 12세기에 활약했던 바스카라 2세는 나눗셈에서 0으로 나누면 무한대가 된다는 것을 설명하고 무한대는 아무리 큰 유리수로 나누어도 무한대가 된다고 하였다.

인도의 우주관은 매우 규모가 큰 것이 특징이다. 인도인들은 우주가 끊임없이 생성소멸을 반복한다고 생각했는데 이러한 생성소멸에 소요되는 시간은 엄청나게 긴 시간이었다. 브라흐마 신의 하루 낮만을 뜻하는 칼파는 시간의 기본 단위였는데 1칼파는 43억 2,000만 년이라고 하였다. 그런데 우주가 생겼다 소멸하는 데 걸리는 시간은 브라흐마 신이 100년의 수명을 다할 때까지라고 하여 인간의 시간으로는 31조 년이 넘는 시간이라고 하였다.

인도에서는 땅이 평평하며 그 한가운데 커다란 산이 우뚝 솟아 있다고 하였다. 그 산을 수미산(須彌山)이라고 불렀는데 해와 달은 이 수미산 둘레에서 사라졌다가 나타나는 것을 반복한다고 하였다.

인도에서도 일찍부터 역법이 발달하였다. 인도인들은 음력을 사용하였는데 30개

그림 1-18 수미산을 형상화한 사원

월에 한 번씩 윤달을 넣어 사용하였다. 4세기경에는 태양력이 수입되어 일부에서 사용하기도 하였다.

인도에는 여러 가지 천문체계가 있었는데 대부분은 그리스와 서양에서 들어온 것이었다. 인도에서도 달이 적도 상을 움직인 거리를 기준으로 하늘을 28개의 월궁으로 나누어 별들의 위치를 관측하였다. 인도의 천문학에서 특이한 것은 태양, 달, 5행성 외에 라후와 케투라고 부르는 천체가 있다고 주장한 것이다. 라후는 스스로 눈에 보이지 않는 천체로 그것이 해를 가리면 일식이 되고 달을 가리면 월식이 된다고 하였다. 그리고 케투는 불규칙적으로 나타나는 혜성과 관계되는 천체라고 생각하였다. 따라서 인도에서는 행성이 9개였다. 이를 9집이라고 불렀다.

인도 의학에 의하면 인체는 풍, 열, 담의 세 요소가 있어서 이것들이 균형을 이루면 건강하고 그렇지 못하면 병이 난다고 하였다. 인도의 의학은 갈레누스의 의학과 같은 체액설에 근본을 두고 있다. 인도에서도 중국에서와 마찬가지로 연금술과 불로장생약을 만드는 데 관심을 두고 있었고 수은이 중요한 원료로 사용되었다.

2장

그리스의 자연철학

1 그리스 문명

서양의 철학과 과학은 그리스의 과학 문명의 영향을 가장 많이 받았다. 그리스인들은 일찍부터 마법이나 미신에 의하지 않고 자연 현상이나 우주체계를 합리적으로 설명하려고 노력하였다. 이러한 전통이 유럽의 문화 발전에 많은 영향을 끼쳤고,

그림 2-1 미케네 문명의 유적

특히 근대 과학 탄생의 산실이 되었다. 그리스 문화가 메소포타미아나 이집트의 영향을 많이 받은 것은 사실이지만, 그보다는 일찍이 에게 해 연안에서 꽃을 피웠던 미노아와 미케네 문명의 산물이라고 할 수 있다. 지중해 동부 에게 해 주변 지역에서 번영한 그리스 고대 문명은 크레타 섬, 키클라데스 제도, 그리스 본토의 남부, 소아시아 서해안의 트로이 등 광범위한 지역에 걸치는데, 크레타로 대표되는 남방계의 도서문화(미노아 문명)와 미케네로 대표되는 북방계의 본토 문화(미케네 문명)로 나누어진다.

이 지역에 인간이 생활하기 시작한 것은 신석기시대로, 그리스 본토의 테살리아, 크레타 섬, 소아시아 서해안 등에 그 유적이 남아 있다. BC 2000년경에 중부 유럽에서 시작된 것으로 보이는 민족 이동의 여파로 초기 청동기 문명이 붕괴되고, 에게 해 주변 지역은 크레타 섬을 중심으로 하는 중기 청동기시대로 들어간다. BC 2000년경에 크노소스를 중심으로 하여 중앙집권화가 이루어져, 미노스 왕이 섬 전체를 지배하게 되었다. 이때부터 정치, 군사, 예술 등이 급속도로 발전하였으며, 또한 동부 지중해의 교역을 거의 독점하게 되었다. BC 1700년경에 대지진과 화산 폭발로 인해 많은 부분이 파괴되었으나, 곧 보다 큰 대규모의 새 궁전이 재건되어 그 뒤 약 2세기 동안 크레타 문화는 절정기를 이루었다. 크레타는 BC 1400년경에 그리스 본토의 침입으로 멸망하였다. 크노소스를 비롯한 각지의 궁전은 파괴되었으며, 주민은 사방으로 흩어졌다. 에게 문명의 중심은 이후 그리스 본토로 옮겨가게 되었다.

그림 2-2 아가멤논 황금사자상

BC 2000년을 전후하여 그리스 본토의 남부에 미케네, 티린스, 오르코메노스, 필로스 등 여러 개의 소왕국이 건설되었다. 그들은 서서히 선진 문화를 흡수하고 군사력과 경제력을 충실히 하여 본토에서의 지위를 확실하게 다져나갔으며, 특히 BC 1600년경부터 급속히 남쪽 크레타에 대항할 수 있을 정도로 강력해졌다. 그 중에서도 미케네는 가장 강대하여 본토 여러 세력의 중심적 존재가 되었으며, 특히 크레타의 붕괴 후 지중해 각 지역과의 교류에

지도적 역할을 하였다. BC 1200년경부터 그리스 본토에 도리아인이 남하해오자 이를 막지 못함으로써 BC 1100년경에 미케네를 비롯하여 여러 도시가 붕괴되었고, 에게 문명은 종말을 고하게 되었다.

2 이오니아의 자연철학

자연과학의 씨앗이 그리스를 중심으로 한 지역에서 움트기 시작한 특별한 이유를 찾아내기는 힘들다. 더구나 그리스와 에게 해를 사이에 두고 있는 이오니아 지방의 밀레투스에서 발생한 특별한 이유를 찾기는 더욱 어렵다. 이곳에는 그리스에서 건너온 식민지 이주자들이 도시를 형성하고 있었다. 당시 이오니아의 사람들은 메소포타미아나 인도, 중국과 같이 멀리 떨어진 외부로부터 오는 여러 가지 자극에 노출되어 있었다. 특히 가장 부유한 도시였던 밀레투스는 더욱 외부와의 교류가 빈번하였다.

밀레투스에서는 탈레스(Thales, BC 625~BC 545)를 중심으로 한 자연철학자들이 나타났다. 그들은 자연에 나타나는 여러 가지 현상을 신의 뜻으로 파악하지 않

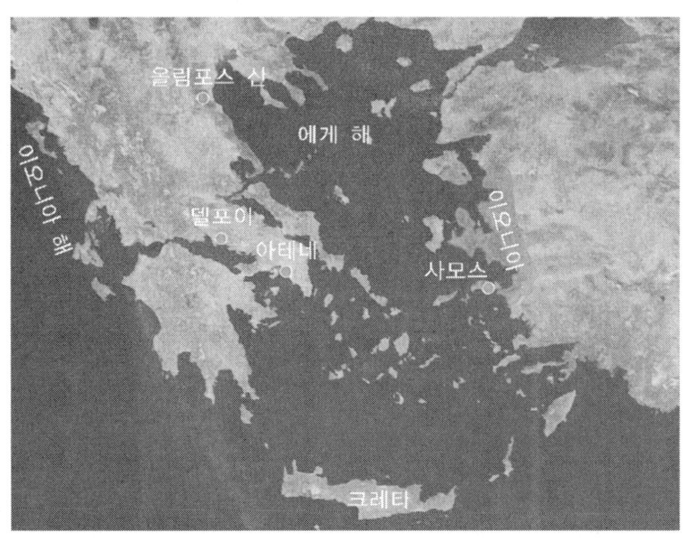

그림 2-3 이오니아 지방

고 자연법칙에 의해 나타나는 현상으로 이해하려고 하였다. 인간이 자연을 이해하기 위해서는 인간과 자연, 그리고 신 사이의 관계를 올바르게 정립하는 것이 필요하다. 그것은 자연을 이해하는 기본 바탕을 제공하기 때문이다. 오늘날에는 인간을 자연의 일부로 간주하는 것을 자연스럽게 받아들이고 있다. 따라서 인간에 대한 탐구도 자연에 대한 탐구와 같은 방법으로 이루어지고 있다.

그러나 문명이 발달하지 못했던 시기에는 자연을 인간보다는 신과 가까운 존재로 인식하고 있었다. 자연현상 속에서 신의 의지를 발견하려고 한 것은 그 때문이었다. 따라서 이 시대에는 사람들이 자연물들을 신 또는 신의 대리자로 숭배하였다. 모든 자연물이 영혼을 가지고 있다고 생각한 애니미즘(Animism)이나 자연물들을 숭배한 토템신앙(Totemism)은 그러한 자연관의 결과일 것이다. 반면에 신학에 몰두했던 중세에는 자연을 신이 인간에게 지배하고 이용하도록 준 인간 이하의 존재로 파악하였다. 이런 전통을 이어받은 서양에서는 자연을 적극적으로 개조하고 이용하려는 노력이 전개될 수 있었다. 서양에서 근대의 과학 혁명이 가능했던 사상적 배경을 이러한 자연관에서 찾으려는 사람들도 있다.

그런가 하면 동양에서는 인간을 자연의 일부라고 생각하고 인간이 자연에 인위를 가하는 것에 부정적인 자세를 취하였다. 즉, 동양에서는 자연을 이용하기보다는 자연 속에 들어가 자연의 일부가 되어 자연에 순응하는 것이 옳다는 생각을 하였다. 결국 이러한 생각의 차이는 동양과 서양의 문명과 과학의 모양을 크게 바꾸어 놓았다.

이와 같이 인간과 자연에 대한 관계 설정은 자연과학의 발전과 내용에 많은 영향을 끼친다고 할 수 있다. 이런 면에서 이오니아의 자연철학자들이 자연을 신에게서 분리하여 자연 자체로 파악하려 한 것은 인간과 자연 사이의 새로운 관계 설정이라고 할 수 있을 것이다. 물론 이들의 이러한 관계 설정이 그대로 후세에 계승된 것은 아니지만 이들의 생각은 근대 과학 혁명 시기의 과학자들에게까지 많은 영향을 주었다는 점에서 자연과학의 발달과정에서 매우 중요한 자리를 차지한다고 할 수 있다.

자연철학자의 대표적 학자였던 탈레스는 그리스 7현인 중의 한 사람일 뿐만 아니라 천문학자, 수학자, 상인으로 여러 분야에 큰 영향력을 미쳤던 사람으로 알려져 있다. 그는 많은 곳을 여행했으며 특히 이집트와 메소포타미아 지방을 여행하여 기하학과 천문학 지식을 습득했던 것으로 보인다. 따라서 탈레스를 비롯한 자연철학자들은 이집트와 메소포타미아의 앞선 문화와 기술을 그리스에 전해주는 전달자의 역할도 했으리라고 추정된다.

탈레스는 만물의 근원은 물이라고 했으며 지구는 물에 떠 있는 원반이라고 하였다. 이것은 물이 원초의 혼돈을 이루고 있었고 여기에서 모든 것이 창조되었다고 한 이집트와 메소포타미아의 창조신화를 탈레스가 접할 수 있었다는 것을 뜻하기도 한다. 탈레스는 이집드의 경험적이고 실용적인 지식을 바탕으로 최초의 기하학을 확립하였다. '원은 지름에 의해서 2등분 된다', '이등변 삼각형의 두 밑각의 크기는 같다', '두 직선이 교차할 때 그 맞꼭지각의 크기는 같다' 등의 정리는 그가 발견한 것으로 전해진다. 또한 닮은꼴을 이용하여 해안에서 해상에 있는 배까지의 거리를 측정하였고, 정전기의 존재를 실험적으로 확인하였으며, 자석이 금속을 끌어당기는 것을 발견한 것도 탈레스였다고 전해진다.

탈레스가 달의 운동을 관측하여 일식을 예언했다는 일화는 잘 알려진 이야기이다. 탈레스는 BC 525년 5월 28일에 이오니아 지방에서 있었던 일식을 미리 예언하

탈레스(Thales, BC 624?~BC 546?)

그리스 최초의 철학자로 그리스 7현인 중 한 사람이며, 밀레토스학파, 즉 자연철학자의 시조이다. 페니키아 계통의 혈통으로 상인이었으며 이집트를 여행하며 수학과 천문학을 배웠다. BC 585년 5월 28일에 있었던 일식을 예언했다고 전해지는데, 일식을 예언하는 데 바빌로니아의 천문학적 지식을 이용하였을 것으로 짐작된다. 그는 이집트의 경험적·실용적 지식을 바탕으로 하여 최초의 기하학을 확립하였다. '원은 지름에 의해서 2등분 된다', '이등변 삼각형의 두 밑각의 크기는 같다', '두 직선이 교차할 때 그 맞꼭지각의 크기는 같다' 등의 정리는 그가 발견한 것이다. 또, 닮은꼴을 이용하여 해안에서 해상에 있는 배까지의 거리를 측정하였고, 자석이 금속을 끌어당기는 작용도 그가 발견한 것으로 전해지며, 물질을 문지르면 정전기가 발생한다는 것을 발견하기도 하였다. 그는 또한 만물의 근원은 물이라고 하여 만물의 근원을 자연물에서 찾으려는 시도를 하였다. 물은 생명을 위하여 불가결한 것이며, 또 물이 고체, 액체, 기체라는 3가지 상태를 나타낸다는 것에서 그렇게 추정한 듯하다. 그는 대지는 물 위에 떠 있는 둥근 원반이라고 생각하였다.

여 리디아와 메데스 사이에 6년 동안이나 계속되던 전쟁을 종식시켰다고 한다. 과학사학자들 중에는 탈레스가 이집트나 메소포타미아로부터 사로스 주기를 배워 일식을 예측했을 것이라고 생각하는 사람도 있지만, 실제로 탈레스 시대에 일식과 월식을 예언하는 일이 가능한 일이 아니었으므로 이 이야기는 후세 사람들이 만든 것이 아닐까 의심하는 학자들도 있다.

탈레스와 함께 이오니아의 자연철학자를 대표하는 사람들 중 하나였던 아낙시만드로스(Anaximandros, BC 610~BC 547?)는 황도가 천구의 적도와 비스듬히 기울어져 있다는 것을 발견한 것으로 전해지지만 확실하지는 않다. 그러나 그는 사람들이 거주하는 세계의 지도를 그렸고, 그것을 설명하는 책을 쓰기도 하였다. 아낙시만드로스는 지구는 짧은 원기둥 모양으로 되어 있으며 사람은 한쪽 끝의 표면에 살고 있다고 주장하였다. 해와 달과 별은 원통형 모양의 지구 주위를 돌고 있다고 하였다.

아낙시만드로스는 "만물의 근원은 양적으로나 질적으로 무한한 아페이론(apeiron)이며 이 신적으로 불멸하는 아페이론으로부터 따뜻한 것, 차가운 것 등 서로 성질이 대립되는 것으로 갈라지고, 이 대립하는 것의 경쟁에서 흙, 물, 불, 공기가 생기고, 다시 별과 생물이 생기지만, 결국에는 다시 아페이론으로 돌아간다."라고 주장하였다.

아낙시만드로스의 제자였던 아낙시메네스(Anaximenes, BC 550~BC 475)는 만

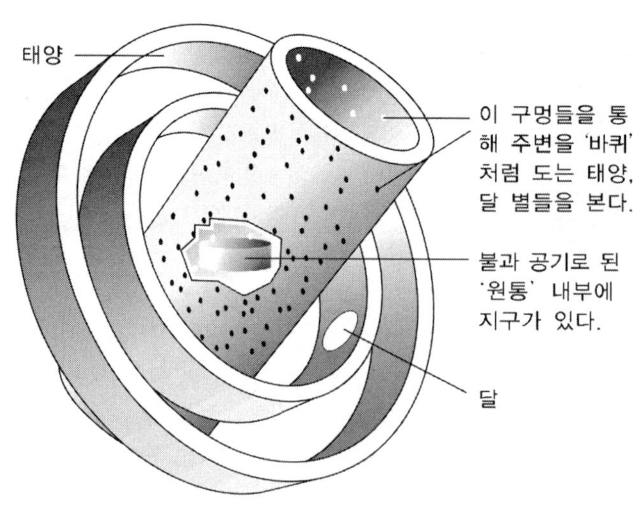

그림 2-4 아낙시만드로스의 우주

물이 공기로 되어 있다고 보고 그것에서 다른 원소를 이끌어 내려고 하였다. 그는 "우리의 영혼이 공기이고, 우리를 지배·유지하고 있는 것과 마찬가지로 전 세계도 기식이라는 공기가 포괄하고 있다."라고 했다. 또 그 공기가 엷어지면 따뜻한 불이, 짙어지면 차가운 물이나 흙이 생기는데, 이와 같이 희석과 농축을 통하여 생긴 모든 물질은 재차 공기로 해체하지만, 공기는 다른 한편으로 생명의 원리이기도 하여 영혼이 신체를 이루고 있는 것과 같이 공기가 우주 전체를 싸고 있다고 주장하였다.

밀레투스에서 50 km 정도 떨어진 아페수스 출신의 헤라클레이토스(Heracleitos, BC 550~BC 475)는 자연계의 모든 것을 끊임없이 변화해 가는 불완전한 것으로 보았다. 따라서 우리가 감각을 통해 얻은 자연에 대한 지식은 일시적인 것이며 참된 지식이 아니라고 설명하였다. 그는 불이 모든 변화의 원인이라고 생각하여 불을 중요시하였다. 또한 우주의 변화 원리를 인간 사회의 관습과 법률을 이용하여 설명하려고 하였다. 침해와 보복으로 자연현상을 설명하려 한 것이 그 예이다. 그는 보복을 자연 질서를 이해하는 원리로 사용하였다. 그리고 이러한 원리가 천체의 운동이나 여러 원소의 상호전환 등을 지배하는 원리라고 생각하였다. 이러한 생각은 피타고라스학파나 원자론자들의 생각에도 많은 영향을 주었다.

3 엘레아학파

엘레아학파는 BC 5세기경에 망명한 그리스인들이 세운 그리스 식민지였던 이탈리아 남부의 엘레아를 중심으로 활동하였다. 이 학파에 속하는 사람으로는 엘레아의 파르메니데스(Parmenides, BC 520?~BC 420?)와 그의 제자인 엘레아의 제논(Zeno of Elea, BC 490~BC 430경), 사모스의 멜리소스(Melissus of Samos, BC 470년경) 등이 있다. 파르메니데스는 인격적인 여러 신의 존재를 주장한 호메로스의 신화를 비판하고 위대한 유일신의 존재를 주장했던 비판적인 시인 크세노파네스(Xenophanes, BC 570~480)의 영향을 많이 받은 것으로 알려져 있다. 크세노파네스는 이오니아 콜로폰 출신으로 엘레아에 정착한 인물이며, 학자들 중에는 크세노

그림 2-5 파르메니데스

파네스를 엘레아학파의 창시자라고 주장하는 사람들도 있지만, 이에 대한 반론도 만만치 않다.

엘레아학파에 대해서는 고고학자들이 엘레아를 발굴하여 그들의 흔적을 찾아내면서 조금씩 알려지기 시작하였다. 고고학자들이 찾아낸 문헌 자료들은 주로 후대의 저술가들이 기록해 놓은 단편들로서 파르메니데스의 글 19편, 제논의 글 4편, 멜리소스의 글 10편이 발굴되었는데, 이 글들조차도 대부분 몇 줄 정도만 남아 있을 뿐이다.

엘레아학파의 창시자라고 할 수 있는 파르메니데스의 연대는 자세히 알려져 있지 않다. 다만 파르메니데스가 65세였을 때 제자였던 제논과 아테네를 방문하여 젊은 소크라테스와 만나 이야기를 나누었다는 기록이 전해지고 있어 BC 450년경에 65세 정도였을 것으로 추정된다.

파르메니데스의 생각을 잘 나타내는 문헌은 현재 일부분만 남아 있는 『자연에 관하여』라는 서사시이다. 현재 150여 행 정도만 남아 있는 이 서사시는 원래 3,000여 행으로 이루어졌던 시로, 전체적인 내용을 설명하는 서시와 진리의 길, 억견의 길의 3부로 구성되어 있다. 이 서사시는 젊은 파르메니데스가 태양신의 딸들이 모는 마차를 타고 어둠의 세계를 떠나 성스런 진리의 세계에 당도하여, 여신으로부터 진리에 관해 계시를 받은 내용을 담고 있다. 이 시에는 존재(being)하는 것만이 실재하는 것일 뿐, 비존재(nonbeing)는 실재하지 않을 뿐 아니라 사고되지 않는다는 파르메니데스의 생각이 잘 나타나 있다. 파르메니데스는 참된 실체인 완전한 존재(eon)는 유일하고 불변하며 불멸하는 것이라고 주장하였다.

따라서 사물의 다양성이나 운동 및 변화를 인정하지 않았으며, 그것은 모두 허위이거나 환상에 지나지 않는다고 하였다. 변화는 생성소멸을 뜻한다. 다시 말해 존재(유)에서 비존재(무)로 바뀌는 것이 변화이다. 하지만 비존재(무)는 존재하지도 않으며 생각조차 할 수 없는 것이기 때문에 소멸도 있을 수 없으며 생성도 있을 수 없다는 것이다. 이러한 파르메니데스의 견해는 플라톤의 철학에 많은 영향을 끼쳤다. 플라톤은 존재는 변화하지 않으며 완전하다는 파르메니데스의 생각으로부터 완전하고 영원한 이데아의 개념을 추출해낼 수 있었다.

BC 489년에 태어난 것으로 알려져 있는 제논은 그의 스승이었던 파르메니데스에 대한 비판을 논박하는 일을 주로 하였다. 그는 파르메니데스의 이론을 비판하는 사람들이 가정하고 있는 전제를 받아들이면 우스꽝스러운 결론에 도달하게 된다는 것을 증명하여 그들을 난처하게 하였다. 제논은 자신의 주장을 받아들이게 하기 위해 몇 가지 역설을 제시했는데 그것들이 그 유명한 제논의 역설이다. 사람들은 자신들이 경험하는 운동과 변화를 실재라고 생각한다. 다시 말해 날아가는 화살이나 뛰어가는 사람을 보면서 실제로 화살이나 사람이 운동하고 있다고 생각한다. 그러나 제논은 그것을 단지 환상이라고 주장하였다. 화살이나 사람에게 마치 운동이 있는 것처럼 보이지만, 운동이 실제로 존재할 수 있다는 것을 합리적으로 설명할 수 없기 때문에 운동은 존재할 수 없다는 것이다.

제논의 역설 중에서 가장 널리 알려진 것이 '아킬레우스와 거북이의 경주'에 관한 역설이다. 빠르게 달릴 수 있는 아킬레우스와 거북이가 달리기 경주를 할 때 거북이가 앞에서 출발한다면 아킬레우스는 절대로 거북이를 따라잡을 수 없다는 것이다. 왜냐하면 아킬레우스가 거북이를 따라잡기 위해서는 거북이가 있던 자리에 먼저 도달해야 하는데 그동안 거북이는 조금 더 앞으로 나갈 것이기 때문이다. 다시 아킬레우스가 달려서 거북이가 있던 자리에 도달해 보지만 거북이는 그동안 조금 더 앞으로 나가 있다. 따라서 이런 과정을 아무리 오래 반복해도 거북이는 항상 아킬레우스 앞에 있게 되기 때문에 아킬레우스는 영원히 거북이를 따라잡을 수 없다.

'날아가는 화살은 정지해 있다'는 역설 또한 널리 알려진 역설이다. 활시위를 떠난 화살이 과녁을 향해 날아가는 동안 이 화살은 공간의 어떤 점을 차지해야 한다. 그리고 화살이 공간을 차지하고 있기 위해서는 정지해 있어야 한다. 시간과 공간을 아주 작은 단위로 분할하는 것이 가능하다면 화살이 점유해야 할 공간도 무한히 작은 단위로 나누는 것이 가능하기 때문에 화살은 무한히 많은 공간들을 점유하거나 통과해야 하는데 그것은 가능하지 않다는 것이다. 제논은 이러한 부조리한 결과가 나온 것은 시간과 공간을 포함한 만물이 작은 단위로 나눌 수 있는 존재라는 전제가 잘못되었기 때문이라고 주장하고, 따라서 만물은 통일된 하나여야 하며 운동이나 변화는 일어나지 않아야 한다고 주장하였다.

4 '수'를 중요시한 피타고라스학파

피타고라스(Pythagoras, BC 582~BC 497)는 BC 560년경 에게 해의 사모스 섬에서 태어났으며, 이탈리아 남쪽에 있는, 그리스 식민지 크로톤에서 엄격한 단체 생활을 하는 비밀교단에 입단하여 그 종교단체의 지도자가 되었다. 그 종교단체에서는 구성원들에게 채식을 하도록 했으며, 술을 마시지 못하도록 했고, 동물성 원료로 만든 옷도 입지 못하도록 하였다. 그들은 신발을 신지 않고 생활했으며, 가난하고 검소하게 살았던 것으로 전해진다.

피타고라스는 젊은 시절에 이집트와 메소포타미아 지방을 여행하였다. 그가 "만물은 수이다."라고 선언할 수 있었던 것도 이 여행에서 받은 영향으로 보고 있다. 피타고라스학파는 수(number)를 우주의 모델이며 수의 양과 형상이 자연물의 형식을 결정한다고 보았다. 그리고 수는 양적인 크기를 가지는 것과 마찬가지로 기하학적인 모양도 가지고 있어서 수를 자연물의 형식임과 동시에 형상이라고 이해하였다.

피타고라스(Pythagoras, BC 582?~497?)

그리스의 종교가·철학자·수학자로 에게 해의 사모스 섬에서 출생하였다. 그는 남이탈리아의 그리스 식민지 크로톤에서 비밀교단을 결성하여 종교 지도자가 되었고, 그 후 메타폰티온으로 이주하여 그곳에서 생애를 마쳤다. 그의 종교적 교리는 윤회와 사후의 응보로서 동시에 인간과 동물과의 유사성을 강조하고 육식을 금하였다. 이론적 방면의 연구에서는 음악과 수학을 중시하였는데, 음악에서는 일현금에 의하여 음정이 정수비를 이루는 현상을 발견하고 음악을 수학의 한 분과로 보았다. 저서를 남기지 않았기 때문에 그의 업적이 그 자신의 것인지 또는 초기 제자들의 것인지는 확인할 수 없다. 피타고라스는 만물의 근원을 '수'로 보았다. 그들이 말하는 수는 자연수로 이들 수와 기하학에서의 점과를 대응시켰다. 오늘날까지 알려진 피타고라스의 정리도 그 자신의 업적인지 제자들의 업적인지는 불분명하며 그들이 어떻게 이 정리를 증명했는지도 알려져 있지 않다. 오늘날 알려진 피타고라스 정리의 증명법은 유클리드가 증명한 것이다.

피타고라스학파는 우주를 세 부분으로 나누어, 달 아래 세계인 우라노스(Uranos), 달 위의 세계인 코스모스, 그리고 신들이 사는 올림포스로 이루어져 있다고 보았다. 지구와 천체를 포함한 우주 전체는 구형이라고 하였는데, 그것은 구형이 가장 완전한 기하학적 입체이기 때문이라고 하였다. 천체가 구형이고 원 운동을 하여야 한다는 그들의 공리는 아리스토텔레스를 거쳐 케플러가 행성의 타원 운동을 발견할 때까지 오랜 시간 동안 인간의 사고를 지배한 원리가 되었다.

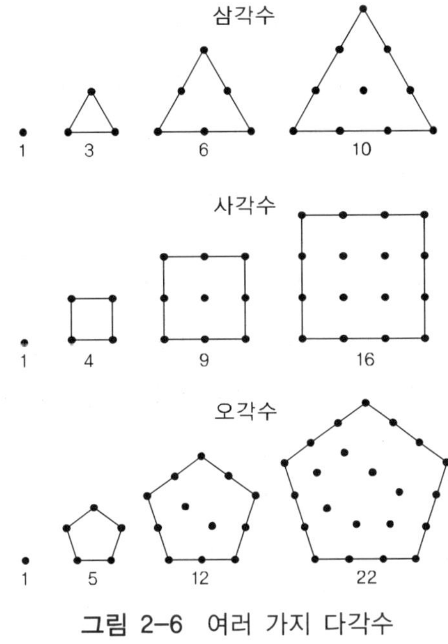

그림 2-6 여러 가지 다각수

피타고라스학파는 특히 자연수와 분수에 관심을 가지고 있었다. 그들은 수 중에서 자연수와 분수로 된 유리수를 집중적으로 연구하였는데, 그 중에서도 가장 관심을 둔 것은 다각수와 완전수였다. 다각수에는 1, 3, 6, 10과 같이 정삼각형을 만들 수 있는 점의 개수를 나타내는 삼각수가 있다. 그들은 특히 한 변이 4개의 점으로 이루어진 정삼각형을 이루는 점의 개수를 나타내는 10을 신성한 수로 여겨 이 수에 대고 맹세를 하였다고 전해진다.

피타고라스학파는 또한 삼각수 외에도 정사각형을 만드는 점의 수를 나타내는 1, 4, 9 등과 같은 사각수에도 관심을 가졌으며, 그 외에도 정오각형을 만드는 점의 개수를 나타내는 오각수, 직사각형을 만드는 헤테로메케, 사각형을 밑바탕으로 하는 피라미드 수, 정육면체를 바탕으로 하는 제단 수 등 여러 가지 다각수의 연구에도 관심을 기울였다.

피타고라스학파는 어떤 자연수의 약수의 합이 그 수보다 작은 수는 불완전수이고, 약수의 합이 그 수보다 큰 것은 초과수라고 하였다. 그리고 약수의 합이 그 수와 같은 수를 완전수라고 하였다. 6과 28과 같은 수가 완전수이다. 피타고라스는 496, 8128이 세 번째와 네 번째 완전수라는 것을 밝혀냈을 뿐만 아니라 이 완전수들은 모두 연속하는 정수의 합으로 나타낼 수 있다는 사실도 알아내었다.

후에 유클리드는 모든 완전수는 $2^n \times (2^{n+1} - 1)$—이런 식으로 나타낼 수 있는 모든 수가 완전수인 것은 아니다.—와 같은 식으로 나타낼 수 있다는 것을 밝혀내어 더 많은 완전수를 찾아낼 수 있는 길을 열었다. 현대에 와서 컴퓨터를 이용하여 아주 큰 완전수를 찾아내기도 하였다. 피타고라스는 약수의 합이 자연수보다 1 작은 불완전수는 많이 있지만 약수의 합이 1 큰 초과수는 존재하지 않는다는 것도 알아내었다.

완전수가 특별한 수학적 의미를 가지지 않는데도 피타고라스를 비롯한 그리스인들이 큰 관심을 기울여 연구한 것은 이것이 진정한 수의 성질을 규명하는 실마리를 제공할 것으로 생각했기 때문이었다. 피타고라스학파는 또한 친화수를 찾아내었다. 친화수는 상대수의 약수의 합이 자신이 되는 두 수를 말한다. 예를 들어 220과 284는 친화수이다. 220의 약수의 합은 284이고 284의 약수의 합은 220이다. 피타고라스 시대에는 친화수로 이 한 쌍의 수만 알려져 있었다.

피타고라스학파는 여러 가지 수에 특별한 의미를 부여하기도 하였다. 남자를 나타내는 수는 3, 여자를 나타내는 수는 2, 따라서 남녀가 결합하는 결혼을 나타내는 수는 3+2, 즉 5라고 하였다. 또 정의는 4, 사랑과 우정은 8이라고 하였다. 그들은 10을 우주의 규준이며 사람과 신의 섭리의 힘이라고 생각하여 오각형과 함께 이 학파의 상징으로 삼았다. 10을 이렇게 중요하게 생각한 것은 10이 1과 최초의 짝수인 2, 그리고 1을 제외한 최초의 홀수인 3, 최초의 제곱수인 4를 합하여 이루어진 수이기 때문이었다.

그림 2-7 피타고라스와 음악

피타고라스는 숫자들 상호관계뿐만 아니라 수와 자연의 상호관계에도 많은 관심을 보였다. 그는 음과 숫자의 관계를 연구하던 중에 처음으로 자연과 숫자 사이의 상호관계를 발견했던 것으로 전해진다. 당시의 악기 중에는 4개의 현으로 되어 있는 테트라코드가 가장 보편적이었다. 피타고라스학파는 두 개의 음을 동시에 들으면 조화로운 소리와 조화롭지 않은 소리가 있다는 것을 알고 있었다. 그들은 수의 조화와 음의 사이의 관계를 밝혀내기 위한 다양한 실험을 했다.

4세기에 활동했던 시리아의 철학자로 『피타고라스의 생애』를 저술한 이암블리코스(Iamblichos, 250?~330?)의 기록에 의하면, 피타고라스는 어느 날 우연히 대장간 앞을 지나가다가 망치로 쇠를 두드리는 소리를 듣게 되는데, 시끄러운 망치소리 속에 조화로운 소리가 섞여 있다는 것을 알아차리게 된다. 그는 즉시 대장간으로 달려가 조화로운 소리를 내는 망치를 분석하였고, 그 결과 조화로운 소리들 사이에는 간단한 수학적 관계가 성립한다는 결론을 내렸다. 즉 두 망치의 무게가 간단한 분수로 표현되는 경우에는 조화로운 소리가 난다는 것이었다. 이렇게 해서 피타고라스는 음악의 모든 조화음의 진동수가 간단한 정수비를 이룬다는 사실을 밝혀내었다.

이암블리코스의 이 기록은 그 사실 여부 때문에 아직도 논란이 되고 있지만, 이것은 피타고라스가 처음으로 자연현상을 지배하는 수학법칙을 찾아냈다는 것을 뜻하는 것이다. 모든 자연현상 뒤에는 그것을 지배하는 수학법칙이 있다고 생각하고 자연을 연구하는 것은 자연 속에 숨어 있는 수의 조화를 밝혀내는 것이라고 생각한 피타고라스 주의자들의 우주관은 후에 천문학 혁명의 사상적 바탕이 되었다. 특히 케플러는 수의 조화로 이루어진 우주에 대한 믿음이 대단해서 자연계, 특히 태양계를 지배하는 수의 조화가 있을 것이라고 믿고 관측된 자료에서 이 조화를 찾아내려고 노력하였고, 그 결과 행성의 운동에 관한 케플러의 3법칙을 발견하게 되었다.

자연을 수의 조화로 파악하려는 피타고라스 주의자들은 무리수를 발견하고 당황했다고 전해진다. 직각 삼각형의 빗변의 제곱은 다른 두 변의 제곱의 합과 같다는 피타고라스의 정리에 의하면, 한 변의 길이가 1인 직각 이등변 삼각형의 빗변의 길이는 $\sqrt{2}$ 가 되어야 하는데 이것은 크기를 결정할 수 없는 무리수이므로 수의 조화라는 그들의 소박한 자연관에 충격을 주었을 것이다. 그들은 무리수를 신의 저주라고 생각하고 무리수를 발견한 사람을 죽여 버렸다고 전해지기도 한다.

5 진공과 원자를 주장한 원자론자들

그리스시대의 원자론은 에게 해 북부의 항구 압데라에서 시작되었다. 최초의 원자론자였던 루키포스(Leucippus, BC 440년경)는 밀레투스에서 이주하여 이곳에 정착했던 것으로 알려져 있다. 그러나 루키포스가 주장한 원자론의 자세한 내용에 대해서는 전해지는 것이 없어서 알 수가 없다. 루키포스의 제자였던 데모크리토스(Democritus, BC 420년경)는 압데라에서 BC 500년경에 태어나 BC 404년경에 사망하였다. 그러나 데모크리토스 또한 출생 연대를 두고 일부 학자들이 BC 460년 이전에 태어나지 않았으며, 소크라테스를 만나러 아테네에 갔을 때는 너무 수줍어한 탓에 자신을 소크라테스에게 소개하지 못했다고 주장하고 있어, 그 정보가 확실하지 않다.

루키포스와 데모크리토스의 원자론은 세상이 원자와 진공으로 이루어져 있다는 생각에 기초를 두고 있다. 따라서 자연은 빈 공간인 진공에 물질의 덩어리인 원자가 떠 있는 것이라고 설명할 수 있다. 원자는 만물을 이루는, 더 이상 쪼갤 수 없고 창조도 파괴도 할 수 없는 알맹이로, 그 수와 형태는 무한히 많다고 하였다.

원자론자들은 원자는 종류에 따라 크기, 모양, 무게가 다르며, 허공 속의 운동에 의해 소용돌이치고 있어서, 큰 원자는 중심으로 밀려 들어가 지구를 형성하고 물, 공기, 불과 같은 훨씬 작은 원소는 바깥쪽으로 밀려나서 지구의 주변에 소용돌이를 만들었다고 하였다. 그들에 따르면 인간도 그 생명은 원시의 축축한 것에서 발달되었으며, 우주 가운데 소우주라고 하였다. 따라서 인간에게는 모든 종류의 원자가 들어 있어서 끊임없이 발산되고 섭취된다고 하였다.

원자론자들은 맛을 보고, 냄새를 맡고, 소리를 듣는 것과 같은 자연현상을 모두

데모크리토스(Democritos, BC 460?~BC 370?)

고대 그리스의 자연철학자로 압데라에서 출생하였다. 낙천적인 기질 때문에 웃는 철학자라는 별명이 있으며, 스승 루키포스와 함께 고대 원자론을 확립하였다. 그의 주장에 따르면 세상은 진공과 원자로 이루어져 있으며, 원자는 모양, 위치, 크기와 같은 기하학적 성질에 의해 구별할 수 있다. 진공 속에서의 원자의 운동에는 측면 운동, 원 운동, 소용돌이 운동이 있고, 이때 비교적 가벼운 원자는 바깥으로 나가 공기, 불, 하늘이 되고, 비교적 무겁고 큰 원자는 안쪽으로 밀려들어가 대지가 된다. 이런 그의 원자론은 유물론의 출발점이며, 후세 과학사상에 많은 영향을 끼쳤다.

원자론을 이용하여 설명하려고 노력하였다. 맛을 느끼는 것은 물질의 원자들과 입의 원자들이 접촉한 결과로 나타나는 것이며, 소리는 원자의 운동이 공기를 자극하고 이 공기의 자극이 귀에 전달되어 나타나는 현상이라고 설명하였다. 그들은 혀에서 맛을 느낄 수 있는 것은 음식물의 미각 원자가 혀의 영혼 원자와 접촉하면서 맛이 생긴다고 하였다. 그들은 자극성이 있는 음식은 뾰족하고 울퉁불퉁한 원자들로 구성되어 있고, 단맛이 있는 음식은 부드럽고 매끈한 원자로 이루어졌다고 하였다. 이 설명에 의하면 시각도 눈에서 튀어 나가는 원자와 물체의 원자가 충돌해서 변형된 원자가 망막을 자극해서 일어난다.

그들은 또한 물질이 서로 다른 것은 물질을 이루는 원자의 종류가 다르거나 원자의 배열방식이 다르기 때문이라고 생각하였다. 만약에 원자들이 서로 닿을 수 있을 만큼 가까이 배열되면 밀도가 높은 물질이 되고, 원자들 사이의 거리가 멀면 연한 물질이 된다고 설명하였다.

원자론자들은 심지어는 인간의 영혼도 원자로 이루어졌다고 주장하고, 영혼은 각기 서로 결합하기 힘든, 빠르게 움직이는 구형의 원자로 이루어져 있다고 하였다. 영혼을 구성하는 원자들은 신체에 온기를 유지하고, 온기가 온몸을 순환하도록 한다고 설명하였다.

원자론자들의 우주관은 기계론적 우주관이었다. 원자론자들은 운동은 원자의 고유한 성질의 하나이며, 모든 변화도 원자의 본성에 의해 일어나며 외적인 작용은 필요 없다고 하였다. 그들은 원자의 형태, 위치, 질서와 운동, 결합, 분리를 모든 물질적 현상의 근원이라고 생각하고 자연을 탐구하는 것은 이런 근원에 대한 탐구라고 생각하였다. 원자론자들은 신을 자연에서 배제하려 했을 뿐 아니라 신의 존재마저도 의심을 하고 물질의 존재와 변화에 신의 의도에 의한 목적이 내재되어 있을 수 없다고 주장하였다. 그들의 이런 무신론적 생각이 후에 아리스토텔레스를 비롯한 아테네 철학자들에게 배척을 받는 큰 이유가 되었다.

이들의 원자론이 오늘날의 원자론과는 근본적으로 다른 면이 많지만 다른 자연철학들 중에서 현대의 과학과 가장 흡사한 내용을 담고 있으면서도 더 이상 발전될 수 없었던 것은 그들의 원자론이 실험과 자연 관찰에 기초하지 않고 형이상학적 추론에 지나지 않은 데 가장 큰 이유가 있다. 하지만 그들의 극단적인 무신론적 태도 또한 한몫하였다. 아리스토텔레스와 그의 추종자들의 비판에 의해 자취를 감추었던 원자론은 알렉산드리아 시대의 에피쿠로스(Epicuros, BC 341~BC 270)와 『자연의 본질에 관하여』를 쓴 로마의 시인 루크레티우스(Titus Lucretius Carus, BC 99~BC 55)에 의해 명맥이 이어졌지만, 19세기 초반에 가서 돌턴에 의해 다시 제기될 때까지는 무대 뒤로 물러나 있었다.

6 초기 아테네의 과학과 기술

이오니아(Ionic)가 BC 530년에 페르시아에 점령당하여 자연철학의 중심이었던 밀레투스(Miletus)가 파괴되고 마라톤 전쟁에서 페르시아를 이긴 아테네가 그리스에서 패권을 차지하게 되자, 학문의 중심도 자연히 아테네로 옮겨 오게 되었다. 이에 따라 아테네로 와서 밀레투스의 자연철학을 전한 밀레투스의 학자들이 많았는데 그 중 대표적인 인물이 아낙사고라스(Anaxagoras, BC 488~BC 428)이다. 아낙사고라스는 아테네의 실권자였던 페리클레스(Pericles, also spelled Perikles, BC 495~BC 429)의 보호를 받으며 활동하였다. 그는 지구가 원형이 아닌 원통형이라고 했으며, 태양은 그리스보다 그리 크지 않고 달은 빛을 받아서 반사하는 것이라고 하였다. 또한 천체를 이루는 물질은 지구의 그것과 별반 다르지 않으며 천체에 신성이 있는 것이 아니라고 하였다. 이로 인해 아낙사고라스는 신에 대한 불경죄로 처형될 위기에 처하기도 했지만 페리클레스의 도움으로 추방을 당하는 형을 받아 아테네를 떠났다.

BC 430년경에는 메톤(Meton, BC 460?~?)이 고대 그리스에서 사용되던 태음력을 태양력에 일치시키기 위한 역법을 제정하여 발표하였다. 메톤은 19년이 235삭망월과 거의 일치한다는 것을 알아내고 19년에 7번 윤달을 넣었는데 이것을 메톤주기라고 한다. 이러한 순환주기는 이미 고대 중국에서는 알려져 있던 것으로, 바빌로니아를 거쳐서 그리스에 알려진 것이라고도 하는데 확실치는 않다.

이탈리아의 남부에 있는 시칠리아 섬의 아크라가스에 살던 엠페도클레스(Empedocles, BC 500~BC 430)는 의사였다고 전해진다. 그러나 그의 가장 큰 공헌은 의학에서가 아니라 과학에서 발견되며, 그것은 바로 4원소설이다. 그는 파르메니데스의 견해를 수정하여 절대 변하지 않는 4개의 원소와 두 가지의 힘이 우주를 이루는 근본물질이라고 하였다. 4원소는 흙, 공기, 불, 물이며, 두 가지 힘은 사랑과 미움, 즉 인력과 척력이었다.

엠페도클레스는 우주의 발달에는 4단계가 있다고 주장하였다. 그에 따르면, 처음에는 구형의 우주 내부에 네 가지 원소가 뒤섞여 있다가, 밀어내는 힘(미움)에 의해 점차 분리가 된다. 다음 단계는 원소들이 완전히 분리된 시기이고, 다음에는 원자들이 다시 인력(사랑)에 의해 부분적으로 혼합하는 네 번째 단계가 이어진다. 엠페도클레스는 만물은 4원소가 양적으로 갖가지 비례로 결합하여 만들어진다고 하였다.

엠페도클레스가 제기한 또 하나의 흥미 있는 것은 동물의 창조에 관한 것이었다. 그에 의하면, 동물들은 부분들이 먼저 만들어지고 이것들이 모여 전제가 만들어지는데, 처음에 만들어진 동물은 괴물이었다. 그러나 최초의 괴물은 환경에 적응하지 못하여 사라졌고, 환경에 적응할 수 있는 조화로운 동물이 새로 만들어졌다. 그는 또한 우리 몸속의 피가 밀물과 썰물처럼 순환한다고 주장하기도 하였다.

아테네 철학에서 소크라테스(Socrates, BC 469~BC 399)가 차지하는 비중은 매우 크다. 그의 제자 플라톤이 그를 가리켜 '가장 지혜로우며 의로운 사람'이라고 평한 것만으로도 그가 후세 철학자들에게 많은 영향을 끼쳤음을 짐작할 수 있다. 소크라테스시대에는 펠로폰네소스 전쟁에서 아테네가 스파르타에게 패함으로 인해 아테네인들이 많은 가치적 혼란을 겪게 되었다. 이에 따라 철학자들의 가장 중요한 임무는 사회문제를 해결하고 질서를 회복하며 가치관을 확립하는 쪽으로 바뀌게 되었고, 따라서 그들의 관심은 자연의 문제에서 정치·윤리의 문제로 바뀌었다.

그림 2-8 소크라테스

따라서 철학과 윤리 분야에서 가장 큰 영향을 끼쳤던 소크라테스도 자연철학에는 무관심하였다. 특히 그는 천문학은 시간낭비라고 하면서 인간이 자신의 존재목적에 대해 얼마나 무지한가를 깨닫는데 주력해야 한다고 하였다. 그는 가장 확실하다고 믿어지는 사실에서 출발하여 분명하고 논리적인 규

그림 2-9 히포크라테스

칙들을 사용해서 논증해 나가는 논증법을 창안하였다. 따라서 자연현상을 자세히 관찰하여 자연을 배워가기보다는 추상적이고 이론적으로 증명해 가는 방법을 발전시켰다. 몇몇 학자들은 이러한 경향이 자연을 관찰하고, 가정하고, 실험하면서 자연을 알아가야 하는 자연과학의 발전에 저해가 되었다고 주장기도 한다.

히포크라테스(Hippocrates, 약 BC 460~BC 375)는 그리스 과학자들 중에서 가장 널리 알려진 사람 중의 한 사람이다. BC 5세기경에 코스 섬에서 활동한 히포크라테스와 그의 동료, 그리고 제자들의 가르침은 60권으로 된 『히포크라테스 전집』에 잘 보존되어 있다. 이 책의 상당 부분은 히포크라테스 자신이 썼지만 많은 부분은 그의 아들과 제자들이 쓴 것으로 알려져 있다. 히포크라테스와 그의 제자들은 인체에는 피, 흑담즙, 황담즙, 점액의 네 가지 체액이 있다고 주장하고, 이것들이 균형을 이루면 건강하고 균형이 깨지면 질병이 된다고 설명하였다. 히포크라테스는, 의사들의 임무는 자연의 치유능력을 이용하여 질병이 빨리 치료될 수 있도록 돕는 것이라고 주장하였다.

히포크라테스와 그의 추종자들이 개인의 치료보다는 보편적인 지식에 더 관심을 가졌었다고 비판하는 사람들도 있지만 그들이 과학적인 방법을 질병의 치료에 도입한 것은 사실이다. 마술과 신비주의가 지배하던 당시에 이들을 배격하고 과학적 방법으로 치료할 것을 권했으며, 특히 그가 진료하고 치료했던 사항을 기록으로 남기기 시작했던 것은 특기할 만하다.

히포크라테스 전집 중에서 가장 잘 알려진 것은 격언집이다. 그의 격언집은 우리에게 잘 알려진 "인생은 짧고 예술은 길다. 기회는 빨리 가버리고, 경험은 믿을 수 없으며, 판단은 어렵다."라는 말로 시작된다. 그의 격언집에는 수 세기 동안 의사들의 행동지침서로 사용되어 온 "의사는 자신의 의무를 다해야 할 뿐만 아니라 환자와 간병인, 그리고 외부의 협조를 보장해야 한다."라는 말도 들어 있다.

7 플라톤의 기하학적 자연관

플라톤(Plato, BC 428~BC 348 또는 347)은 아테네의 귀족집안에서 태어나 정치에 뜻을 두었으나 스승이었던 소크라테스가 처형되는 것을 보고 정치에 미련을 버리고 철학에 몰두하기 시작했다고 한다. 그는 BC 385년경 사설학원인 아카데미아를 개설하고 교육에 전념하였다. 플라톤은 스승이었던 소크라테스가 전혀 저서를 남기지 않았던 것과는 대조적으로 30여 편의 저서를 생전에 간행했는데, 현재까지 전해지는 이 저서들로 인해 소크라테스의 사상과 학문이 후세에 전해질 수 있었다. 그의 저서는 거의 모두가 여러 가지 논제를 중심으로 철학적 논의를 하는 것으로, '대화 편'이라 불린다. 플라톤은 인간의 윤리나 덕과 같은 사회적인 문제에 주로 관심을 두었던 소크라테스 철학의 계승자였지만, 자연철학자들과 피타고라스학파의 영향도 받아 자연철학에도 관심을 갖게 되었다.

플라톤의 철학과 과학의 중심은 이데아론이었다. 플라톤은 우주가 이데아의 세

▪ ▪ 플라톤(Plato, BC 428~BC 348 또는 347) ▪ ▪

고대 그리스 아테네의 철학자로, 젊었을 때는 정치가를 지망하였으나, 스승이었던 소크라테스가 처형되는 것을 보고 정계에 대한 미련을 버리면서 철학을 탐구하기 시작하였다. BC 385년경 아테네의 근교에 아카데미아를 설립하고 연구와 교육에 전념하였다. 그는 두 번이나 시칠리아 섬을 방문하여 시라쿠사의 참주 디오니시오스 2세를 교육, 이상 정치를 실현시키고자 했으나 좌절되었다. 그의 생전에 간행된 30여 편에 이르는 저서는 그대로 현재까지 보존되었는데, 1편을 제외하고는 모두가 일종의 희곡작품으로서 여러 가지 논제를 둘러싸고 철학적인 논의가 오간 것이므로 '대화 편'이라 불린다. 대화 편의 주요 등장인물은 소크라테스이다. 대화 편은 연대에 따라 소크라테스를 중심으로 주로 '덕이란 무엇인가?'를 논하는 『소크라테스의 변명』, 『크리톤』, 『메논』, 『프로타고라스』 등의 전기 대화 편, 그리고 소크라테스에 의해 이데아론이 펼쳐지는 『파이돈』, 『파이드로스』, 『향연』, 『국가론』 등의 중기 대화편, 영혼과 이데아설이 소크라테스의 모습과 함께 점차 사라지는 것처럼 보이는 『파르메니데스』, 『테아이테토스』, 『소피스테스』 등의 후기 대화 편으로 나눌 수 있다.

계와 현상계로 구성되어 있다고 했으며, 이데아의 세계는 모든 것이 순수하고 완전무결하며 영원한 데 반해 현상계는 불완전하고 가치 없는 세계여서 노력에 의해 극복되어야 할 세계라고 하였다. 현상계는 이데아의 세계를 서투르게 본 땄기 때문에 완전하진 않지만 이데아의 속성을 부분적으로 가지고 있다고 보았다. 현상계는 이데아의 그림자에 불과하다는 것이 그의 생각이었다. 따라서 우리의 감각기관이 관찰하는 것은 참된 실재가 아니라 이데아의 불충분한 모방에 지나지 않는다고 하였다.

그의 설명에 따르면, 영혼은 본래 이데아의 세계에서 살고 있었는데 실수로 현상계에 추락해서 인간의 육체에 들어가게 되었다. 따라서 현상계에 살면서 이데아의 세계에서 본 것 같은 것을 가끔씩 경험하게 되는데 그것을 실마리로 이데아 세계를 회복하려고 하지만 그것은 불가능하다. 그의 이런 생각은 아리스토텔레스에게 영향을 주어, 달 위의 세계와 달 아래 세계를 전혀 다른 자연 법칙이 지배하는 이질적인 세계로 파악하게 하였다.

또한 플라톤은 당시의 많은 학자들이 우주는 영원한 것이라고 생각했던 것과는 달리 우주가 창조되었다는 생각을 가졌다. 플라톤의 대화 편 가운데 만년에 나온 『티마이오스』는 자연철학에 관한 책인데, 이 책에서 플라톤은 우주의 창조의 문제를 다루었다. 『티마이오스』는 3부로 구성된 대화 편으로 1부에는 아틀란티스 신화에 대한 설명이 있고, 2부에서는 4원소론을 포함하여 물질의 구성에 대하여 설명하고 있으며, 3부에서는 인간의 육체와 영혼의 문제를 다루고 있다.

『티마이오스』에서 플라톤은 우주가 태초에 창조주 데미우르고스(Demiurgos)에 의해 창조되었다고 주장하였다. 그러나 이러한 플라톤의 우주 창생론은 우주 창조의 과정을 밝히기 위한 것이 아니라 우주가 도덕적인 존재임을 강조하기 위한 것이었다고 주장하는 학자들도 있다. 『티마이오스』에 의하면 데미우르고스는 무(無)로부터 우주를 창조한 것이 아니라 뒤죽박죽되어 있는 원질을 가지고 기하학적인 방법으로 4원소를 만들었다고 하였다. 다음에는 이 4원소(불, 흙, 공기, 물)를 기초로 해서 모든 물질을 만들었다고 보았다. 특히 그는 4원소가 기하학적으로 구성되어 있으며 상호 가변적이라고 하였다.

예를 들어 흙은 이등변 직각 삼각형 24개로 이루어진 정육면체라고 했으며, 나머지 3원소는 60도 30도의 각을 갖는 직각 삼각형과 정삼각형으로 이루어진 정사면체(불), 정팔면체(공기), 정이십면체(물)로 이루어졌다고 하였다. 플라톤은 만물의 재료가 되는 4원소는 상호 가변적이라고 주장하여 4개의 원소가 고정 불변이라고 했던 엠페도클레스의 4원소설을 발전시켰다. 4원소는 불과 공기, 공기와 물, 물과 흙이 제각기 같은 비율로 우주에 존재한다고 생각하였다. 플라톤의 원소설이 원자론자의 원자설과 다른 점은, 원자론자들은 우주의 창생과 그 안에서 일어나는 일에 목적이 있을 수 없다고 본 데 반해 플라톤은 신이 목적을 가지고 우주를 창조했으며 따라서 그 안에서 이루어지는 모든 일에는 선한 목적이 있다고 하였다. 이런 목적론적 세계관은 소크라테스의 영향이라고 생각된다.

플라톤의 생물 창조론에는 매우 재미있는 면이 있다. 그는 인간이 모든 동물 중 맨 먼저 나타났으며, 머리는 인간의 모든 부분 중 가장 먼저 만들어졌다고 생각하였다. 머리는 영혼을 간직한 기관이며, 거의 구형에 가깝기 때문이다. 그 밖의 다른 신체 부분은 비천한 영혼을 지니며 인간의 동물적 욕망을 주관한다고 하였다. 다른 동물은 인간이 퇴보함에 따라 생겨났으며, 인간의 영혼은 하급의 신체를 가진 것으로 옮아간다고 하였다. 플라톤은 인간이 물고기에서 생겨났다고 하는 아낙시만드로스를 공격하여 물에 사는 동물은 가장 무지한 인간에게서 생겨났다고 하였다.

플라톤은, 우주는 전체로 볼 때 구형이며 우주가 회전운동을 하고 있는 것은 원운동이 가장 완전한 운동이기 때문이라고 생각하였다. 그는 구형의 지구가 우주의 중심에 고정되어 있고 태양과 달을 포함한 행성들이 서로 다른 속도로 지구 주위를 돌고 있다고 믿고 있었다. 또한 천체를 포함하여 모든 물질은 4원소로 되어 있다고 생각하였다. 성스러운 천체들은 불로 구성되어 있을 뿐만 아니라 영혼도 가지고 있다고 하였다.

플라톤의 이런 생각은 자연 관찰이나 실험에 기초를 두지 않은 추론이지만 우주

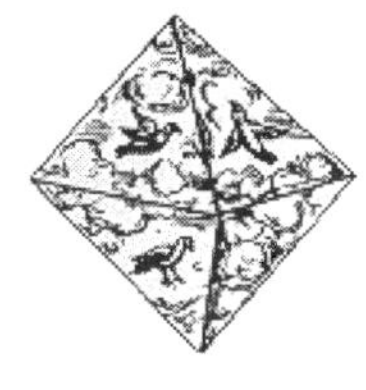
공기–정팔면체

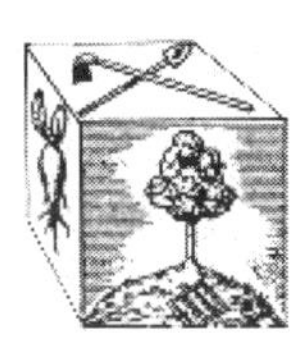
흙–정육면체

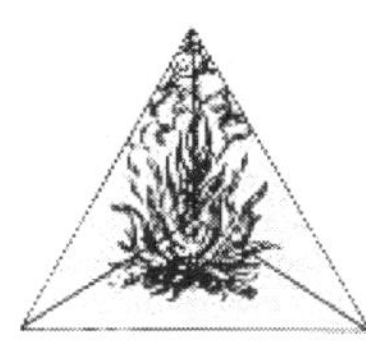
불–정사면체

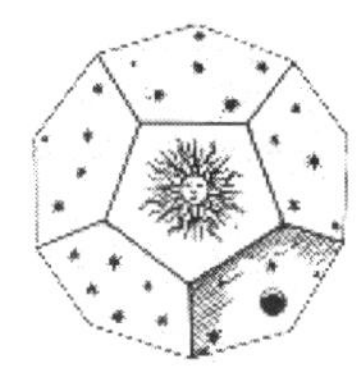
우주–정십이면체

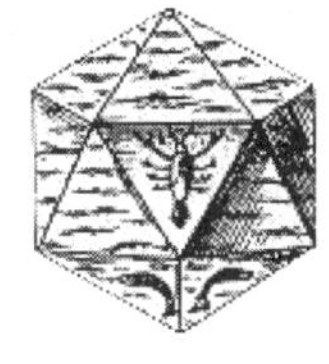
물–정이십면체

그림 2–10 4원소와 정다면체

가 기하학적으로 구성되어 있다는 그의 생각은 2,000년 후 천문학 혁명에 많은 영향을 주게 된다. 특히 코페르니쿠스와 케플러 같은 천문학자들은 우주가 기하학적으로 되어 있다는 플라톤의 생각에 동의하여 우주의 기하학적인 구조를 발견하려고 노력한 결과, 새로운 천문체계를 발견할 수 있었다.

그러나 플라톤은 감각을 통해서 지각되는 사실보다 지성으로 인식하는 것이 더 우위에 있다고 생각하였다. 따라서 우주에 대해 철학적으로 사색하는 것이 천체의 운동을 관찰하는 것보다 더 정확한 지식을 알게 한다고 생각하였다. 그는 특히 철학적 사색의 과정으로 수학을 중요시하였다. 플라톤의 이러한 생각은 수학을 과학에 도입시키는 데는 큰 공헌을 했지만 자연을 관찰하고 실험하는 귀납적인 과학을 발전시키는 데는 전혀 도움이 되지 않았다. 따라서 플라톤이 과학의 발전에 오히려 장애가 되었다고 지적하는 사람들도 많이 있다.

지구를 중심으로 한 동심천구설의 플라톤 천문학은 후세에 많은 영향을 끼쳤다. 그러나 그의 중요한 후계자들마저도 감각을 이용한 관측보다는 사고과정을 중요시한 플라톤의 견해에서 멀어져갔다. 특히 플라톤의 뛰어난 제자 중의 한 사람이었던 에우독소스는 천제운동을 설명하기 위해서는 천체의 운동을 관측하는 것이 중요하다고 생각하였다. 에우독소스는 수량적인 천문학과 사변적인 우주론을 통일하고, 우주 천체의 위치를 결정할 때 관측에 중점을 둔 최초의 인물이었다.

에우독소스(Eudoxos of Cnidos, BC 400~BC 350)는 이오니아 지방에서 주로 활동하였는데 플라톤에게 배운 기간은 그리 길지 않은 것으로 보인다. 그는 천문학뿐만 아니라 수학과 기하학 부분에도 많은 공적을 남겼는데, 그 중에서도 기하학적인 공리와 정리를 제시하는 형식을 제안했고, 황금분할의 비율을 발전시킨 것으로 잘 알려져 있다. 에우독소스의 시대 이전에 이미 바빌로니아인들은 하늘에서 일어나는 복잡한 주기현상을 여러 개의 단순한 주기운동의 복합으로 설명하는 방법을 알고 있었다. 에우독소스는 이러한 주기운동이론을 발전시켜 개개의 단순한 주기운동을 설명하기 위해 원 또는 구형의 껍질을 가정하고 이러한 천구의 조합으로 천체의 복잡한 주기운동을 설명하려고 시도하였다.

예를 들어 어떤 구는 매일매일 관측되는 하늘의 일주 운동을 설명했고, 다른 구는 1개월, 1년, 또는 기타의 회전주기를 설명하였다. 천구는 모두 지구를 중심으로 하는 동심천구였다. 이 방법으로 에우독소스는 27천구를 사용하여 하늘의 여러 운동을 설명하였다. 즉 항성에는 1개의 천구를, 태양과 달에는 각각 3개의 천구를, 다섯 개의 이미 알려진 행성에는 각각 4개의 천구를 배당하였다. 관측이 계속되어 새로운 주기현상이 발견됨에 따라 이 체계는 점점 복잡해지지 않을 수가 없었다.

에우독소스의 문하생인 칼리포스(Callippus or Calippus, BC 370~BC 300년경)는 각 천체에 여분의 천구를 하나씩 더하여 총 34개의 천구를 만들었다. 아리스토텔레스는 여기에 22개의 천구를 더하였다. 그러나 동심천구설은 처음부터 피할 수 없는 문제점을 수반하고 있었다. 이 설에 따르면 천체는 언제나 지구로부터 똑같은 거리에 머물러 있어야만 하였다. 그런데 금성이나 화성의 밝기가 달라진다는 것은 훨씬 이전부터 알려져 있던 사실이다. 그것은 이들 행성이 지구에서 멀어지기도 하고 가까워지기도 한다는 것을 나타내는 것이었다. 그뿐만 아니라 일식은 때에 따라 개기일식과 금환일식으로 나타난다는 것이 관측되었다. 이 또한 지구로부터의 태양과 달의 상대적 거리가 변한다는 것을 보여주는 것이다.

칼리포스는 또한 계절의 길이를 정확하게 측정하여, 봄이 94일, 여름이 92일, 가을이 89일, 겨울이 90일이라는 것을 알아내고 이것은 태양의 속도가 일정하지 않기 때문이라고 하였다. 그는 19년이 235달 또는 6940일과 같다고 했던 메톤 주기를 수정하여 더 정확한 칼리포스 주기를 알아내었다. 칼리포스 주기는 메톤 주기보다 76년에 1일이 짧아서 19년은 6439.75일과 같게 되었고 이는 1년이 365.25일이라는 것을 뜻하였다. 칼리포스는 율리우스력이 제정되기 300여 년 전에 이미 이러한 주기를 알고 있었다.

8 고대 과학체계를 정립한 아리스토텔레스

아리스토텔레스(Aristotle, BC 384~BC 322)는 마케도니아의 왕이었던 아미타스 3세 시대의 궁정 의사의 아들로 태어났다. 당시의 의학은 가문의 전통에 의해 전해져 내려오고 있었기 때문에, 그도 어렸을 때부터 아버지에게서 의학의 기초를 배웠을 것이라고 짐작할 수 있다. 후에 생물학에 특별한 관심을 보였던 것도 어렸을 때 의학을 접했기 때문이 아닌가 생각된다. 아리스토텔레스의 아버지는 일찍 세상을 떠났으나 동료의 자식을 친자식처럼 돌보던 전통에 따라 아리스토텔레스는 아버지의 동료들에 의해 양육되었고, 17세가 되었을 때 아테네에 보내져 플라톤이 가르치는 아카데미아에서 20년 동안 공부를 하였다.

플라톤이 죽은 후 아리스토텔레스는 아카데미아를 떠났는데, 이를 두고 학자들 중에는 그가 아카데미아의 후계자가 되지 못한 것에 불만을 품고 아테네를 떠났다고 주장하는 이도 있지만, 그가 당시 외국인 신분이었던 것을 감안하면 신뢰하기 어렵다. 당시 아테네는 마케도니아와 정치적인 갈등이 많았는데, 이런 반(反)마케도니아적인 국민감정으로 인해 아테네를 떠났을 것이라는 주장이 설득력이 있다.

아테네를 떠난 아리스토텔레스는 소아시아의 아수스 지방의 새로운 아카데미아에서 가르치기도 하고 동료들과 철학연구 모임도 만들며 지냈다. 한때는 마케도니아의 필립왕의 부름을 받고 알렉산더 왕자의 가정교사를 하기도 했으나, 필립왕이 죽은 후 알렉산더가 즉위하자 소아시아의 스타지라에 돌아와 50세까지 머물렀다. 그 후 아리스토텔레스는 아테네로 돌아와 아테네의 교외에 리케이온을 창설하였는데, 이 학교에서는 보도를 거닐며 토론을 했기 때문에 이들을 '소요학파'라고 부른다. 알렉산더가 죽은 후 마케도니아에 대한 반감이 고조되자 아리스토텔레스는 다시 아테네를 떠났고, 다음 해에 위장병으로 세상을 떠난 것으로 알려져 있다.

아리스토텔레스의 생애와 학문은 오랫동안 유럽의 지적인 사고에 막대한 영향을

아리스토텔레스(Aristotle, BC 384~BC 322)

고대 그리스 스타게이로스 출신의 철학자로, 17세 때 아테네에 진출, 플라톤의 학원(아카데미아)에 유학하여 스승이 죽을 때까지 그곳에서 수학하였다. 플라톤의 사후 잠시 아테네를 떠났다가 BC 335년에 다시 아테네로 돌아와, 아테네 근교에 있는 리케이온에 학교를 개설하였다. 현재 남아 있는 저작의 대부분은 리케이온에서의 강의노트이다. 그의 스승이었던 플라톤이 초감각적인 이데아를 존중한 반면, 아리스토텔레스는 인간의 감각기관을 통하여 감각되는 자연물을 존중하고 이를 지배하는 원인들의 인식을 구하는 현실주의 입장을 취하였다. 그는 운동·변화하는 감각적 사물의 원인으로 질료인, 형상인, 작용인, 그리고 목적인이 있다고 주장하였다. 그는 자연물은 질료와 형상으로 이루어지고, 질료 내에서 형상이 자기를 실현해 가는 생성 발전의 과정으로서 자연의 존재는 파악된다고 하였다.

끼쳤기 때문에 많이 연구되어 왔다. 그의 학문적 경향은 몇 단계로 나누어 볼 수 있는데, 첫 단계는 플라톤적 시기로 플라톤에 몰입했던 시기이며, 다음은 플라톤의 영향에서 벗어나려는 과도기이고, 마지막 단계는 독자적인 성숙기이다.

플라톤의 아카데미아가 형이상학과 수학을 중시했던 반면, 아리스토텔레스는 차츰 경험과 관찰을 중요시하게 되었으며 이런 경향은 그의 생물학 연구에서 뚜렷이 나타난다. 플라톤이 세웠던 아카데미아와 아리스토텔레스가 세웠던 리케이온의 분위기는 바로 플라톤과 아리스토텔레스의 차이를 말해 준다. 아카데미아는 형이상학적이고 철학적이었던 데 반해, 리케이온은 현실적이고 과학적이었다.

아리스토텔레스의 리케이온에는 도서관과, 자연 자료들을 모아 놓은 박물관도 있었다. 플라톤은 우주의 실재를 아는 데는 지성의 추론만으로 가능하다고 생각했기 때문에 자연의 자료를 수집하고 관찰하는 것은 필요 없는 일이라고 생각하였다. 그러나 아리스토텔레스는 자연에 대한 통찰력을 얻기 위해서는 가능한 많은 구체적 사실들을 수집하는 것이 필요하다고 생각하였다. 아리스토텔레스는 이데아의 세계에 대해 플라톤과 생각을 달리하였다. 그도 이데아를 부정하지는 않았지만 현상계와 확연한 구분을 갖고 있던 초감각적인 이데아를 현상계로 끌어내려 현상계의 사물 안에도 이데아가 존재한다고 하였다.

아리스토텔레스는 사물은 질료(Matter)와 형상(Form)으로 이루어졌으며 이 질료와 형상 사이의 수많은 다른 조성비가 가능하고, 이 조성에 따라 서로 다른 물질이 되는데 형상의 비율이 높을수록 좋은 것이라고 하였다. 아리스토텔레스도 소크라테스나 플라톤과 마찬가지로 모든 사물에는 존재목적이 있다고 믿었는데 이 목적은 그 사물의 본질과 관계된다고 믿었다.

아리스토텔레스는 운동과 변화의 문제를 집중적으로 다루었는데 운동과 변화를 4가지로 구분하였다. 첫째 본질적인 변화, 둘째 수정에 의한 우연적 성질 변화, 셋째 양적인 변화인 성장, 마지막으로 위치의 변화에 해당되는 운동이 그것이다. 때로는 변화 전체를 하나의 운동으로 보기도 하였다.

또한 아리스토텔레스는 물질의 근원을 설명하기 위해 4원소 외에 4개의 성질을 제안했는데, 뜨거움과 차가움은 적극적인 성질이고 마름과 축축함은 소극적인 성질이라고 하였다. 4원소는 적극적인 성질과 소극적인 성질에서 각각 하나씩의 성질이 우세하다고 하였다. 예를 들면 불은 뜨거움과 마름의 성질이 우세하고 흙은 마

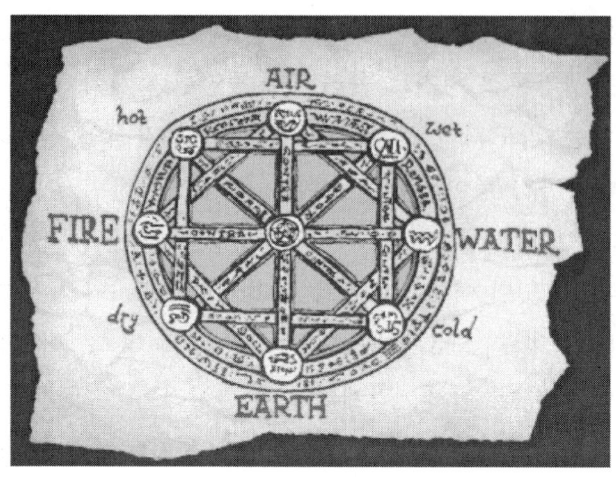

그림 2-11 4원소와 네 가지 성질

름과 차가움이 우세하다고 보았다. 따라서 4원소는 성질을 변화시키면 상호 변환될 수 있다고 보았는데 아리스토텔레스의 이런 생각은 중세 연금술사들의 이론적 근거가 되었다.

또한 아리스토텔레스는 무거운 것은 무거움을 갖고 있고 가벼운 것은 가벼움을 갖고 있어 가벼운 것은 우주의 중심에서 멀어지려는 성질이 있고 무거운 것은 우주의 중심으로 가까이 가려는 성질이 있다고 하였다. 4원소를 가벼워지는 순서대로 보면 흙, 물, 공기, 불이 되는데, 모든 사물이 제자리에 배열되면 더 이상 운동은 일어나지 않는다고 하였다.

아리스토텔레스는 사물의 운동을 이 제자리에서 이탈하는 운동인 강제적인 운동과 제자리로 돌아오는 운동인 자연스런 운동, 그리고 동물의 운동과 같이 의지에 의해 일어나는 자발적인 운동으로 나누었다. 강제운동을 계속하기 위해서는 힘이 계속 가해져야 하는데 힘은 접촉에 의해서만 전달이 가능하다고 보았다. 돌을 던질 때 돌이 손과의 접촉을 떠나서도 강제운동을 계속하는 것을 설명하기 위해 그는 물체가 공기를 밀면 공기가 뒤로 와서 미는데, 이때 미는 추진력이 조금씩 작아져서 마침내 자연운동인 낙하운동을 하게 된다고 하였다.

가벼운 물체는 가벼움이라는 성질을 갖고 무거운 물체는 무거움이라는 성질을 갖는다는 아리스토텔레스의 생각은 후에 뉴턴의 중력의 법칙에 의해 부정되었지만 그때까지 2000년 동안 유럽 사람들의 기본적인 자연관이 되었다. 또한 물체가 운동 상태를 유지하기 위해서 힘이 계속 가해져야 한다는 생각 역시, 뉴턴 역학에 의해 힘은 물체의 운동 상태를 유지하는 데 필요한 것이 아니라 물체의 운동 상태를 변화시키는 데 필요하다는 것이 밝혀질 때까지 일반적으로 받아들여지는 역학의 기본 원리였다.

아리스토텔레스는 달 아래 세계와 달 위의 세계를 분리해서 달 아래 세계는 4원소의 결합과 분리에 의한 무쌍한 변화가 있지만 달 위의 세계는 제5의 원소인 에테르로 이루어신 변화 없는 영원한 세계이고 이곳에서는 완전한 운동인 원 운동만 일어난다고 하였다. 후에 갈릴레이에 의해 달에도 산과 골이 있음이 관측되고 태양의 흑점의 변화가 관측되기까지의 오랜 시간 동안 땅 위에서의 물리학과 하늘의 천문학에 서로 다른 법칙을 적용하려 했던 것은 아리스토텔레스의 이런 생각의 영향이라 할 수 있다.

또 하나, 아리스토텔레스에 의해 관심 있게 다루어졌으나 잘못된 결론에 이르렀고 그의 잘못된 결론이 오랫동안 인간의 사고 활동에 걸림돌이 되었던 문제 중의 하나는 바로 진공의 문제였다. 원자론자들은 원자와 원자 사이는 아무것도 없는 진공이라고 해서 진공의 존재를 주장했는데, 당시의 대부분 학자들은 진공의 존재를 부정하였다. 특히 아리스토텔레스는 강력하게 진공의 존재를 부정하였다.

아리스토텔레스는 진공의 반증을 위해서 첫째, 진공에는 위치가 있을 수 없기 때문에 물체의 고유한 위치가 존재할 수 없고, 따라서 본래의 위치로 돌아가려는 자연운동이 있을 수 없는데 자유 낙하와 같이 힘을 가하지 않아도 운동하는 자연운동이 존재하는 것은 그 공간이 진공이 아니라는 증거라고 하였다. 둘째, 강제운동을 하는 물체의 속도는 가한 힘에 비례하고 저항에 반비례한다고 생각하였다. 그런데 진공에서는 저항이 0이어야 하므로 속도가 무한대가 되어야 하는데, 무한대의 속도란 있을 수 없으므로 진공은 존재할 수 없다고 하였다. 셋째, 투사체의 운동은 진공에서는 물체가 손을 떠난 후에는 더 이상 힘을 가해 줄 수 없으므로 가능하지 않은데, 실제로 던진 물체가 손을 떠난 후에도 운동을 계속할 수 있는 것은 공간이 힘을 전달해 주는 물질로 가득 차 있는 것을 의미하므로 진공은 있을 수 없다고 하였다. 넷째, 진공에서는 물체의 고유한 위치가 아무런 의미가 없으므로 제자리로 돌아가려는 자연운동의 정도가 같아서 무거운 물체와 가벼운 물체가 같이 떨어져야 하는데, 실제는 무거운 것이 먼저 떨어지고, 이것은 공간이 물체의 위치에 의미를 부여하는 물질로 가득 차 있다는 것을 뜻하는 것이라고 하였다. 그의 이런 귀류법에 의한 진공반증은 실험 사실이나 관측된 사실과는 관계없이 상식에 의해 결론을 내려놓고 역학체계에 무리하게 맞춤으로써 틀린 결론에 이른 것이다.

물리학에서 아리스토텔레스의 업적은 현대 과학의 탄생에 오히려 장애가 된 점이 많으나 생물학에서의 업적은 볼 만한 것이 많다. 그는 갖가지 생물의 관찰에 주력하여 주의 깊게 분류했으며, 동물의 내부 구조를 알아내기 위하여 해부를 하기도 하였다. 그의 관찰에 의해 고래와 물고기가 구별되었고, 양성생식과 무성생식이 구별되었으며, 병아리 배아의 발육 과정이 밝혀지기도 하였다.

그는 신경과 힘줄을 구별하지 못하는 등의 실수도 했지만 분류학과 발생학에 뛰어난 공헌을 하였다. 형태와 생식방법을 분류의 기준으로 삼고 동물을 유혈동물과 무혈동물로 나누었으며, 유혈동물은 다시 태생과 난태생으로 나누었다. 무혈동물에는 자연발생하는 하류동물이 속한다고 보았는데 이 자연발생설은 파스퇴르에 의해 부정될 때까지 정설로 믿어졌다. 그의 이런 분류체계 역시 17세기 린네가 새로운 분류체계를 세울 때까지 존속되었다.

특히 아리스토텔레스의 발생학은 그의 형이상학과 깊은 관계를 가지고 있는데, 알에서의 부화를 잠세태에서 현세태로의 변화로 보았고 질료가 우세한 사물은 무생물이 되고 형상이 우세하면 생물이 된다는 것 등의 설명이 그 예이다. 비교발생학적 방법의 도입과 1차 성징과 2차 성징의 구별 등은 생물학에서의 그의 뛰어난 업적들이다. 많은 아리스토텔레스의 연구가들은 그가 진화론자였다고 주장하지만, 그가 생물을 발전의 단계에 따라 배열했을 뿐 아래 단계에서 다음 단계로의 이동을 주장한 흔적이 없는 것으로 보아 진화론자라고 보는 것은 적당하지 못하다는 것이 일반적인 견해이다.

자연과학에 대한 아리스토텔레스의 진정한 공헌은 그의 물리학과 생물학보다는 자연과학의 탐구에 대한 방법론을 정립한 것에 있다고 해도 과언이 아닐 것이다. 아리스토텔레스는 과학적 탐구를 통해 관찰로부터 일반 원리를 발견해야 하고 이 일반 원리를 기초로 더 근본적인 원리를 이끌어 내야 한다고 하였다. 따라서 그는 개별적인 관찰에 의해 일반 원리를 발견하는 귀납의 과정과 일반 원리에서부터 출발하여 좀더 근본적인 원리를 이끌어 내는 연역의 과정을 모두 중요시하였다고 할 수 있다.

아리스토텔레스는 사물을 질료와 형상의 결합으로 보았으며, 질료는 특정한 사물을 독자적인 개체가 되게 하고, 형상은 특정한 사물을 유사한 사물의 집합으로 한 구성원이 되게 한다고 하였다. 같은 형상을 공유한 집합을 종(species)이라고 했는데, 아리스토텔레스는 형상에 대한 일반화, 즉 종에 대한 일반 원리를 감각경험으로부터 이끌어 내는 것은 귀납에 의한 것이라고 주장하였다.

그리고 귀납에는 두 가지 유형이 있다고 주장하였다. 첫 번째 유형의 귀납은 단순열거에 의해 개별적 사건 또는 종에 관한 언명(Statement)으로부터 그 개체가 속하는 종 또는 류에 대한 일반 원리를 발견해 가는 과정이고, 두 번째 유형의 귀납은 직관적인 귀납으로 감각경험으로부터 얻은 자료 중에서 본질적인 것을 발견하는 것으로 과학자의 통찰력이 필요하다고 하였다.

과학적 탐구의 두 번째 단계는 귀납에 의해 도달된 일반 원리를 기초로 해서 보다 일반적인 원리를 연역해 내는 과정이다. 그는 연역에 쓰이는 언명을 4가지 유형으로 제한했는데 그 중에 "모든 A는 B이다"라는 형태의 언명이 A와 B의 관계를 가장 잘 나타낸다고 보았다. 따라서 모든 과학적 설명은 이러한 형태의 언명에 의해 주어져야만 한다고 하였다. 이러한 유형의 언명을 이용하여 연역하는 데는 3단 논법을 가장 중요시하였다.

연역적인 방법으로 과학적 지식에 도달하기 위해서는 네 가지 논리 외적인 필요조건이 있다고 하였다. 그 첫 번째는 전제가 참이어야 한다는 것이고, 두 번째는 전제가 증명 불가능해야 한다는 것, 세 번째는 전제가 결론보다 더 자명해야 한다는 것, 마지막은 전제가 인과적 연관관계를 가져야 한다는 것이다. 이 네 가지 필요조건 가운데서 가장 중요한 것은 인과적 연관성의 필요조건인데, 아리스토텔레스는 인과적 상관관계와 우연적 상관관계를 구분하는 기준을 뚜렷이 제시하지는 못하였다.

아리스토텔레스는 과학적 해석에 대해 또 하나의 필요조건을 덧붙였는데 그것은 상관관계 혹은 과정에 대한 과학적 설명은 원인의 4가지 양상에 해당하는 형상인, 질료인, 작용인, 목적인에 대한 설명이 포함돼야 한다는 것이다. 아리스토텔레스는 원자론자들을 목적인에 주의를 기울이지 않는 사람들이라고 비판했으며, 피타고라스 주의자들을 형상인에만 집착하는 병에 걸린 사람들이라고 비판하였다.

또한 그는 훌륭한 과학적 지식은 필연적 진리라는 지위를 갖는다고 하였다. 과학에 있어서 적절히 정식화된 제1원리와 그것들의 연역적 귀결은 참일 수밖에 없다고 하였다. 그는 이 신념의 진실성을 증명하지는 못했지만 과학적 법칙들이 필연적 진리를 언명하고 있다는 그의 입장은 과학사에 크게 영향을 미쳤다.

그러나 귀납과 연역의 과정을 동시에 중요시한 아리스토텔레스와는 달리, 그의 추종자들은 차츰 연역의 과정을 더욱 중요시하게 되어 모든 자연 현상을 아리스토텔레스가 제시한 기본 원리로부터 연역한 결론으로 설명하려고 했기 때문에 과학혁명기에 많은 비판을 받게 되었다.

알렉산드리아시대의 과학과 기술

알렉산더 대왕이 넓은 지역을 정복하여 그리스, 이집트, 메소포타미아뿐 아니라 인도의 사상과 지식까지도 교류할 기회가 생기게 됨에 따라, 과학 지식의 폭이 넓어졌다. 이 동안에 그리스의 형이상학적인 과학철학과 이집트와 아랍 지역 그리고 인도의 기술이 결합되어 현실적인 문제에 더 많은 관심을 갖게 되었고 각종 기구와 무기가 제작되었다. 알렉산더가 죽은 후 알렉산더가 점령한 넓은 지역은 4명의 장군이 나누어 통치하였다. 이집트를 통치하게 된 프톨레미 왕조는 알렉산드리아에 박물관과 학교를 세우고 학자를 모아 학문을 장려하였고, 그 결과 알렉산드리아는 학문과 문화의 중심지가 될 수 있었다.

알렉산드리아시대 최초의 학자는 유클리드(Euclid, BC 330~BC 260)이다. 하지만 유클리드가 언제, 어디서 태어났는지에 대해서는 알려진 것이 없다. 그러나 유클리드가 살았던 시대가 아테네를 중심으로 한 그리스 문화가 알렉산드리아로 중심을 옮겨가던 시기였으므로 유클리드는 아테네의 아카데미아에서도 공부했을 것으로 보인다. 하지만 그는 BC 320년에서 260년 사이에는 알렉산드리아에서 활동하였다.

유클리드는 흔히 기하학의 아버지라고 불리는데, 그것은 그가 기하학을 창시했다거나 기하학을 확립했다는 뜻은 아니다. 기하학의 역사는 매우 길어서 유클리드 이전에도 이미 있었다. 그러나 유클리드 이전의 기하학은 잘 정리되어있지 않았었다. 유클리드는 기하학을 『기하학원론』이라는 13권의 책으로 정리하였다. 그의 『기하학원론』은 기하학의 고전으로 지금까지도 읽히고 있는 책이다.

▪ ▪ 유클리드(Euclid, BC 330~BC 260) ▪ ▪

BC 300년경에 활약한 그리스의 수학자로 유클리드 기하학을 완성하였다. 그의 일생에 관해서는 알렉산드리아에서 프톨레마이오스 1세에게 수학을 가르쳤다는 것 외에는 확실한 것이 없다. 그의 저서 『기하학원론』 13권은 플라톤의 수학론을 기초로 한 것으로, 그 이전의 기하학의 업적을 집대성한 것이다. 『기하학원론』은 기하학에서 경전과 같은 것으로 오랫동안 읽히고 있다. 『기하학원론』의 처음 네 권은 간단한 기하학적 도형, 삼각형, 원, 다각형, 평행선과 피타고라스의 정리 등을 다루었고, 다섯 번째 책에서는 비례이론, 여섯 번째 책에서는 평면 기하학의 문제, 일곱 번째 책부터 아홉 번째 책까지의 세 권에서는 수의 문제, 열 번째 책은 무리수의 문제, 마지막 세 권은 입체 기하학, 즉 원통, 원뿔 등과 같은 문제들을 다루었다. 그밖에 현존하는 저서로는 『보조론』, 『도형의 분할에 대하여』, 『구면천문학』, 『광학과 반사광학』, 『음정의 구분과 화성학입문』 등이 있다.

『기하학원론』의 처음 네 권은 간단한 기하학적 도형, 삼각형, 원, 다각형, 평행선과 피타고라스의 정리 등을 다루었고, 다섯 번째 책에서는 비례이론, 여섯 번째 책에서는 평면 기하학의 문제, 일곱 번째 책부터 아홉 번째 책까지의 세 권에서는 수의 문제, 열 번째 책은 무리수의 문제, 마지막 세 권은 입체 기하학, 즉 원통, 원뿔 등과 같은 문제들을 다루었다.

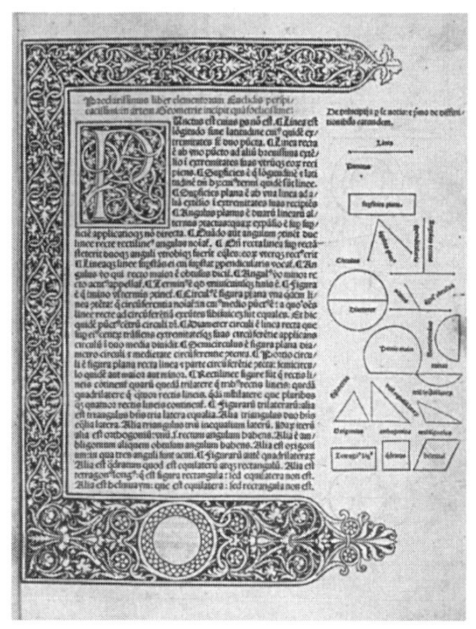

그림 2-12 기하학원론

유클리드는 『기하학원론』을 통해 그때까지 단편적으로 전해오던 기하학을 재정리하여 단순화하고 정리와 증명의 논리적 순서를 확립했으며, 낡은 증명 방법을 수정하고 스스로 새로운 증명 방법을 고안하기도 한 것으로 평가되고 있다. 유클리드는 이전에 이미 증명된 명제에서 또 다른 명제를 도출해낸 논리적 방법을 통해 자신의 지적인 능력과 독창성을 유감없이 발휘하였다. 유클리드가 피타고라스의 정리를 증명한 것은 잘 알려진 사실이다. 유클리드는 『기하학원론』 외에도 다수의 저서를 남겼다. 『광학』, 『음악의 원리』, 『현상』, 『도형분할에 관하여』 등 다양한 방면의 저서를 남긴 것으로 보아, 그가 많은 분야에 관심을 가졌었다는 것을 알 수 있다.

지금까지도 유클리드와 관계된 일화들이 많이 전해지는데, 그 중에서도 기하학을 배우는 것이 실익이 없는 일이라고 불평하는 사람에게 "기하학을 배워서 이득을 보겠다는 사람은 기하학을 배울 자격이 없다. 차라리 몇 푼 주어 보내라."라고 했다는 이야기는 널리 알려진 이야기이다. 이 이야기는 유클리드가 가졌던 기하학에 대한 긍지를 보여준다. 또한 기하학을 배우는 데 지름길이 없겠느냐고 묻는 이집트의 왕 프톨레마이오스 1세에게 "기하학에는 왕도가 없습니다."라고 했다는 이야기도 자주 인용되는 고사이다.

사모스의 아리스타코스(Aristarchus, BC 310~BC 230)는 지구를 비롯한 행성이 태양 주위를 돌고 있다는 지동설을 주장하였다. 지구를 비롯한 행성이 태양을 돌고 있다는 생각을 최초로 했던 사람은 크로톤의 필로라우스(Philolaus, BC 480~BC 385년경)였다고 알려져 있다. 피타고라스학파에 속했던 필로라우스는 지구가 태양이나 달과 같이 불을 중심으로 돌고 있는 별들 중의 하나라고 주장하였다. 이러한 필로라우스의 생각은 독설가라는 별명을 가지고 있던 폰투스의 헤라클라이데스(Heraclides 또는 Herakleides, BC 387~BC 312)에게로 이어졌다. 이런 생각을 바탕으로 태양을 중심으로 모든 행성들이 돌고 있는 태양 중심 천문체계를 만든 사람이 BC 310년에 태어난 아리스타코스였다.

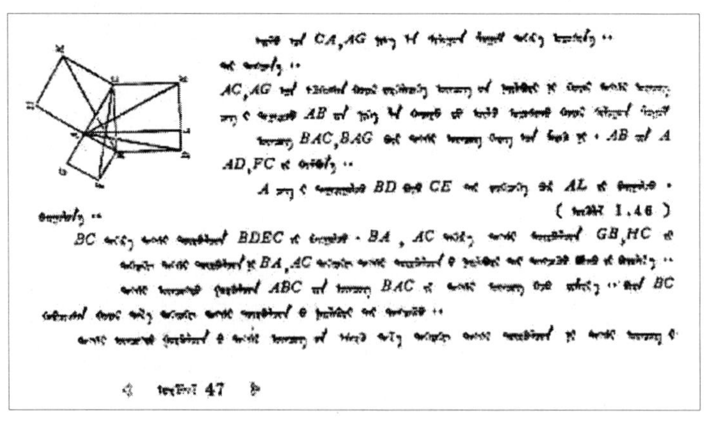

그림 2-13 피카고라스의 정리 증명

그림 2-14 아리스타코스의 지동설 체계

아리스타코스는 지구가 우주 중심에 정지해 있는 우주관 대신 지구가 정지해 있는 태양 주위를 지구가 돌고 있는 새로운 천문체계를 도입하려고 시도하였다. 그의 천문체계에서는 태양이나 별들이 정지해 있었고 행성들이 태양 주위를 돌고 있었는데 아리스타코스는 행성의 순서를 올바로 배열하였다. 그는 또한 낮과 밤이 생기는 것을 설명하기 위해 지구가 자신의 축을 중심으로 24시간을 주기로 자전하고 있다고 주장하였다. 이러한 아리스타코스의 생각은 당시 널리 알려져 있었다. 아르키메데스는 자신의 책에서 "아리스타코스는 별이나 태양은 운동하지 않고 정지해 있으며 지구는 원 궤도를 따라 태양 주위를 돌고 있다고 주장하였다."라고 기록해 놓았다. 그러나 아리스타코스의 지동설은 16세기에 코페르니쿠스가 다시 제기할 때까지 오랜 세월 동안 역사에서 사라져 있어야 하였다.

고대인들이 아리스타코스의 지동설을 받아들이지 못했던 것은 태양이 지구를 돌고 있는 것이 아주 자명한 사실처럼 보였기 때문이었을 것이다. 다시 말해 아리스타코스의 태양 중심 천문체계는 상식에 맞지 않는 이야기였을 것이다. 아리스타코스의 지동설이 받아들여지지 않은 또 다른 이유는 태양 중심 천문체계가 당시의 과학적 견해와 일치하지 않았기 때문이었다. 당시에는 달리고 있는 상태와 정지한 상태는 다른 상태라고 생각하였다. 당시 사람들은 지구가 빠른 속도로 달리고 있는데 지구 위에 살고 있는 우리가 그것을 느끼지 못할 리가 없다고 생각하였다. 또한 아리스타코스의 지동설은 그리스인들이 믿고 있던 중력에 대한 생각과도 맞지 않았다. 아리스토텔레스 역학은 모든 물체가 우주의 중심을 향해 떨어지려는 성질을 가지고 있다고 하였다. 따라서 모든 물체가 땅으로 떨어지는 것은 지구가 우주 중심에 정지해 있는 증거라고 생각하였다. 만약 아리스타코스의 주장대로 태양이 우주의 중심이라면 물건들은 땅으로 떨어지는 대신 태양을 향해 날아가야 할 것이라고 생각하였다. 그리스인들이 아리스타코스의 태양 중심 천문체계를 받아들이지 않았던 또 다른 이유는 연주시차가 발견되지 않는다는 것이었다. 만약 지구가 태양을 중심으로 돌고 있다면 지구 위의 관측자는 1년 동안 항상 다른 위치에서 우주를 관측하게 되고, 따라서 관측되는 우주의 모습도 다르게 보여야 한다고 생각하였다. 그러나 그러한 변화는 관측되지 않았다.

아리스타코스는 또한 반달일 때는 지구와 태양과 달이 직각 삼각형을 이룬다는 사실을 바탕으로 지구와 태양, 지구와 달 사이의 각도를 측정하여 87도(정확한 값은 89°50′)라는 것을 알아냈고, 이 값과 피타고라스의 정리를 이용하여 지구에서 태양까지의 거리는 지구와 달 사이 거리의 19배(정확한 값은 약 390배)라고 주장하였다. 아리스타코스는 이 결과를 바탕으로 달과 태양의 겉보기 크기가 비슷한 것은 태양 지름이 달 지름의 19배이기 때문이라고 주장하기도 하였다. 그는 또한 월식 때 달이 지구 그림자에 가려지는 시간을 측정하여 달의 크기가 지구 크기의 4분의 1이라는 것을 알아내기도 하였다. 아리스타코스의 이러한 생각은 현재까지도 전해지고 있는 그의 저서 『달과 태양의 크기와 거리에 대하여』라는 책에 실려 있다.

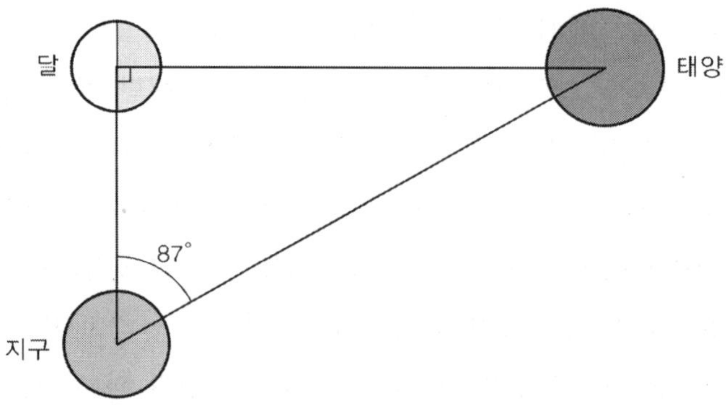

그림 2-15 달과 태양까지의 거리의 비 측정

유클리드가 기하학에서 알렉산드리아를 대표한다면 시라쿠스의 아르키메데스(Archimedes, BC 287?~BC 212)는 물리학에서 알렉산드리아를 대표하는 사람이라고 할 수 있다. 아르키메데스는 반사하는 거울, 투석기 등의 군사용 기구를 만들어 시라쿠스를 점령하려는 로마와의 전쟁에 사용했던 것으로 알려져 있으며, 물이 가득한 목욕통에서 목욕할 때 물이 넘쳐흐르는 것을 보고 부력의 원리를 발견했다고 전해진다. 부력의 원리는 유체 속에서 모든 물체는 그 물체의 부피와 같은 부피를 가진 유체의 중량만큼의 부력을 받는다는 것인데, 이는 실험에 의해 밝혀진 자연 법칙으로 아르키메데스가 기술을 천시하던 당시의 다른 학자들과는 달리 실험을 중시했다는 것을 나타낸다.

아르키메데스는 지렛대의 평형법칙을 잘 이해하고 있어서 지렛대를 이용한 많은 기계들을 고안하였다. 그가 히에론 왕에게 적당한 받침점을 주면 지구를 들어 보이겠다고 한 것은 많은 사람들 입에 오르내리는 유명한 일화가 되었다. 아르키메데스는 또한 우주 모형을 만들어 태양, 달, 지구의 겉보기 운동을 재현하기도 했는데

▪ ▪ 아르키메데스(Archimedes, BC 287?~BC 212) ▪ ▪

시칠리아 섬의 시라쿠사 출생의 철학자 겸 과학자로 과학 원리를 이용하여 여러 가지 무기와 기구를 만든 것으로 유명하다. 그가 만든 양수기인 '아르키메데스의 나사'는 매우 정밀하고 유용한 기구였다. 그리고 그는 당시 문화의 중심지였던 알렉산드리아에 유학하여 기하학을 배우고 시라쿠사로 돌아와 많은 저서를 남겼다. 지렛대의 법칙을 발견한 아르키메데스가 시라쿠사왕 히에론 앞에서 "충분히 긴 지렛대와 받침대만 있으면 지구라도 움직여 보이겠다."고 장담하였다는 이야기는 잘 알려진 이야기이다. 지렛대의 원리를 이용해 해변 모래톱에 올려놓은 선박을 진수한 이야기와 부력의 원리를 이용하여 금관의 진위를 밝혀냈다는 이야기도 유명한 일화이다. 지중해의 패권을 둘러싸고 3차에 걸쳐 일어난 로마와 카르타고의 전쟁 중 제2차 포에니전쟁(BC 218~BC 201)에서 시라쿠사는 카르타고의 편을 들어 로마군의 공격을 정면으로 받게 되었는데, 이때 아르키메데스는 카르타고를 위하여 투석기·기중기 등 지렛대를 응용한 무기를 고안했다고 한다. 하지만 시라쿠사는 함락되었고 함락되던 날, 마당의 모래 위에 도형을 그리며 기하학 연구에 몰두해 있던 아르키메데스를 로마 병사가 몰라보고 목을 쳤다고 전해진다. 저서로는 『평면의 균형에 대하여』, 『포물선의 구적』, 『구와 원기둥에 대하여』, 『소용돌이선에 대하여』 등이 있다.

이 우주 모형은 식(eclipse) 현상까지도 나타낼 수 있었다고 한다. 뿐만 아니라 천문 연구를 위해 측각기를 개량하여 지구에서 태양에 대한 각도를 재기 위한 장치를 고안하기도 하였다.

아르키메데스는 과학지식을 자명한 여러 명제로부터 연역적인 방법으로 증명했는데 그가 다룬 과학지식은 실험적인 증명과정을 거친 것이었다. 그는 먼저 실험을 통해 결과를 확인한 후에 그 결과를 공리로부터 연역하지 않았나 생각된다. 아르키메데스를 역사상 가장 훌륭한 과학자 또는 최초의 과학자라고 생각하는 학자들도 많은데, 이것은 그의 뛰어난 능력 때문이라고 할 수 있다. 당시에는 기계를 만드는 일과 같은 기술을 천하게 생각했으므로 많은 실험을 통해 기계를 발명한 아르키메데스도 자신의 기술에 대해서는 자세한 기록을 남기지 않았다. 그것은 아마 그가 사람들에게 천시되던 기술자로서보다는 과학자로서 사람들에게 기억되기를 바랐기 때문이었을 것이다. 그러나 정작 아르키메데스를 오랫동안 기억하게 하는 것은 그가 발명했다고 전해지는 기계들이다.

그림 2-16 배를 들어 올리는 기계

당시에 아르키메데스가 살던 시라쿠사는 히에론 왕이 다스리고 있었는데 카르타고와 동맹을 맺고 로마와는 적대관계에 있었으므로 로마와 많은 전쟁을 치러야 했다. 아르키메데스는 히에론 왕을 위하여 많은 무기를 만들었다고 전해지는데, 지렛대 원리를 이용해서 만든 투석기, 거울의 반사를 이용하여 물체를 태우는 대형거울, 해안에서 적군의 배를 통째로 들어 올리는 기계 등을 발명했다고 한다.

그 외에도 아르키메데스가 발명한 것으로 전해지는 발명품 중에는 여러 개의 움직도르래를 이용하여 무거운 배를 진수시키는 데 사용하였다는 도르래 장치, 아르키메데스의 나사라고 불리는 양수기 등이 잘 알려져 있다. 아르키메데스의 나사는 심지어 지금도 이집트의 농촌 지역에서 물을 퍼올리는 데 사용되고 있다.

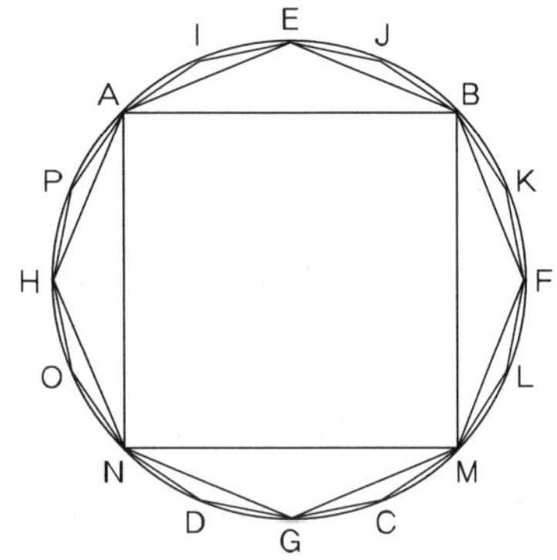

그림 2-17 원주율 측정

아르키메데스는 기하학을 기술과 연결 지은 학자로서 수학을 실제문제 해결에 이용함으로써 그리스 수학을 발전시킨 학자였다. 그는 수학 분야에서도 많은 업적을 남겼는데, 특히 내접하는 다각형과 외접하는 다각형을 이용하여 원주율의 값이 $3+\frac{1}{7}$(3.1429)에서 $3+\frac{10}{71}$(3.1408) 사이의 값을 가진다는 것을 알아냈다. 또한 원뿔의 체적이 밑면과 높이가 같은 원통의 체적의 $\frac{1}{3}$이라는 것도 알아냈다. 그리고 $\sqrt{3}$의 크기가 $\frac{265}{153}$(약 1.7320261)과 $\frac{1351}{780}$(약 1.7320508) 사이의 값이라는 것을 알아내기도 했는데, 이 값을 알아낸 방법에 대해서는 자세한 설명을 남기지 않았다. 그가 남긴 저서에는 『평면의 균형에 대하여』, 『포물선의 구적』, 『구와 원기둥에 대하여』, 『나선에 대하여』, 『코노이드(conoid)와 스페로이드(spheroid)』, 『부체에 대하여』, 『원의 측정에 대하여』, 『모래 계산자』, 『가축문제 기타』 등이 알려져 있다.

아폴로니우스(Appolonius, BC 262~BC 190)는 당시 사람들에게 위대한 기하학자라는 칭호를 듣던 사람이었다. 아르키메데스보다 약 25년 정도 늦은 BC 262년경에 남부 소아시아 지방에 있는 페르가에서 태어났으며, 젊었을 때 알렉산드리아에 유학해서 유클리드의 후계자로부터 배웠고 오랫동안 그곳에 남아 있다가 새롭게 도서관이 세워졌던 소아시아 지방의 페르가뭄을 방문하기도 하였다. 아폴로니우스는 원뿔을 여러 가지 단면으로 잘랐을 때 나타나는 원뿔곡선들, 즉 타원, 포물선, 쌍곡선에 대하여 많은 연구를 한 것으로 알려져 있다. 원뿔곡선을 나타내는 타원(ellipse), 포물선(parabola), 쌍곡선(hyperbola) 등의 용어는 아폴로니우스가 처음 사용하기 시작하였다. 아폴로니우스는 기하학뿐만 아니라 무리수의 성질에 대해서도 연구했고, 천문학 분야에 대해서도 연구하였다. 그는 특히 달에 대한 관측을 하는 데 많은 시간을 보냈다. 그리고 이심원과 주전원의 개념을 도입하여 두 개의 원 궤도가 어떻게 타원 궤도를 만들 수 있는지를 설명하기도 하였다.

알렉산드리아의 이발사의 아들로 뛰어난 재능을 타고 났던 크테시비우스(Ctesibius 또는 Ktesibios, BC 285~BC 222)는 공기와 유체의 힘을 이용한 여러 가지 기계를 만들었다. 알렉산드리아 도서관의 초대 관장을 지냈다고 전해지는 크테시비우스의 업적과 일생에 대해서는 자세한 것이 알려져 있지 않다. 다만 후세 사람들이 쓴 글들에 그의 이름이 자주 언급되고 그가 발명했다고 알려진 기계에 대한 설명이 들어 있어 이를 통해 그의 업적의 일부를 알 수 있을 뿐이다.

이발사의 아들이었던 크테시비우스는 어렸을 때 이발사 일을 하였다. 따라서 그가 최초로 발명한 것도 이발과 관계된 추가 달린 거울이었다. 그는 막대의 한쪽 끝에 거울을 달고 반대편에는 거울과 같은 무게의 추를 달아 고객의 키에 따라 마음대로 거울의 높이를 조절할 수 있도록 하였다. 크테시비우스는 어렸을 때 긴 관 속에 납덩어리를 집어넣었더니 공기가 빠져나가면서 소리를 내는 것을 발견하고 공기도 하나의 물질이라는 것을 알게 되었고, 일생 동안 압축 공기를 이용하는 여러 가지 기계를 발명하게 되었다. 유체 역학의 아버지라고도 불리는 그는 압축 공기를 이용하여 연주하는 악기, 펌프, 대포 등을 만들었다.

크테시비우스가 개량한 물시계의 클렙시드라(clepsydra)는 일정한 비율로 떨어지는 물이 작은 인형이 달린 부표를 떠오르게 하면 이 인형이 시간을 나타내는 선을 가리키도록 되어 있었다. 이 장치에서 가장 중요한 것은 수압을 일정하게 유지하여 물이 떨어지는 속도가 일정하도록 하는 것이었다. 크테시비우스가 발명한 또 다른 주목할 만한 발명품은 수압 오르간인 히드라울리스(hydraulis)였다. 이 수압 오르간은 물의 힘(수압)으로 공기를 보내어 판(Reed)을 열고 닫아 파이프를 울리게 되어 있었다. 이 수압 오르간은 소리가 매우 커서 로마시대에도 널리 사용되었다.

크테시비우스는 공기나 물을 압축할 수 있는 펌프를 처음으로 고안하기도 하였다. 그는 이 펌프를 양쪽에 설치한 소방용 물 펌프도 발명하였다. 그가 만든 소방용 펌프는 양쪽 펌프를 움직여서 물이 번갈아 뿜어져 나오게 되어 있었다. 이 장치는 뒤에 헤론의 책에도 등장하고, 서양에서는 소방펌프로 정착하여 1518년 독일의 아우그스부르크에서도 사용되었다는 기록이 남아 있다. 먼 거리를 편리하게 측정할

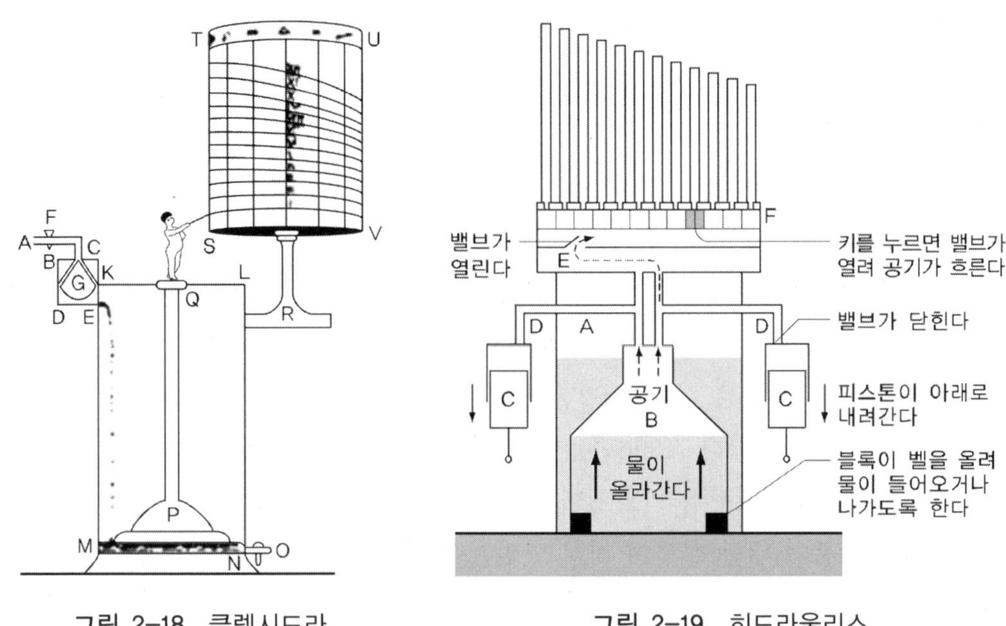

그림 2-18 클렙시드라

그림 2-19 히드라울리스

수 있는 노정계(hodometer)도 만들었는데, 노정계는 수레바퀴가 일정 거리를 진행하면 위쪽의 돌 구슬이 하나씩 아래쪽 그릇으로 떨어지도록 장치되어 있어서 돌 구슬의 수를 세면 진행한 거리를 알 수 있었다. 같은 원리를 이용한 장치를 후에 헤론이 만들기도 하였다.

비잔티움의 필론(Philon, BC 2세기경)은 크테시비우스와 견줄만한 알렉산드리아 시대의 기술자였다. 그가 남긴 『역학』이라는 책을 통해 그의 일생과 발명품에 대해 어느 정도 알 수 있다. 『역학』은 모두 아홉 권으로 되어 있는데, 이 중 현재 전해지는 것은 4, 5, 7, 8권뿐이다. 그러나 남아 있는 책들은 다른 책의 내용을 많이 인용하고 있어서 전해지지 않는 책들이 어떤 내용을 다루었는지 충분히 짐작할 수 있다. 이 책에 언급된 내용으로 보아 필론은 자비로 알렉산드리아로 여행할 수 있을 정도로 부유한 사람이었으며, 군사 분야에도 영향을 미칠 수 있는 위치에 있던 사람이었다.

필론의 역작인 『역학』의 각 권은 여러 개의 짧은 장으로 나누어져 있다. 예를 들어 8권은 2부로 구성되어 있는데 1부는 75장으로 구성되어 있고 2부는 111장으로 구성되어 있다. 이 책에서는 여러 가지 기계를 만드는 방법을 설명하는 것 외에도 적의 공격으로부터 성을 지키는 방법, 전쟁에서 부상당한 사람들과 전사자들 가족의 처우 문제와 같은 것들도 다루고 있다. 이 책에서 다룬 문제 중에 널리 알려진 것은 체적이 두 배인 정육면체를 만드는 방법을 설명한 것이다.

필론은 크테시비우스가 발명한 청동 스프링을 이용한 발사기를 개량하여 연속적으로 화살을 발사할 수 있는 발사기를 발명하였다. 이 발사기는 활을 쏠 때까지는 방아쇠로 잠가둘 수 있었다. 또 같은 원리를 이용해 돌덩어리를 날려 보내는 장치도 만들었다. 이러한 무기들과 비슷한 것들을 헤론을 비롯한 다른 사람들도 만들었는데, 이러한 것들이 실제로 어느 정도 이용되었는지는 알 수 없다.

크테시비우스보다 늦은 시기인 62년경에 활동했던 헤론(Heron, ?~?)은 여러 가지 기계장치를 발명하였다. 1896년 콘스탄티노플에서 '공기역학'이라는 원고가 발견되었는데 헤론이 학생들을 가르쳤던 강의노트였던 것으로 확인되었다. 이 원고에는 78가지 발명품에 대한 설명이 적혀 있었는데 많은 부분은 포도주와 물을 따르는 용기와 관련된 것이었다. 그리고 자동판매기, 수력 오르간, 소방기구, 주사기, 물시계, 태양에너지를 이용하는 분수, 증기력으로 작동하는 인형, 자동문, 기계 장치로 노래하는 새, 자동으로 심지를 조절하는 램프 등에 대한 설명도 포함되어 있었다.

이 중에서 통 속의 물을 끓여 증기로 만든 다음 두 개의 관을 통해 회전축이 부착되어 있는 공 속으로 들어가게 한 다음 증기가 분사되는 힘으로 공이 축 주위를 돌도록 한 헤론의 증기구는 증기 기관의 전신이라고 볼 수 있다. 헤론의 또 다른

그림 2-20 헤론의 증기구

그림 2-21 저절로 열리는 성전 문

발명품으로는 성전의 자동문을 들 수 있다. 성전 안의 제단에 불을 피우면 제단 아래 공기통의 공기가 더워져 부피가 팽창하고 그 공기가 물이 들어 있는 통으로 흘러 들어 간다. 그러면 물통 속의 물이 호스를 따라 다른 물통으로 흘러 들어가 물통이 무거워지는데 이 무거워진 물통이 줄을 잡아 당겨 성전 문을 열도록 되어 있었다. 제단의 불이 꺼져서 공기가 차가워지면 바로 그 과정은 거꾸로 일어나 성전 문이 닫히게 된다.

그러나 헤론은 자신의 가설을 기초로 입사각과 반사각이 같다는 반사의 원리를 증명하기도 하였다. 기하학 분야에서는 삼각형의 세 변의 길이를 이용하여 삼각형의 넓이를 구해내는 공식인 헤론의 공식을 발견한 것으로 유명하다. 그는 또한 어떤 수의 제곱근을 반복해서 계산해 내는 방법을 알아내기도 하였다.

지리학자이자 수학자인 에라스토테네스(Erastotenes, BC 284~BC 192)는 BC 276년경 키레네에서 태어났지만 생애의 대부분을 알렉산드리아에서 보냈다. 그는 당대 최고의 학자였으며 과학서적 외에 철학과 문학에 대한 책을 저술하기도 하였다. 에라스토테네스의 지리학 업적 중에서 가장 잘 알려진 것이 지구의 둘레를 측정한 것이다. 알렉산드리아보다 남쪽에 위치한 시에네(지금의 아스완)에서는 하지

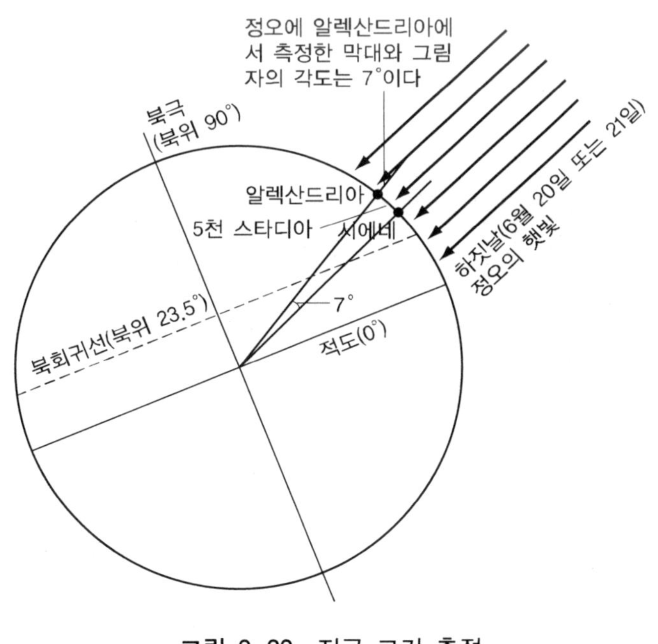

그림 2-22 지구 크기 측정

정오 때 태양광선이 지면과 수직으로 판 우물에 수직으로 입사하고, 같은 시간 알렉산드리아의 우물에서는 7도 각도로 입사한다는 사실을 이용하여 지구 둘레를 계산하였다.

에라스토테네스는 사람들의 보폭을 이용하여 알렉산드리아와 시에네 사이의 거리가 5,000스타디아(스타디아는 스타디움의 복수형이며, 스타디움은 약 200 m)임을 측정하였고, 이를 이용하여 지구의 둘레가 250,000스타디아(50,000 km)라는 것을 알아냈다. 이 값은 오늘날 측정한 39,941 km보다는 크지만 아리스토텔레스나 아르키메데스가 측정한 값(400,000스타디아)보다는 훨씬 정확한 값이었다. 에라스토테네스는 이 계산에서 지구가 구형이라는 것과 태양광선이 평행광선이라고 가정하였는데 이것은 매우 뛰어난 고찰이 아닐 수 없다.

아리스타코스의 지동설이나 에라스토테네스의 이러한 가정은 너무나 뛰어나서 코페르니쿠스의 지동설보다 1,800여 년이나 앞서서 나온 주장이라는 것이 믿어지지 않을 정도다. 에라스토테네스는 지구를 두 개의 극과 하나의 적도를 가진 구라고 생각하고 지도를 만들어 경도와 위도를 넣고, 두 개의 한대와 두 개의 온대 및 하나의 열대를 그려 넣기도 했는데 그의 이런 생각은 매우 뛰어난 착상이었다.

또한 산술 분야에서는 n보다 작은 모든 소수를 찾아내는 방법을 생각해냈다. 이를 '에라토스테네스의 체'라고도 부른다. 우선 3부터 시작하여 n보다 작은 홀수를 다 쓴다. 그런 다음 3으로부터 매 세 번째 수를 모두 지우고, 다시 5로부터 매 다섯

그림 2-23 시에네와 알렉산드리아

번째 수를 모두 지우고 다시 7로부터 매 일곱 번째 수를 모두 지우고 또 11로부터 매 열한 번째 수를 모두 지우는 식으로 계속해 간다. 이때 어떤 수는 두 번 이상 지워지는 경우도 있다. 그래서 남는 수에 2를 첨가하면 n보다 작은 모든 소수를 얻을 수 있다.

중세를 거치는 동안에 많은 사람들이 받아들였던 지구 중심의 천동설 체계는 프톨레마이오스(Klaudios Ptolemaeos, 85?~165?)가 저술한 『알마게스트』에 자세히 기술되어 있다. 『알마게스트』는 그리스 천문학을 집대성한 방대한 지서이다. 이 책에는 항성의 위치에 대한 목록과 행성 운동의 이론에 대한 독창적인 연구 결과가 포함되어 있다. 프톨레마이오스는 바빌로니아에서 구한 천문관측 자료와 그리스의 천문학자인 히파르코스와 아리스틸로스의 관측 자료를 이용하여 행성의 운동, 태양과 달의 운동을 수학적으로 기술하였다.

프톨레마이오스는 자신의 천동설 체계에 아폴로니우스와 히파르코스가 제안한 주전원과 이심원을 적용하였다. 행성의 운동을 주전원과 이심원이라는 두 가지 원운동을 이용해 설명하려고 처음으로 시도한 사람은 아폴로니우스와 히파르코스(Hiparcos, BC 160?~BC 125?)였지만 그것을 천문학에 완벽하게 적용하여 수학적 천문체계를 완성한 사람은 프톨레마이오스였다.

프톨레마이오스(Klaudios Ptolemaeos, 85?~165?)

그리스의 천문학자, 지리학자로 127~145년경 이집트의 알렉산드리아에서 활동하였다. 그는 천체를 관측하였을 뿐만 아니라 대기에 의한 빛의 굴절작용을 발견하고, 달의 공전 속도가 일정하지 않다는 것을 알아내기도 하였다. 당시의 천문학 지식을 모은 『천문학 집대성』은 아랍어로 번역된 『알마게스트』 라는 이름으로 더 잘 알려져 있다. 이 책에서는 그리스의 천문학자 히파르코스의 학설을 이어받아 천동설에 의한 천체의 운동을 수학적으로 기술하였다. 그는 태양을 비롯한 천체가 간단한 기하학적 모델에 의거하여 움직인다고 가정하고, 태양, 달, 행성의 위치를 계산했으며, 그에 따른 일식・월식 현상을 예보하는 방법을 상세히 설명하였다. 유럽에서는 15세기에 이르러서야 『알마게스트』에 수록되어 있는 천동설의 내용을 이해할 수 있었다. 코페르니쿠스의 지동설은 프톨레마이오스의 천동설의 바탕 위에서 탄생되었다. 프톨레마이오스는 그밖에도 점성술서인 『테트라비블로스』, 지리학 저서인 『지리학 교정』, 광학과 음악에 관한 저서를 여러 권 저술하였다.

프톨레마이오스는 행성이 앞으로 가기도 하고 뒤로 가기도 하는 것은 지구에서 조금 떨어진 점을 중심으로 하는 이심원 운동과 이 이심원 위의 한 점을 중심으로 도는 주전원 운동을 하고 있기 때문이라고 설명하였다. 이심원의 중심은 다시 작은 원을 그리면서 돌고 있다고 하였다. 따라서 우주의 중심에 정지해 있는 지구는 행성 운동의 중심이 아니었다. 프톨레마이오스는 관측치와 일치시키기 위해 각 행성에 할당된 이심원과 주전원의 지름을 정하고 이심원 운동과 주전원 운동의 회전 속도를 정하였다. 프톨레마이오스는 태양은 지구를 중심으로 한 원 궤도 운동을 하고 있고 달은 이심원 운동을 하고 있다고 설명하였다.

주전원 운동과 이심원 운동을 골자로 하고 있는 프톨레마이오스의 지구 중심 천문체계는 어느 정도의 오차 범위 내에서 행성의 운동을 잘 설명할 수 있었다. 흔히 지구 중심 천문체계, 즉 천동설은 전혀 사실과 다른 천문체계라고 생각하는 사람들이 많이 있지만, 사실과 다른 천문체계라기보다는 복잡한 천문체계라고 하는 것이 더 정확한 표현일 것이다. 더구나 지구가 우주의 중심에 정지해 있어야 한다고 생각했던 고대인들의 생각과 일치해 오랫동안 많은 사람들이 받아들이는 천문체계가 되었다.

알렉산드리아 시대에는 수학과 물리학뿐만 아니라 의학에 있어서도 많은 진전이 있었다. 알렉산드리아의 최초의 의학자는 소아시아 지방의 칼세돈에서 태어난

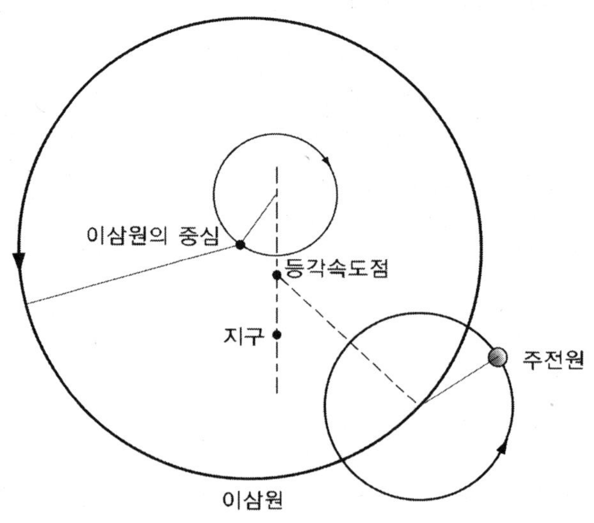

그림 2-24 이심원과 주전원 운동

헤로필로스(Herophilus, BC 335~BC 280)였다. 헤로필로스는 공공연히 인체를 해부한 최초의 의학자였다. 알렉산드리아에서는 그리스의 다른 도시들과는 달리 인체 해부를 허용하고 있었다. 아리스토텔레스는 지성이 심장에 있다고 한 반면, 헤로필로스는 뇌가 신경계의 중추라는 것을 밝혀내고 뇌에 지성이 있다고 주장하였다. 그는 신경계에 특히 관심을 많이 가지고 있어서 신경을 운동 신경계와 감각 신경계로 구분하였다. 헤로필로스는 맥박을 재는 데 물시계를 사용한 것으로도 유명하며, 소장의 일부를 구분하여 십이지장이라고 부르기도 하였다.

BC 304년에 이오니아의 키오스 섬에서 태어난 에라시스트라투스(Erasistratus, BC 300~BC 260)는 아테네에서 의학을 배운 후 알렉산드리아에서 활동하였다. 에라시스트라투스는 헤로필로스와 함께 의학 학교를 설립했으며 인체 해부와 생체 해부를 통해 의학 발전에 크게 공헌하였다. 그는 인체가 원소로 구성되어 있으며 신경계를 통해 순환하는 외부 공기(프네우마)에 의해 생명력을 얻게 된다고 주장하였다. 그는 또한 뇌의 정령이 신경을 통해 몸의 각 부분에 전달된다고 하였다. 에라시스트라투스는 최초로 대뇌와 소뇌를 자세히 연구했으며, 복부, 열, 통증, 수종, 위생학과 관련된 저서를 남겼다. 그는 동맥과 정맥을 구분했으며 동맥과 정맥이 작게 갈라져 가는 모양을 조사했고, 소화를 위장 근육의 작용이라고 설명했으며 심장의 한쪽은 공기를 펌프질하고, 다른 한쪽은 간에서 만든 피를 펌프질하는 것으로 설명하기도 하였다. 또한 심혈 관계에 대한 의학 지식을 증진시키는 데도 크게 기여하였다.

알렉산드리아 시대를 대표하는 위대한 의학 서적은 갈레누스(Claudius Galenus, 131?~201?)가 쓴 것이다. 갈레누스는 소아시아의 페르가몬에서 건축가의 아들로 태어났다. 수학, 과학, 철학 등에 조예가 깊었던 아버지는 갈레누스를 직접 가르쳤다. 17세 때부터 의학 공부를 시작한 갈레누스는 이즈미르, 코린트, 알렉산드리아 등에서 유학하며 의학에 관한 견문을 넓히고 28세 때 고향으로 돌아와 진료활동을 하다가 34세에 로마로 진출해 로마의 저명한 학자, 관리들과 친교를 맺었다. 166년에는 다시 고향인 페르가몬으로 돌아와 활동하였다. 그 후, 로마 황제 마르쿠스 아우렐리우스의 원정군에 종군했고, 로마로 귀환한 뒤로는 아우렐리우스의 왕자인 코모두스의 시의가 되었으며, 저작활동에 전념하였다. 저작활동은 의학 분야 외에도 철학, 문법, 수학에까지 미쳤는데, 특히 해부학, 생리학 분야에서 후세에 많은 영향을 주었다.

그의 해부학과 생리학에 대한 지식들은 인체를 직접 해부할 수 없었기 때문에 많은 부분을 아리스토텔레스에 의지하였다. 따라서 그의 저서를 통해 아리스토텔레스의 생각은 오랫동안 유럽의 의학을 지배할 수 있었다. 아리스토텔레스는 지상의 생물을 식물혼만 가지고 있어서 성장만 할 수 있는 식물·식물혼과 감각혼을 가지고 있어서 성장할 수 있고 스스로 운동할 수 있는 동물, 그리고 식물혼, 동물혼 외에도 이성혼에 의한 지능을 가지고 있어서 성장하고 운동함은 물론 지적인 사고 작용을 할 수 있는 인간의 세 가지로 나누었다. 갈레누스는 이들 각 생명체의 생명력은 내장 속에 들어 있으며 생명력은 생명의 원천인 공기의 정령과 관계있다고 생각하였다.

인체가 혈액, 점액, 담즙, 흑담즙 등 네 가지 액체로 이루어졌다고 했던 히포크라테스의 학설을 토대로 갈레누스는 인간이 다혈질, 점액질, 담즙질, 우울질의 네 가지 기질로 구분된다고 주장하는 4기질론을 완성하였다. 갈레누스는 다혈질을 온정적이며 사교적이고 감정적이며 흥분이 빠르고 명랑하다고 했고, 점액질은 냉정하고 정적이며 인내심이 강하고 완고하다고 보았다. 담즙질은 참을성이 없는 대신 용

갈레누스 (Claudius Galenus, 131?~201?)

소아시아의 페르가몬 출신의 의학자로 건축가의 아들이었다. 17세 때부터 의학 공부를 시작하였고 알렉산드리아에 유학하여 의학을 배웠다. 28세 때 고향으로 돌아와 진료활동을 하다가 34세에 로마로 가서 로마의 저명한 학자들과 교류하였다. 그는 한때 로마 황제 마르쿠스 아우렐리우스의 원정군에 종군하였고, 아우렐리우스의 왕자인 코모두스의 시의로 활약하기도 하였다. 그는 왕성한 저작활동을 통해 의학 분야 외에도 철학, 문법, 수학에 이르는 광범위한 분야에 저서를 남겼는데, 특히 해부학, 생리학과 같은 의학 분야에 중요한 저서를 남겼다. 그는 각종 실험과 여러 동물의 해부를 통하여 인체 구조에 관한 결론을 내렸고, 의학의 과학적 기초를 닦았다. 그의 저서인 『갈레누스 전집』은 히포크라테스의 저서와 함께 의학 발전에 커다란 공헌을 하였다. 히포크라테스의 의학이 경험을 중시한 데 반해, 갈레누스의 의학 체계는 모두 목적론에서 출발한 것이었고, 그 목적에 부합하는 자연현상을 의학의 근본을 삼았다. 그는 131편의 저서를 남겼다고 하는데 그 중 83편이 오늘날까지 전해지고 있다.

감하고 정서적이며 객관적인 성향을 가지고 있다고 했으며, 우울질은 인내심이 강하고 지속적이나 우울하고 보수적이라고 설명하였다. 네 기질을 직업과 비교한다면 다혈질은 실업가형, 점액질은 학자형, 담즙질은 지사형, 우울질은 종교가형 등으로 생각할 수 있다. 인간의 성격을 네 가지로 규정한 갈레누스의 4기질론은 인체가 네 가지 체질로 되어 있다고 주장한 이제마의 사상 의학과 비교하면 재미있다.

당시의 유력한 철학 학파였던 스토아학파는 공기는 세계의 호흡임과 동시에 넋이며, 소우주인 인간의 생명을 부지시켜주는 데 도움이 된다고 주장하였다. 이들의 영향을 받은 갈레누스는 호흡은 인간과 우주정신을 연결 짓는 기능으로 반은 공기이고 반은 불인 프네우마라는 공기의 정령을 빨아들임으로써, 인간의 생명의 힘이 새로워진다고 주장하였다.

갈레누스는 죽은 동물이나 살아 있는 동물을 해부하여 연구했으나 인체 해부는 하지 않은 것으로 알려졌다. 그는 살아 있는 동물의 동맥의 일부분을 양쪽 끝에서 동여매어 그 내용물을 봉한 다음에, 그것을 절개하여 내용물이 공기가 아니라 혈액이라는 것을 보여주었다. 이것으로 동맥 안의 유체에 관해서는 에라시스트라투스가 잘못 생각했었다는 것을 밝혀냈다. 갈레누스의 해부학 연구는 바바리 원숭이의 해부에 바탕을 두고 있었다. 이 원숭이는 해부학적으로 인간과 닮았다고는 하지만 다른 점도 매우 많았으므로 후세의 연구자들을 당황하게 하였다.

그는 특히 근육과 뼈 조직을 정확히 관찰했으며 7쌍의 뇌신경을 구분해냈고, 심장판막을 묘사하고 정맥과 동맥의 조직상의 차이점을 세밀히 관찰하였다. 그 중 가장 중요한 실험 가운데 하나는 400년 동안이나 잘못 알려져 있던, 동맥이 운반하는 것이 공기가 아니라 피라는 사실을 밝힌 점이다. 비록 피가 순환한다는 사실을 발견하지는 못했지만 이미 관찰한 사실들을 합리적으로 설명하였다.

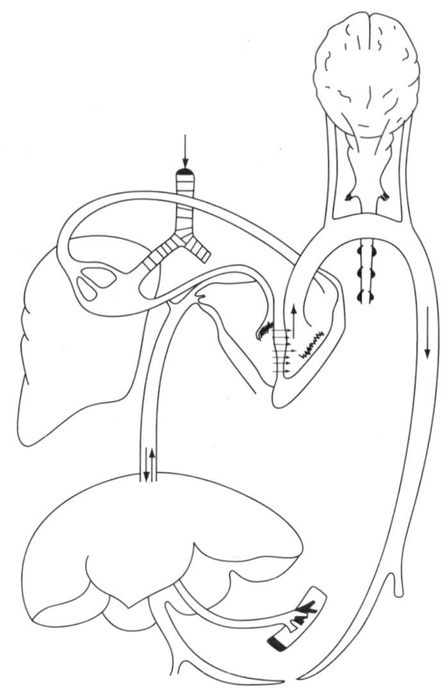

그림 2-25 갈레누스의 혈액 순환 경로

갈레누스는 인간의 생명력이 깃든 자리를 소화계통, 호흡계통 및 신경계통에 두었다. 그에 따르면, 섭취한 식품의 유용한 부분은 유미로서, 영양관에서 문정맥을 거쳐 간장으로 보내져 거기서 거무스름한 정맥혈로 바뀐다. 식품의 쓸모없는 부분은 비장으로 가서, 그곳에서 흑담즙으로 바뀐다. 간장은 식물적인 생명력이 자리잡은 곳이며, 신체의 영양과 성장을 관장하는 자연의 정기가 준비되어 정맥혈에 주입된다. 정맥혈은 간장에서 기동자인 자연의 정기에 의해 일반적인 운동을 일으켜 심장의 우심실에 보내진다.

갈레누스는 심장 판막이 피를 정맥에서 우심실로 들어가게 하지만 나갈 수는 없게 하며, 피를 좌심실에서 동맥으로 흐르게 하지만 역류할 수는 없게 하고 있음을 알고 있었다. 그러나 심장의 판막은 불완전하여, 약간의 정맥혈은 우심실에서 정맥으로, 약간의 동맥혈은 동맥에서 좌심실로 역류된다고 생각하였다. 약간의 피가 정맥으로 되돌아가기는 하지만, 대부분의 우심실 안의 피는 심장의 좌우 사이에 있는 격막을 통과하여 좌심실로 들어가거나 또는 폐동맥을 통하여 허파로 들어가게 된다. 좌심실에서는 정맥혈의 찌꺼기가 분리된 다음 이것이 폐정맥을 거쳐 허파 속으로 방출되는 것이다.

그리고 같은 경로를 거쳐 공기가 허파를 통해 좌심실에 들어오는데, 그 공기에서 분리된 프네우마는 생명의 정기로서 핏속에 흡입되는 것이다. 이렇게 하여 생긴 진홍색의 동맥혈은 그 기동자인 생명의 정기에 의해 동맥을 통해 온 몸에 분포된다. 이리하여 온몸은 동물적인 활동력을 얻는다. 몇 개의 동맥은 뇌의 밑바닥에서 망상의 혈관을 이루어, 거기에서 생명의 정기를 받아 동물혼으로 바뀐다. 이어 동물혼은 가운데가 비어 있는 관으로 되어 있는 신경에 의해 온 몸에 퍼져 신체의 각 부분에 감성을 준다.

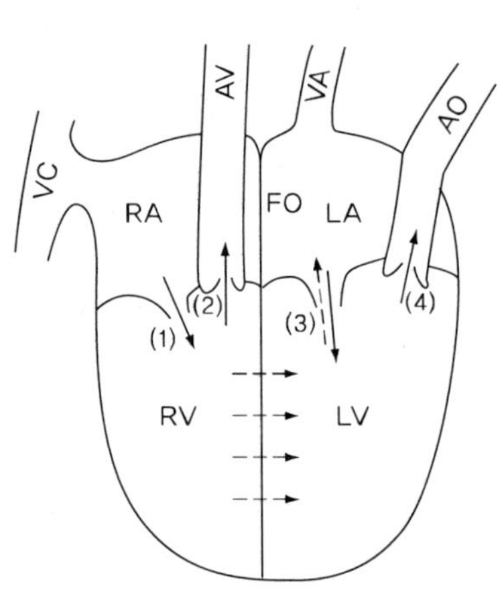

그림 2-26 갈레누스의 심장 구조

이런 갈레누스의 의학에는 몇 가지 치명적인 오류가 있었다. 그에 따르면, 호흡은 심장이 담당하는데, 공기는 심장이 불룩해질 때 몸에 들어오고, 심장이 오므라들 때 밀려 나간다고 한다. 그렇지만 심장의 박동은 호흡의 속도보다도 훨씬 빠르므로 맥박과 호흡수만 비교하여도 이러한 이론이 잘

못되었다는 것은 쉽게 알 수 있는 것이었다. 또한 갈레누스는 우심실의 피가 심장의 칸막이벽을 통과하여 좌심실로 간다고 했는데 16세기에 해부학자 베살리우스가 지적한 대로 심장의 칸막이벽은 단단한 근육이므로, 혈액의 통과가 불가능하다. 갈레누스는 지상의 운동은 직선적이고 원 운동은 천체의 주어진 운동이라는 그리스의 역학을 따르고 있었기 때문에 순환운동인 혈액의 순환을 밝혀내지 못하였다.

또한 갈레누스 의학 사상의 특징은 목적론적이라는 것이다. 그의 의학에서는 '어떻게 해서?' 또는 '왜?'라는 질문보다는 '무엇을 위해서?'가 우선적으로 거론되었다. 예를 들면 태양은 인간이 살아 있기 위해서 존재하며, 발은 동물이 걷기 위해서 있는 것이며, 인간은 신을 위해서 있는 것이라는 식이었다.

갈레누스는 히포크라테스의 이론을 계승해서 더욱 발전시킨 면이 있지만 히포크라테스와 갈레누스 사이에는 차이점이 많다. 히포크라테스는 의사 집안에서 자라났기 때문에 의학 이론은 물론 그의 성격 또한 원만하였다. 병을 고치는 데도 참을성이 많아서 누구나 태어날 때부터 가지고 있다고 믿었던 자연 치유력에 의존하려고 힘썼다. 이와는 반대로 갈레누스는 여러 분야에 탁월한 재능을 갖춘 학자로 수술이나 약을 이용해 병을 빨리 고치려 하였다. 따라서 히포크라테스는 약을 별로 쓰지 않았다는 점에서 흔히 자연 요법의 시조라고 한다면 갈레누스는 약으로 병을 적극적으로 고치려했다는 점에서 약물요법의 창시자라고 볼 수도 있다.

갈레누스가 중세를 통해 의사의 대명사로 알려질 정도로 유명하게 된 것은 그때까지의 의학을 정리해서 남긴 그의 의학 서적 때문일 것이다. 그가 남긴 의학 서적 131편 중 83편은 오늘날까지도 전해지고 있다. 중세 때는 그의 의학 서적을 읽지 않고서는 의사가 될 수 없었다고 하니 그가 서양 의학사에 남긴 영향이 얼마나 큰지 짐작할 수 있을 것이다. 그리고 갈레누스의 의학은 매우 종교적 경향을 띠고 있는데, 이는 그의 의학이나 의학 서적이 회교권이나 중세 교회의 학자들에게 쉽게 받아들여질 수 있는 이유가 되었다. 역학에서의 아리스토텔레스, 천문학에서의 프톨레마이오스와 같은 위치를 의학에서는 갈레누스가 차지하고 있었다고 할 수 있다.

3장

중세의 과학과 기술

1 로마의 과학과 기술

로마는 여러 가지 면에서 그리스와 대조적인 면을 지니고 있었다. 그리스는 해양 민족으로 상업에 종사하면서 지중해안 여러 나라를 여행하여 서로 다른 여러 나라의 문화를 흡수, 변형하고 발전시켜 독창적이고 뛰어난 문화유산을 남겼다. 그러나 로마는 농경민족으로 행정과 군사조직력을 이용해서 넓은 지역을 점령하고 이 점령지를 통치해 가는 과정에서 행정제도, 사법체제를 정비하였고, 잘 정비된 도시를 건설하였으며 도로망을 건설하는 것과 같은 정치적인 면에 더 많은 관심을 가지고 있었다. 과학사학자들 중에는 로마가 독창적인 과학 발전에 큰 공헌을 하지 못한 이유를 그리스인과 다른 로마인들의 사고구조에서 찾는 사람들도 있다. 그들은 로마인에게는 그리스인들과 달리 상업적인 여행자의 계량적이고 공간적인 사고가 결여되어 있었으며, 기하학이나 수학에 관심이 없었으므로 자연과학의 발전에 별다른 공헌을 할 수 없었다고 주장한다.

다른 측면에서 보면 로마는 계속되는 정복사업과 정복한 넓은 영토를 통치하는 과정에서 그리스 사람들이 누렸던 것과 같은 지적 여유를 누릴 수 없었는지도 모른다. 당시에는 자연과학과 관련된 논쟁이 현실세계와는 동떨어진 지적 사치품이었으므로 이 사치품을 이용하고 즐길만한 경제적, 정치적, 정신적 여유가 있을 때 발전하게 된다. 그리스는 소규모의 도시국가 형태로 경제적 자립도가 높았으므로 자연과학을 발달시킬 여유를 가질 수 있었지만 로마는 거대한 제국을 통치하기 위해서 법의 체계를 정비하고, 도로를 건설하는 것과 같은 현실적인 문제에 몰두해야 했던 것이 독창적인 과학을 발전시키지 못한 원인일지도 모른다.

그러나 로마인들이 지적인 문제를 도외시했거나 무시한 것은 아니었다. 로마인들이 과학적인 사색이나 실험을 중요하게 여기지는 않았지만 그리스 문화에 대한 깊은 존경심을 가지고 있었다. 따라서 서로마제국이 멸망할 때까지 플라톤과 아리스토텔레스는 지성의 대명사로 받아들여졌다. 따라서 로마인들은 그리스의 문화를 원형 그대로 보존하려고 노력하였다. 하지만 서로마제국이 멸망한 후에는 사정이 달라졌다. 모든 분야에서 그리스적인 전통은 이방 문화로 철저히 배격되었다. 따라서 서로마제국이 멸망했을 때부터 1,000년경 새로운 지적인 경향이 대두될 때까지를 암흑시기라고 부르기도 한다.

이런 가운데서도 의학과 생물학 분야에서는 그때까지의 지식을 총망라한 백과사전이 발간되기도 했는데, 플리니(Pliny, 23~79)의 『자연의 역사(Natural History)』 같은 책이 대표적인 예이다. 해군 제독이었으며 학자였던 플리니는 로마는 물론 그리스의 학자들이 발견하고 관찰한 내용을 총망라해서 37권의 전서를 발간하였다. 이 책에는 100명 이상의 저자들이 쓴 2,000권이나 되는 많은 책의 내용이 조사되어 수록되어 있다. 제1권에서는 다음 36권의 개요와 출처를 설명하고 있는데 여기에는 총 473명의 저자 이름이 수록되어 있다. 그러나 이중의 100명 정도가 직접적인 출처였고, 나머지는 다른 출처를 통한 간접 출처이거나 단편적 사실들을 참조한 것으로 생각되어 지고 있다.

그림 3-1 플리니

자연의 역사 제2권은 우주론이었으며, 3권부터 6권까지는 지리학, 제7권은 인간의 일생에 대해 다루었고, 8권에서 32권까지는 동물학과 식물학에 관한 것이었다. 마지막 33권에서 37권까지는 광물학을 다루었다. 플리니의 이러한 방대한 자료 수집과 편찬 작업에도 불구하고 그에게는 늘 비판이 함께 따라다

넜다. 그것은 그가 무비판적으로 자료를 수집했으며, 일관성이 없다는 것이다. 그러나 플리니는 매우 열성적으로 지식을 찾아다녔으며 발굴하여 정리하였다. 그가 만년에 베수비오 화산의 폭발을 직접 관찰하다가 사고로 죽었다는 것만으로도 그의 열정을 알 수 있다. 이러한 플리니가 지녔던 섬세함이나 근면성은 후세의 로마인들에게서는 더 이상 발견되지 않았다. 플리니 이후에도 몇 권의 백과사전이 더 나왔지만 대개의 내용은 플리니의 책을 모방하거나 표절한 것이었다.

C. PLINII
SECVNDI NATVRALIS
HISTORIAE LIBER
SECVNDVS.

그림 3-2 플리니의 자연의 역사

로마에서도 때로 그리스 과학과 철학을 설명하는 책들이 발간되기도 했지만 플리니가 그랬던 것처럼 그들은 그리스의 철학을 충분히 이해하지 못하고 있어서 피상적인 설명에 그치거나 사실을 왜곡하는 경우가 많았다. 이러한 일들은 유럽이 암흑시기를 거친 후에 아랍을 통해 그리스 문화가 유입될 때까지 계속되었다. 따라서 그리스의 수학과 천문학은 거의 로마인에게 계승되지 못하였다. 그러므로 로마에서는 유명한 수학자나 천문학자가 나올 수 없었다. 그러나 실용적인 가치가 컸던 그리스 의학은 로마인들에 의해 비교적 잘 계승되었다. 의사들을 훈련하고 교육하는 의학 교육기관이 로마에 생겨서 그리스의 의학을 교육했고, 지방에도 많은 의학 교육기관을 세웠다.

로마시대의 과학과 기술에서 빼놓을 수 없는 것이 연금술이다. 알렉산드리아 시대부터 시작된 연금술은 로마시대에 와서 스토아 철학과 결부되어 더욱 성행하였다. 그리스에서 시작하여 로마사회에 많은 영향을 끼쳤던 스토아 철학은 자연계의 모든 것은 살아서 성장한다고 주장하였다. 스토아 철학에서는 개체가 종자로부터 발전하는데 이 종자에는 처음부터 개체의 특징을 결정하는 물질이 내재되어 있다고 주장하였다. 이런 생각에 따라 금속은 살아있는 유기체이며 황금의 안정성을 향해 점차로 계속 발전하고 있다고 믿었다. 그들은 황금의 형상을 비금속에 옮기면 비금속이 황금의 형상을 가지게 된다고 생각하였다.

이러한 생각은 연금술이 유행하게 되는 사상적 토대가 되었다. 연금술사들은 구리, 주석, 납, 철의 합금을 이용하여 은과 금을 만드는 일에 열중하였다.

그리스시대에는 수공업과 연금술을 동일시했기 때문에 천시당했었다. 초기의 연금술사들이 살았던 1세기에서 5세기는 로마제국이 쇠망해 감에 따라 점차 지식수준이 후퇴하고 있었다. 로마제국의 영향력이 점점 작아지면서 지적인 경향은 더욱 후퇴하게 되었고, 로마가 동서로 분열된 후에는 그러한 경향이 더욱 뚜렷하게 나타났다. 특히 4세기에는 서로마가 게르만의 침입을 받기 시작하면서 로마제국은 껍질만 남게 되었고 유럽은 정체 속으로 빠져들어 우리가 지금 암흑기라고 부르는 약 500년간의 쇠퇴기를 맞게 되었다.

이 동안에는 각종 신비주의적 종교와 철학이 많은 영향을 끼쳤다. 심지어는 신플라톤 주의자들이나 신 피타고라스 주의자들도 사람들을 신과의 결합으로 인도하려는 데 관심을 보였으며, 그런 목적을 위해 마술을 사용하기도 하였다. 그들은 자연을 직관, 마술, 신비주의에 의해 이해하려고 하였다. 로마시대 말기에 많은 영향을 끼쳤던 여러 가지 종교와 철학 중에서 기독교의 영향이 가장 컸다. 기독교가 392년에 테오도시우스 황제에 의해 로마의 국교로 결정된 후 기독교의 우주관과 자연관은 그대로 로마의 자연관으로 굳어져 갔다.

초기 기독교에서는 그리스의 과학과 철학을 이교도학문이라고 하여 박해하였다. 그것은 기독교가 로마의 국교가 되기까지의 긴 투쟁기간 동안 그들과 투쟁관계에 있었던 이교도 학문 특히 그리스 학문에 대한 강렬한 반감이 자라났기 때문이었다. 이러한 반감은 기독교가 승리한 후에는 그리스 철학과 과학에 대한 경계와 불신으로 나타났다.

그러나 기독교의 이러한 반감에도 불구하고 기독교 전통과 그리스 전통은 결국 타협을 하게 되었다. 아리스토텔레스나 프톨레마이오스의 천문학 체계가 기독교의 교리와 결합하게 된 것은 동방 교회에서부터 시작되었다. 프톨레마이오스의 천문학체계는 아리스토텔레스의 역학과 결합하여 천체가 운동을 계속하기 위해서는 천체를 움직이는 힘이 계속 필요하다고 생각했는데 교부들은 천체를 움직이도록 힘을 가하고 있는 것이 천사들이라고 하였다. 따라서 천체가 계속 움직이고 있는 것이 바로 신의 존재를 증명하는 것이라고 하였다.

6세기에 알렉산드리아에서 활약한 필로포노소스는 천사가 천체를 움직인다는 것을 부정하고 처음에 신은 천체에 기동력(impetus)를 주었고, 이것은 천체 자체의 동력이므로 시간이 경과해도 줄어들지 않는다고 하였다. 또한 그는 힘이 작용하기 위해서 꼭 접촉해야 하는 것은 아니라고 하기도 하였다. 그러나 필로포노소스의 견해는 널리 받아들여지지 않았다.

5세기에서 10세기까지 계속된 유럽의 암흑기 동안에도 농경방법이나 농기구와 같은 생산기술에서는 많은 발전을 보여 중세 후기에 새로운 과학이 태동할 수 있도록 기반을 마련한 면이 있으므로 이 시기를 일방적으로 암흑기라고 단죄하는 것은 조심해야 될 일이다. 그러나 당시의 지적인 경향이나 학문의 독창성에 있어서 다른 시대와는 현저히 구별되는 쇠퇴기였음이 널리 인정되는 사실이므로 '암흑기'라는 말이 이 시기를 특징짓는 단어로 자리 잡게 되었다.

2 교량적 역할을 한 아랍의 자연과학

7세기와 8세기에 걸쳐 인도와 중국 국경에서부터 스페인의 피레네산맥에 이르는 광대한 제국을 건설했던 아랍 세계는 고대 그리스의 과학을 중세의 암흑시대에서 눈을 뜨기 시작하는 후기 중세 유럽에 전해주는 중요한 역할을 하였다. 아랍 세계는 이러한 시간적 교량역할 외에도 인도와 중국의 기술과 사상을 유럽에 전하는 지역적 교량역할도 하였다. 그러나 아랍 세계가 단순히 그리스 과학 전통을 서유럽에 전해주는 역할만 한 것은 아니었다. 아라비아인들은 그리스의 과학을 받아들여 그리스의 과학에 주석을 달고 그 가치를 분석하였다. 따라서 후에 십자군 전쟁을 통해 아랍 세계에서 그리스의 과학을 재발견하게 된 서유럽은 아랍 세계에 큰 빚을 지게 되었다.

이슬람 과학이 근대 서양 과학에 끼친 영향은 과학 용어의 어원을 살펴보면 쉽게 알 수 있다. 우선 대부분의 별 이름, 특히 희미한 별 이름이 아라비아어라는 것은 아라비아의 천문관측 결과가 근대 천문학 발전의 밑바탕이 되었다는 것을 나타낸다. 그 밖에도 알칼리, 알코올과 같은 화학 용어도 그 기원을 아랍어에서 찾을 수 있다. 대수(代數)를 뜻하는 algebra도 대수학을 다룬 『al-jabr』에서 유래되었다.

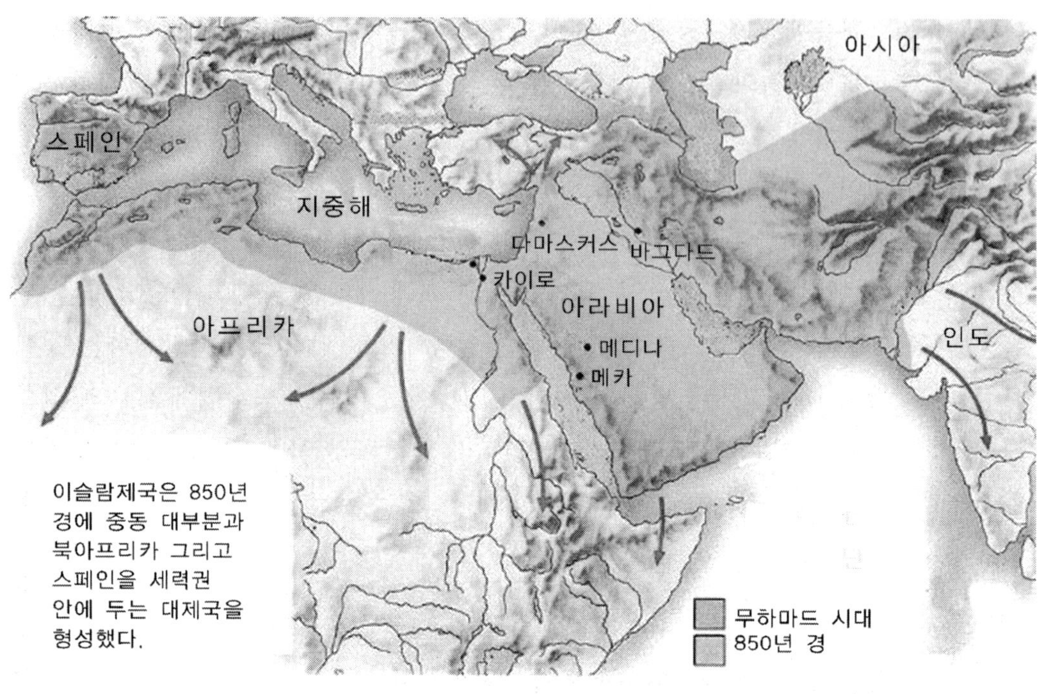

그림 3-3 이슬람제국의 발전

이 책의 라틴어 번역본이 유럽에 전해지면서 'al-jabr'가 'algebra'로 변형된 것이다. 또, 1857년에 라틴어 번역본으로 발견된 알-화리즈미의 책에는 '알고리트미(algoritmi)'라는 말이 언급되어 있는데 이 말은 알-화리즈미를 나타낸다. 이 말은 현재 특별한 방법으로 계산하는 기술을 의미하는 '알고리즘(algorithm)'이라는 말로 널리 사용되고 있다.

이슬람에서 학문이 융성하게 된 것은 이슬람교의 교리 때문이었다. 이슬람교의 창시자인 마호메트는 '지식의 탐구는 천국에 이르는 길'이라고 가르치고 무덤에 들어갈 때까지 지식을 탐구해야 한다고 하였다. 마호메트의 가르침을 따른 이슬람 제국의 왕들은 학문의 후원자가 되어 뛰어난 학자들을 궁정으로 초대해 학문연구에 전념하게 하였다. 따라서 로마와 인도 그리고 중국으로부터 천문학, 의학, 수학에 관한 저작들이 수입되어 아라비아어로 번역되었다.

초기 이슬람 문화 발전에 크게 기여한 사람들은 정통 기독교에서 이단으로 배척받은 사람들이었다. 특히 에페수스 공의회에서 이단의 단죄를 받은 네스토리우스파는 그들의 단죄를 받아들이지 않는 시리아에서 피난처를 찾았다. 이들은 많은 수의 그리스 문헌을 시리아어로 번역하였으며, 이슬람제국이 성립된 후에는 학자로서 활동하였다. 동방교회에서 이단으로 배척 받은 세르기오스 역시 아리스토텔레스의 저작과 갈레노스의 저서 등을 시리아어로 번역하였다. 이렇게 시작된 번역작업은 이슬람제국이 성립된 후에도 계속되었다.

661년에는 다마스커스에 최초로 회교 군주국인 우마이야 왕조가 수립되었다. 우마이야 왕조는 700년경부터 다마스커스에 천문관측소를 설치하여 주변의 천문학자들을 불러 모았다. 우마이야 왕조는 749년에 이슬람교로 좀 더 철저히 무장한 압바스 왕조에 의해 무너졌다. 호전적이던 우마이아 왕조가 압바스 왕조로 바뀌자 그리스 문화를 받아들이는 일은 더욱 활발하게 전개되었다.

압바스 왕조의 2대 칼리프로 실제적으로 압바스 왕조의 청시자라고 할 수 있는 알 만수르(Al Mansur, 709~775, 재위기간 754~775)의 통치기간 중에 인도의 브라마굽타 저작들이 바그다드(약 776년)에 전해져 아라비아어로 번역되었다. 압바스 왕조의 제5대 칼리프였던 하룬 알 라시드는 그리스의 원문을 수집하도록 명령하였다. 또한 7대 칼리프였던 알 마문(al Manum, 786~833)은 828년에 바그다드에 '지혜의 집'을 세우고 그리스, 이집트, 인도 등지의 학자들을 모아 천문학, 기하학, 의학의 서적들을 번역하도록 하였다.

이곳에서 갈레노스의 의학 서적이 번역되었고, 프톨레마이오스의 천문학, 아리스토텔레스의 저서는 물론, 유클리드의 저서도 번역되었다. 이러한 번역을 통해 그리스시대의 지식은 아랍 세계로 전수되었다. 특히 의학 서적의 번역과 출판이 활발해 그리스, 이집트, 로마, 인도의 의학지식은 물론 중국의 의학지식까지도 포함한 방대한 의학 백과사전이 발간되기도 하였다.

알 마문은 또한 바그다드에 천문 관측소를 세웠는데 여기서 관측의 책임을 맡고 있던 알-바타니는 황도의 경사와 세차의 값을 구했는데, 그 값은 프톨레마이오스가 얻었던 값보다 더 정확한 값이었다. '지혜의 집'에서는 의학 서적의 번역과 저술도 활발하게 진행되었는데 이슬람교도로 최초의 의학 서적의 저자는 알 라지였다. 그는 100편 이상의 의학 서적을 저술했는데 그의 책 속에는 당시에 알려져 있던 그리스와 인도는 물론 중국의 의학지식까지도 포괄하였다. 수학자인 알-화리즈미가 대수에 관한 책인 『al-jabr』를 쓴 것도 알 마문의 통치 기간 동안이었다. 대수와 인도 숫자를 다룬 이 책은 12세기에 유럽에서 라틴어로 번역되어 유럽의 근대 과학 발전에 많은 영향을 끼쳤다.

아랍 문화권 중심으로서의 바그다드의 역할은 셀주크 터키인이 동부 회교권의 지배자로 등장함에 따라 축소되었다. 아랍 학자들의 일부는 터키인들의 지배 하에서도 계속 활동했지만 많은 학자들은 이슬람 왕조이던 파티마 왕조가 지배하고 있던 카이로로 이주하였다. 파티마 왕조의 알 하킴 왕은 카이로에 '과학의 집'을 세우고 학자들을 초청하였다. 그래서 카이로에서 제2의 아랍 과학이 형성되었다.

제3의 아랍 과학은 스페인에서 꽃을 피웠다. 다마스커스의 우마이야 왕조의 군주 중에서 압바스 왕조를 피해 스페인으로 온 사람들이 775년에 안달루시아에 독립 왕국을 건설하고 그 자손들이 후에 코르도바 회교 군주가 되었다. 970년에는 코르도바에 도서관과 과학 연구소가 설치되었고, 비슷한 기관이 톨레도에도 설립되었다. 스페인의 회교도들에 의해서도 방대한 의학 서적이 집필되었고, 천문표가 작성되었다. 스페인의 이슬람교도들은 프톨레마이오스의 천문체계에 대하여 비판적이었다. 그들은 프톨레마이오스의 주전원과 이심원 운동을 반대하였다. 천체가 기하학적인 점을 중심으로 운동한다는 것을 반대하고, 천체는 물리적인 물체 주위를 회전해야 한다고 주장하였다. 이러한 스페인 이슬람교도들의 과학은 기독교가 스페인을 점령한 후에도 계속되었다. 따라서 스페인은 아랍에 갈무리되었던 그리스 문화가 서유럽에 전파되는 통로가 되었다.

아랍 세계의 과학에서도 빼놓을 수 없는 것이 연금술이다. 연금술이 알렉산드리아 시대와 로마에서도 성했었으며, 중국에서도 불로장생 약을 만드는 데 이용되었지만 아랍 세계의 연금술은 좀 더 화학적 요소들을 가지고 있었다. 그들은 그리스의 4원소설을 바탕으로 금속의 변화를 정량적으로 다루려고 시도하였다. 이러한 연금술의 전통은 유럽 세계로 이어지고 후에 화학 발달의 기초가 되었다. 그들은 금속은 수은과 황의 상호작용으로 형성된다고 보았는데 이러한 생각은 중국의 음양사상과도 일맥상통하는 것이었다.

아랍 세계는 몽고족이 세운 원나라의 침입으로 급속히 쇠퇴하여 문화적 교량역할을 몽고족에게 넘겨주게 되는데, 원나라의 등장은 동양과 서양의 교류가 아랍이라는 매개자를 통한 간접교류에서 직접교류로 바뀌었음을 의미하는 것이었다. 원은 중국에서 화약의 제조 사용법과 인쇄기술을 배워 유럽에 전했으며 나침반을 유럽에 전하기도 하였다.

중국에서 발전된 기술로 아랍 세계를 통해 유럽에 전해진 기술 가운데 빼놓을 수 없는 것이 종이 만드는 기술이다. 제지법은 704년에 아랍 세계에 알려지고 900년에 이집트에 그리고 1100년에 스페인에 알려져 문화의 발달에 중요한 역할을 하게 된다. 아랍에 흡수된 동양의 기술은 십자군 전쟁을 통해 유럽에 전달되어 11세기 이후 유럽에 새로운 사상이 대두하는 데 중요한 역할을 했다고 할 수 있다.

3 암흑기에서 벗어나는 중세 유럽

로마제국이 동서 로마제국으로 분리된 5세기부터 새로운 지적 부흥이 시작되는 11세기까지의 약 500년 동안에 서유럽의 과학이 가장 침체되었었다는 것은 논란의 여지가 없다. 그러나 11세기 이후 유럽에서는 새로운 지적부흥 운동이 전개되었고, 특히 12세기와 13세기에는 아랍 세계로부터 그리스 서적이 유입되어 과학의 진보가 다방면에서 빠르게 진행되었다. 따라서 이 시기는 중세의 다른 시대와 구분하여 살펴보아야 할 것이다.

10세기말 프랑스 출신의 제르베르(Gerbert of Aurillac, ca. 955~1003)는 스페인에서 라틴어로 번역된 아랍 저술들을 구하고 그것에 기초하여 주판과 천문관측기에 관한 책을 써서, 초보적인 수학과 천문학을 제자들에게 가르쳤다. 제르베르의 제자들이 그의 가르침을 전파하여 과학을 필수 교양과목으로 올려놓았다. 11~12세기에 서유럽에 많이 세워졌던 성당학교는 제르베르의 제자들이 세웠거나, 제자들이 가르쳤는데 이들 성당학교는 12세기 후반 대학이 출현하기 이전의 서유럽에서 가장 중요한 학문의 중심지였다. 제르베르는 999년에 프랑스인으로는 최초로 교황이 되어 실베스터 2세가 되었다.

성당학교가 널리 보급됨에 따라 그때까지 세속적이라고 경시당했던 과학에 대한 흥미가 되살아나기 시작하였다. 이러한 영향으로 11세기에는 아직 매우 초보적인 것이기는 했지만 그리스의 기하학에 관심을 가지는 사람이 나타나기 시작하였다. 그리고 고대의 여러 가지 과학적 업적에도 관심을 기울이게 되어 당시에는 겨우 단편적으로밖에는 입수할 수 없었던 그리스 저술들이 연구되었다.

제르베르(Gerbert of Aurillac, ca. 955~1003)

프랑스 중부 지방에서 태어난 제르베르는 963년경 성 제랄드 수도원에 들어가 라틴어 문법을 배웠다. 967년에 바르셀로나의 보렐 백작이 이 수도원을 방문 했을 때 수도원장은 제르베르를 보렐 백작에게 맡겨 바르셀로나로 보내 대수학, 기하학, 음악, 천문학을 공부하도록 하였다. 당시 바르셀로나가 위치해 있던 카탈루냐 지방은 서유럽보다 훨씬 발전된 학문 전통을 가지고 있던 이슬람 왕국 알-안달루스와 접해 있어 이슬람 문화를 쉽게 접할 수 있었다. 969년에 보렐 백작은 제르베르를 데리고 로마로 성지 순례를 떠났다. 로마에서 교황(John XIII, 965~971)과 신성로마제국의 황제(Otto I, 962~973)를 만난 제르베르는 후에 오토 2세가 되는 황제의 아들을 가르치는 가정교사가 되었다. 몇 년 후 제르베르는 라임에 가서 고급 논리학을 공부하였다. 그는 라임에서 페달을 밟으면 일정한 세기의 공기 압력이 작용하여 일정한 세기의 소리를 내는 풍금을 제작하기도 하였다. 그는 또한 아랍의 숫자 체계를 공부하여 라틴의 숫자 체계로는 계산할 수 없던 어려운 계산을 쉽게 할 수 있게 되었다. 제르베르는 주판을 사용하는 방법을 배운 후 성당에 거대한 주판을 만들고 많은 사람들로 하여금 접시 크기의 주판알을 움직여 계산하는 것을 사람들에게 보여주기도 하였다. 그가 쓴 주판에 관한 책은 후에 성당 학교의 교재로 널리 사용되었다.

983년 신성로마제국의 황제가 된 오토는 제르베르를 서유럽에서 가장 큰 도서관을 가지고 있던 보비오 수도원의 수도원장으로 임명하였다. 그러나 다음 해 후원자였던 오토 황제가 죽은 후 수도원장을 그만 둔 그는 라임의 성당학교 책임자로 갔다. 라임에서 여러 가지 정치적 사건에 휘말렸던 제르베르는 어려움 딛고 일어나 991년에 라임의 대주교가 되었다. 991년부터 997년까지 대주교직을 유지했지만 997년 그레고리 5세 교황에 의해 해임 된 후 신성로마제국 오토 3세의 고문이 되었다. 999년에 그레고리 5세 교황이 죽은 후 제르베르는 실베스터 2세 교황이 되었다. 그는 프랑스인으로서는 최초의 교황이었다. 그러나 외국인 교황에 대한 반감으로 라베나로 피신해야 되었다.

그들이 고대의 업적들에 관심을 가지면 가질수록 그들은 단편적인 자료들로만으로는 만족할 수 없게 되었다. 그 결과 그들은 그리스어와 아랍어로 된 문헌들을 본격적으로 번역하기 시작하였다. 이러한 번역 작업은 10세기 중반에 피레네 산맥에 있던 산타 마리아 수도원에서 시작되었다. 그들은 기하학과 천문체계에 관한 서적들을 라틴어로 번역하였다. 11세기에는 아랍의 천문관측 기록에 관한 책들이 헤르만에 의해 번역되었고, 이탈리아의 콘스탄틴은 아랍의 의학서들을 라틴어로 번역하였다. 이렇게 시작된 번역 사업은 12세기에 이르러 본격적으로 전개되었다. 서유럽과 아랍 세계의 접촉을 유도한 것은 십자군 전쟁이었다. 아랍의 지배를 받고 있던 스페인을 공격한 십자군은 1085년에 톨레도를 점령했는데 이때부터 그리스 과학의 아랍어 번역본이 본격적으로 유럽에 알려지게 되었다.

아랍어로 된 그리스의 과학 서적들이 라틴어로의 번역이 본격적으로 진행된 것은 위대한 번역의 시기라고 일컬어지는 1125~1280년 사이였다. 12세기와 13세기의 이러한 번역 사업이 없었더라면 서유럽 사회는 과학 혁명과 같은 큰 사건을 잉태할 수 없었을 것이다. 이렇게 번역된 자료와 지식은 유럽 사회에서 소화하는 과정을 거쳐야 했는데 그것을 소화하는 일에 큰 몫을 담당한 것이 이 당시에 유럽 각지에서 세워지기 시작했던 교회학교와 대학들이었다.

아랍 서적들의 번역을 통해 서유럽에 전해진 그리스의 자연철학, 특히 아리스토텔레스의 역학체계는 교회 내의 학자들이던 스콜라 철학자들에 의해 적극적으로 연구되고 계승되어 기독교의 교리 속에 수용되었다. 후에 코페르니쿠스나 갈릴레오가 새로운 천문학체계를 제시했을 때 강력하게 반발한 그룹이 바로 이러한 스콜라 철학의 전통을 이어받은 사람들이었다.

후기 중세의 과학 발전과정에서 특히 주목해야 할 것은 스콜라 철학자들을 중심으로 자연과학의 방법론에 대한 활발한 토론이었다. 베이컨(Roger Bacon, 1220~1290), 둔스 스코트(Duns Scotus, 1266~1308), 오캄(William Ockham, 1285~1349) 같은 학자들은 과학적 방법에 의해 얻을 수 있는 결과가 필연적 인과 관계가 아닌 적절한 인과 관계에 지나지 않는다고 하여 과학적 방법에 의해 얻을 수 있는 진리의 한계성을 주장하면서도 아리스토텔레스 주의자들의 연역적 방법을 비판하고 실험을 중시하는 귀납적 방법에 충실해야 한다고 주장하였다. 그들은 자연은 궁극적으로 신의 지배하에 있어서 신은 언제나 자연법칙을 뛰어 넘을 수 있기 때문에 필연적인 인과 관계는 인정하려하지 않았다. 그러나 그들이 주장한 차이법이나 일치법 같은 귀납적인 방법들은 아리스토텔레스 주의자들에게 경종을 울리는 효과가 있었다.

서유럽의 지적인 부흥은 아랍과의 접촉으로 인한 지적 관심이 커진 데 그 원인이 있지만 이러한 지적 호기심을 유발시킨 사회적 상황에서도 그 원인을 찾아볼 수 있다. 그러한 사회적 원인들 중에서는 무엇보다도 새로운 생산 기술의 도입으로 생산성이 향상된 결과 중세 사회가 새롭게 개편된 것을 꼽아야 할 것이다. 특히 3윤작의 도입과 새로운 농기구의 도입은 장원의 생산성을 향상시켜 도시의 형성을 가능하게 하였고 대형 성당의 건축, 대학의 태동을 가능하게 하는 등 새로운 문명을 잉태해가고 있었다. 십자군이 가능했던 것도 생산성 향상에 의한 부의 축적에 그 원인이 있다고 할 수도 있다.

한편, 원나라를 거쳐 유럽에 전해진 화약과 화약 무기의 사용은 칼을 이용해 전투를 하던 기사계급의 몰락을 초래했으며, 무기를 장악한 왕권의 강화를 가져와 절대군주의 탄생을 가능하게 하였다. 또한 절대왕권의 탄생은 중세를 지배하고 있던 종교의 권위의 하락을 가져왔고, 이것은 새로운 사상이 대두하는 계기가 되었다. 새로운 변화는 대규모 부를 소유하게 된 교회와 절대왕권을 누리게 된 왕들에 의해 시작되었다. 대형화된 교회와 절대 권력과 부를 소유하게 된 왕들은 사설 연구기관과 대학을 세워서 학문연구와 교육을 하도록 하였다.

유럽의 새로운 문화의 기운을 발전시키는 데 중요한 역할을 한 것이 대학인데 초기의 대학은 신학과 철학 그리고 의학을 주로 교육하기 시작했고, 철학 부문에서는 아리스토텔레스에 대한 연구를 주로 진행시켰다. 11세기에 나타나기 시작한 대학은 교회에 의해 세워지기도 하고, 학생들이 세운 사립대학도 있었으며, 국왕이 세운 국립대학도 있었다. 대학을 통한 새로운 학문적 경향은 스콜라들의 노력과 함께 아리스토텔레스의 자연과학 체계를 기독교 교리 속에 정착시키는 데 큰 역할을 담당하게 되었다.

이러한 새 기운이 15세기의 문예부흥운동과 과학 혁명의 기틀이 되었다. 또한 이 시기에는 동양에서 전래된 제지법, 인쇄술, 화약, 나침반 같은 중요한 기술이 아랍을 통해 서유럽에 전해져서 새로운 문화운동을 시작하게 하는 계기를 만들어 가고 있었다.

4 새로운 기술의 전래

(1) 종이의 발명과 전파

식물의 섬유를 물에 풀어 현탁액을 망으로 걸러 성형한 판상의 섬유제품이 종이이다. 종이를 나타내는 영어 단어는 Paper인데, 이는 라틴어의 파피루스(Papyrus)에서 유래한 말이다. 파피루스는 원래 이집트의 나일 강 변에 자생하는 일종의 갈

그림 3-4 파피루스에 그린 그림

그림 3-5 깐수성 위먼에서 발견된 종이

대이며, 이것으로 제조된 고대 기록재료의 명칭이기도 하였다. 파피루스는 겉모양이나 용도가 현재의 종이와 같아서 종이를 나타내는 단어의 어원이 되었지만 파피루스의 제조법은 종이 제조법과는 전혀 다르기 때문에 종이라고 할 수는 없다.

종이는 105년 후한시대의 채륜(蔡倫)이 뽕나무 껍질과 직물, 어망 등을 원료로 하여 처음 발명한 것으로 알려져 왔었지만 최근에 중국 고고학자들이 중국 신장성 뤄부, 시안과 서역의 관문인 서북부 깐쑤성 위먼(玉門) 등에서 전한시대에 제작된

그림 3-6 채륜

것으로 추정되는 마를 원료로 한 종이를 발견해 종이 발명 역사가 더 먼 과거로 거슬러 올라가게 되었다. 후한시대의 환관으로 궁정에서 사용하는 물건의 제조를 담당했던 관청의 책임자인 상방령 채륜은 마지보다 품질이 우수한 양질의 종이의 제조를 감독하고 그 제조법을 널리 보급했을 것으로 추정된다. 종이의 중요성을 알아차리고 중국 각지에 흩어져있던 종이에 관한 정보를 수집하여 정리하고 체계화시키는 한편 원료를 개발하고 실험하여 체계적인 제조법을 완성한 채륜의 업적은 역사적으로 큰 의의를 갖는다고 할 수 있다. 당시 사람들은 채륜이 만든 종이를 채후지라고 불렀다는 기록이 남아 있다.

중국에서 개발되어 완성된 제지법은 중세의 서유럽에 전파되어 기록문화 발전에 큰 공헌을 하게 되었다. 채륜이 완성한 최초의 제지법이 유럽에 전래된 것은 8세기 중엽이었다. 이 당시 중국을 통치하고 있던 당나라는 종이의 제조법과 사용법을 전국에 보급하였을 뿐만 아니라 서방으로 종이를 수출하기도 하였다. 서방으로 진출하려던 당나라와 동방으로 진출하려던 사라센제국은 751년에 두 나라 사이에 끼어 있던 지금의 투르키스탄의 탈라스 강에서 결전을 벌이게 되었다. '탈라스강 전투'라고 부르는 이 전투에서 당나라는 크게 패하였는데 이 전투는 중국 문화가 유럽에 전파되는 데 중요한 계기가 되었다. 사라센의 기록에 의하면, 포로 중에는 많은 제지기술공이 포함되어 있었으며, 이들이 아라비아인들에게 제지술을 전파하였다고 한다.

처음으로 제지공장이 세워진 곳은 757년 지금의 우즈베키스탄의 사마르칸트였다. 당시의 아라비아 지방에서는 기록을 위해 주로 양피가 사용되고 있었으며, 이집트의 파피루스나 중국에서 수입된 종이가 조금씩 함께 사용되고 있었다. 사마르칸트에서 생산된 종이는 '사마르칸트 종이'라고 불렀으며, 양피나 파피루스를 대신하게 되었다. 사마르칸트에서 제조된 종이의 원료로는 아마를 많이 사용하였고, 다른 초목의 섬유도 사용하였던 것으로 추정되고 있다. 사마르칸트 종이가 명성을 얻게 되자 페르시아는 직접 중국에서 제지 기술자를 초청하여 795년에 페르시아의 바그다드에 제지공장을 세웠다. 그 뒤에 다마스쿠스에도 제지공장이 세워졌다.

900년에는 이집트에 제지 기술이 전해졌고, 11세기에는 아프리카의 북부와 지중해 연안에도 전해졌다. 유럽에서 처음으로 초지법에 의한 종이의 제조가 이루어진 것은 스페인에서였다. 이슬람교도들이 다스리고 있던 스페인에서는 1150년에 최초의 제지공장을 만들었다. 1189년에는 스페인의 도움을 받아 프랑스의 에로 제방에 제지공장이 세워졌는데, 이 공장은 그 무렵의 공장으로는 규모와 생산량이 다른 공장에 비하여 거대한 것이었다. 프랑스는 이 제지공장을 근간으로 하여, 그 후 중세 최대의 제지공업국으로 발전하기에 이르렀다.

이탈리아에 최초의 제지공장이 생긴 것은 1276년이라고 하는데, 이 공장의 제품은 품질이 매우 훌륭하였으며 이미 종이에 문양을 넣는 기술까지 개발되었다. 1293년에 이 공장에서 문양을 넣어 제조한 종이가 지금도 보존되어 있다. 독일에는 1336년 뉘른베르크에 처음으로 제지공장이 세워졌고, 영국에는 1498년에 제지공장이 세워졌으며, 미국에는 1690년에 네덜란드인에 의하여 제지공장이 설립되었다. 네덜란드의 제지공업이 시작된 연대는 정확하지 않지만, 1750년에 제지공정의 대개혁을 가져왔던 네덜란드식 제지기가 출현함으로써 질이 좋은 종이의 생산이 가능하게 되었다.

15세기 이후 유럽의 제지공업이 급속도로 발달할 수 있었던 것은 활자 인쇄의 발명과 보급에 때문이었다고 할 수 있다. 유럽에서 활자 인쇄가 발명된 것은 1445년경이다. 이 기술은 급속히 유럽 전역에 퍼져 1500년에는 각국에 생긴 인쇄소가 200개소 이상에 이르고 많은 서적이 출판되었다. 당시의 인쇄소는 출판사의 기능까지 겸하고 있었는데, 그 수가 많아짐에 따라 자연히 종이의 수요도 함께 증가하였다.

(2) 화약의 발명과 보급

최초의 화약은 황, 초석, 목탄 등을 배합하여 만든 것으로 흑색 화약과 매우 비슷한 성분이었다. 화약의 발상지나 발명 과정에 대해서는 약간의 다른 이론이 있지만 대체로 중국의 연단술에서 그 기원을 찾을 수 있다. 중국의 도교 사상을 구체적으로 실천하는 방안의 하나로 발전했던 연단술에서는 금이나 은과 같은 귀금속을 불로장생의 약으로 생각하고 있었으며, 특별한 방법을 사용하면 이들 귀금속을 대량으로 만들 수 있을 것으로 믿었다. 실제로 도교의 창시자인 노자(奴子, BC 350년경)를 비롯한 많은 지식인과 술사들에 의해서 이에 관한 연구가 활발히 진행되었다.

연단술에 관한 기록에는 초석, 황, 목탄을 섞어 가열하면 격렬하게 연소한다는 기록이 많이 발견된다. 이 세 가지 물질(초석, 황 및 목탄)이 흑색 화약의 성분과 같다는 점에서 연단술과 화약의 발견과의 관계를 추정해 볼 수 있다. 화약의 효시인 흑색화약의 세 가지 성분인 초석, 황, 목탄의 혼합물의 강력한 연소 작용을 이미 알고 있었다는 것은 화약 발견의 여건이 성숙되어 있었다는 것을 의미한다. 그러나 폭발현상에 대해서는 기록이 남아있지 않은데 이는 당시의 실험에서 같은 양의 초석과 황을 사용했기 때문으로 추측된다. 만약 당시의 실험에서 이 세 물질의 배합비율을 현재 폭파용에 사용하는 흑색화약과 같이 초석 75 %, 황 10 %, 목탄 15 %로 했다면 폭발할 수도 있었을 것이다.

이런 사실들로 미루어 볼 때 흑색화약은 장기간의 실험을 하는 과정에서 우연히 발명되었으며 필요에 의해서 부분적으로 사용되기 시작했다고 보는 관점이 있다. 그러나 실제로 화약이 발명되어 사용되기 시작한 시기에 대해서는 여러 가지 주장이 제기되고 있다. 학자들에 따라서는 2세기에 화약이 사용되기 시작했다고 하고, 3세기 또는 7세기에 처음 화약이 사용되었다고 주장하기도 한다. 이런 여러 주장들을 종합해 보면 흑색화약의 원형은 당나라 초기인 7세기 이전에 발명되었으며 7세기부터 서서히 화약으로서 형태를 갖추기 시작한 것으로 보인다. 초기의 화약은 연소에 사용되는 수준이었으나 점차 초석의 함량을 늘림으로써 폭발성을 갖는 화약을 만들게 되었다. 폭발성을 가지는 화약은 폭죽이나 군사적 목적에 응용되기 시작하였다. 그러나 11세기까지 화약이 대부분 불꽃놀이 용도로만 사용되었고 대포에는 사용되지 않았다.

중국에서 발명된 화약이 유럽에 알려진 것은 15세기경으로 알려져 있다. 화약이 서양에 전해진 과정에 대해서는 여러 가지 가설이 있지만 가장 유력한 가설 중 하나는 마르코 폴로에 의해 중국의 화약 제조법이 유럽으로 전해졌다는 것이다. 15세기경 독일의 한 수도승이 흑색 화약과 함께 대포를 발명했다고 전해지기도 한다. 이 수도승이 화약을 발명했다는 것에 대해서는 의견이 많지만 대포를 발명했다는 것에는 이견이 없다. 이 시기에 화약을 사용한 다양한 크기의 대포들이 등장한다. 나무로 만든 지지대를 가진 소형 대포에서 큰 구경의 대포들까지 다양한 크기의 대포들이 만들어졌고 '조총', '화승총'이라고 부르는 총기도 사용되기 시작하였다.

화약과 화약을 사용한 무기의 등장은 서양 사회를 근본적으로 바꾸어 놓은 계기가 되었다. 중세 서양에서는 봉건 영주들이 작은 땅을 통치하며, 그곳에 성을 쌓고 그 안에 살면서 주변의 농민들에게 세금을 거둬들였다. 이러한 서양의 봉건사회는 동양으로부터 화약이 들어오면서 그 근본이 붕괴되기 시작하였다. 화약이 사용되기 이전에는 영주들이 직업 군인이라 할 수 있는 기사들의 전투력에 의존했었지만 화약 무기가 보급되면서부터 기사들은 아무런 힘도 쓸 수 없게 되었다. 이는 중세 봉건제도의 몰락을 재촉하게 되었다.

(3) 나침반의 발명과 보급

종이, 화약과 함께 중국 3대 발명 중 하나라고 일컬어지는 나침반의 경우도 서양 사회의 발전에 큰 영향을 끼쳤다. 최초로 사용된 나침반은 사남(司南)이라고 불렀다. BC 4세기경부터 중국에서는 사남이 널리 사용되기 시작한 것으로 알려져 있다. 사남은 천연 자석을 연마하여 만든 것으로 국자와 같은 모양을 하고 있었다. 사남을 매끄러운 판 위에 놓고 돌렸을 때 국자의 자루가 가리키는 방향이 남쪽이었다. 하지만 천연적인 자석으로 만든 사남은 자성이 비교적 약해서 사용하는데 어려움이 많았다. 따라서 10세기경에는 인공적으로 자성을 강화한 자석을 만들어 보다 편리하고 실용가치가 있는 나침반을 만들어냈다. 중국에서 만들어진 나침반은 12세기

그림 3-7 사남

말부터 13세기 초에 바다를 통해 아랍으로 전래지고 그 후 아랍에서 유럽으로 전해졌다.

자석의 존재는 유럽에서도 일찍부터 알려져 있었다. 서양에서 자석에 대해 처음 알았던 사람은 그리스의 탈레스라고 알려져 있다. 탈레스(Thales of Miletus, BC 640~BC 546)는 호박을 문지르면 작은 물체를 잡아끄는 성질이 나타난다는 사실을 발견하기도 했고, 어떤 종류의 광물(자철광 종류)은 쇠붙이를 끌어당기는 힘이 있다는 것을 알아냈다. 그 후 그리스의 대표적 과학자이자 의사인 엠페도클레스는 자석이 쇠를 끌어당기는 것은 두 물체가 내뿜는 어떤 기운이 서로 조화하기 때문이라고 설명하기도 하였다. 하지만 서양에서는 자석이 남과 북을 가리킨다는 사실에 대해서는 잘 알지 못했던 것으로 보인다. 자석의 존재가 알려진 뒤 천 년도 훨씬 지날 때까지도 그것이 남북을 가리킨다는 성질은 잘 몰랐다.

자석에 관한 중국의 기록은 탈레스의 기록보다 조금 늦은 시기에 나타난다. 그러나 자석이 남쪽과 북쪽을 가리킨다는 사실은 자석이 발견이 있은 후 곧 알려졌다. 후한시대의 대표적 사상가인 왕충(王充, 27~97)은 83년에 쓴 『논형(論衡)』이란 책에서 자석에 대해 설명했는데 제17권의 시응 편(是應篇)에는 "사남의 표를 땅에 던지면 그것이 남쪽을 향한다."라고 하여 자석이 가지는 지향성을 설명하고 있다. 오늘날 중국에서 관광 상품의 하나로 만들어 파는 사남의 설명문에는 왕충의 글이 인용되어 있다.

그러나 더욱 분명하게 나침반에 대해 말한 기록은 아무래도 11세기 중국의 위대한 과학자 심괄(沈括, 1033~1097)이다. 송나라의 과학자 심괄의 과학 내용은 주로 그의 대표작 『몽계필담(夢溪筆談)』에 기록되어 있다. 몽계필담에 의하면 당시 중국에서 나침반이 여러 가지로 사용되고 있었다는 것과 지자기의 편각현상에 대해 명확하게 이해하고 있었다는 것을 알 수 있다. 1088년에 쓰인 『몽계필담』에서 나침반에 설명한 부분을 옮겨보면 다음과 같다.

--방사(方士)는 자석으로 바늘을 문질러서 그것을 남쪽을 향하게 만든다. 하지만 그것은 언제나 약간 동쪽으로 기울어 정확한 남쪽을 향하지는 않는다. 그것을 물 위에 띄워 두면 불안정한 것이 흠이다. 손톱 위나 그릇의 가장자리 위에 놓으면 잘 돌아가기는 하지만 금방 밑으로 떨어져 버리기 쉽다. 가장 좋기로는 자침의 중심점에 밀랍을 달고 여기를 명주실로

묶어서 균형을 잡고 바람 없는 곳에 두면 바늘이 언제나 남쪽을 향한다. 바늘 가운데에는 북쪽을 향하는 것도 있는데, … 아직 아무도 그 이치를 설명할 수는 없다.

-『몽계필담』제24권 18조-

서양에서 자석의 방향성을 알고 이를 이용해 방향을 정한 예는 1190년이 되어서야 발견할 수 있다. 알렉산더 네캄의 글에 처음으로 항해에 나침반을 사용하는 기록이 발견되기 때문이다. 그리고 아랍에서는 오히려 이 보다 조금 늦게 나침반의 사용이 기록되어 있다. 12세기경에 유럽에는 '아라비아 사람들은 바늘같이 생긴 자석을 밀집에 꽂아 물위에 띄워서 북쪽을 알아낸다.'라는 이야기가 전해졌다. 아마도 그 무렵에 중국의 나침반이 이슬람의 선원들에 의해 서유럽에 전래된 것으로 보인다.

자침과 방위표를 하나로 만들어서 운반이 가능한 나침반은 14세기경에 이탈리아에서 제작되었고, 오늘날과 같은 모양의 나침반은 19세기 후반에 켈빈경이라고도 불리는 영국의 물리학자 톰슨(William Thomson, 1824~1907)이 만들었다. 나침반이 지구의 남북을 가리키는 이유를 정확히 설명한 사람은 16세기 영국의 물리학자였던 길버트(William Gilbert, 1540~1603)이다. 그는 자석에 철 조각을 문질러서 인공적인 자석을 만든 바 있고, 나침반이 항상 북쪽을 가리키는 이유는 지구가 자기적인 성질을 가지고 있기 때문이라고 주장하였다.

(4) 인쇄술의 발명과 보급

인쇄술은 인류가 정확한 정보를 전달하기 위하여 부단한 노력 끝에 발명한 것으로 인류 문화 발전에 큰 공헌을 하였다. 인쇄술은 처음엔 목판 인쇄술에서 시작되었다. 목판 인쇄술에서는 책판을 만드는 비용과 시간이 많이 들면서도 한 종류의 책밖에 펴낼 수 없는 것이 큰 결점이었다. 더욱이 책판은 보관이 어려워 잘못하면 못쓰게 되는 문제가 있었다. 그 결과 새로 발명된 것이 활자 인쇄술이었다. 활자는 활판인쇄에 사용하기 위해 나무나 금속 등에 문자, 숫자, 기타 기호 등을 한자씩 조각 또는 녹여 부어 만드는 것이다.

활자 인쇄술은 목판 인쇄술에 비해 기술면에서는 활자를 만드는 것과 배열하는 일이 비교적 복잡했으나 활자나 활자판의 제작에 드는 재료, 수공, 시간과 비용 등이 비교적 절약되고 생산이 빨라 인쇄기술을 크게 발전시켰다. 활자 인쇄술은 한 벌의 활자를 만들기만 하면 오래 간직하고 필요한 서적을 수시로 찍어낼 수 있었기 때문에 인쇄비용이 목판 인쇄에 비해 적게 들고 일하는 시간이 줄어들어 상당히 경제적이었다.

금속활자 인쇄술을 처음으로 발명한 것은 바로 우리 민족이다. 우리 조상들은 고려시대에 세계 최초로 금속활자 인쇄술을 발명하고 이를 실용화하였다.

그러나 금속활자 인쇄술 발명의 기원에 관하여는 지금까지 전해지는 기록과 실물의 부족으로 인하여 고려 문종연간(1047~1083) 기원설, 숙종 7(1102)년 기원설, 예종 15(1120)년 기원설, 충렬왕 23(1297)년 기원설, 고종 19(1232)년 기원설 등이 다양하게 제기되고 있다. 현존하고 있는 가장 오래 된 금속 활자 인쇄본인 『불조직지심체요절』은 1901년 모리스 쿠랑(Maurice Courant, 1865~1935)이 편찬한 『한국서지』에 기록된 바 있었으나 정작 그 실물과 내용이 확인되지 않다가, 1972년에 세계 도서전시회에 출품되면서 그 존재가 알려졌다. 이 후 연구를 통해 이 책이 고려 우왕 3년(1377년)에 청주 부근의 흥덕사에서 인쇄한 것을 밝혀냈다. 이에 따라 1992년 3월에 흥덕사지에 청주 고인쇄박물관이 세워졌다.

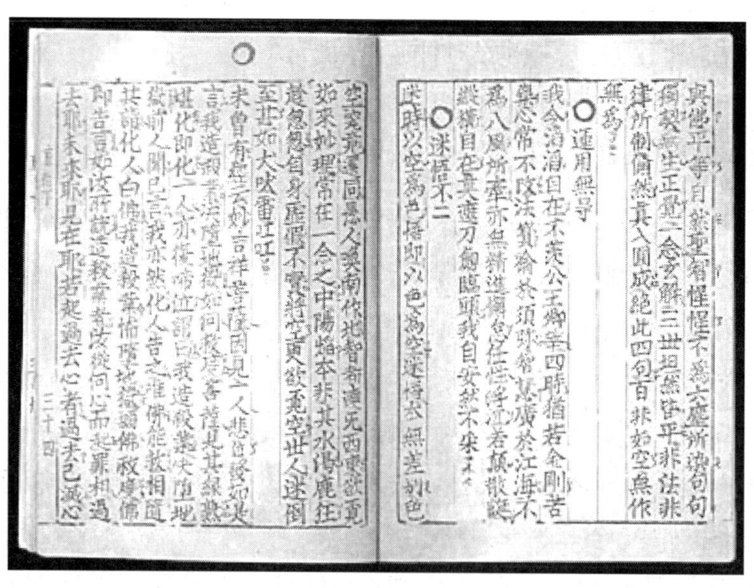

그림 3-8 백운화상직지심체요절

그러나 인쇄술에서 가장 앞섰던 우리나라나 중국에서는 뛰어난 인쇄술 발달이 곧 많은 책의 인쇄와 보급으로 이어지지는 못하였다. 그 가장 중요한 원인은 동양의 문자가 한자였기 때문이다. 서양의 알파벳은 30자 이하의 자음과 모음으로 모든 글자를 만들어낼 수 있어서 같은 활자를 크기에 따라 여러 벌 만들면 그것으로 얼마든지 여러 책을 찍어 낼 수 있었지만 동양 사람들이 사용해 온 한자는 흔히 쓰이는 것만 해도 만 자가 넘기 때문에 인쇄술의 발달이 책을 보급하는 데 그리 큰 도움을 주지 못하였다.

반면에 서양 사람들은 인쇄기술이 처음 알려지자 먼저 그들 사회에서 널리 필요하던 성서를 인쇄하기 시작하였다. 1450년 이후 구텐베르크(Gutenberg, 1398~1468)가 인쇄한 것도 바로 성서였다. 구텐베르크는 1400년경 마인츠에서 태어난 것으로 추정된다. 구텐베르크가 1430년 스트라스부르크에서 보석세공과 유리를 만드는 일을 했었다는 것을 증명하는 기록이 있다. 활자주조와 관련된 그의 초기 실험은 이때부터 시작됐던 것으로 추정된다.

구텐베르크는 1454년에 라틴어 성서 180부를 인쇄하였다. 그 중 48부가 발견되었다. 그 중 12부는 양피지에, 36부는 종이에 인쇄된 것이다. 이 성서들은 중세의 공식적인 서법을 따라 42행 두 단으로 인쇄되었다. 이 성서의 인쇄를 위해 구텐베르크는 290개의 다른 활자를 만들었다. 이 중 47개가 대문자이고 63개가 소문자, 92개가 약어, 83개가 복합문자(합자), 5개가 마침표였다. 인쇄기술은 구텐베르크의 견습공들을 통해 놀랄 만큼 빠른 속도로 유럽 전역에 확산되었다. 1500년대에 이미 유럽 260개 도시에서 인쇄가 진행됐다. 약 3만 종의 책 천만 부가 50년 동안 인쇄됐다. 구텐베르크는 인쇄술의 핵심인 핸드 몰드를 개발해 동일한 금속활자를 대량 생산하였다. 그는 또한 프레스를 이용하는 새로운 압착식 인쇄기를 발명해 적은 비용으로 짧은 시간 안에 더 많은 간행물을 출판하는 것을 가능하도록 했고 인쇄물의 질을 개선하였다.

그림 3-9 구텐베르크

마침 인쇄술이 도입되는 것과 비슷한 시기에 종이를 만드는 제지법도 서양에 알려졌다. 그때까지 값비싼 양가죽 등에 펜으로 글씨를 써서 책을 만들던 서양 사람들에게 값싼 종이와 속도 빠른 인쇄 기계가 등장하여 성서가 빠른 속도로 많은 사람들에게 보급될 수 있게 되었다. 인쇄술과 제지법의 보급으로 많은 사람들이 책이나 성서를 접할 수 있게 되자 글을 읽을 수 있는 사람의 수가 급증했고, 이는 서양의 근대화와 종교개혁 운동의 촉매가 되었다.

4장

과학 혁명

1 문예부흥과 종교개혁

16~17세기까지 약 200년 동안 서유럽의 과학은 커다란 변혁을 겪었다. 과학사학자들은 이 시기에 일어났던 과학상의 변화를 근대 과학 혁명이라고 부른다. 과학혁명의 결과 새롭게 정립된 과학과 기술은 유럽뿐만 아니라 전 세계에 큰 영향을 끼쳤다. 그것은 과학 혁명이 유럽뿐만 아니라 전 세계적인 큰 사건이었다는 것을 뜻한다. 이렇게 인류 역사상 가장 중요한 사건인 과학 혁명은 중세를 거부하고 근대를 탄생시킨 서유럽에서 일어난 변혁의 산물이다. 아랍 세계와의 교류를 통해 새로운 문화를 접하게 된 서유럽은 문화와 종교 분야에서 먼저 개혁을 시작하였다. 그러한 개혁의 여파는 자연과학은 물론 모든 분야에 두루 미치게 되었고 중세와는 전혀 새로운 유럽을 탄생시키게 되었다.

근대 과학 혁명이 있기 전에 유럽에서 진행되었던 변화와 개혁 중에서 두 가지 사회 변혁이 가장 두드러졌다. 하나는 르네상스라고 부르는 지식의 부활 운동이었고, 다른 하나는 종교 개혁운동이었다. 이 두 가지 개혁은 특정한 분야에 종사하는 소수의 사람들에게서 일어난 것이 아니라 전 유럽의 지식 사회와 종교계가 관련된 사건이었던 만큼 여러 가지로 과학 혁명에 큰 영향을 미쳤다.

르네상스는 14세기와 16세기 사이에 서유럽에서 있었던 학문과 예술의 부활 운동으로 고대 그리스와 로마 문화를 이상적으로 생각하여 이들을 부흥시킴으로써 새로운 문화를 창출해내려는 운동이었다.

르네상스는 14세기 후반부터 15세기 전반에 걸쳐 이탈리아에서 시작되었는데 곧 프랑스, 독일, 영국 등 북유럽 지역에 전파되어 각각 특색 있는 문화를 형성하였으며 근대 유럽문화가 태동하는 기반이 되었다. 르네상스는 고대 문화를 이상으로 하여 신 문화를 만들어내려는 자각적인 태도에서 출발했으므로 르네상스 운동은 고전연구로부터 시작되었다.

고대에 대한 연구에는 자연을 관찰하고 이해하는 것까지를 포함하고 있었다. 그러나 근대 과학의 뿌리를 르네상스에서 찾는다는 것은 무리일 것이다. 실상 르네상스시대에는 과학상의 중요한 발견이나 창조는 별로 없었다. 과학적 측면에서 볼 때 르네상스의 중요성은 근대 과학의 출발점으로서가 아니라, 서로 평행선을 그리고 있던 학자적 전통과 수공업에 종사하는 장인전통이 결합하는 계기를 제공하였다는 데 있다고 할 수 있다.

르네상스의 지식부활 운동 과정에서는 유럽에서 생겨나기 시작한 대학이 중요한 역할을 하였다. 학생들은 초등 교육과정과 대학에서 고대의 저술을 읽을 수 있었고, 자연 과학에 대해서도 충분히 배울 수 있었다. 그러나 대학 교육에서 과학 교육이 중요한 자리를 차지하긴 했어도, 고대 과학의 틀만을 고집하는 보수화 경향으로 말미암아 많은 진보적인 학자들로부터 비난을 받기도 하였다. 실제로 이러한 보수적 경향은 새로운 과학을 태동시키는 데 걸림돌이 되기도 하였다.

르네상스시대의 가장 큰 특징은 고대인들에 대한 열렬한 숭배에 있었다. 따라서 이 시기에는 과학자들도 많은 고대의 문서들을 발굴하여 번역하는 일에 주력하였다. 특히 안젤로(Jacope Agelo, 1406년경)는 고전문헌들을 찾아 콘스탄티노플까지 여행하여 프톨레마이오스의 『지리학』을 구해 가지고 돌아오기도 했다고 전해진다. 원자론자였던 루크레티우스의 저서 『자연의 대해서』와 켈수스(Celsus, BC 30~AD 45)의 『의학에 대해서』가 발굴되어 소개된 것도 이 시기였다.

고대에 대한 이러한 관심의 결과로 그리스어를 중요시하게 되어 15세기의 유럽학자들은 거의 모두 그리스어를 할 줄 알게 되었다. 이에 따라 아리스토텔레스의 모든 저서들과 갈레노스의 의학서, 프톨레마이오스의 『알마게스트』 등이 그리스 원전으로부터 라틴어로 번역되었다. 그리고 이 시기에 서유럽에는 새로운 인쇄술과 종이를 만드는 제지법이 전해져 지식이 널리 보급되는 데 중요한 역할을 담당하였다. 인쇄술로 인하여 학자들은 적은 비용으로 많은 자료들을 접할 수 있었다.

르네상스 시기에 학자들은 그리스어와 라틴어를 주로 사용하였지만 영어, 프랑스어, 이탈리아어, 독일어와 같은 자국 언어의 사용도 급증하였다. 자국어의 사용은 처음에는 주로 대중을 상대하는 종교 개혁가들에 의해 사용되었지만 16세기에는 과학과 의학 분야에서도 자국어 사용이 점점 증가하였다. 자국어 사용의 증가는 지식의 대중화에 중요한 몫을 하게 되었다.

르네상스시대의 과학에서 주목할 만한 사실은 그들이 고대 과학을 열렬히 추종했음에도 불구하고, 16세기의 문헌들에는 고대 과학을 부정하는 내용이 자주 다루어졌다는 것이다. 처음 이들이 부정했던 것은 대부분 스콜라 풍의 번역서와 주해들이었다. 몇몇 학자들은 완전히 새로운 과학과 의학을 주장하기도 했지만 대부분의 학자들은 순수한 고대의 철학이나 과학을 고수하려고 노력하였다.

아랍에서 구한 그리스의 과학과 철학 서적을 라틴어로 번역하여 전 유럽에 전한 르네상스시대 과학자들의 업적은 대단한 것들이 많지만 이들의 생각은 아직 잘 정리되어 있지 않았다. 그들은 알렉산드리아에서 유래한 과학들을 공부하는 한편 마술과 연금술, 점성술 등에도 심취하였다. 그들은 요즈음 우리가 과학이라고 부르는 것과 초자연적인 현상들을 분리하지 않았다. 이러한 경향은 매우 오랫동안 계속되어 심지어는 케플러, 뉴턴과 같은 위대한 과학자들의 저술에서도 물질변화에 대한 연금술적인 관심이 나타나고 있다.

지식의 부흥에 관심을 가지고 고대 문화에 심취했던 르네상스 운동이 서유럽에서 새로운 과학이 태동하는 계기를 제공했다는 것은 쉽게 짐작할 수 있는 일이다. 그러나 비슷한 시대에 일어났던 종교개혁 운동이 과학의 발전에 어떤 영향을 주었는지를 논하기는 쉽지 않다. 종교개혁은 16세기와 17세기 사이에 유럽에서 일어났던 기독교의 혁신운동이었다. 종교개혁은 독일의 루터에 의해 비롯되어 전 유럽으로 전파되었던 개혁 운동이었다.

종교개혁은 르네상스의 인문주의와는 본질적으로 성격을 달리한다. 르네상스의 인문주의는 예술적이고 귀족적이어서 민중의 참여가 없었기 때문에 사회 변혁에는 한계가 있었다. 그러나 종교개혁은 민중의 마음을 포착하여 사회를 변화시켰다. 종교개혁은 하느님의 뜻을 발견하려는 기독교 내의 혁신운동이었으나, 정치, 경제, 사회 각 분야에서도 큰 영향을 미쳤다. 몇몇 학자들은 근대인들을 마술에서 해방시킨 것은 자연과학이 아니라 합리적, 과학적 태도를 견지한 종교개혁의 정신이었다고 주장하기도 한다.

그러나 종교개혁은 종교상 신조의 문제와 종교 조직 내부의 부패 문제를 주로 다루었기 때문에 과학적 문제에 대해서는 별다른 관심을 보이지 않았다. 그럼에도 불구하고 전 유럽을 휩쓸었던 종교개혁 운동이 새로운 자연과학을 형성시키는 데 중요한 영향을 미쳤다는 연구보고가 나와 관심을 끌었다. 1873년에 프랑스 과학 아카데미 회원들의 종교를 조사한 적이 있었다. 이 조사에서 1666년 이래 프랑스 과학 아카데미의 회원이었던 인물 중 92명의 외국인 회원들을 조사해 보니 그 중 71명이 개신교였고, 16명이 가톨릭이었으며 나머지 5명이 기타의 종교를 가지고 있었던 것으로 조사되었다. 당시 프랑스를 제외한 유럽의 종교별 인구 분포를 보면 대략 가톨릭이 1억 700만이었고, 개신교가 6,800만이었다. 이런 통계를 보면 종교개혁과 과학자들 사이에 깊은 관계가 있음을 짐작할 수 있다.

학자들은 종교개혁이 과학 혁명에 미친 영향에 대하여 다음과 같이 분석하고 있다. 첫째 가톨릭의 권위를 부정한 종교 개혁자들의 심성과 고대 그리스의 과학체계를 부정한 과학자들의 심성이 조화될 수 있었다고 주장한다. 개신교도들 중에서 많은 과학자가 나올 수 있었던 두 번째 이유를 개신교들 중에는 종교적 목적을 달성하기 위해 과학을 사용할 것을 권장한 데서 찾는 사람들도 있다. 특히 캘빈은 과학 활동을 믿음을 가진 사람들이 해야 할 선한 일에 포함시켰다. 그 결과 많은 사람들이 과학 탐구에 열심히 나설 수 있었다고 주장한다. 신대륙으로 이주한 청교도들에 의해 과학이 크게 발전할 수 있었던 것은 이런 사실을 잘 말해 준다.

그 외에도 종교 개혁가들의 우주적 가치가 근대 과학과 일치하는 부분이 많았다고 주장한다. 특히 캘빈의 예정론과 자연에 불변하는 법칙으로 깃들여진 과학 법칙 사이에는 유사성이 있다고 주장한다. 이러한 주장에도 불구하고 종교 개혁이 과학의 발전, 특히 과학 혁명에 어떤 영향을 주었는지 속단하기는 매우 어려운 일이다. 실제로 과학 혁명기에 중요한 역할을 했던 코페르니쿠스나 갈릴레이 같은 사람은 가톨릭 신자였기 때문이다.

2 천문학 혁명

(1) 코페르니쿠스의 조용한 시작

중세를 지배하던 아리스토텔레스의 과학체계를 붕괴시키고 새로운 과학체계를 확립시키기까지의 16~17세기를 과학 혁명기라고 부른다. 학자들 중에는 과학 혁명을 오랫동안 함께 해 온 철학과 과학이 결별하고 과학이 기술과 결합한 사건이라고 평가하기도 한다. 과학 혁명은 중세의 자연관과 과학 체계를 완전히 부정하고 이를 대처할 새로운 체계를 확립시켰다는 점에서 르네상스와 종교개혁의 불완전한 개혁과는 그 의미가 다르다.

과학 혁명은 코페르니쿠스(Copernicus 1473~1543)의 천문학 혁명에서 갈릴레이(Galileo Galilei, 1564~1642), 케플러(J. Kepler, 1571~1630)를 거쳐 뉴턴(Issac Newton, 1642~1727)에서 완성됐다고 볼 수 있는데 이런 맥락에서 볼 때 코페르니쿠스는 과학 혁명의 도화선에 불을 붙이는 역할을 했다고 할 수 있다. 그러나 코페르니쿠스는 그의 천문학 혁명을 매우 조용하게 시작하였다. 하긴 코페르니쿠스 자신마저도 그가 시작한 개혁이 과학 혁명이라는 인류 역사상 가장 큰 사건의 하나가 되리라고는 생각하지도 못했을 것이다.

코페르니쿠스는 폴란드의 토룬에서 출생하고 크라코프대학과 볼로냐대학에서 법률과 의학, 신학을 공부하면서 그리스어와 플라톤을 접하게 된 것이 계기가 되어 천문학에 관심을 가지게 되었다. 이 시기에 그는 이미 별이 달에 의해 가려지는 식현상을 관측하기도 하였다. 코페르니쿠스는 우주는 기하학적으로 조화를 이룰 것이라고 믿는 플라톤 주의자였다. 프톨레마이오스의 지구중심 천문학체계에서는 관측된 사실들을 설명하기 위해 점점 더 많은 원을 도입하여 코페르니쿠스 시대에는 80개 이상이나 되는 천구가 도입되었다.

플라톤 주의자였던 그는 전지전능한 신이 이렇게 복잡하게 우주를 창조했을 것이라고는 믿을 수 없다고 생각하고, 간단하면서도 더 정확한 예측이 가능한 새로운 체계를 구상하게 되었다. 그것이 태양을 중심으로 모든 행성이 회전하는 태양중심의 체계로 태양중심설 또는 지동설이라고 부르는 새로운 체계였다.

▪ ▪ 코페르니쿠스(Nicolaus Copernicus, 1473. 2. 19~1543. 5. 24) ▪ ▪

코페르니쿠스는 폴란드의 천문학자로 1473년 토룬에서 출생하여 일찍 아버지를 여의고 외삼촌인 바체르로데 신부 밑에서 자랐다. 그는 1496년에 외삼촌의 도움으로 이탈리아에 유학, 볼로냐대학에서 그리스어를 공부한 다음, 그리스 철학과 천문학을 공부하였다. 그리고 1497년 3월 9일에는 황소자리의 알데바란이 달에 가려지는 성식을 관측하기도 하였다. 1500년에 일시 귀국하였다가 다음 해에 다시 이탈리아에 유학하여 파도바대학에서 의학과 교회법을 공부하고, 1506년에 귀국한 후에는 삼촌의 비서일을 하기도 하였다. 그러나 1512년에 삼촌이 죽은 후에는 새로운 천문체계를 완성하는 일에 많은 시간을 할애하였다. 코페르니쿠스가 지동설을 착안하고 그것을 확신하게 된 시기가 언제인지는 명확하지 않으나 그의 저서 『천체의 회전에 관하여 : De revolutionibus orbium coelestium』는 1525년에서 1530년 사이에 집필한 것으로 추정되고 있다. 다만 출판을 주저한 것은 종교적인 문제를 일으킬지 모른다는 것과 사람들의 웃음거리가 되는 것을 염려했기 때문이었을 것이다. 그러나 그는 지동설의 핵심 내용이 들어 있는『천체의 운동과 그 배열에 관한 주해서』라는 논문을 일부 천문학자들에게 배포하기도 하였다. 코페르니쿠스가『천체 회전에 관하여』를 출판하기로 한 것은 독일의 젊은 수학자 레티커스의 권유 때문이었다. 레티커스는 1539년에 코페르니쿠스를 방문하여 2년 정도 직접 가르침을 받고, 스승의 생각을 출판할 것을 간청하였다. 원고가 레티커스의 손을 거쳐 세계 최초의 뉘른베르크 활판 인쇄소로 넘어간 것은 1542년이며, 이 책의 인쇄견본이 코페르니쿠스에게 전달된 것은 코페르니쿠스가 죽던 1543년이었다.

그는 태양중심 체계에 대해 확신을 가지고 1510년에『천체의 배열에 근거한 천체 운동에 관한 제안』라는 제목의 논문을 써서 동료들에게 돌려보게 하는 등 자기의 새로운 체계를 알렸다. 그러나 그는 태양중심 체계에 대한 논문을 발표하는 것을 뒤로 미루다가 1533년 당시의 교황 클레멘트 7세(Pope Clement VII) 앞에서 지동설의 체계를 설명하고 1536년에 출판허가를 받았다.

그러나 코페르니쿠스의『천체 회전에 관하여(On the Revolutions of the Celetial Spheres, 1543)』는 그에 의해서가 아니라 코페르니쿠스에게 배운 바 있는 독일의 수학자 레티커스(Greg Joachim Rhaticus, 1514~1576)와 신학자 오시안더(Andreas Osiander, 1498~1552)에 의해 그가 죽던 1543년에 가서야 출판되었다. 그가 출판을 미룬 것은 그의 새로운 천문학 체계가 지구를 우주의 중심으로 생각하던 당시의

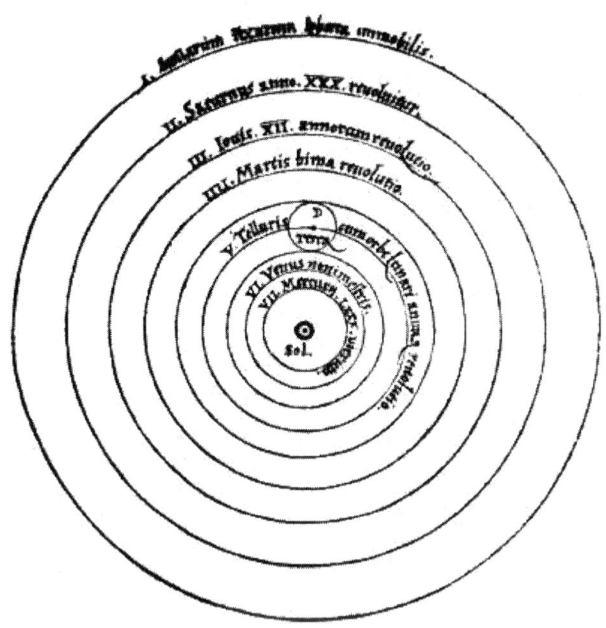

그림 4-1 『천체 회전에 관하여』에 실려있는 코페르니쿠스 체계

기독교 교리에 맞지 않는 데서 오는 반발을 염려했기 때문이라는 주장과 지구를 우주의 중심으로 믿고 있던 사람들에게 웃음거리가 되는 것을 염려했기 때문이었다는 주장이 있다.

코페르니쿠스의 제자였던 레티커스의 일을 넘겨받아 『천체 회전에 관하여』를 출판한 오시안더는 성직자였는데, 그는 태양중심 체계는 행성의 운동을 관측하고 그 운동을 설명하기 위한 하나의 현상론적 모델이지 실제로 지구가 태양주위를 도는 것은 아니라는 내용의 서문을 끼워 넣었다. 다시 말해 지구를 비롯한 행성이 태양주위를 회전하고 있다고 하는 것이 관측된 결과를 더 쉽게 설명하고 미래의 운동을 예측하는 데 편리하다는 것은 인정하면서도 실제 지구가 태양 주위를 회전한다는 것은 받아들일 수 없다는 애매한 태도를 취한 것이다.

여러 가지 당시의 상황으로 볼 때 코페르니쿠스가 이러한 견해에 동의했을 것 같지는 않지만 코페르니쿠스는 이 서문을 반박할 시간적 여유가 없이 죽어 버렸기 때문에 이 논의는 갈릴레이에게로 넘겨지게 되었다. 따라서 코페르니쿠스가 던진 파문은 매우 무서운 잠재력을 가지고 있으면서도 처음에는 아주 잔잔하게 시작되었다.

코페르니쿠스의 『천체 회전에 관하여』는 지구가 둥글다는 것을 설명하는 것으로 시작하고 있다. 그는 북반구와 남반구의 하늘에 보이는 별이 다른 것과 배를 타고 항해를 할 때 갑판에서는 보이지 않는 육지가 돛대 위로 올라가면 보인다는 것과 같은 이유를 들어 지구가 둥글다는 것을 설명하고 지구는 스스로의 축을 중심으로 자전하면서 1년에 한 번씩 태양 주위를 돌고 있다고 주장하였다.

코페르니쿠스는 그의 새로운 천문체계를 이용하여 행성의 퇴행운동이 행성이 실제로 뒤로 움직이는 운동이 아니라 지구에서 볼 때 그렇게 보이는 겉보기 운동이라고 설명했고, 춘분점이나 추분점이 조금씩 움직여 가는 것은 지구의 자전축이 조금씩 방향을 바꾸는 세차 운동을 하기 때문이라고 설명하였다.

그러나 코페르니쿠스는 당시의 아리스토텔레스 주의자들과 정면 대결을 하려 하지 않았고, 교회의 신념을 흔들려고 하지도 않았으므로 자신이 발견한 천문체계를 널리 알리지도 않았다. 당시의 프톨레마이오스의 체계는 관측된 현상을 설명하기 위하여 많은 원을 도입하고 있었는 데 반해 코페르니쿠스의 새로운 체계에서는 불과 몇 개의 원으로 현상을 설명할 수 있었기 때문에 많은 천문학자와 철학자들에게 큰 관심을 불러일으키긴 했지만 우리가 사는 지구도 다른 행성과 마찬가지로 태양을 돌고 있는 여러 개의 행성 중 하나에 지나지 않는다는 생각은 쉽게 받아들일 수 없지 않았나 생각된다.

그러나 코페르니쿠스는 많은 부분에서는 아직 아리스토텔레스의 한계를 극복하지 못하였다. 그는 천체가 원 운동을 하고 있다는 원 운동의 가설을 조금도 뛰어넘지 못했고, 하늘의 별들이 수정으로 되어 있는 천구에 붙어 있다는 생각을 의심 없이 받아들였다. 따라서 그가 태양과 지구의 위치를 바꾸어 놓기는 했지만 아직도 아리스토텔레스의 물리학에 그대로 매달려 있었다. 그런 의미에서 그는 천문학 혁명을 시작한 최초의 근대 천문학자인 동시에 마지막 고대 천문학자였다고 할 수도 있다.

(2) 브라헤와 케플러의 만남

코페르니쿠스의 태양중심 체계는 그가 죽은 후 오랫동안 사람들의 관심을 끌지 못하고 있었다. 코페르니쿠스의 태양중심 체계를 새롭게 조명하여 천문학 혁명을 완성한 사람들은 덴마크의 티코 브라헤와 독일의 케플러, 이탈리아의 갈릴레이, 그리고 영국의 뉴턴 같은 사람들이었다. 그 중에서 티코 브라헤(Tycho Brahe, 1546~1601)의 역할은 매우 독특하였다. 그는 망원경이 발명되어 본격적으로 천체관측에 이용되기 이전에 관측된 자료로는 가장 정밀하고 정확한 자료를 수집했던 뛰어난 관측 천문학자였다.

브라헤는 당시의 덴마크 왕이었던 프레드릭 2세의 적극적 재정지원하에, 벤섬에 세웠던 우라니보르그(Uraniborg) 천문대에서 20년 동안 천문관측에 전념하였다. 그러나 프레드릭 2세가 죽은 후 재정적 지원이 끊어지자 신성로마제국의 제국수학자가 되어 프라하로 옮겨와 이곳에서 그가 수집한 천문관측 자료를 이용하여 새로운 천문학체계를 연구하였다.

브라헤는 프톨레마이오스의 천문체계는 물론 코페르니쿠스의 천문체계도 그리 신용하지 않았다. 그가 프톨레마이오스체계를 받아들이지 않은 것은 프톨레마이오스의 체계는 관측치와 맞지 않았기 때문이었고, 코페르니쿠스의 체계는 지구를 우주의 중심으로 보는 신앙과 맞지 않았기 때문이었다. 그는 두 개의 천문체계를 절

티코 브라헤(Tycho Brahe, 1546. 12. 14~1601. 10. 24)

티코 브라헤는 덴마크의 천문학자로 스웨덴 남부 크누스트루프에서 태어났다. 처음에는 법률을 배웠으나 후에 천문학으로 전공을 바꾸었다. 1562년 라이프치히대학을 거쳐, 독일, 스위스에 유학하고 1570년 귀국하였다. 1572년에는 카시오페이아자리에 나타난 초신성의 광도를 자세히 관측하여 유명해 졌다. 1575 덴마크왕 프레데릭 2세가 그 재능을 인정하여 벤섬을 내주고 그 곳에 우라니보르그라는 천문대를 설립하도록 하였다. 그는 1577년에 나타난 혜성을 관측하여, 당시의 일반적인 생각과 달리 혜성이 지구 대기의 현상이 아니라 천체임을 입증하고, 화성의 운동을 관측하여 화성이 충의 위치에 놓일 때는 태양보다 지구에 더 가깝다는 것을 밝혀냈다. 그는 망원경이 발명되기 이전에 관측된 자료로는 가장 훌륭한 천체 관측 자료를 남겼으며, 그가 남긴 관측 자료는 제자이자 조수인 케플러가 행성운동에 관한 세 가지 법칙을 발견하는 기초 자료가 되었다. 지구 공전을 증명하는 방법으로 항성의 연주시차를 측정할 것을 제시하기도 했지만 당시로서는 장비가 부족하여 성공하지 못하였다. 티코 브라헤는 코페르니쿠스의 지동설을 부정하고, 지구가 우주의 중심이라고 믿었다. 다만 지구 주위를 달과 태양이 공전하고, 행성은 다시 태양 주위를 공전한다는 신 우주설을 제창하였으나 인정을 받지 못하였다.

충한 새로운 체계를 제안하고 자신의 자료를 이용하여 이 체계의 정당성을 증명하려고 노력하였다.

브라헤의 천문체계에서는 모든 행성은 태양을 중심으로 공전하고 태양은 다시 지구를 중심으로 돈다고 하였다. 그러나 그의 노력은 끝내 성공하지 못하고 그의 자료를 넘겨받은 케플러에 의해 태양중심 체계가 완성되었다.

이밖에도 브라헤는 카시오페이아자리에서 초신성을 발견한 것으로도 유명하다. 1572년 어느 날 저녁에 그는 카시오페이아자리에서 다른 별보다 유난히 밝은 별이 있는 것을 발견하였는데 몇 달 동안 이 별을 관찰해 본 결과 그 별의 색깔이 흰색에서 붉은 색으로 변해 가는 것을 발견하였다. 그의 이러한 발견은 달 위의 세계는 완전하여 일정불변할 것이라는 종래의 생각을 뒤엎는 중요한 사건이었다. 그는 또한 혜성을 관찰하고 혜성이 그때까지의 주장처럼 기상현상이 아니라 천체라고 주장하기도 하였다. 혜성처럼 꼬리의 길이가 변하는 별이 하늘을 가로질러 날아갔다면 그것은 천문학적으로는 아주 큰 사건이 아닐 수 없었다.

하늘에는 각 행성이 돌고 있는 수정천구가 겹겹이 둘러싸고 있고, 하늘의 세계는 완전해서 모든 것이 불변이라고 믿던 사람들에게 이것은 매우 당황스런 일이었을 것이다. 꼬리의 길이가 변하는 천체가 수정구를 뚫고 날아간 셈이 되었기 때문이다.

브라헤의 자료를 넘겨받아 코페르니쿠스에서 시작한 천문학 혁명을 완성시킨 케플러(Johanes Kepler, 1571~1630)는 1571년 독일에서 가난한 군인의 아들로 태어났다. 그는 튀빙겐대학에 진학하여 이곳에서 코페르니쿠스체계를 처음 접하게 되었다. 후에 그는 프라하로 옮겨와 신성로마제국의 제국 수학자로 있던 티코 브라헤의 조수가 되었다.

케플러는 열렬한 플라톤 주의자였고 루터파 신교도였다. 우주가 기하학적으로 조화를 이루고 있다는 플라톤의 생각을 그의 신앙과 연결시키려고 노력하였다. 케플러가 25세 되던 1596년에는 『우주의 신비(Mysterium Cosmographicum)』라는 책을 썼는데 이 책에는 그가 가지고 있던 신비주의적인 생각들이 잘 나타나 있다. 케플러는 이 책에서 태양계의 행성 숫자가 여섯인 것을 정다면체의 숫자가 다섯 개인 것과 연결 짓기도 하였다. 다섯 개의 정다면체에 내접하는 원과 가장 바깥쪽에 있는 원에 외접하는 원을 합하면 여섯 개가 되는데, 이 원들이 여섯 개의 행성 운동 궤도와 관계 있을 것이라고 생각한 것이다. 그런가 하면 각 행성의 밀도는 태

▪ ▪ 케플러(Johannes Kepler, 1571. 12. 27~1630. 11. 15) ▪ ▪

케플러는 독일의 천문학자로 군인의 아들로 태어나 육체적인 질병과 경제적인 빈곤 속에서 어렵게 자랐다. 17세에 아버지가 전상으로 죽고, 이듬해 튀빙겐대학에 진학하여 신학을 공부하였다. 그러나 신학에 싫증을 느끼고 코페르니쿠스의 지동설에 흥미를 느껴 천문학으로 전공을 바꾸었다. 1596년 행성의 수와 크기, 배열간격에 대한 생각을 밝힌『우주구조의 신비』를 출판하였다. 이로 인해 브라헤와 갈릴레이를 알게 되었다. 그 후 1600년 그리츠대학을 떠나 프라하로 옮겨 브라헤의 제자가 되었다. 브라헤가 죽은 후 그는 브라헤가 오랫동안 관측한 관측 자료를 넘겨받았다. 1601년에는 브라헤의 후임으로 신성로마제국의 궁정 수학자가 되었다. 1609년 화성 궤도에 대한 연구 결과를『신 천문학』이라는 제목으로 출판하였다. 이 책에는 행성의 운동에 관한 제1법칙인 '타원궤도의 법칙'과 제2법칙인 '면적속도 일정의 법칙'이 들어 있었다. 1619년에는『우주의 조화』를 출판하여, 행성의 공전주기의 제곱이 공전 궤도의 반지름의 세제곱에 비례한다는 행성운동의 제3법칙을 발표하였다. 1628년 발렌슈타인 후작의 전속 점성술사가 되어 슐레지엔으로 거처를 옮겼고, 1630년 11월 15일 길에서 급사하였다.

양에서 행성까지의 거리에 비례할 것이라고 주장하기도 하였다.

끊임없이 행성들 사이의 규칙을 찾고 있던 케플러에게 브라헤의 자료는 보물과 같은 것이었다. 그는 브라헤의 뛰어난 관측 능력을 누구보다 잘 알고 있었기 때문에 이 자료의 정확성을 누구보다 신뢰하고 있었다. 따라서 이 자료를 분석하면 태양계의 비밀을 풀 수 있을 것이라고도 생각하였다. 처음 그가 시도한 것은 브라헤의 자료를 이용하여 행성의 궤도를 정하는 것이었다. 그러나 그것은 쉬운 일이 아니었다. 그는 화성의 궤도를 정하기 위하여 오랫동안 브라헤의 자료들과 씨름을 해야 되었다.

처음에 그는 화성이 태양 주위를 원 운동을 하고 있지만 공전 속도는 일정하지 않고 빨랐다가 늦어진다고 가정하였다. 그러나 브라헤의 자료들과는 오차가 있었다. 결국 그는 화성의 궤도가 원이라는 가정을 버리고 화성이 태양을 한 초점으로 하는 타원 운동을 하고 있다는 것을 발견하였다. 이것은 천문학은 물론 서양 과학계의 큰 사건이었다.

아리스토텔레스 이후 2000년 동안이나 불변의 진리로 받아들여지던 천체는 원

운동을 해야 한다는 기본 원리가 부정되었기 때문이었다. 케플러의 이 발견으로 행성들이 타원 운동을 하는 태양계가 탄생되었다. 우리가 케플러의 행성 운동 법칙을 접할 때 타원 운동이라는 말을 무심코 넘겨 버리기 쉽지만 이 말은 천문학의 발전 단계에서 매우 큰 의미를 지니는 말이다. 케플러가 발견한 행성 운동에 관한 제2법칙은 면적 속도 일정의 법칙이었다. 그것은 태양과 행성을 연결하는 선이 같은 시간에 그리는 넓이는 항상 같다는 것이다. 이 법칙은 제1법칙보다도 먼저 발견되었었다. 이 두 법칙은 1609년에 발표되었다.

두 법칙이 발표된 후 10년간의 노력 끝에 1618년에 행성 운동에 관한 제3법칙을 발표하였다. 그것은 행성의 공전 주기의 제곱이 궤도 반지름의 세제곱에 비례한다는 것이다. 이 법칙을 케플러는 가장 좋아했다고 전해진다. 케플러는 이 법칙이 모든 행성에 적용되는 통일성을 주었다고 해서 조화의 법칙이라고 불렀다.

케플러의 행성 운동에 관한 3법칙

(1) 행성은 태양을 한 초점으로 하는 타원 운동을 한다.
(2) 행성과 태양을 잇는 직선이 그리는 면적 속도는 일정하다.
(3) 행성 운동의 주기의 제곱은 궤도 반지름의 세제곱에 비례한다.

행성 운동에 관한 제3법칙은 행성과 태양 사이에 거리 제곱에 반비례하는 중력이 작용하고 있다고 가정하면 역학적으로 쉽게 증명할 수 있다. 따라서 이 법칙은 뉴턴이 중력을 발견할 수 있도록 길잡이 역할을 한 법칙이었다.

케플러가 브라헤의 자료를 이용하여 발견한 행성운동에 관한 세 가지 법칙은 매우 훌륭한 것이었지만 사람들에게 쉽게 받아들여지지는 못하였다. 케플러와 개인적으로 교류가 있었던 갈릴레이 마저도 그의 체계가 발표된 후에도 그의 발견을 무시하였다. 그것은 그의 법칙이 아직은 역학적 설명이 불가능했던 것에도 이유가 있었다. 그 후에 뉴턴 역학에 의해 행성 운동 법칙이 역학적으로 설명되기까지는 케플러의 현상이라고 불려졌다.

그러나 케플러가 신비주의적인 경향을 강하게 보이고 있는 것도 그의 발견이 쉽게 받아들여지지 못하는 이유가 되었다. 행성 운동의 법칙이 실려 있는 그의 저서에는 전혀 근거가 없는 신비적인 내용도 같이 실려 있었다. 따라서 그의 위대한 업적에도 불구하고 죽을 때까지 가난 속에서 어렵게 살았다. 이렇게 해서 코페르니쿠스에 의해 시작된 천문학 혁명은 아리스토텔레스 역학 체계에 많은 상처를 주며 케플러에 와서 완성되었다.

(3) 망원경을 든 갈릴레이

망원경을 이용한 천체 관측을 통해 코페르니쿠스의 태양중심 천문 체계는 사실이며 지구는 실제로 빠른 속도로 태양 주위를 돌고 있다고 주장한 사람은 1564년 이태리의 음악가의 아들로 피사에서 출생한 갈릴레이(Galileo Galilei, 1564~1642)였다. 갈릴레이는 피사대학 1학년 때 이미 천정에 매달려 흔들리는 램프의 왕복운동의 주기가 램프의 왕복거리에 관계없이 일정하다는 주기의 등시성을 관찰하여

갈릴레이(Galileo Galilei, 1564. 2. 15~1642. 1. 8)

갈릴레이는 이탈리아의 물리학자, 천문학자, 수학자로 피사에서 태어났다. 1581년 피사대학 의학부에 입학하였는데, 이 무렵 우연히 성당에 걸려 있는 램프가 흔들리는 것을 보고 진자의 등시성을 발견하였다고 전해진다. 1584년 피사대학을 중퇴하고 피렌체에서 아버지 친구이자 토스카나 궁정 수학자인 오스틸리오 리치에게 수학과 과학을 배웠다. 이때 쓴 논문이 인정을 받아 1592년 피사대학의 수학 강사가 되었고, 같은 해 베네치아의 파도바대학으로 옮겼다. 파도바대학에서는 유클리드기하학과, 프톨레마이오스의 천문학을 가르치기도 하였다. 1609년 네덜란드에서 망원경이 발명되었다는 소식을 듣고, 스스로 망원경을 만들어 여러 천체를 관측하였다. 1610년에 이러한 관측결과를 『별 세계의 보고』라는 책에 발표하였다. 같은 해에 그는 고향 피렌체로 돌아와서 토스카나 대공인 메디치가의 전속수학자가 되었다. 이 무렵부터 갈릴레이는 자신의 천문관측 결과에 의거하여, 코페르니쿠스의 지동설에 대한 믿음을 굳히는데, 이것이 로마 교황청의 반발을 사기 시작하여 재판에 회부되어 지동설은 일체 전파하지 말라는 경고를 받았다. 그 후 숙원이었던 『프톨레마이오스와 코페르니쿠스의 2 체계에 관한 대화』를 1632년 2월에 발간하였다. 이 책은 그 해 7월 교황청에 의해 금서목록에 올랐으며, 갈릴레이는 1633년 로마의 이단심문소에 소환되어 재판을 받았다. 갈릴레이는 재판결과를 받아들여 앞으로는 절대로 이단행위를 않겠다고 서약하였다. 그 뒤 갈릴레이는 피렌체 교외의 알체토리에 있는 옛집으로 돌아와 『두 개의 신 과학에 관한 수학적 논증과 증명』의 저술에 힘썼다.

발견할 정도로 뛰어난 관찰 감각을 가지고 있었다.

그는 피사대학의 수학 강사로 있으면서 피사의 사탑에서 낙하 실험을 하여 무거운 것이 먼저 땅에 떨어질 것이라는 아리스토텔레스 역학을 부정하였다. 아리스토텔레스 역학에 의하면 모든 물체는 고유의 위치가 있는데 무거운 것은 우주의 중심(지구의 중심)이 본래의 위치이기 때문에 지구의 중심을 향해 자연운동을 하게 되고 이런 운동의 속도는 무게가 크면 클수록 크다고 했었다. 그러나 갈릴레이가 실제로 피사의 사탑에서 낙하실험을 하였는지는 확실하지 않다. 다만 그가 실험을 하지 않고도 무거운 물체가 가벼운 물체보다 먼저 떨어진다는 것이 모순이라는 것은 알고 있었다고 전해진다.

갈릴레이는 그의 저서에서 만약에 무거운 것이 가벼운 것보다 빨리 떨어진다면 가벼운 물체와 무거운 물체를 묶어 놓으면 어떻게 될 것인가 질문하고 있다. 가벼운 것과 무거운 것을 묶어 놓았으니 중간 속도로 떨어질 것인가 아니면 두 물체를 묶어서 더 무거워졌으니 더 빠른 속도로 떨어지겠느냐는 것이다. 두 가지 대답 모두 아무런 논리적 모순이 없다. 서로 상반된 결론이 논리적으로 모순이 없게 된 것은 무거운 물체가 더 빨리 떨어진다는 잘못된 전제 때문이라고 지적하였다. 따라서 갈릴레이는 무거운 물체와 가벼운 물체가 같은 속도로 떨어진다는 것을 알아내기 위해 굳이 실험을 할 필요는 없었을 것으로 보인다.

그 후 그는 파도바대학의 수학 주임교수로 있으면서 포물선 운동, 등가속 운동에 대한 연구를 하였고 1609년에는 배율이 32배나 되는 망원경을 개발하여 태양의 흑점 변화를 관측하여 달 위의 세계는 영원불변하며 완전한 원 운동만을 한다는 아리스토텔레스 역학에 근거한 프톨레마이오스의 천문학 체계를 부정하였다. 갈릴레이는 또한 그의 망원경을 이용하여 은하수가 수많은 별들로 이루어졌음을 확인하기도 했고, 달에서 산과 골짜기를 발견하고, 산의 그림자의 길이를 측정하여 산의 높이를 계산하기도 하였다.

갈릴레이가 망원경으로 관측한 것 중에 가장 극적인 것은 목성이었다. 갈릴레이는 목성의 위성 네 개를 발견하여 목성이 작은 태양계와 같은 구조로 되어 있음을 확인하였다. 이것은 모든 천체가 지구를 중심으로 돌아야 한다고 주장하는 프톨레마이오스의 천문체계가 사실이 아니라는 직접적인 증거가 되었다. 그는 또한 금성도 달과 같이 차고 기운다는 것을 발견하여 코페르니쿠스 체계가 사실임을 다시 확인하였다. 갈릴레이는 이러한 발견을 바탕으로 코페르니쿠스 체계가 그의 책 서문에 쓰인 것과 같이 단순히 현상을 설명하기 위한 모델이 아니라 물리적 실체라고 주장하였다.

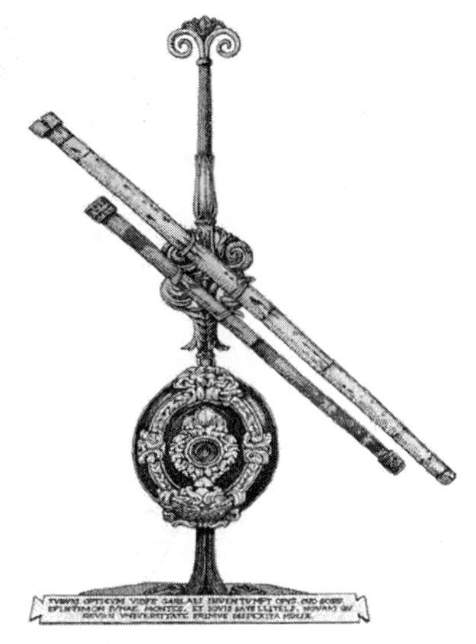

그림 4-2 갈릴레이 망원경

갈릴레이의 새로운 발견과 주장은 처음에는 많은 사람들의 주위를 끌었고 교회로부터 호응을 받았다. 그러나 몇몇의 성직자들로부터 그의 주장이 성서의 내용과 맞지 않는다는 의견이 제시되기 시작하였다. 갈릴레이는 이에 대해 성서는 문자 그대로가 아니라 비유적으로 해석되어야 한다고 주장했고 그것이 결국은 교회와의 대립을 가져왔다.

이 사건으로 코페르니쿠스의 저서는 1616년에 금서목록에 오르고 더 이상 코페르니쿠스 체계를 알리지 못하도록 금지되었으며, 갈릴레이는 약 7년간 은퇴생활을 하게 되었다. 코페르니쿠스의 저서는 1835년에 가서야 금서목록에서 해제되었다.

그 후 갈릴레이는 교회의 허가를 받아 오랫동안 숙원 사업이던 프톨레마이오스 체계와 코페르니쿠스 체계를 비교하는 책인 『두 체계에 대하여(Dialogue Concerning the Two chief Systems of the World, the Ptolemaic and the Coperinican, 1632)』를 저술하였다. 이 책은 대화편의 형식을 취하고 있는데 갈릴레이는 이 책에서 교회와 약속대로 공정한 입장에서 두 학설을 비교한 것이 아니었다.

갈릴레이는 이 책에서 두 체계를 비교하는 척하면서 한편으론 코페르니쿠스 체계의 우수성을 강력하게 주장하였다. 교회는 이것을 심각한 도전으로 간주하였다. 결국 갈릴레이는 1633년 로마의 종교법정에서 재판을 받게 되었다. 이 재판에서 그는 코페르니쿠스 체계가 단순한 가설에 지나지 않는다는 것을 인정하도록 강요당하였다. 갈릴레이는 고문의 위협에 굴복하여 코페르니쿠스의 체계는 사실이 아니라는 증언을 하고 종신형을 선고받았다. 그러나 그는 교회의 배려로 1642년 그가 죽을 때까지 9년간을 피렌체의 자택에서 역학 연구를 하면서 지냈다.

갈릴레이는 망원경을 이용하여 직접 천체의 운동을 관찰하고 그의 관찰을 많은 사람에게 확신시켜 코페르니쿠스의 새로운 천문학 체계를 널리 받아들이게 하는

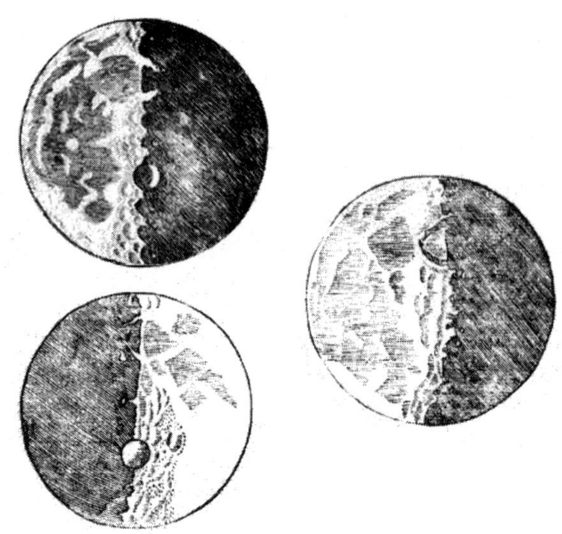

그림 4-3 갈릴레이의 달 관찰

데는 크게 공헌했다. 그러나 아리스토텔레스의 달 위의 세계는 원 운동을 할 것이라는 고정관념은 뛰어넘지 못하고 천체는 원 운동을 할 것이라고 생각했기 때문에 천체의 운동을 역학적으로 설명하는 데는 실패하였다. 갈릴레이는 그와 교류가 있었던 케플러가 행성이 타원 궤도 운동을 한다는 것을 밝혀낸 후에도 케플러의 이론을 수용하지 못한 것은 그의 한계였다고 할 수 있다.

갈릴레이를 단죄했던 교회는 300년이 지난 1965년에 교황 바오로 6세가 갈릴레이의 고향인 피사를 방문하고 갈릴레이를 새롭게 평가하여 교회의 잘못을 시인하였고 1979년에는 교황 요한 바오로 2세가 갈릴레이 재판에 대해 유감을 표시하였다.

3 새 시대를 연 뉴턴의 역학 혁명

중세를 지배한 아리스토텔레스 역학에서는 강제운동을 하기 위해서는 힘이 필요하고 이 힘은 접촉을 통해 전달되어야 한다고 하였다. 물체가 아래로 떨어지는 것과 같은 운동은 자연스런 운동이므로 힘이 필요 없다고 하였다. 그러나 천체는 원 운동을 하는 것이 자연스런 운동이므로 천체가 원 운동을 하는 데는 힘이 필요 없다고 하였다. 중세의 과학자들 중에는 천체에는 천체를 밀고 있는 천사가 하나씩 붙어 있다고 주장하는 사람도 있었다.

이보다 조금 진보된 이론 중에 임페투스 이론이 있었다. 신 플라톤주의자였던 필로포누스는 임페투수라는 추진력이 물체에 주어지면 물체는 이 임페투수가 다 소모될 때까지 운동한다고 주장하였다. 그는 물체가 공기 중에서 포물선 운동을 할 수 있는 것은 아리스토텔레스가 설명했던 것처럼 공기가 뒤로 와서 물체를 밀기 때문이 아니라 물체에 주어진 임페투스 때문이라고 하였다. 필로포누스의 이런 생각은 14세기 파리대학과 옥스퍼드 등의 스콜라 철학자들에게 계승되어 발전되었다.

스콜라 철학자들은 운동하는 물체는 물체의 밀도, 부피, 초속도에 따라 다른 임페투스를 가지며, 임페투스는 외부의 저항에 의해서만 감소된다고 주장하였다. 갈릴레이도 임페투스 이론을 공부하고 임페투스 이론을 이용하여 아리스토텔레스의 이론을 비판하기도 하였다. 그러나 갈릴레이는 임페투스 이론의 한계를 발견하였다. 임페투스 이론에서는 물체가 운동하기 위해서는 힘이라는 원인이 필요하다는 것을 인정하고 있다. 포물선 운동을 하는 물체의 아리스토텔레스 역학에서는 운동을 계속시키는 힘이 공기라는 매질에 의해 제공된다고 했던 것을 임페투스 이론에서는 그 원인이 외부가 아니라 물체 내부에 주어져 있다고 바꾸어 설명한 것에 불과한 것이었다.

갈릴레이는 물체의 운동을 자발적인 운동과 비자발적인 운동, 그리고 자발적인 운동도 비자발적인 운동도 아닌 운동이 있을 수 있다고 하였다. 물체가 아래로 떨어지는 것은 자발적인 운동이고, 물체가 위로 올라가는 것은 비자발적인 운동이며 수평으로 움직이는 것은 그 중간의 운동이라고 생각한 것이다. 그는 이렇게 자발적 운동도 비자발적 운동도 아닌 중간 운동을 계속하는 데는 힘이 필요 없다고 하여 관성 운동의 개념을 처음으로 도입하였다. 그러나 그의 관성 운동은 지면에 수평한 운동 즉 지구를 도는 원 운동이었다.

따라서 아리스토텔레스의 역학 체계를 결정적으로 무너뜨리고 힘과 운동에 관한 정확한 관계를 밝혀내어 새로운 역학 체계를 세우고 새 시대를 여는 일은 뉴턴이 나타날 때까지 기다려야 하였다.

뉴턴(Issac Newton, 1642~1727)은 갈릴레이가 죽던 1642년에 영국에서 태어났다. 그는 케임브리지대학교의 트리니티대학에 입학하여 아리스토텔레스 철학을 배

▪ ▪ **뉴턴(Isaac Newton, 1642. 12. 25~1727. 3. 20)** ▪ ▪

뉴턴은 영국의 물리학자, 천문학자, 수학자로 근대 과학을 완성시켰다. 잉글랜드 동부 링컨셔의 울즈소프에서 태어났다. 1661년 케임브리지의 트리니티 칼리지에 입학하였고 ,1664년부터 1666년 사이에 페스트가 크게 유행하여 대학이 일시 폐쇄되자 고향으로 돌아와 대부분의 시간을 사색과 실험으로 보냈다. 그의 위대한 업적의 대부분은 이때 싹트게 된 것이라고 하며, 떨어지는 사과를 보고 중력을 발견했다는 일화도 이때의 일이다. 1667년에 다시 대학에 돌아와 연구원이 되었고 이듬해에 석사학위를 받았다. 케임브리지대학에서의 최초의 강의는 광학이었으며, 초기 연구도 광학분야에서 집중되었다. 굴절광은 스펙트럼을 만들지만, 반사광은 그렇지 않다는 사실을 기초로 1668년 뉴턴식 반사망원경을 제작하여 천체관측에 크게 공헌하였다. 뉴턴은 이 공로로 1672년 왕립협회회원으로 추천되었다. 일찍부터 중력 문제에 대해서 광학과 함께 큰 관심을 가지고 있었으며, 지구의 중력이 달의 궤도에까지 미친다고 생각하였다. 1670년대 말로 접어들면서 당시 사람들도 행성의 운동중심과 관련된 힘이 거리의 제곱에 반비례한다는 사실을 어렴풋이 알고는 있었지만, 수학적 설명이 곤란해 손을 대지 못하고 있었는데, 뉴턴은 자신이 창시해낸 적분법을 이용하여 이 문제를 해결하고 '중력의 법칙'을 확립하였다. 1687년 이 성과를 포함한 저서『자연철학의 수학적 원리(프린키피아)』를 출판하였으며, 이로써 뉴턴 역학의 체계가 세워졌다. 1699년 조폐국 국장에 임명되어 화폐 개주라는 어려운 일을 수행하기도 하였다. 1703년 왕립협회 회장으로 추대되었으며, 1705년에는 기사작위를 받았다. 평생을 독신으로 보냈으며, 런던 교외의 켄싱턴에서 죽어 웨스트민스터사원에 묻혔다.

웠는데 수학에 뛰어난 재능을 보여 1669년에는「무한급수에 대하여(On Analysis by Infinite Series)」라는 논문을 써서 동료들 사이에 돌려보게 하였다.

태양 중심설이 제안된 후 지구의 중심이 우주의 중심과 일치해서 무거운 물체는 이 중심이 본래의 위치이기 때문에 이 중심을 향해 자연운동을 한다고 하던 아리스토텔레스의 생각은 더 이상 받아들일 수가 없게 되자 지표를 향해 떨어지는 낙하운동을 설명하기 위해 새로운 설명이 필요하였다. 이에 대하여 코페르니쿠스는 모든 천체는 중심을 가지고 있어서 물체가 중심으로 모이려는 성질이 있다고 설명하려 했지만 천체 사이에 작용하는 힘과 천체 자체의 운동의 원인에 대한 설명을 할 수는 없었다.

길버트(William Gilbert, 1544~1603)는 태양계에 작용하는 힘은 자기력이라고 주장하고 그 증거로 나침반을 이용하여 지구가 하나의 큰 자석이라는 것과 자석의 질량이 증가함에 따라 작용하는 힘이 커진다는 것을 실험적으로 보여 주기도 하였다. 길버트의 이런 생각은 케플러에게 많은 영향을 주어 케플러는 자석 이론으로 그의 법칙들을 정당화시키려고 노력하기도 했었다. 데카르트(Rene Descarte, 1596~1650)와 그의 영향을 받은 호이겐스(Christian Huygens, 1629~1695)는 진정한 공간이란 존재하지 않으며 공간에는 에테르란 매질로 차있고 이 매질을 통하여 힘이 전달되는 것이지 원격작용 같은 것은 존재하지 않는다고 주장하기도 하였다.

뉴턴은 타원 운동을 하기 위해서는 직선 운동을 휘게 하는 힘이 필요하다고 생각하여 이 힘을 찾아내야 한다고 생각하였다. 원 운동은 중심 방향으로 계속적으로 방향을 바꾸는 운동이므로 천체가 원 운동을 계속하기 위해서는 천체의 운동 방향을 바꾸어 주는 힘이 필요하였다. 당시에는 이미 질량 사이에는 인력이 작용할 것이란 생각이 널리 퍼져 있었기 때문에 뉴턴은 이 힘을 인력에서 찾아야 한다고 생각하였다. 뉴턴과 경쟁 관계에 있던 후크(Robert Hooke, 1635~1703)는 인력이 자력과 마찬가지로 거리의 제곱에 반비례할 것이라고 생각하고 이를 증명하기 위해 탄광의 깊은 곳의 지표 그리고 높은 산에서 무게를 측정하여 비교해 보기도 했지만 성공적으로 이를 증명할 수는 없었다.

뉴턴은 거리 제곱에 반비례하는 인력을 가정하고 이를 이용하여 케플러의 운동법칙을 설명함으로서 자신의 인력에 관한 법칙을 설명하려고 하였다. 그가 케플러의 운동법칙에서부터 거꾸로 거리의 제곱에 반비례하는 인력을 생각해 냈는지는 정확하지 않지만, 그는 성공적으로 그때까지 알려진 행성과 혜성의 운동을 중력 법칙으로 설명해 내고 이 내용을 종합하여 1687년에 라틴어로 쓰여진 『자연철학의 수학적 원리(Philosophiae Naturalis Principia Mathematica, 1687)』라는 책으로 발표하였다. 이 책의 출판에는 핼리가 상당한 역할을 한 것으로 알려져 있다. 뉴턴은 세 번째 책의 출판을 미루려고 했지만 핼리의 간청으로 출판하게 되었고 왕립협회가 출판비용을 대지 못하자 핼리는 출판비용을 부담하였다. 이렇게 하여 인류 역사상 가장 큰 영향력 있는 세 권의 책이 출판되었다. 세 권으로 된 이 책은 1998년 우리나라에서도 번역되어 출판되었다.

뉴턴이 수학적 원리에 발표한 역학 법칙과 중력 법칙의 내용을 요약하면 다음과 같다.

뉴턴의 역학법칙

(1) 관성의 법칙 : 외부에서 힘을 가해 주지 않으면 운동하는 물체는 계속 같은 속도로 운동하며 정지한 물체는 계속 정지해 있다.

(2) 가속도의 법칙 : 물체의 가속도는 가해준 힘에 비례하고 질량에 반비례 한다($F=ma$).

(3) 작용 반작용의 법칙 : 모든 힘은 크기가 같고 방향이 반대인 두 힘이 평형을 이루고 있다.

중력 법칙 : 모든 물체 사이에는 질량의 곱에 비례하고 거리의 제곱에 반비례하는 중력이 작용한다.

$$F_g = \frac{GM_1M_2}{R^2}$$

제2법칙인 가속도의 법칙에서 작용하는 힘이 0인 경우에는 가속도가 0이 되므로 물체는 속도를 바꾸지 않게 된다. 따라서 사실상 관성의 법칙은 가속도의 법칙 중에서 외부에서 작용하는 힘이 0인 특수한 경우에 해당된다. 그것은 가속도의 법칙이 관성의 법칙을 포함하고 있다는 것을 나타낸다. 가속도의 법칙 속에 이미 그 내용이 포함되어 있어서 군더더기 같아 보이는 관성의 법칙이 제1법칙의 자리를 차지하고 있는 것을 이해하려면 관성의 법칙의 역사적 의미를 이해하여야 한다.

관성의 법칙은 운동하는 데 힘이 필요하다고 하던 아리스토텔레스의 역학체계를 부정하고 그 자리에 새로운 역학체계를 세우기 위한 터를 닦는 작업이었다고 할 수 있다. 운동을 계속하는 데 힘이 필요한 것이 아니라는 관성의 법칙으로 인해 필연적으로 제기되는 의문, 즉 그러면 힘은 어떤 작용을 하느냐 하는 의문의 대답이 가속도의 법칙인 셈이다. 힘은 운동을 계속시키기 위해 필요한 것이 아니라 운동 상태를 바꾸기 위해 필요하다는 것이 뉴턴 역학의 핵심내용이다.

작용과 반작용의 법칙에 의하면 힘은 항상 작용과 반작용의 두 힘이 있어 두 힘의 크기는 같고 방향은 반대라고 설명하고 있다. 책상 위에 정지하고 있는 물체가 정지하고 있는 것은 이 책에 작용하는 힘의 합이 0이기 때문이다. 책에 작용하는 지구의 중력은 책을 받치고 있는 책상의 힘과 균형을 이루고 있다.

물체가 가속도 운동을 하기 위해서는 외부에서 힘이 작용하여야 하는데 이 힘은 물체가 운동 상태를 바꾸지 않으려는 저항력의 성격을 가진 관성과 균형을 이루고 있다고 하였다. 이렇게 모든 힘은 작용과 반작용의 두 힘이 균형을 이루도록 작용하는데 저항력 성격인 관성은 실제로 존재하는 힘이라기보다는 가속도를 가지고 움직이는 물체에도 작용 반작용의 법칙을 확대 적용하기 위하여 도입된 개념이라고 할 수 있다. 관성은 변화를 거부하는 자연의 저항력이라고 설명할 수도 있다. 원운동을 하는 물체에 작용하고 있다고 생각되는 원심력도 관성으로 실제의 힘이 아니라 가상적인 힘이다.

뉴턴 역학은 뉴턴 자신이 발명한 미분과 적분법을 이용하여 기술되어 있는데, 이것은 자연법칙을 기술하는 새로운 방법을 제시한 것으로 평가되고 있다. 가속도는 속도의 변화량을 속도가 변하는 데 걸린 시간으로 나눈 값 즉 속도가 단위 시간에 얼마나 변화했는가를 나타내는 양이다. 그런데 가속도에는 장시간 동안의 속도의 변화를 나타내는 평균 가속도와 어느 순간 속도의 변화를 나타내는 순간 가속도가 있다.

평균 가속도는 측정을 시작하는 점의 속도와 측정이 끝나는 시점의 속도만을 가지고 가속도를 계산함으로 이 시간 동안 많은 속도의 변화가 있었더라도 마지막 속도가 처음 속도와 같으면 평균 가속도는 0이 된다. 따라서 평균 가속도는 물체에 가해진 힘과 아무 관계가 없다. 뉴턴 역학의 제2법칙인 가속도의 법칙은 평균 가속도를 가지고는 설명할 수 없다.

이 문제는 측정시간 간격을 아주 짧게 함으로써 해결할 수 있다. 측정 시간을 무한히 짧게 하면 어떤 순간의 속도의 변화율을 알 수 있는데, 그것이 순간 가속도이다. 실험적으로는 무한히 짧은 순간의 속도의 변화를 측정할 수는 없다. 이런 문제를 다루는 것이 미분법이다. 후에 라이프니츠(Gottfried Wilhelm Leibniz, 1646~1716)도 독자적으로 미분법을 발견하여 뉴턴과 미분학의 창시자 자리를 놓고 그의 생전과 사후에 논란을 일으켰지만, 현재 두 사람이 독자적으로 발견한 것으로 보고 두 사람에게 미분법 창시자의 영광을 인정하고 있다.

뉴턴 역학의 중력 법칙을 이용하면 그때까지 역학적으로 설명할 수 없어서 하나의 관측된 현상으로 취급되던 케플러의 행성운동 법칙을 완전하게 설명할 수 있다. 뉴턴 역학이 발표되고 곧 많은 사람들이 받아들일 수 있었던 것은 이러한 성공 때문이었다.

뉴턴의 논문이 발표되자 이미 1679년에 거리의 제곱에 반비례하는 중력을 제안한 후크가 중력 법칙의 독창성에 이의를 제기해서 뉴턴과 후크는 열띤 논쟁을 하게 되었다. 그러나 후크는 중력 법칙을 이용하여 행성 운동을 수학적으로 설명하고 이

그림 4-4 로버트 후크

를 일반화하지 못했는 데 반해, 뉴턴은 자기의 발견을 수학적 연역을 통하여 케플러의 운동법칙과 연결시킴으로써 자신의 발견에 신뢰도를 더할 수 있었기 때문에 이 논쟁은 뉴턴의 판정승으로 끝나게 되었다.

뉴턴이 1966년경에 중력 법칙을 발견하고도 즉시 발표하지 않은 이유는 잘 알려져 있지 않다. 뉴턴은 1680년 뉴턴 역학과 중력의 문제를 수학적으로 완벽하게 증명했으며, 그가 했던 증명은 지금도 대학의 일반물리 과정에서 학생들에게 과제로 주어지고 있는 경우가 많다. 이렇게 해서 케플러 이후 많은 학자들이 논쟁하던 행성의 운동에 관한 문제가 완전히 해결되었고 2,000여 년간 인간의 사고를 지배하던 아리스토텔레스의 역학은 완전하게 붕괴되기에 이르렀다.

5장

근대 생물학의 발전

1 의학에서 생물학으로

아리스토텔레스 이후 답보 상태에 있던 생물학은 본격적으로 생물체를 해부하여 많은 해부도를 남긴 레오나르도 다빈치와 베살리우스, 혈액 순환이론을 정립시킨 하비, 그리고 현미경을 이용하여 세포막을 발견한 후크, 동맥과 정맥을 이어주는 모세혈관을 발견한 말피기와 같은 학자들에 의해 새로운 시대를 열어가기 시작하였다.

그림 5-1 다빈치 자화상

이탈리아 르네상스를 대표하는 레오나르도 다빈치(Leonardo da Vinci, 1452~1519)는 위대한 예술가일 뿐 아니라 뛰어난 과학자였으며 발명가였다. 다빈치는 다양한 분야에서 뛰어난 재능을 보여주었기 때문에 그를 설명하기 위해서는 화가, 조각가, 발명가, 건축가, 기술자, 해부학자, 식물학자, 도시 계획가, 천문학자, 지리학자, 음악가와 같은 여러 가지 단어가 필요하다. 여러 분야에서 뛰어난 업적을 남긴 재능은 그가 남긴 많은 노트와 데생, 그리고 스케치들에서

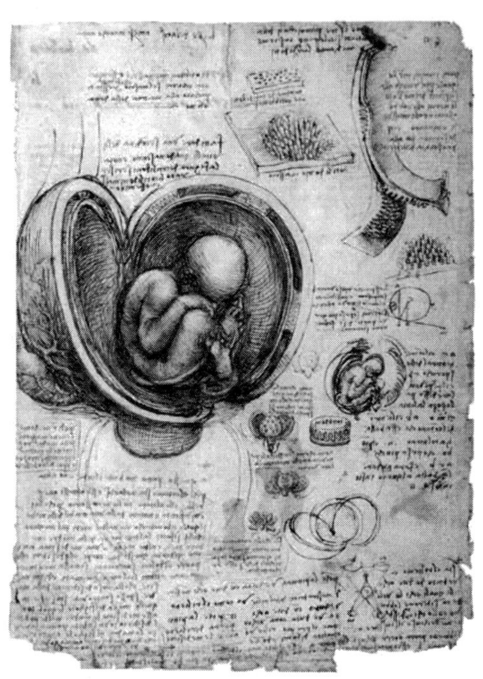

그림 5-2 태아의 위치를 보여주는 다빈치의 인체 해부도

잘 나타나 있다. 다빈치는 위대한 상상력으로 자동차, 비행기, 헬리콥터, 비행선, 대포, 전차 등 현대인이 사용하는 각종 장비들에 대한 생각을 자세하게 스케치해 두었다.

당시에는 종교적 이유로 인체 해부를 금기시했지만 다빈치는 사실적이고 매우 정교한 인체 해부도를 남겼다. 다빈치는 돼지, 소, 말 같은 동물들도 해부하여 동물체의 기능을 기계적으로 이해하려고 노력하였다. 그는 특히 심장 내에 4개의 방이 있다는 것을 알아내고 판막의 역할을 기술하였으며 심실 간의 조절장치를 설명하였다. 다빈치는 또한 생식기를 연구하여 모체 자궁 안의 태아의 위치를 자세히 나타내기도 하였다.

다빈치의 연구결과는 오랫동안 주목을 받지 못하고 있다가 19세기 말부터 사람들의 관심을 끌기 시작하였다. 그가 손으로 기록한 수기가 현재 23권 남아있으며, 이 책들에는 여러 과학(물리학, 역학, 광학, 천문학, 지리학, 해부학, 기계공학, 토목공학, 식물학, 지질학 등)의 연구 결과 및 예술론과 인생론이 담겨져 있다. 이 수기는 다빈치가 죽은 후 그의 재산을 상속한 제자 프란시스코 멜치(Francesco Melzi)에 의해 소장되었지만 멜치가 죽은 후 여러 곳으로 흩어져 현재는 유럽 전역의 박물관과 소장자들에 의해 보존되고 있다. 현재 남아 있는 것만도 4,000페이지가 넘는 방대한 분량이다. 실증적 경험주의와 관찰을 바탕으로 하고 있는 그의 과학에 대한 생각은 과학발전 과정에서 선구자적인 역할을 하였다.

16세기 최대 해부학자인 벨기에의 베살리우스(Andreas Vesalius, 1514~1564)는 1543년에 『인체의 구조에 관하여』라는 인체 해부도의 판화가 담긴 책을 발간하였는데 이 책에는 골격, 근육, 혈관, 신경, 내장 등의 신체 모든 부분이 상세히 설명되어 있다. 이 저서는 약 1,000년 동안 유럽의 많은 사람들에게 신봉되어 온 갈레누

■ ■ **베살리우스(Andreas Vesalius, 1514. 12. 31~1564. 10. 15)** ■ ■

베살리우스는 벨기에의 해부학자로 루뱅에서 교육을 받았으며 17세 때는 파리에서 의학을 공부하였다. 1537년에는 이탈리아의 파도바대학에서 의사자격을 얻고, 이 대학의 해부학 겸 외과학 교수로 임명되었다. 1543년 7권으로 된 저서 『인체 해부에 대하여』를 스위스 바젤에서 출판하였다. 이 책은 약 1,000년 동안 유럽의 많은 사람들에게 신봉되어 온 갈레누스의 인체 해부에 관한 학설의 오류를 하나하나 지적하여 의학 근대화의 새로운 기점이 되었다.

스의 인체 해부에 관한 학설의 오류를 하나하나 지적하여 많은 사람들로부터 숭배되어 왔던 갈레누스의 권위를 실추시키는 데 중요한 역할을 하였으며, 의학 근대화의 새로운 기점이 되었다.

베살리우스는 1544년 찰스 5세의 시의가 되어 그의 군대를 따라 각지를 이동하면서 종군 외과의로 활약하기도 하였다. 불행히도 그는 1564년 성지 예루살렘을 순례하고 돌아오는 도중 사망하였다. 그러나 근대 해부학 발전에 필요한 기술과 방법을 제공한 가장 위대한 해부학자의 한 사람으로 손꼽히고 있다.

과학의 다른 분야와 마찬가지로 17세기에는 생물학 분야에도 새로운 경향이 나타나는데 이러한 경향은 관찰과 실험의 중요성을 역설한 베이컨(Francis Bacon, 1561~1626)과 정량적 실험에 모범을 보인 갈릴레이의 영향을 많이 받은 것이었다.

물리학에서의 이러한 전통을 이어받아 생물학에 새로운 방향을 제시한 사람이 영국의 윌리엄 하비(William Harvey, 1578~1642)였다. 케임브리지대학에서 의학을 공부한 하비는 정량적 실험과 측정이 과학연구의 기본요소라고 생각하고 인체의 생리현상을 관찰하기 위해 저울, 온도계, 습도계와 같은 측정 기구를 이용하였다. 그는 이런 기구를 이용하여 30분간 심장을 거쳐 동맥으로 들어가는 피의 양이 그 생물이 가진 혈액량 전체보다 많다는 것을 밝혀내고 피는 동맥과 정맥을 통하여 순환하며, 심장의 박동이 이 순환 운동의 동력을 제공한다고 주장하였다. 이것은 오늘날 너무 당연한 사실로 잘 알려져 있지만 당시에는 생물학에서 정량적 실험이 거의 시도되지 않고 있었으므로 매우 획기적인 방법이라고 할 수 있다.

하비(William Harvey, 1578. 4. 1~1657. 6. 3)

하비는 영국의 의학자로 포크스턴 출생이며 1597년 케임브리지대학을 졸업한 후, 이탈리아 파도바대학에 유학하여 의학을 공부하였다. 귀국 후에는 제임스 1세, 찰스 1세의 시의가 되었다. 인체의 구조·기능, 특히 심장·혈관의 생리에 대해 연구하였으며, 1615년 내과의사로서 해부학과 외과학 강의를 하였다. 1628년에 『동물의 심장과 혈액의 운동에 관한 해부학적 연구』를 출판하였다. 이 책에서 하비는 심장의 박동을 원동력으로 하여 혈액이 순환된다고 하는 새 학설을 발표하였다. 또 동물의 발생에 관해서도 연구를 하여, 1651년 『동물발생론』을 저술하여, '모든 생물은 알에서 생겨난다'고 주장하기도 하였다.

하비의 위대한 점은 그 이전 사람들은 이론적으로 접근하려 했던 문제들을 실험적인 방법으로 접근하여 올바른 결론에 도달한 것이라고 볼 수 있는데, 아직 현미경을 이용하지 않았으므로 동맥과 정맥이 어떻게 연결되어 있는지는 밝혀내지는 못하였다. 그러한 지식은 말피기(Marcello Malpighi, 1628~1694)가 현미경을 이용하여 동맥과 정맥을 이어주는 모세혈관 망을 발견할 때까지 기다려야 하였다.

생물학 연구에 사용하게 된 현미경은 생물학을 한 차원 높이는 데 결정적인 역할을 하였다. 현미경은 1590년 얀센 형제에 의해 처음 발명되었다고 전해진다. 그러나 현미경을 이용하여 생물체를 처음으로 관찰하기 시작한 사람은 영국의 후크였

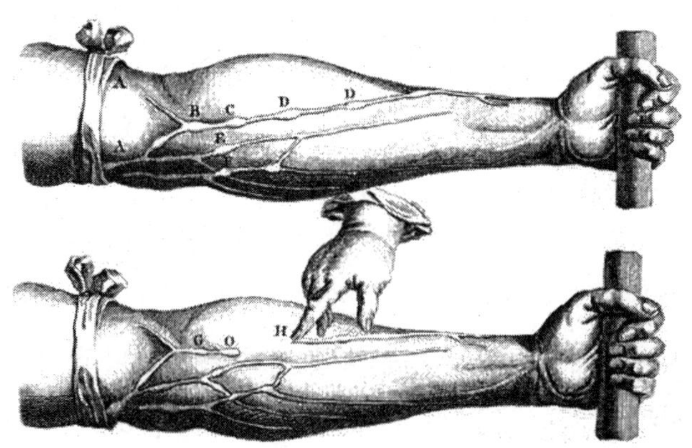

그림 5-3 혈액순환에 관한 하비의 실험

다. 후크(Robert Hooke, 1635~1703)는 현미경을 이용하여 살아있거나 죽어있는 생물을 관찰하여 이를 기술하고 여기에 그림을 그려서 『현미경 관찰(Micrographia, 1665)』이라는 책을 발간하였다. 특히 그는 코르크를 관찰하여 식물의 세포막을 최초로 발견하였다.

후크 이후에 많은 사람들이 현미경을 이용하여 생물체를 관찰하였는데 그 중에는 안토니 레벤훅과 말피기 등이 있다. 그러나 그들의 발견은 아직 불완전해서 본격적인 세포설은 훨씬 후에야 등장하였다. 레벤훅(Antoni van Leeuwenhoek, 1632~1723)은 100여 개의 현미경을 만들었는데 그는 자기 자신이 만든 렌즈 두 개를 얇은 은판 사이에 끼웠다. 아직 배율이 매우 낮은 돋보기에 불과한 초보 단계의 현미경이었지만 이로 인해 원생 동물과 박테리아의 발견 등 여러 가지 현미경적 관찰에 공헌하였다.

말피기는 현미경 해부학의 창시자로서 『허파에 관하여(1661)』라는 저서에서 개구리 허파에 있는 모세관을 기술하고 피가 동맥에서 정맥으로 흐를 때 허파가 하는 기능에 대하여 설명하고 있다. 이것을 하비의 혈액순환론을 완성시킨 중요한 관찰이라 할 수 있다. 그는 또한 콩팥에서 말피기 소체를 발견하고, 혀에서 미뢰를 발견하는 등 많은 현미경 관찰을 통해 새로운 생물학의 지평을 열었다고 할 수 있다.

2 자연 발생설과 생물 속생설

17세기부터 착실하게 발전하고 있던 생물학은 18세기와 19세기를 거치면서 눈부신 발전을 이룩하였다. 생물학의 발전은 물리학에서처럼 새로운 이론에 의해 급격한 변화를 가져오는 발전이 아니라 수많은 학자들이 쌓아올린 지식이 조금씩 쌓여서 커다란 발전으로 나타나게 되었다.

따라서 생물학에서는 물리학이나 화학에서와 같이 혁명이라고 불릴 만한 사건이 없었다. 생물학에 현미경을 사용하기 시작한 것이라든지 진화론이 나타난 것과 같은 일들을 생물학상의 혁명이라고 불러도 되겠지만 그것마저도 물리학이나 화학에서 혁명이라고 부르는 것과는 매우 다른 양상으로 전개되었다. 실제로 진화론의 등장은 다른 어떤 과학의 이론보다 더 큰 반향을 불러일으켰고, 인류의 자연관에 결정적인 영향을 끼쳤지만 진화론의 논쟁은 생물학적인 논쟁보다는 철학이나 신학에 관계된 부분에서 더욱 열띤 토론이 전개되었다. 따라서 순수한 의미에서 생물학은 혁명이라고 할 만한 사건이 없이 점진적으로 발전해 왔다고 할 수 있다.

이러한 생물학의 발전과정에서 수 세기 동안 많은 논쟁의 주제를 제공한 부분이 발생학이었다. 발생에 관한 논쟁은 두 갈래로 나누어 생각해 볼 수 있다. 하나는 미생물이 자연계에서 무생물적 환경에 의해 발생하느냐 아니면 생물에 의해서만 발생하느냐 하는 자연 발생설과 생물 속생설의 논쟁이고, 또 다른 갈래는 수정에 의해 자손을 번식시키는 고등 동물에서 알과 정자의 역할은 무엇이며 알에서 개체로 성장하는 과정은 어떠하냐 하는 것에 대한 논쟁이었다. 따라서 전자는 자연 발생설과 생물 속생설의 논쟁이고, 후자는 개체 발생과정에 대한 후성설과 전성설의 대립이었다.

고대부터 사람들은 어떤 생물은 그들이 살던 자연환경에서 태어난다고 믿어왔다. 고대에 미생물은 물론 지렁이, 뱀과 같은 동물도 자연에서 자연 발생에 의해 태어난다고 생각하고 있었다. 근대에 와서 고등 생물이 자연에서 발생한다는 생각은 사라졌지만 눈에 잘 보이지 않는 세균과 같은 미생물은 자연의 생기에 의해 탄생한다고 생각하고 있었다.

그러나 이탈리아의 박물학자 레디(Francesco Redi, 1626~1697)는 그의 저서『곤충 발생에 관한 실험 (1668)』에서 썩은 고기에서 생기는 벌레는 파리가 낳은 알에서 나온 구더기라고 주장하고 자연 발생설을 부정하였다. 그는 고기가 들어 있는 그릇에 가제를 덮어 파리의 산란을 방지하면 벌레가 생기지 않는다는 것을 관찰하여 발표하였다. 이것은 매우 간단한 실험이었으나 자연 발생설을 믿고 있던 당시로는 혁신적인 연구 결과였다. 그러나 그의 관찰과 이론은 쉽게 사람들에게 받아들여지지 못하였다.

레디의 부정에도 불구하고 자연 발생설은 니덤(John Turberville Needham, 1713~1781)에 의해 다시 제기되었다. 니덤은 쇠고기 국물을 유리병에 담고 마개를 잘 막은 다음 30분간 가열하였다. 그러나 쇠고기 국물 속에는 곧 많은 미생물이 관찰되었다. 니덤은 이것을 환경 속에 들어 있는 생명요소들이 미생물로 바뀌어져 일어나는 현상이라고 설명하였다.

근대 생물학의 아버지라 불리는 스팔란자니(Lazzaro Spallanzani, 1729~1799) 신부는 니덤의 실험에 오류가 있었다고 지적하고, 그 오류(마개를 잘 닫지 않은 것과 낮은 온도에 가열한 것)를 시정하면 미생물이 생기지 않는다는 것을 실험적으로 증명하였다. 그러나 니덤과 그의 추종자들은 이 사실을 받아들이지 않고, 스팔린자니의 실험에서 미생물이 생기지 않은 것은 지나치게 가열하여 환경의 생명력을 파괴했기 때문이라고 하였다. 스팔란자니는 더욱 정밀한 실험을 행하였지만, 자연 발생설을 믿는 학자들을 설득하는 데는 실패하였다.

그림 5-4 스팔란자니

그 후 미생물의 자연 발생설은 뚜렷한 진전을 보이지 못하다가 미생물학의 지위를 한 차원 높인 파스퇴르(Louis Pasteur, 1822~1895)에 의해 완전히 부정되었다. 파스퇴르는 발효에 관계되는 효모와 세균에 대하여 연구해서 파스퇴르 멸균법을 제의하기도 하였다. 당시에는 아직도 건초 추출물에서 미생물이 나온다는 자연 발생설이 믿어지고 있었다.

파스퇴르(Louis Pasteur, 1822. 12. 27~1895. 9. 28)

파스퇴르는 프랑스의 화학자며 미생물학자로 동부 프랑스 쥐라현에서 출생하여 파리의 에콜 노르말에서 물리와 화학을 공부하였다. 1849년 스트라스부르대학 화학교수가 되었으며, 화학조성·결정구조·광학활성의 관계를 연구하여 입체화학의 기초를 구축하였다. 이때 생물이 입체이성질체의 한쪽만을 이용하여 합성한다는 것을 발견하고 우주의 '비대칭성'을 논함과 동시에, 생명의 화학적 연구에 흥미를 가졌다. 그 후 발효와 부패에 관한 연구를 시작한 후 젖산발효는 젖산균, 알코올발효는 효모균의 생활에 관련해서 일어난다는 것을 발견하였다. 1862년에는 알코올에서 아세트산으로 변하는 것과 아세트산발효에 대해 연구하여 식초의 새로운 공업적 제법을 확립하였다. 또 포도주가 산패하는 것을 방지하기 위한 저온 살균법을 고안하여, 프랑스의 포도주 제조에 크게 공헌하였다. 한편 부패가 공기 중의 미생물 때문에 일어난다는 것을 실험적으로 확인하고, 자연 발생설을 부인하였다. 1881년에는 프랑스 학사회 회원, 1886년에는 파스퇴르 연구소 초대 소장에 취임하였다.

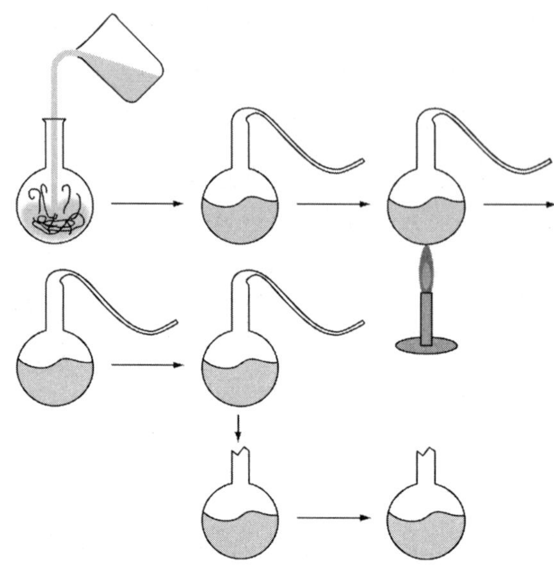

그림 5-5 파스퇴르의 실험

1860년 프랑스의 과학 아카데미는 발생설의 논쟁에 종지부를 찍기 위해 자연 발생 문제를 새로 명백하게 밝히는 실험에 현상금을 걸었다. 파스퇴르는 곧 이 문제에 도전하였다. 그는 부패성이 있는 건초 추출물을 구형 플라스크에 담고 가열한 후 아무런 세균이 생기지 않는다는 것을 보여 주었다. 가열과정에서 열이 공기의 발생능력을 빼앗았기 때문이라는 반론이 틀렸다는 것을 증명하기 위해 오염되지 않은 장소 즉, 지하실이나 높은 산 위에서 플라스크의 뚜껑을 열어 놓은 상태로 실험을 하기도 했고, 공기는 통할 수 있지만 미생물의 출입이 어려운 휘어진 긴 주둥이를 가진 플라스크에서는 건초 추출물이 썩지 않는다는 것을 보여 주기도 하였다. 파스퇴르의 실험결과를 자연 발생론자들이 즉각 받아들이지는 않았지만 그 후 차츰 자연 발생설은 자취를 감추게 되었다.

20세기에 들어와서 모든 생물이 가장 간단한 생물에서부터 진화돼 왔다는 진화론이 일반적으로 받아들여지자 최초의 미생물은 어떻게 생겨나게 되었을까하는 의문을 갖게 되었고, 새로운 차원에서의 자연 발생설이 다시 등장하게 되었다. 이 최초의 생물의 출현에 대한 학설은 아직 추측의 단계를 벗어나지 못하고 있는 상태이지만 오파린(Aleksandr Ivanovich Oparin, 1894~1980)의 설이 가장 일반적으로 받아들여지고 있다. 오파린은 원시 지구상에서 긴 세월 동안 무기물에서 유기물이 점진적으로 형성되고 다음에 이 유기물이 생물체로 진화하게 되었다는 유기적 진화설을 주장하였다.

밀러는 실험실에서 원시지구의 대기를 재현시켜 일어날 수 있는 반응을 실험하여 수소, 메탄, 암모늄과 같은 가스의 혼합물에서 유기산과 요소가 형성되는 것을 증명하여 오파린의 유기적 진화론을 뒷받침하였다. 이렇게 형성되어 원시의 바닷속에 들어 있던 핵산이나 단백질로부터 자연 발생적으로 원시 생명체로 발전했다고 보고 이 과정을 설명하기 위해 오파린은 코아세르베이트 설을 제안하였다.

단백질 분자는 수용액 속에서 일정한 전하를 띠고 있는데, 전하 분포가 서로 다른 2종 이상의 고분자 전해질 용액을 혼합하면 혼탁해진다. 이 혼탁해진 용액 속에는 작은 액체 방울들이 떠 있는 것을 볼 수 있다. 이 방울의 표면에는 단백질 분자들로 구성된 막이 형성되어 있어서 두 액체 사이의 경계를 이루고 있다. 액체 속에 생긴 이러한 액체 방울을 코아세르베이트라고 하는데 핵산 및 다당류와 원형질의 성분들은 코아세르베이트를 형성하기가 특히 쉽다.

오파린은 원시 바닷속에서 이런 코아세르베이트가 무수히 생겨 점점 그 조직이 복잡해져서 스스로 증식하고, 에너지를 획득하는 능력을 지닌 원시 생명체가 이루어졌다고 설명하였다. 그러나 이러한 설명도 하나의 가설일 뿐 생물의 탄생을 궁극적으로 밝혔다고 할 수는 없다. 이 문제는 앞으로 생물학이 해결해야 될 가장 큰 과제로 오랫동안 남아 있을 것이다.

3 전성설과 후성설의 논쟁

레디에 의해 자연 발생설에 이의가 제기됐던 17세기까지도 포유류의 정자와 난자의 기능은 물론 수정이 이루어지는 과정과 수정란이 개체로 발전해 가는 과정에 대하여 아무 것도 알려져 있지 않았다. 고대의 학자들은 모체의 자궁 속에서 정자와 난자가 섞여 하나가 되고 여기서 태아가 생긴다고 생각하였다.

17세기 후반엔 많은 학자들이 생식물질을 이루는 것은 난자이며 정자는 일종의 증기로 난자의 발생에 영향(물질적 영향이 아님)을 준다는 난자설을 믿게 되었다.

이 학설을 증명하기 위해 하비는 암사슴을 해부하여 자궁 내막에 아직 착상하지 않은 초기 배를 관찰하고 모든 생물은 알에서 나온다고 주장하였다. 그러나 알에서 태아가 형성되는 과정에 대해서는 두 가지 학설이 대립하고 있었다.

전성설을 주장하는 학자들은 태아가 축소형의 상태로 알속에 들어 있다가 이것을 싸고 있는 주머니로부터 천천히 밖으로 빠져 나오는 것이라고 주장했고, 후성설의 지지자들은 태아가 형성되는 것은 부분들의 계속적인 집합에 의해 단계적으로 각 부분이 형성되어 간다고 주장하였다. 또 일부 학자들은 난자설을 반대하고 정자 속에 아주 작은 태아가 이미 형성되어 있다고 주장하기도 하였다.

정자와 난자의 역할에 대하여는 스팔란자니가 개구리의 인공 수정을 시도함으로써 새로운 국면을 맞게 되었다. 스팔란자니는 개구리에서 정액을 채취해서 이 정액을 미수정란에 묻혀 줌으로써 수정란을 얻는 데 성공하였다. 그는 정액이 난자에 증기로만 작용한다고 믿고 있었으므로 이것을 증명하기 위해 미수정란이 담긴 접시 위에 정액이 담긴 접시를 올려놓고 관찰했지만 올챙이가 생기지는 않았다. 결국 수정란이 생기기 위해서는 알과 정액이 물질적으로 접촉해야 한다고 생각하게 되어 정자의 증기설은 설득력을 잃게 되었다. 그러나 그는 정자의 기능에 대하여는 잘 이해하지 못하고 있었다.

전성설과 후성설의 논쟁은 18세기에 들어와서도 계속되었다. 보네(Charlse Bonnet, 1720~1794)가 1740년에 발견한 진딧물의 단성생식은 전성설의 입장을 더욱 공고히 하였다. 그러나 전성설은 닭의 발생을 현미경으로 관찰한 볼프(Christian Freiherr von Wolff, 1733~1784)의 연구에 의해 치명적으로 동요되기 시작하였다. 볼프는 어떤 기관도 이미 형성된 기관이 커나가는 것이 아니며 배의 발생 도중에 하나씩 형성되어 간다는 것을 밝혀냈다. 볼프의 발견이 전성설에 충격을 주긴 했지만 아직도 전성설을 주장하는 학자가 많은 채로 19세기를 맞게 되었다.

새로운 세기에 들어와서 수정에 관한 연구가 스위스와 프랑스에서 행해졌다. 일련의 실험결과로 정자가 난자에 침입해서 상호 협력하여 여러 기관을 만든다는 주장이 나왔다. 그러나 아직 수정의 기능이 잘 알려지지 못했으므로 어떤 기관은 난자에 의해 형성되고 어떤 기관은 정자에 의해 제공된다고 주장하였다. 독일의 베어(Karl Ernst Ritter von Baer, 1792~1876)는 암캐의 난소 소포를 절개하여 관찰하고 정자가 알속에 침입함으로써 배에 어떤 기관을 부여하며 다른 기관은 알과 난소에 의하여 제공된다고 주장하였다.

베어는 그때까지 발생에 관한 연구와 논쟁을 정리하여 그의 저서 『동물 발생에 관하여』에서 발생에 관한 새롭고도 기본적인 개념들을 제시하였다. 후에 에른스트 해켈(Ernst Haeckel, 1834~1919)에 의해서 기본 생물 발생법칙 일부가 수정되어 개체 발생은 계통 발생을 되풀이한다는 내용이 첨가되었다.

베어의 발생에 관한 새로운 개념

(1) 발생과정에서 일반형질이 특수형질보다 먼저 나타난다.
(2) 일반성이 낮은 형질은 일반성이 높은 형질 다음에 나타난다.
(3) 일정한 종의 발생에서 그 종은 다른 종에 속하는 동물의 발생과는 점점 다르게 전개된다.
(4) 고등 동물은 그 발생에서 하등 동물의 배를 넘는 과정을 거친다.

발생에 대한 논쟁은 세포설이 체계화되고 체세포와 생식 세포의 염색체 수가 다르다는 것이 밝혀지면서 완전히 종지부를 찍게 되었다. 이제는 정자와 난자가 단독으로 어떤 기관을 제공하는 것이 아니라 염색체 수가 체세포의 절반밖에 되지 않는 생식 세포(정자, 난자)는 두 개가 합쳐서야 완성된 개체를 탄생시킬 수 있다는 것을 알게 된 것이다.

이제 생물 학자들의 관심은 부모가 가지고 있는 형질이 어떻게 자손에게 전달되느냐 하는 유전의 문제로 쏠렸다. 19세기 말까지도 학자들은 정자와 난자의 결합에 의해 부모의 형질이 완전히 융합되어 새로운 제3의 형질을 가진 자손이 탄생된다고 믿고 있었다.

1865년에 멘델(Gregor Mendel, 1822~1884)이 「식물 잡종에 관한 연구」라는 논문을 발표하여 부모의 각각의 형질이 분리해서 독립적으로 유전된다는 분리의 법칙과 독립의 법칙을 발표하였다. 부모가 가지고 있는 형질들은 융합하여 새로운 형질을 만드는 것이 아니라 부모가 가지고 있는 여러 형질이 각각 개별적으로 선택되어 후대에 나타난다는 것이다.

유전의 내용을 담고 있는 여러 가지의 유전인자 중에서 부모에게서 하나씩만 선택하여 새로운 형질을 발현한다. 따라서 부모의 여러 가지 다른 형질 사이에는 독

멘델(Gregor Johann Mende, 1822. 7. 22~1884. 1. 6)

오스트리아의 신부였던 멘델은 실레지아 지방의 하인첸도르프에서 가난한 농부의 아들로 태어났다. 22세에 오르뮈츠의 철학연구소를 졸업한 멘델은 성 토마스교회에 들어가 성직자가 되었다. 1851년 빈대학에서 유학한 후 1854년 브린국립종합학교 교사가 되었다. 1856년부터 7년 동안 완두를 이용하여 유전에 관한 실험을 한 후 유전에 관한 멘델법칙을 발견하였다. 1865년 브린의 자연과학협회 정기회의에서 『식물의 잡종에 관한 연구』라는 제목으로 발표하였으나 주목을 받지 못하였다. 1868년 성 토마스수도원 원장에 선출되었다. 유전에 관한 멘델법칙은 그가 죽은 후에야 사람들의 주목을 받게 되었고 그는 유전학을 창시한 사람으로 인정받게 되었다

립의 법칙에 의해서, 대립 형질 사이에는 두 가지 중에 하나만을 선택하는 분리의 법칙에 의해 유전된다고 하였다. 다시 말해 색깔과 모양의 유전에 있어서 색깔과 모양은 서로 무관하게 유전된다는 것이 독립의 법칙이고, 색깔과 유전은 두 색깔의 융합에 의해 제3의 색깔이 후대에 나타나는 것이 아니라 두 색깔 중 우성 형질의 색깔만이 후대에 나타난다는 것이 분리의 법칙이다.

멘델은 여러 개의 형질을 가진 완두콩을 가지고 교배실험을 하였는데, 둥글고 노

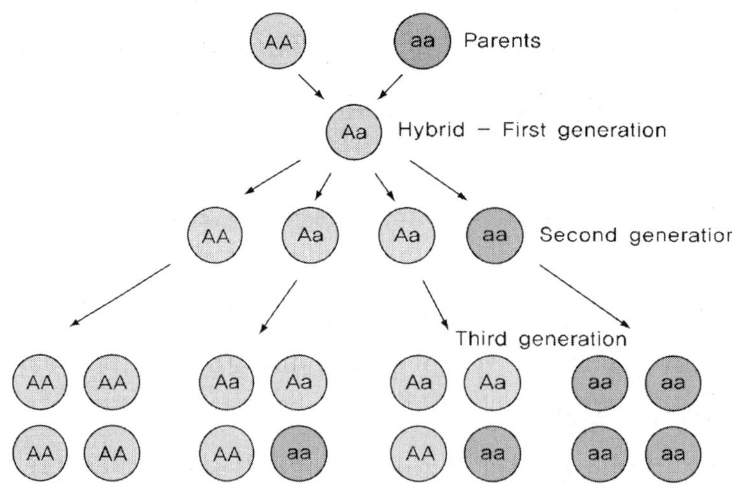

그림 5-6 멘델의 유전법칙

란 빛깔의 품종과 주름지고 녹색인 완두콩을 교배하여 얻은 완두콩의 분포를 그의 유전법칙으로 완전하게 설명할 수 있었다. 멘델의 발견은 획기적인 것이었지만 일반의 관심을 끌지 못하다가 1900년에 다른 여러 학자들 코렌스(Carl Erich Correns, 1804~1933), 체르마크(Erich Tschermark von Seysenegg, 1871~1962), 드 브리스(Hugo de Vries, 1848~1935)에 의해 재발견된 후에야 주목을 받게 되었다. 20세기에 와서 유전학은 대단한 발전을 이루어 유전물질이 DNA라는 것이 밝혀지고 유전의 자세한 과성이 밝혀져서 공학적으로 응용하기에까지 이르게 되었다.

4 현미경과 세포 생물학

생명현상을 유기체 전체로서 통합적으로 이해하려는 노력이 있어온 반면 생물체를 이루는 세포 분자와 같은 작은 단위를 연구하여 이 단위에서 이루어지는 여러 가지 물리 화학적 현상을 이해하여 이를 바탕으로 생물체 전체로서의 생명현상을 이해하려는 노력도 전개되었다. 이러한 노력은 현미경과 같은 과학 기기의 발달과 화학에 대한 지식이 증가함에 따라 급속한 진전을 이루게 되었다.

생명 현상을 전체적으로 이해하려는 노력과 세포와 같이 작은 단위를 물리 화학적인 현상을 통해 이해하려는 시도는 그리스시대 이후 계속되어 온 생기론과 기기론의 변형된 형태라고 할 수 있을 것이다. 생기론은 아리스토텔레스시대 이후 주류를 이룬 생각으로 생물은 신이 어떤 목적을 가지고 창조했으므로 물리 화학적 방법으로 이해할 수 없다는 것이었다. 그러나 혈액순환을 발견한 하비, 데카르트 같은 사람들은 생물의 생명 현상도 하나의 물리 화학적인 동적 평형 상태에 지나지 않는다는 기기론을 주장하였다.

생물의 생명현상을 세포 단위에서 찾으려는 것은 분명히 기기론의 입장이 크게 작용하였다. 이에 세포의 여러 가지 에너지 대사와 물질 대사의 메커니즘이 밝혀지면서 기기론의 입장이 더욱 확고해졌다. 생명 현상을 세포보다 더 작은 단위 즉 분자 단위의 물리 화학적 반응에서 찾으려는 분자 생물학은 이런 기기론의 연장선상에 있다고 할 수 있을 것이다.

세포를 최초로 관측하고 세포라는 이름을 붙인 것은 17세기의 로버트 훅이었다. 그는 코르크를 관찰하여 세포막을 관찰하고 세포(cell)라는 이름을 붙였지만 세포의 구조나 기능에 대하여 이해한 것은 아니었다. '세포는 하나의 작은 생물이다. 개개의 식물은 완전히 개별화되고 고유의 생존을 영위하는 이 세포들의 집합이다.'라고 하여 식물 세포설을 완성시킨 사람은 슈라이덴(Matthias Jakob Schleiden, 1804~ 1881)이었고 세포설을 동물 세포에까지 확장시킨 사람은 슈반이었다.

슈반(Theodor Schwann, 1810~1882)은 세포를 생명의 기본단위라고 생각했으며 이러한 생각은 발생학, 유전학, 진화론에 새로운 개념으로 향하는 길을 열어주게 되었다. 그러나 그들은 아직 세포의 기능과 핵의 기능을 제대로 이해하고 있지는 못하였다. 식물 세포의 구조가 자세히 밝혀진 것은 폰 몰(Hugo von Mohl, 1805~1872) 등의 연구에 의해서인데 그들은 세포를 핵을 담고 있는 작은 원형질 덩어리라고 정의하였다. 분열 도중에 있는 세포를 관찰한 비르코프와 같은 생물학자(Rudolf Vircohw, 1821~1902)들은 '세포는 세포로부터 나온다.'는 원칙을 제시하기도 하였다.

식물 세포의 분열은 1875년에 슈트라스부르거(Edward Adolf Strasburger, 1844~1912)에 의해 처음으로 실험적으로 증명되었으며 곧이어 동물 세포의 분열도 플레밍(Walter Flemming, 1843~1905)에 의해 확인되었다.

식물 세포와 동물 세포를 확인하고 세포가 생물체를 이루는 기본단위이며 생명현상을 나타내는 기본적인 작용이 세포에서 일어난다는 것을 확인한 생물학자들은 이제 세포의 내부구조가 어떻게 되어 있고 이러한 기관들이 에너지대사와 물질대사, 유전과 같은 생명현상에 어떻게 참여하고 있는지를 밝혀내는데 관심은 기울이게 되었다.

이러한 노력은 20세기에 실용화된 전자 현미경과 같은 새로운 분석기기의 도움으로 눈부신 발전을 거듭하였다. 이에 따라 세포는 신비의 베일을 벗고 그 정체를 드러내기 시작하여 세포의 구조가 차례로 밝혀졌고, 세포 내의 각 기관의 기능을 이해할 수 있게 되었다.

세포는 세포막이라는 벽으로 외부의 세계와 구분되는 생명체의 최소 단위로 이 안에서는 생명현상을 유지하기 위하여 필요한 여러 가지 에너지 대사와 물질대사가 일어나고 있다. 세포의 구조는 동물 세포와 식물 세포 그리고 세포의 기능에 따

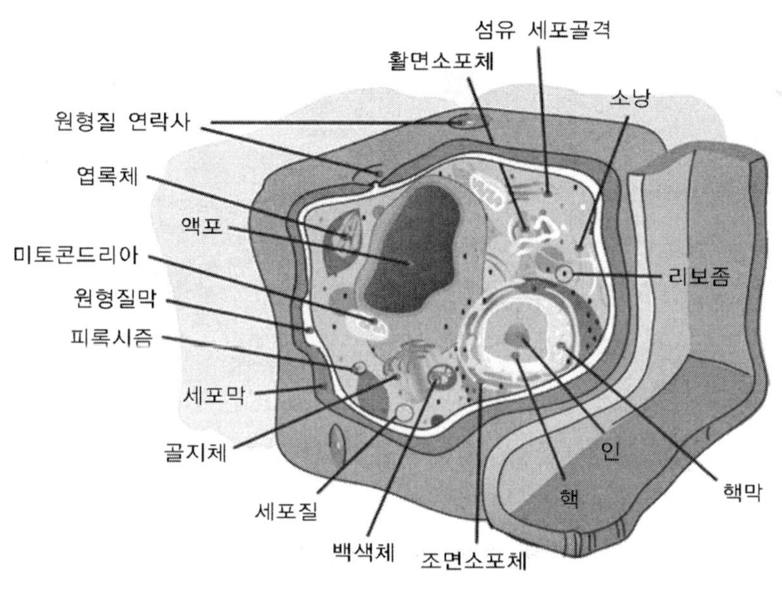

그림 5-7 식물 세포의 구조

라 다르기는 하지만 세포막, 핵, 미토콘드리아, 리보솜, 골지체 등의 내부 구조를 가지고 있다.

세포를 둘러싼 세포막은 단순하게 삼투압의 법칙에 의해 물질을 투과시키는 것이 아니라 투과시켜야 할 물질과 투과시키지 않을 물질을 인식해서 투과시키는 인식기능을 가진 세포의 한 기관이라는 것이 밝혀졌다. 인식기능이란 세포가 같은 종류 또는 다른 종류의 세포를 구별할 수 있는 능력이고 또 특정 물질을 식별할 수 있는 기능이다.

체내에 침투한 다른 종류의 세포를 식별하여 잡아먹는 백혈구는 세포막의 인식작용에 의해 다른 종류의 세포를 구별해 낼 수 있다. 뿐만 아니라 세포막은 특별한 미생물에 대한 저항력도 가지고 있어서 질병에 대항하는 항체를 가지고 있기도 한다는 것이 알려졌다.

세포막이 선택적으로 물질을 투과시키는 것도 세포막의 인식능력과 관계있는 것으로 믿어지고 있다. 세포막에서 물질의 출입이 단순한 물리적 확산이나 삼투압에 의한다면 일정한 시간이 지난 후에는 안과 밖의 물질의 성분이 같아질 것이다. 그러나 세포막은 어떤 물질은 잘 통과시키지만 어떤 물질은 잘 통과시키지 않는 능동적 기능을 하고 있어서 세포 안과 밖의 물질의 분포를 현저히 다르게 유지시킬 수도

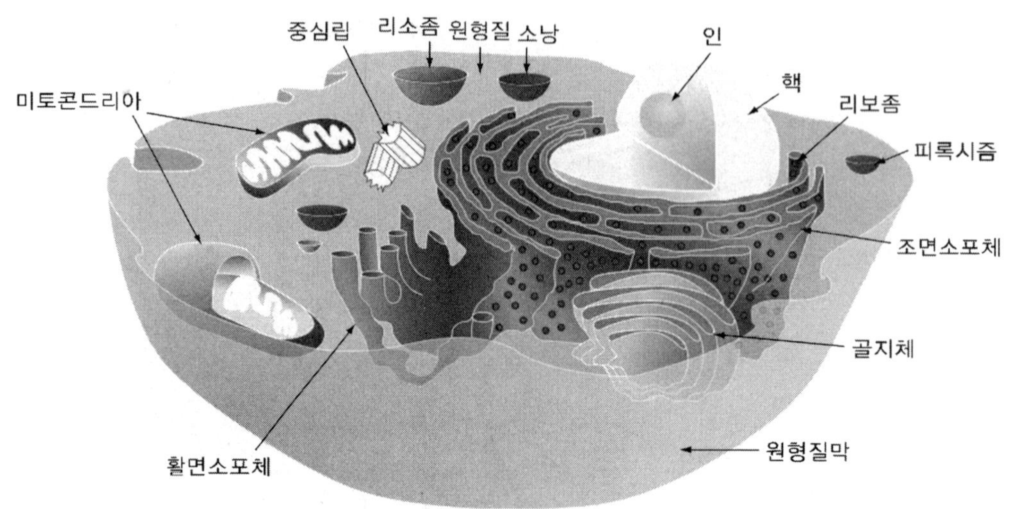

그림 5-8 동물 세포의 구조

있다. 세포막의 이러한 기능은 세포막뿐 아니라 세포 내의 모든 기관을 둘러싼 막들도 가지고 있는 것으로 밝혀졌다.

진핵 생물의 모든 세포는 공 모양이거나 계란 모양의 핵을 하나씩 가지고 있다. 핵 속에는 세포나 생물의 형질을 나타내게 하는 유전자가 들어 있고, 직접 또는 간접으로 세포의 여러 가지 대사를 조절하고 있는 것으로 알려졌다. 핵은 핵막에 의해서 세포질과 분리되어 있다. 전자 현미경을 이용한 관찰에 의하면 핵막은 두 겹의 층으로 되어 있고 세포질과 핵 사이의 물질의 이동을 조절하고 있다. 핵 속에 있는 염색체는 유전 정보를 가지고 있는 DNA와 단백질로 구성되어 있어 유전의 중추적 역할을 한다.

염색체의 개수는 생물의 종류에 따라 다른데, 고등 동물의 체세포는 2배수의 염색체를 가지고 있다. 생식 세포는 감수분열에 의해 체세포보다 염색체 수가 절반이 된다. 반수의 염색체를 가진 생식 세포는 수정에 의해 2배수의 염색체를 갖는 새로운 세포를 형성하게 되고 이 세포가 분화되어 새로운 개체를 형성하는 것이다. 부모의 형질이 자손에게 유전되는 것은 염색체에 들어 있는 DNA가 가지고 있는 유전 정보에 의한 것으로 알려지고 있다.

세포질 내에 있으면서 에너지대사에 가장 중요한 역할을 하는 것이 미토콘드리아이다. 미토콘드리아는 보통 0.2~5 μm 정도의 공 모양을 하고 있는데 이 속에서

양분 분자가 가지고 있는 화학에너지를 효소를 이용해서 세포 활동에 필요한 에너지로 전환시키고 있다. 따라서 미토콘드리아는 세포 내의 발전소와 같은 역할을 하고 있다고 할 수 있다.

에너지대사의 과정에는 효소가 개입하는데 효소는 활성화 에너지를 낮추어 쉽게 반응이 일어나도록 하는 촉매와 비슷한 역할을 한다. 미토콘드리아 안에서 효소의 도움을 받아 탄수화물과 지방산으로부터 산소를 이용하여 이산화탄소와 물을 만들며 이때 많은 에너지를 가진 인산 화합물을 만드는 과정을 크렙스의 구연산 회로(Krebs citric acid cycle)라고 한다.

식물 세포에 있는 엽록체에서는 광합성작용에 의해 태양 에너지를 이용하여 물과 이산화탄소로부터 탄수화물을 합성하고 있다. 이것은 태양 에너지를 탄수화물에 저장하는 과정이라고 할 수 있는데 이렇게 저장된 에너지는 식물은 물론 모든 생물의 생명현상을 위한 에너지원으로 사용되고 있다. 따라서 어떤 의미에서는 엽록체와 미토콘드리아는 서로 반대되는 역할을 하고 있다고 할 수 있다.

광합성작용은 빛 에너지를 이용해서 물을 분해하여 수소이온과 에너지를 저장하고 있는 ATP를 만들어내는 명반응과 명반응에서 얻어진 수소이온과 에너지를 이용하여 공기 중에서 받아들인 이산화탄소(CO_2)를 이용하여 유기화합물을 만드는 암반응으로 나누어져 있다. 방사성 동위원소를 이용한 실험을 통해 광합성에 참여하는 물질들이 어떤 작용을 하는지에 대한 이해가 깊어지기는 했지만 아직 이 부분은 더 연구되어야 할 부분으로 남아 있다.

이러한 세포에 대한 이해는 생물학에 새로운 활력을 주고 생물학을 새로운 차원으로 올려놓았다. 그러나 전체로서의 생명체의 문제를 이해하는데 세포에 대한 이해만으로는 부족하다는 의견이 조심스럽게 제기되고 하였다. 세포는 정밀하게 이루어진 기계일 수 있고 그 기계의 작동 원리를 충분히 이해했다고 해서 수많은 세포가 모여 유기적 관계를 가지고 여러 가지 생명활동을 하고 있는 전체 생명체로서의 생명현상을 이해했다고 할 수는 없다는 것이다. 그러나 생명체의 부분적인 이해가 아니라 생명현상 그 자체를 전체적으로 이해하는 것은 어쩌면 자연과학의 한계 밖에 있는 문제일지도 모른다.

5 진화론의 등장

생물학에 있어서 19세기는 매우 중요한 시기였다. 진화론, 세포설, 멘델 법칙 등 중요한 학설이 이 시기에 체계화되었기 때문이다. 그 중에서도 진화론의 성립은 생물학은 물론 종교, 윤리, 도덕의 문제에까지 심각한 반향을 불러일으킨 뉴턴의 과학 혁명 이래 가장 큰 사건이었다. 과학 혁명 이후 자연을 물질로만 이해하려는 기계론적 자연관이 팽배해 있어 자연에 신이 개입할 자리가 점점 줄어들고 있었다. 진화론은 자연과 인간을 구분하던 경계를 없애고 인간을 자연의 범주에 포함시킨 사건이었다.

진화론을 처음으로 제기한 사람은 라마르크(Jean Baptiste Lamarck, 1744~1829)였다. 그는 그의 저서 『동물 철학(Philosophie zoologique, 1809)』에서 원시동물은 자연 발생으로 생겼으며 이로부터 구조적으로 더 복잡한 동물이 생겨 포유동물에 이르게 되었다고 주장하였다. 라마르크는 두 가지 가설을 설정하였다. 하나는 어느 부분이고 쓰면 쓸수록 발달되어 커지지만 반대로 쓰지 않는 부분은 작아져서 없어진다고 하는 용불용설이다. 다른 하나는 생물이 생활하면서 커지거나 작아

라마르크(Lamarck, Jean-Baptiste-Pierre Antoine, 1744. 8. 1~1829. 12. 18)

라마르크는 프랑스의 생물학자로 북프랑스의 바장탱의 귀족가문에서 출생하여 소년시절을 신학교에서 보냈다. 그는 의학과 식물학을 공부하고 1778년에 『프랑스 식물지』를 출판하였다. 1793년에는 파리식물원의 무척추동물학 교수로 임명되어 동물학 연구에 전념하게 되었다. 1801년에 출판된 그의 저서 『무척추동물의 체계』에서 처음으로 진화에 대한 그의 생각을 보이기 시작하였고, 그의 진화론이 명확하게 나타난 것은 1809년에 출판된 『동물 철학』과 『무척추동물지』에서 였다. 그는 진화에서 환경에 적응하기 위한 습성이 중요한 역할을 한다고 믿었다. 습성에 의해 얻어진 획득형질이 유전된다는 생각에 바탕을 둔 용불용설이 그의 진화론의 핵심이다.

진 형질 즉, 획득형질이 자손에게 유전한다는 것이었다.

라마르크는 자기의 가설을 증명하는 예를 많이 들었는데 뱀의 조상은 도마뱀과 같이 몸이 짧고, 다리가 달렸을 것이라고 추정하고 뱀이 필요에 따라 땅을 기게 되었고, 가는 구멍 속으로 기어들어 가게 되자, 기는 데 필요 없는 다리가 없어지고 몸은 가늘고 길어졌다고 하였다. 또한 기린의 목이 길게 된 것은 기린이 높은 나무에 있는 먹이를 먹기 위해 목을 길게 늘이다 보니 목이 점점 길게 되어 현재와 같이 됐다고 설명하였다. 라마르크의 진화론은 획득형질이 유전한다는 가설을 실험적으로 증명해 내지 못하였고, 목적론적인 요소가 있어서 근대의 기계론적인 자연관과는 대립되는 면이 있었지만 진화론을 최초로 체계화한 학설로 생물학상 큰 이정표가 되었다.

라마르크의 진화론은 해부학자였던 퀴비에(Geoges Cuvier, 1769~1832)의 강력한 도전을 받았다. 퀴비에는 여러 가지 그룹의 생물체는 서로 비교할 수 없으며 생물의 종은 변하지 않는다는 종의 불변론을 주장하였다. 그는 해부학 지식을 이용하여 화석 일부로 이미 멸종된 생물 전체를 재구성하기도 하였다. 현재 존재하는 생물의 조상격인 화석을 발견하여 그것을 연구하기도 했지만 퀴비에는 화석에 나타나는 종은 지각의 변천 과정에서 멸종된 것이며 지구에는 3차에 걸친 대변혁이 있었는데, 그 가운데 마지막 것이 노아의 대홍수였다고 주장하고 진화론을 일축하였다.

1859년에 다윈(Charles Darwin, 1809~1881)이 진화론을 발표하면서 진화론이 처음으로 과학적 체계를 갖추어 사회에 널리 인식되기 시작하였다. 다윈은 처음에 에딘버러대학에서 의학공부를 시작하였으나 이를 중단하고 케임브리지에서 신학을 공부하였다. 그러나 그는 박물학에 관심이 많아 식물학자 헨슬로의 권유에 따라 세계 일주를 떠나는 비글호에 박물학자로 승선하여 1831년부터 1836년 사이에 남아메리카, 타히티, 오스트레일리아를 여행하였다. 그의 임무는 여행 중 발견한 동식물을 채집하고 관찰결과를 기록하는 일이었다.

다윈은 남미에 서식하는 수많은 동물을 관찰하면서 지역에 따른 변이를 많이 관찰할 수 있었다. 예를 들면 아르헨티나의 평원에 살고 있는 레아라고 부르는 새는 지역에 따라 모습에 차이가 있어서 부에노스아이레스의 레아와 남미대륙 남단의 레아는 서로 많이 다르다는 것을 발견하였다. 그는 또한 대형 포유류의 화석도 채집했는데 그가 발견한 동물의 화석은 오늘날 살고 있는 동물과는 전혀 달랐다. 아

▪ ▪ 다윈(Charles Robert Darwin, 1809. 2. 12~1882. 4. 9) ▪ ▪

찰스 다윈은 영국의 생물학자로 슈루스베리에서 의사의 아들로 태어났다. 1825년 에든버러대학에 입학하여 의학을 배웠으나 중퇴하였다. 1828년 케임브리지대학으로 전학하여 신학을 공부하였다. 케임브리지대학의 식물학 교수 헨슬로와 친교를 맺어 그 분야의 지도를 받기도 했으며 1831년 22세 때에는 헨슬로의 권고로 해군측량선 비글호에 박물학자로서 승선하여, 남아메리카와 남태평양의 여러 섬(특히 갈라파고스제도)과 오스트레일리아 등지를 두루 항해하고 1836년에 귀국하였다. 1839년에는 『비글호 항해기』를 출판하였다. 1842년에는 건강 때문에 켄트주에 은거하여 진화론에 관한 자료를 정리하고, 1856년부터 논문을 쓰기 시작하여 1859년에 『종의 기원』을 발표하였다. 그의 진화론의 핵심은 자연 선택에 의해 환경에 가장 잘 적응한 개체나 종은 살아남고, 적응하지 못한 개체나 종은 도태되어 버린다는 것이다. 곧, 개체 간에서 경쟁이 항상 일어나고 자연의 힘으로 선택이 반복되는 결과, 진화가 생긴다고 하는 설이다. 다윈도 라마르크와 같이 환경의 영향에 따라 생긴 변이가 다음 대에 유전한다고 하는 획득형질유전을 받아들이고 있다. 『종의 기원』은 초판 1,250부가 발매 당일에 매진될 정도로 큰 반응을 불러일으켰다. 1868년에는 『사육동식물의 변이』를 출판하였고, 1871년에는 『인류의 유래와 성 선택』을 출판하여 그의 진화론을 확실히 하였다. 그는 진화론 외에도 생물학상의 몇 가지 연구를 하였는데, 1880년에 출판된 『식물의 운동력』은 식물의 굴성에 대한 연구결과를 담고 있다. 1876년에는 『식물의 교배에 관한 연구』, 1881년에는 『지렁이의 작용에 의한 토양의 문제』를 출판하기도 하였다. 다윈의 진화론은 물리학에서의 뉴턴 역학과 더불어 사상의 혁신을 가져와 인류의 자연관과 가치관에 큰 영향을 끼쳤다.

르헨티나에서 다윈이 발견한 화석 가운데는 아마딜로와 닮은 거대한 화석도 있었는데, 이 동물은 현재 살고 있는 아마딜로와 같은 동물이라고는 믿을 수 없을 정도였다. 이러한 관찰로 그는 생물의 종이 변이할 수 있다는 가능성을 믿게 되었다.

다윈은 또한 몇 대에 걸쳐 일정형질을 소유하는 종을 종축으로 선택하여 품종을 개량해 가는 가축과 식물 재배에서도 종의 변이 가능성을 확인할 수 있었다. 그는 건강상의 이유로 여행에서 돌아와 고향집에 쉬면서 종의 변이 문제를 생각하고 있었다. 그때 그가 읽은 맬더스(Thomas Robert Malthus, 1766~1834)의 『인구론』은 그에게 종의 변이에 대한 열쇠를 제공해 주었다고 알려져 있다.

맬더스는 인구론에서 생물 개체의 수가 식량의 양보다 빠른 속도로 증가하므로 개체와 종 사이에는 생존경쟁이 일어나서 생존경쟁에 잘 적응할 수 있는 개체나

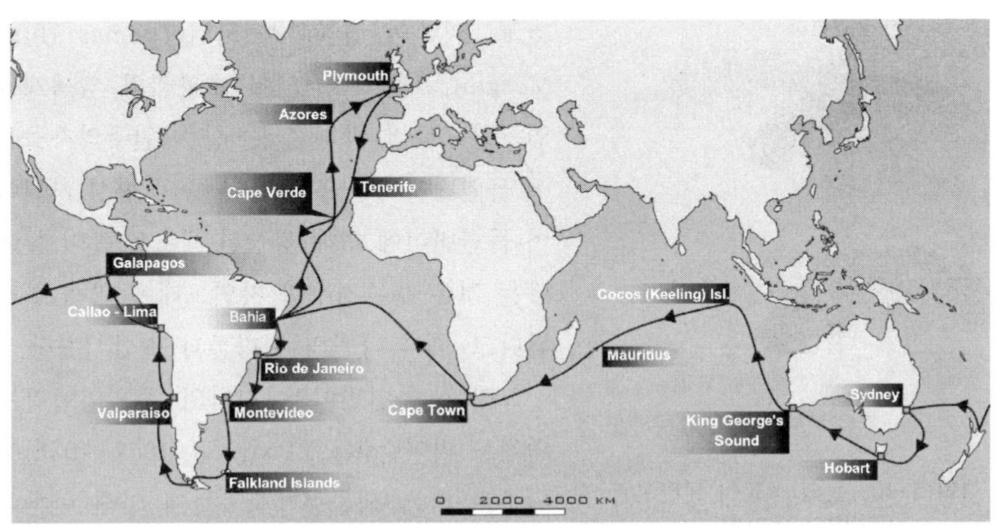

그림 5-9 비글호의 여행 경로

종만 살아남게 된다고 주장하였다. 다윈은 이 생각을 종의 변이에 관련시켜 어떤 생태학적, 생리학적 형질을 가진 개체가 생존경쟁에 유리하면 그 형질을 소유한 개체가 살아남게 되고 이 형질은 후대로 유전된다고 하였다.

라마르크에 의해 진화론이 제기됐을 때와 마찬가지로 『종의 기원』이 출판되자 종의 불변론자들에 의해 강력한 도전을 받았지만 생물학자와 박물학자들로부터는 열렬한 지지를 받기도 하였다. 다윈의 학설은 자연 도태에 의해 선별된 변이는 유전되어 후대로 전달된다고 하여 결국 라마르크와 마찬가지로 획득형질의 유전을 받아들이고 있다. 그러나 이러한 주장은 생식질의 연속설을 주장한 바이스만(August Weismann, 1834~1914)에 의해 비판을 받게 되었다. 바이스만은 다세포 동물은 서로 완전히 독립적인 체세포와 생식 세포로 이루어진다고 설명하고 체세포에서 일어나는 변화는 생식 세포에 영향을 주지 않는다고 하였다. 따라서 체세포 내의 변화와는 관계없이 생식 계통은 그대로 유지된다는 것이 생식질의 연속성이다. 이 학설은 획득형질의 유전을 단호히 배제하고 생식 물질 상호 간에 경쟁이 일어나서 생식도태가 일어난다고 주장하였다.

다윈주의는 20세기 초에 발견된 돌연변이로 해서 새로운 활력을 얻게 되었다. 돌연변이는 1901년에 드 브리스(Hugo Marie de Vries, 1848~ 1935)가 『돌연변이설』이라는 책을 써서 달맞이꽃에서 갑작스런 돌연변이가 생긴다는 사실을 기술하

그림 5-10 눈의 색깔이 달라진 돌연변이 초파리

였고, 미국의 생물학자 모건(Thomas Hunt Morgan, 1866~1945)이 초파리의 염색체를 연구함으로써 밝혀졌다. 신 다윈주의자들은 이 돌연변이가 바로 새로운 종의 형성 기원이며 돌연변이에 의해 형성된 새로운 종이 살아남는 것은 생존경쟁과 자연도태에 의해 결정된다고 하여 다윈의 진화론과 결합시켰다.

그러나 돌연변이가 진화의 주원인이라는 의견도 피어슨(Karl Pearson, 1857~1936)을 위주로 하는 생물통계학자들에 의해 반론이 제기되었다. 그들은 계속적이고 개별적인 변화들의 축적이 결국은 새로운 종 형성의 기원이 된다는 것을 주장하고 복잡하고 통계적인 방법으로 그들의 생각을 증명하려고 하였다.

20세기 유전자학의 발달과 지구과학의 발달은 진화론에도 많은 영향을 미치게 되었다. 1953년 DNA의 구조를 왓슨과 크리크가 제안한 이래 유전의 과정이 이해되어 가자 진화도 유전자 단위에서 찾으려는 노력이 진행되었다. 유전자의 정보를 비교하는 것은 해부학적인 비교를 하는 것보다는 훨씬 많은 이점을 가지고 있다.

유전 정보의 비교는 종 사이의 관계를 수량화하는 데 유리하며 서로 완전히 다른 해부학적 기관 사이의 관계도 비교가 가능하기 때문이다. 1968년에 일본 쿄토대학의 키무라(Motoo Kimura 1924~)는 네이쳐 지에 발표한 『분자수준에 있어서의 진화속도, Nature 1968』라는 논문에서 '돌연변이는 자연선택과는 무관하게 중립적이며, 우연히 집단 내에 축적이 되면서 진화가 일어난다.'는 분자 진화 중립설을 주장하여 관심을 끌었다. 그는 또한 분자들의 단백질을 조사해서 유전에 관한 분자시계를 만들 수 있다고 제안하였다. 그의 분자시계를 이용하면 인간과 침팬지가 분화된 시점과 오랑우탄이 분화된 시점을 알아낼 수 있다고 하였다. 그러나 그의 분자시계는 정확하지 않다는 것이 여러 학자들의 연구에 의해 판명되었다.

한편으로 지구과학의 발전은 지구의 각 대륙이 처음부터 분리되어 고정되어 있었던 것이 아니라 아주 조금씩 오랜 시간을 두고 분리되고 격리되는 과정을 거쳐 현재의 모양이 되었다는 것을 알아냈다. 남아메리카와 아프리카가 약 2억 년 전에는 같은 대륙이었다는 사실은 진화론을 연구하는 데 좋은 단서를 제공해 주었다. 2억 년 전에는 같은 대륙에 살던 생물이 오랫동안의 지역적 격리를 겪으면서 어떻게 변화해 왔는지를 연구한 학자들은 지리적 격리가 진화의 한 원인이라고 확신하게 되었다.

따라서 현대의 진화론은 돌연변이, 유전자 단위의 작은 변화의 축적, 지역적 격리, 자연도태 등이 복합적으로 작용하여 나타난다고 생각하고 있다. 지역적 격리 외에도 생식적 격리도 종의 분화의 원인이 된다고 주장하기도 한다. 같은 지역에 살면서도 생활습성이나, 울음소리가 달라 오랜 기간 상호 생식적 교잡이 이루어지지 않으면 새로운 종으로 분화해 갈 수 있다는 것이다.

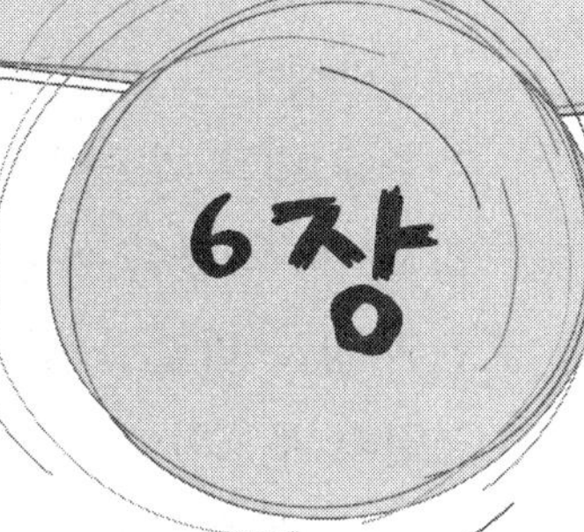

화학 혁명과 원자론의 등장

1 연금술과 화학

물리와 생물 분야에서 새로운 학문이 자리를 잡아가고 있던 17세기에 화학 분야에서는 아직도 뚜렷한 변화의 조짐을 보이지 않았다. 다만 알렉산드리아시대에까지 거슬러 올라가 기원을 찾아야 하는 연금술이 아랍시대와 중세를 거치는 동안 약학과 결합하여 여러 가지 화합물이 섞여 있는 혼합물을 정제하여 쓸모 있는 화합물을 분리해 내는 방법을 발전시키고 있었다.

따라서 연금술에서 차츰 오늘날 우리가 화학이라고 부르는 기법을 사용하기 시작했는데, 이 당시에는 주로 질병을 치료하는 데 필요한 약을 제조하는 데 쓰였다. 히포크라테스 이후 사람들은 질병을 육체가 조화를 잃는 데서 생기는 현상이라고 생각해서 병은 인간의 고유한 균형을 이루려는 능력에 의해 치료될 수 있는 것으로 믿었기 때문에 치료를 위해서 약을 복용하는 것을 자제하였다.

아랍 시대부터 질병의 치료를 위하여 여러 가지 약을 복용하게 되었지만 당시의 약은 대부분이 생물에 근거한 것으로 오늘날의 한약과 비슷한 것이었다. 질병을 치료하기 위해서 광물(화학 물질)을 사용하기 시작하고 이런 목적의 약을 제조하기 위하여 연금술과 약학을 결합시킨 사람이 파라켈수스(Paracelsus, 1493~1541)였다.

파라켈수스는 연금술을 자연에 존재하는 천연 물질에서 인간에게 유용한 물질을 추출해 내는 기술이라고 새롭게 정의하고, 연금술에 화학과 생화학을 포함시키고 광물이나 식물을 이용하여 약을 제조하는 일에 몰두하였다. 그는 인간의 육체를 수은과 황 그리고 소금의 세 가지 화학적 물질의 조화로 파악하고 질병은 이 세 가지 물질의 부조화에 기인한다고 생각하였다. 이러한 불균형은 화학 물질을 이용하여 치료할 수 있다고 생각하고 한 가지 화학 물질은 한 가지 질병을 고칠 수 있다고 하여 만병통치약을 구하려고 하던 중세의 생각을 부정하였다.

그의 이런 생각이 질병의 치료를 위해 광물, 즉 화학 물질을 이용하도록 하는 데 많은 영향을 미쳐 화학 물질의 정제에 대한 관심을 불러 일으켰다. 그러나 화학에서의 이런 변화는 매우 미미해서 같은 시기에 물리와 생물에서 이룬 커다란 발전과는 대조적이었다. 이는 그리스시대부터 믿어지던 4원소설을 뒤흔들 새로운 이론이 아직 탄생되지 않았기 때문이었다. 화학에서의 근본적인 변화는 18세기가 되어서야 나타나기 시작하였다.

이런 상황에서도 기체의 부피와 압력, 온도 사이의 관계에 대한 기본적인 법칙이 실험에 의해 밝혀졌는데 이 법칙들은 현재까지도 화학에서 중요하게 다루어지고 있다. 일정한 온도하에서 기체의 부피와 압력 사이에는 서로 반비례하는 관계가 있다는 보일의 법칙은 보일(Robert Boyle, 1627~1691)에 의하여 1662년에 발견되었다.

영국의 화학자였던 보일은 의화학에 관심을 가지고 물질은 운동하는 미립자로 되어 있다고 주장하였다. 보일은 공기 펌프에 의해 진공이 만들어질 수 있다고 주장하기도 하였다. 그는 기체 입자를 불규칙적으로 운동하는 작은 둥근 물체로 가정함으로써 이 법칙을 설명하려 하였다. 보일은 아리스토텔레스의 4원소설을 반대하고 파라켈수스의 3원소설(수은, 황, 소금)도 부정하였다. 그러나 보일이 주장한 기본입자설은 매우 불완전해서 그가 부정한 학설들을 대신해서 사람들을 설득시키는 데는 실패하였다.

그림 6-1 보일

한편 일정한 압력하에서 부피와 온도 사이에는

비례하는 관계가 있다는 것이 샤를(J. A. Charles, 1746~1823)에 의해 밝혀진 것은 보일의 법칙이 알려지고 훨씬 후인 1787년의 일이었다. 그는 이때 열팽창계수는 0.0036으로 온도 1℃ 상승에 따라 부피는 0℃ 증가에 따라 273분의 1씩 증가한다는 것을 밝혀냈다.

이 법칙을 샤를의 법칙이라고 하는데 샤를의 법칙은 보일의 법칙과 결합되어 기체의 상태 방정식으로 발전하였다. 그러나 당시에는 기체가 가지는 이러한 성질을 이론직으로 설명할 수는 없었다. 이 법칙들이 가지는 화학적·물리학적 의미가 밝혀진 것은 원자론이 등장한 후라고 할 수 있다.

보일과 그의 후계자였던 로버트 후크 등은 검붉은 정맥혈이 폐 속에서 새빨간 동맥혈로 바뀌는 것은 공기를 부분적으로 흡수하기 때문이라고 하고, 흡수된 공기는 화학적 연소와 비슷한 과정을 체내에서 일으킨다고 주장하였다. 파라켈수스는 음식물이 위에서 흡수되는 것과 마찬가지로 공기는 일종의 영양분으로 폐에서 흡수된다고 주장하기도 하였다.

2 화학 발전에 방해가 된 플로지스톤설

17세기 말 독일의 의화학파에 의해서 플로지스톤설이 등장하였다. 의화학자들은 화학 물질은 세 가지 요소로 이루어졌다고 생각하였다. 즉 가연성 물질인 유황, 유동성과 휴발성을 가지고 있는 수은, 그리고 고정성과 불활성을 가지고 있는 염이 그것이었다.

독일 마인츠대학의 의학 교수였던 베커(Johann Joachim Becher, 1635~1682)는 의화학 원리를 약간 수정하여 고체의 흙 성분에는 일반적으로 모든 고체에 들어있는 고정성의 흙인 테라 라피다(염), 모든 가연성 물질에 존재하는 기름 성분의 흙인 테라 핑귀스(유황), 유동성의 흙인 테라 메르쿠리알리스(수은)의 세 가지 성분이 들어 있다고 주장하였다. 베커는 가연성 물질에는 모두 유황성과 기름 성분의 테라 핑귀스가 들어 있는데 연소할 때는 이것이 다른 종류의 흙과 결합으로부터 달아나는 것이라고 주장하였다.

독일 할레대학의 의학 및 화학 교수였던 슈탈(Georg Ernest Stahl, 1660~1734)은 베커의 테라 핑귀스를 플로지스톤이라고 새롭게 명명하고 금속은 회분과 플로지스톤의 복합체이며, 연소는 열이 플로지스톤을 몰아내고 회분을 남기는 것이라고 하였다. 그는 또한 일반적으로 말해서 플로지스톤은 모든 가연성 물질의 본질적 요소이며, 기름, 지방, 나무, 숯, 기타 연료는 플로지스톤을 특히 많이 함유하고 있다고 하였다.

나무가 타면 재가 남게 되는데 재의 무게는 원래 나무의 무게보다 훨씬 작다. 플로지스톤설에서는 이를 두고 나무에 잡혀 있던 플로지스톤이 연소의 과정에서 빠져나갔기 때문이라고 하였다. 따라서 플로지스톤은 질량을 가지고 있는 물질의 일종이었다. 그러나 금속이 산화하는 경우에는 오히려 무게가 증가한다. 플로지스톤설에서는 이러한 현상을 설명하기 위해 플로지스톤은 마이너스의 무거움을 갖기도 한다고 설명하기도 하였다.

플로지스톤은 음의 무거움을 갖기도 한다는 것은 물리학에서는 이미 오래전에 버려진 아리스토텔레스 역학의 내용과 같은 것이었다. 아리스토텔레스는 공기와 불은 지구의 중심으로부터 멀어지려는 성질, 다시 말해 음의 무게를 갖는다고 설명했었다. 플로지스톤설의 이러한 주장은 화학이 18세기 중엽의 물리학과 얼마나 큰 거리를 가지고 있었는지를 나타내주는 단적인 예라고 할 수 있다. 18세기 후반까지 플로지스톤설은 화학자들에게 널리 받아들여지고 있었다. 많은 학자들이 플로지스톤에 매달려 있었던 것은 화학 발전에 장애가 되었다.

3 기체의 발견과 화학의 혁신

18세기 중엽에는 고대의 4원소 중에서 흙에는 이미 많은 종류의 흙이 있음이 발견되어 더 이상 원소라고 생각되지 않고 있었으나, 물, 공기, 불은 아직도 일반적으로 원소라고 받아들여지고 있었다. 화학의 새로운 기운은 이 중에서 공기를 조사하는 과정에서 일어나기 시작하였다. 18세기 중엽에 블랙(Joseph Black, 1728~1799)은 공기와는 화학적 성질이 다른 기체, 즉 이산화탄소의 존재를 실증하고 이것은 고정공기라 불렀다.

블랙은 또 1754년에 탄산마그네슘을 가열하면 무게가 줄어들면서 꽤 많은 분량의 기체를 내놓는다는 것과, 같은 무게의 탄산마그네슘을 산에 녹이면 가열한 경우와 같은 양의 기체가 나온다는 사실을 발견하였다. 그리고 그는 탄산마그네슘을 연소하고 남은 찌꺼기(산화마그네슘)를 물에 녹이면 탄산마그네슘을 녹였을 때와 같은 종류의 염이 생기지만 기체는 발생하지 않는다는 것을 밝혀내기도 하였다.

그리하여 탄산마그네슘은 염기와 무게가 있는 기체로 이루어져 있다는 것을 알게 되었다. 탄산마그네슘에 들어 있는 기체는 무게를 가지고 있어서 플로지스톤과는 다른 것이었다. 1766년에 캐번디시는 금속을 묽은 산에 작용시켜 직접 가연성 공기라고 명명한 수소를 만들었고, 1770년대에는 프리스틀리가 여러 가지 기체들을 분리해서 저장했는데, 그가 분리해낸 기체 중에는 암모니아, 염산가스, 산화질소, 산소, 질소, 이산화탄소가 포함되어 있었다.

1777년에 스웨덴의 화학자 셸레(Carl Wilhelm Scheele, 1742~1786)는 공기가 원소 물질이 아니라 불의 공기인 산소와 불쾌한 공기 질소로 되어 있고, 그 존재비는 1대 3이라고 하였다. 셸레는 산소의 기능은 타고 있는 물질에서 플로지스톤을 흡수하는 것이라고 하였다.

아직 기초 단계에 있던 화학을 한 차원 끌어올려서 근대 화학의 기초를 닦은 사람은 프랑스의 라부아지에(Antonie Laurent Lavoisier, 1743~1794)였다. 라부아지에는 다방면에서 소질을 발휘하여 법률학, 경영, 과학 분야에서 두루 재능을 발휘한 사람이다. 1772년경에 라부아지에는 연소에 관해 이전부터 행해지고 있던 연구를 되풀이해 보았다. 그는 인과 같은 비금속이나 주석과 같은 금속을 공기 속에서 태우면 무게가 증가한다는 것을 밝혀내고 이 무게의 증가가 공기의 흡수에 의한 것이 아닌가 생각하게 되었다.

라부아지에는 그때까지 발표된 논문과 저서에서 같은 현상을 서로 다르게 설명하고 있다는 것을 발견하고 연소의 문제를 해결하기 위해 체계적인 실험을 해야 할 필요성을 느꼈다. 라부아지에는 플라스크에 금속을 넣고 밀폐한 후 가열했더니 가열이 끝난 후에도 무게의 증가가 없는 것을 발견하고, 가열이 끝난 플라스크를 개봉했더니 공기가 들어가서 무게가 증가하는 것을 확인하였다. 그런데 이때 증가한 무게는 금속이 가열하는 동안 증가한 무게와 같았다. 이것으로 그는 가열하는 동안

▪ ▪ 라부아지에(Antoine Laurent Lavoisier, 1743. 8. 26~1794. 5. 8) ▪ ▪

라부아지에는 파리 출신의 프랑스의 화학자였으며 사업가였고, 변호사였다. 1768년 25세의 젊은 나이로 아카데미 부회원이 되었고, 그해 겨울에 시도한 '펠리칸의 증류실험'을 통하여 물이 흙으로 변한다는 아리스토텔레스 이후의 원소 변환설을 부정하였다. 그의 화학적 업적의 핵심은 새로운 연소 이론의 확립이다. 이 연구는 1772년 다이아몬드의 연소 실험 보고로 시작되었는데, 이어 인·황·금속의 연소실험을 밀폐기 속에서 실시하여, 공기가 흡수되는 것을 보여주었다. 1774년 4월에는 금속이 연소된 다음에 중량이 증가하는 것은 보일이 말한 것처럼 불의 입자가 흡수되기 때문이 아니고, 공기의 일부가 흡수되기 때문이라는 것을 보여주었다. 라부아지에는 공기가 호흡이나 연소에 사용되는 기체와 그렇지 않는 두 종류의 기체로 되어 있다는 것을 통해 밝혀냈다. 또한 물의 생성과 분해실험을 통하여 물이 원소가 아니라는 것을 밝혀냈다. 그는 또한 새로운 화학이론을 발표하기 위해 베르톨레, 기통 드 모르보, 푸르크루아 등과 협력하여 낡은 화학술어를 버리고 새로운 화학명명법을 만들어 출판했는데 이것은 현재 사용되는 화학용어의 기초가 되었다. 또한 1789년에는 화학의 체계적인 저술인『화학원론』을 출판하였는데, 이 속에는 질량불변의 법칙과 원소개념의 정의가 있고 빛 자, 열소를 포함한 33개의 원소표가 기재되었으며, 원소를 '화학 분석이 도달한 현실적 한계'라고 정의하고 있다. 프랑스혁명이 일어나자 라부아지에는 징세 청부인으로 고발되어, 1794년 5월 8일 단두대에서 처형되었다.

에 공기가 금속에 흡수된다고 생각하게 되었다.

또한 라부아지에는 연소하는 동안에 공기의 일부만 흡수되고 가열을 계속해도 더 이상 흡수가 되지 않는다는 것을 발견하고, 흡수되지 않는 부분은 흡수되는 부분과 다른 성질을 가질 것이라고 생각하게 되었다. 그러나 그는 공기가 연소할 때 어떤 역할을 하느냐에 대해서는 잘 알지 못하고 있었다.

라부아지에는 프리스틀리(Joseph Priestly, 1733~1804), 셸레 등과 교류하면서 프리스틀리가 탈 플로지스톤 원소라고 명명한 산소에 대해 전해 들었다. 금속을 산소 속에서 가열하면 전체 부피를 흡수하지만 대기 속에서 가열하면 일부만 흡수한다는 것을 확인하고 1775년에 산소는 공기 그 자체의 순수 원소이고 대기는 산소에 불순물이 섞인 것이라고 생각하게 되었다.

■ ■ 라부아지에가 선언한 화학 혁신의 내용 ■ ■

(1) 연소와 산화는 모두 자연성 물질과 산소의 결합이다.
(2) 질량보존의 법칙 : 화학반응에서 반응물질과 생성물질의 질량의 합은 같다.

그런데 셸레는 공기가 연소를 돕는 산소와 또 하나는 불활성의 질소로 이루어졌다고 주장하였다. 셸레의 의견에 동의한 라부아지에는 공기는 25 %의 산소와 75 %의 질소로 이루어졌다고 1780년에 발표하였다. 프리스틀리는 금속이 산화할 때 흡수하는 공기의 양을 측정하여 공기는 20 %의 산소와 80 %의 질소로 이루어졌다고 더 정확한 비를 내놓았다.

라부아지에는 1789년에 출판된 『화학원론(Traiteelementaire de chimie, 1789)』을 통해 화학이론의 혁신을 선언하였다. 라부아지에의 『화학원론』은 물리에서 뉴턴의 『수학적 원리』에 해당하는 중요한 책으로 평가받고 있다. 이 책에서 라부아지에는 플로지스톤설을 반대하고 연소와 산화를 산소를 이용하여 설명하였다. 라부아지에의 화학 혁신은 화학의 새로운 시대를 여는 중요한 의미를 가지는 선언이었다고 할 수 있다. 그는 이를 통해 연소와 산화는 모두 자연성 물질과 산소의 결합이며, 그 생성물의 무게는 처음 재료의 무게와 항상 같다는 것을 밝혔다.

열과 빛은 연소 과정의 화학과는 무관한 것이고 연소와 산화 시의 무게의 변화는 오로지 산소와의 반응에 의한 것이라고 주장하였다. 그러나 라부아지에는 실험적으로 근거가 없는 여러 가지 성질을 산소에 귀속시켜 산소를 보편적인 본질의 위치에 끌어올리는 실수를 하기도 하였다.

당시 영국에는 프리스틀리와 캐번디시(Henry Cavendish, 1731~1810) 같은 화학자들이 활약하고 있었는데, 그들은 끝까지 플로지스톤설을 지지하였다. 1781년에 프리스틀리는 산소와 수소의 혼합물을 폭발시키면 기체가 모두 소비되고 물방울이 남는다는 것을 알아냈다. 캐번디시는 이 실험을 되풀이하여 물은 산소 1부피와 수소 2.02 부피의 결합으로 이루어졌다는 것을 발견했지만, 공기가 산소와 질소와 같은 원소의 혼합물이라는 라부아지에의

그림 6-2 프리스틀리

설명을 받아들이지 않고, 산소는 플로지스톤을 빼앗긴 물이며, 수소는 플로지스톤 또는 플로지스톤을 너무 많이 가진 물이라고 하였다.

라부아지에는 산소와 수소의 폭발에 의해 물을 만드는 실험을 재현하고 물은 수소와 산소의 혼합물이라는 결론을 끌어냈다. 그는 또 묽은 산에 금속을 녹이면 금속이 물에서 산소를 빼앗아 산화물을 만들어 산과 결합해서 염이 되고 물의 수소는 유리되어 기체가 발생된다고 금속이 산에 녹아 수소를 발생하는 현상을 설명하였다.

이리하여 플로지스톤설은 라부아지에의 이론이 훨씬 만족스럽게 여러 가지 현상을 설명할 수 있었으므로 급속히 발판을 잃어갔고, 흙, 물, 공기, 불의 4원소설도 설 땅을 잃게 되었다. 그는 원소를 '화학분석에 의해 도달하게 된 실재의 것'이라고 새로 정의하고 그의 저서인 『화학원론』에 원소 33종을 실었다. 그의 원소표 가운데는 빛 입자와 열소가 포함되어 있다.

이렇게 해서 라부아지에는 새로운 화학의 지평을 열었지만 그는 언제나 다른 사람의 실험을 되풀이했고 그 자신은 새로운 실험을 별로 하지 않았다는 것이 흥미롭다. 프리스틀리와 캐번디시는 한발 앞서 산소를 발견하고, 물을 합성했지만 라부아지에가 얻은 결론을 얻지는 못했던 것이다.

라부아지에의 새로운 관점은 몇 가지 경험적인 화학 법칙을 확립시켰다. 그 첫째는 상호비례의 법칙으로 물질 A의 일정량과 결합하는 물질 B의 무게는 물질 A의 같은 양과 결합하는 C와 정확하게 서로 화합한다는 것으로 이 법칙에 의해 화학원소가 서로 화합하는 상대적 무게를 나타내는 당량표가 만들어졌다.

둘째 법칙은 일정 성분비의 법칙으로 프랑스의 프루스트(Joseph Louis Proust, 1754~1826)가 처음 제안하였다. 1799년 프루스트는 천연산이든 인공적으로 합성한 것이든 탄산구리의 조성은 항상 일정하다고 주장하였다. 화합물에 관계없이 그 속에 포함된 원소의 중량비는 동일하며, 그 비는 각 원소의 당량의 비와 같다는 것이었다.

4 원자론의 등장

철학적인 의미에서의 원자론은 그리스시대의 원자론자들에 의해 이미 주장된 적이 있다는 것은 앞에서 살펴본 바와 같다. 그 후 중세를 거치는 동안 잊혀져 있던 원자론은 압력과 부피와의 관계를 규정한 보일의 법칙을 설명하기 위해 뉴턴이나 베르누이 같은 학자들에 의해 거론된 적도 있었으나 19세기에 와서야 본격적으로 거론되기 시작하여 그때까지 밝혀진 화학법칙을 이해하는 데 이용되기 시작했고 화학을 새로운 시대의 학문으로 올려놓게 되었다.

원자론은 영국의 기상학자였던 돌턴(John Dalton, 1766~1844)에 의해 1808년 『화학의 신체계』 속에서 주장되었다. 돌턴은 기체가 원자로 이루어지고 그들 원자는 거리가 멀어질수록 힘은 줄어들지만 서로 반발한다고 하여 보일의 법칙을 설명하려고 했던 뉴턴의 생각으로부터 출발하였다. 돌턴은 대기의 본성이 무엇인가 하는 문제에 관심이 많았다. 19세기 초에는 대기는 여러 가지 성분들 즉 산소, 질소, 수증기로 이루어져 있다는 것이 알려져 있었다.

돌턴은 뉴턴의 설명대로 원소가 서로 반발한다면 여러 가지의 원소가 섞여 있을 수 없다고 생각하고, 여러 가지 기체의 원소는 같지 않고, 같은 원소끼리는 반발하

▪ ▪ 돌턴(John Dalton, 1766. 9. 6~1844. 7. 27) ▪ ▪

돌턴은 영국의 컴벌랜드 출신의 화학자이며 기상학자로 근대 원자론의 창시자이다. 그는 퀘이커 교도에게 수학을 배워 12세에 사설 강습소를 개설하였고, 15세에 켄들에서 형과 함께 학교를 경영하였다. 그 후 1792년 맨체스터의 뉴칼리지에서 수학과 자연철학을 가르쳤으며, 1800년에는 교수직을 사임하고 수학·과학 등을 가르치는 교사로 있으면서 평생을 기상학을 비롯한 다양한 분야의 연구에 전념하였다. 1794년 맨체스터 문학 철학학회 회원으로 1800년 서기, 1808년 부회장, 1817년 회장을 역임하였다. 1793년에는 『기상학상의 관찰과 논문』을 출판하였는데 여기에는 오로라, 무역풍 등을 포함하는 기상에 관한 내용이 포함되어 있었다. 그는 1794년에는 색맹에 대한 상세한 기술을 발표하기도 하였다. 돌턴 자신도 색맹이어서 이때부터 색맹을 돌터니즘이라 부르기도 한다. 그 후엔 기체에 관한 연구에 몰두하여, 기체의 압축에 의한 발열, 혼합기체의 압력, 기체의 확산혼합, 액체에 대한 기체의 흡수 등에 관한 연구결과를 발표하였다. 특히 1805년에 발표한 『혼합기체의 흡수작용』에서 제시한 기체의 부분 압력의 법칙은 지금까지도 '돌턴의 부분압력의 법칙'으로 불리고 있다. 원자설을 바탕으로 하여 화학을 설명한 『화학의 신체계』는 1808년에 발표되었다. 그는 또한 배수 비례의 법칙을 발견하여 화학의 발달에 크게 기여하였다.

지만 다른 원소들은 반발하지 않는다고 생각하였다.

그는 A 기체와 B 기체를 섞으면 A 기체 원소 사이에는 반발력이 작용하지만 A 기체 원소와 B 기체 원소 사이에는 아무런 영향이 없다고 하였다. 이런 방법으로 그는 분압의 법칙을 발견하였다. 여러 가지 원소가 섞여있는 기체의 총압력은 각각의 원소만 있을 때의 압력을 합한 것과 같다는 것이 분압의 법칙이다.

돌턴의 원자설에 의해 원자에는 여러 가지가 있으며, 같은 원소의 원자는 모두 같은 특성을 갖는다는 점에서 같은 것이고, 다른 종류의 원소의 원자는 크기, 무게,

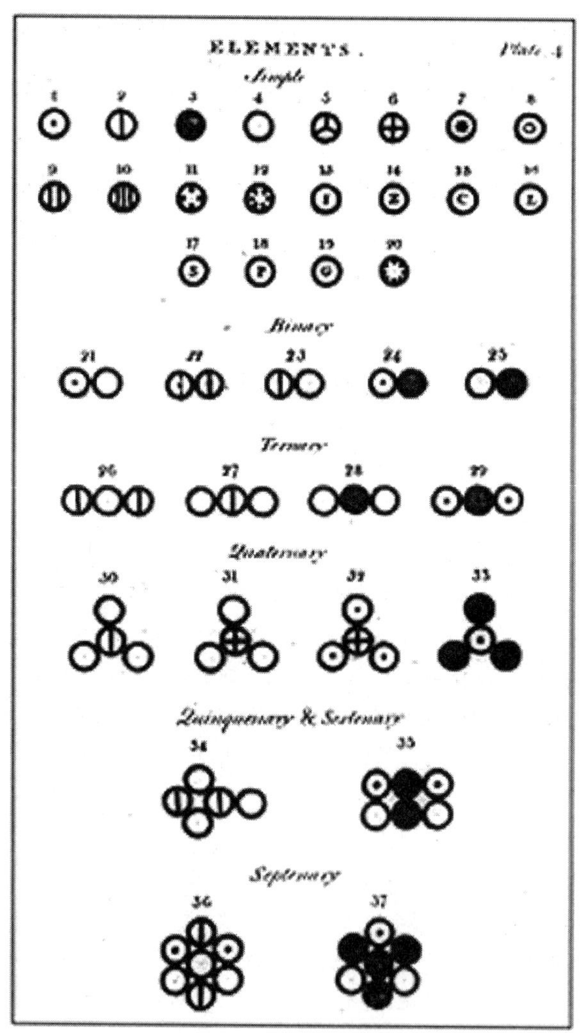

원소의 이름과 상대 중량

1. 수소 1
2. 질소 5
3. 탄소 5
4. 산소 7
5. 인 9
6. 황 13
7. 마그네슘 20
8. 석회 23
9. 수산화나트륨 28
10. 칼륨 42
11. 스트론튬 46
12. 중정석 68
13. 철 38
14. 아연 56
15. 구리 56
16. 납 95
17. 은 100
18. 백금 100
19. 금 140
20. 수은 167
21. 물(수소1+산소1) 8
22. 암모니아(질소1+수소1) 6
23. 초석(질소1+산소1) 12
24. olefiant(탄소1+수소1) 6
25. 산화탄소(탄소1+산소1) 12
26. 산화질소(질소2+산소1) 17
27. 질산(질소1+산소2) 19
28. 탄산(탄소1+산소2) 19
29. 탄화수소(탄소1+ 수소2) 7
30. 산화질산(질소1+ 산소3) 26
31. 황산(황1+산소3) 34
32. 황화수소(황1+수소3) 16
33. 알코올(탄소3+수소1) 16
34. 초석산(질산1+질소1) 31
35. 아세톤(탄소2+물2)26
36. 암모니아(질산1+암모니아1+물1)33
37. 설탕(알코올1+탄산1) 35

그림 6-3 화학의 신체계 첫 페이지에 실려 있는 돌턴의 원소표

부피에서 다르고, 두 가지 원소가 결합하여 하나의 화합물을 만들 때는 한 쪽의 원소 1원자는 다른 쪽 원소 1원자와 결합하거나 소수의 정수 개의 원자와 결합한다고 하였다.

A 원소와 B 원소가 결합하여 2개 이상의 화합물을 만들 경우에는 A 원소 일정량과 결합하는 B 원소의 무게가 간단한 정수비를 이루는 현상은 이미 알려져 있었다. 그것을 원자론으로 설명하면 A 원자 1개와 결합하는 B 원자가 1개 또는 2개, 3개가 되기 때문에 A 원자 1개와 결합하는 B 원자의 비는 1 : 2 : 3이 되는 것이라고 설명하였다. 이것을 배수 비례의 법칙이라고 하는데 배수 비례의 법칙은 원자설의 타당성을 높여주었다.

여러 가지 원소의 원자에 특징을 갖게 하는 중요한 성질은 그 상대적 중량이라는 것을 지적하고 돌턴은 수소 원자의 중량을 단위로 한 상대적 중량표를 만들었다. 각각의 원소 사이에 반응하는 양, 즉 당량이 이미 실험적으로 결정되어 있었으므로 당량을 기초로 상대적 중량을 결정할 수가 있었다. 수소 1 g에 반응하는 산소의 당량은 16 g이므로 수소 1개와 산소 1개가 반응한다고 하면 산소의 무게는 수소의 무게의 16배가 된다고 할 수 있다.

이런 방법으로 원소의 원자량을 결정하기 위해서는 한 종류의 원자 몇 개가 다른 종류의 원자 몇 개와 결합하는가를 알아야 됐다. 돌턴은 두 가지 원소에서 단 한 가지 화합물만 얻게 된다면, 그 화합물은 각각의 원소 1개씩의 결합으로 이루진 이원화합물이어야 한다고 가정하였다. 그의 가정이 상대적 원자량을 결정하는 데 이용되기는 했지만, 후에 그의 가정은 옳지 않다는 것이 밝혀졌다.

원자의 결합수를 결정하는 데 새로운 지표를 제공할 새로운 가설이 1811년 아보가드로(Amedeo Avogadro, 1776~1856)에 의해 제안되었다. 이보다 앞서 게이뤼삭(Jcseph Louis Gay-Lussac, 1778~1850)이 두 종류의 기체가 화합하는 경우 두 기체의 중량의 비뿐만 아니라 부피에도 간단한 정수비를 이룬다는 것을 발견하였다. 그는 수소와 산소가 결합하여 물을 만드는 경우 반응하는 수소와 산소의 부피의 비가 2 : 1인 것을 알아냈다. 그는 다른 기체의 반응도 조사하여 1809년

그림 6-4 아보가드로

에 반응하는 기체의 부피비는 간단한 정수비가 된다고 발표하였다. 게이뤼삭의 이러한 발견을 기초로 아보가드로는 1811년에 서로 다른 원소라도 같은 온도, 같은 압력, 같은 부피에는 같은 수의 입자가 들어 있을 것이라는 가설을 발표하였다. 그러나 아보가드로의 가설은 일반적으로 받아들여지지 않았다.

아보가드로의 가설로는 설명하기 곤란한 문제가 있었는데, 그것은 수소 1부피와 염소 1부피가 결합하면 2부피의 염화수소를 만드는 현상이었다. 아보가드로의 가설이 옳다면, 수소와 염소의 원자는 화합과정에서 2개로 분열해야 되었다. 그것을 설명하기 위해 아보가드로는 수소와 염소가 2개의 원자가 결합된 2원자 분자라고 했지만, 같은 원자끼리는 반발해야 한다는 것이 당시의 일반적인 견해였으므로 쉽게 받아들여지지 않았던 것이다. 특히 당시의 화학계를 이끌고 있던 베르셀리우스(Jons Jacob Berzelius, 1779~1848)가 강력하게 이원자 분자의 존재를 부정했기 때문에 아보가드로의 가설이 받아들여지는 데는 50여 년의 시간을 필요로 하였다.

1820년부터 1860년까지에는 원자설이 화학에서 그다지 중요한 역할을 하지 못하였다. 대부분의 화학자들은 원자의 결합수에 대한 불확실한 추측을 포함하는 원자량을 채용하지 않았고, 아보가드로의 가설을 받아들이지 않았으므로 원자의 결합수를 밝히는 일반적인 방법을 찾지 못하고 있었다. 따라서 1860년대까지는 화학에서 대단한 혼란을 겪어야 하였다. 그 당시의 많은 화학자들은 화학식을 자기 멋대로 기록하고 있었다. 케쿨레가 쓴 『화학 교과서(A. Kehkule, Lehrbuch der organischen Chemie, vol. 1, 1861)』에 초산의 화학식이 무려 19종류나 기록되어 있는 것은 이 혼란이 어느 정도였는지를 단적으로 나타낸다.

그림 6-5 카니차로

이러한 혼란을 해결하기 위하여 1860년 9월3일에 칼루스헤에서 최초의 국제 화학회의를 개최하였다. 이 회의에서 이탈리아의 제노바대학의 교수였던 카니차로(Stanislao Cannizzaro, 1826~1910)가 아보가드로의 가설을 역설하고 그가 발표한 논문의 사본을 참석자들에게 배포하였다. 이 논문에서 카니차로는 아보가드로의 가설을 받아들였을 때의 결과에 대해 자세히 설명하였다. 그는 수소 기체의 분자량은 수소 원자를 1로 하여 결정한 원자량에 2배라는 것을 밝히고 그 이유는 기체의 분자가 두 개의 원자로 이루어졌으며, 다른 기체 또는 화합물은 같은 온도, 같은 부피, 같은 압력에서 같은 수의 입자를 갖고 있기 때문이라고 설명하였다.

증기 밀도는 쉽게 측정할 수 있었으므로 같은 원소로 이루어진 많은 화합물의 분자량을 측정할 수 있었다. 카니차로의 이러한 설명은 대부분의 화학자들을 설득시켜 아보가드로의 가설은 널리 받아들여지게 되었다. 아보가드로의 가설은 여러 원소의 확정적인 원자량을 결정할 수 있게 했고, 여러 원소의 결합수도 쉽게 결정되기에 이르렀다. 여러 원소의 원자량과 원자가가 결정되자 이 화합물의 구조모형이 만들어졌다. 이들 화합물의 반응은 구조모형의 진실성을 검사하기 위해 사용되었고, 또한 반대로 구조를 생각해 내면 새로운 반응의 가능성을 예측할 수 있게 되어 화학은 점차로 새로운 시대로 접어들게 되었다.

아보가드로 가설의 승인과 그 뒤를 이은 원소의 원자가 및 원자량의 확정은 유기화학과 무기 화학에 큰 영향을 미쳤다. 발견된 원소들은 여러 가지 실험에 의하여 화학적 물리적 성질이 밝혀지게 되었다. 발견된 원소의 수가 늘어나고, 이들의 성질이 밝혀지면서, 원소들이 가지는 성질에 여러 가지 규칙성이 있다는 사실이 알려지기 시작하였다.

원소가 가진 규칙성을 발견하려는 노력은 19세기 초반부터 시작되었다. 이때에는 이미 많은 원소들의 원자량과 원자가가 실험에 의하여 결정되어 있었다. 이러한 원소들의 성질을 이용하여 서로 관련이 있는 원소들을 여러 개의 그룹으로 분류하려는 노력이 프랑스, 영국, 독일의 많은 과학자들에 의하여 시도되었다. 최초로 이러한 시도를 한 사람은 독일의 되베라이너(Johann Wolfgang Dobereiner, 1780~1849)였다.

되베라이너는 화학적 성질이 비슷한 3가지 원소들로 이루어진 조합이 3개가 있다고 1829년에 발표하였다. 그가 발견한 세 쌍의 원소들 중에는 염소, 브롬, 요오드와 칼슘, 스트론튬, 바륨, 그리고 황, 셀레늄, 텔루르 등이었다. 그는 또한 한 조를 이루는 3개의 원소들 중에서 가운데 원소의 원자량은 다른 두 원소 원자량의 평균값과 같다는 것도 알아냈다. 이것은 원자량이 화학적 성질과 관계있을 것이라는 것을 최초로 지적한 것이었다고 할 수 있다.

1864년에는 영국의 뉼런즈(John Alexander Reina Newlands, 1837~1898)가 원소들을 원자량 순으로 배열하면 비슷한 성질을 가진 원소가 7번마다 나타난다는 것을 발견하였다. 그는 이것을 옥타브 법칙이라고 불렀다. 뉼런즈의 발견은 주기율표를 발견하는 중요한 발전이었다고 할 수 있다. 그러나 그의 옥타브 법칙에는 Ga, In, U와 같은 원소들이 제자리에 배열되지 못하고 있었다.

원소들이 가지는 규칙성을 발견하려는 이러한 노력들 중에서 독일의 마이어(Lothar Meyer, 1830~1895)와 러시아의 멘델레프(Dmitry Ivanovich Mendeleev, 1834~1907)의 시도가 가장 뛰어났다. 마이어와 멘델레프는 주기율을 정식화하여, 여러 원소의 성질은 원자량이 불어남에 따라 주기적으로 변한다는 것을 발견하고, 주기율표를 만들어 이러한 원소의 성질의 변화를 나타냈다.

마이어는 『최신의 화학 이론(Modern Theories of Chemistry)』에서 주기율의 개념을 제시했고, 1868년에는 최종 형태의 주기율표를 만들었다. 멘델레프는 그의 화학교과서 『화학의 원리(Principles of Chemistry, Petesburg, 1868)』를 발표하였는데 이 속에는 원소의 주기율표에 대한 생각의 체계가 들어 있었다. 두 사람은 모두 원자량의 순으로 원소를 배열하면 같은 화학적 성질이 주기적으로 나타나는 것을 발견하였다. 마이어와 멘델레프가 만든 주기율표에는 아직 빈자리들이 남아 있었는데, 멘델레프는 이들 빠진 원소들의 성질을 놀라울 정도로 정확하게 예측하여 새로운 원소를 발견하는데 크게 공헌하였다.

5 새로운 원소의 발견

주기율표는 아직 발견되지 않은 원소를 발견하게 하는 중요한 길잡이 역할을 하여 많은 새로운 원소가 발견되었다. 멘델레프는 그의 주기율표에 빠져있던 칼슘 다음의 원소와 아연 다음의 두 원소의 질량과 성질을 정확히 예언하였는데 그의 이러한 예언은 이 원소들이 발견되는 데 결정적인 역할을 하였다.

주기율표를 이용한 멘델레프의 예측에 의해 1874년에 갈륨이 발견되었고, 1879년에는 스칸듐, 1885년에는 게르마늄이 발견되었다. 앞에서 라부아지에가 그의 원소표에 33종의 원소를 실었는데 1830년까지 31개의 원소가 첨가되었다. 그 후 약 30년 동안에는 세슘과 루비늄, 그리고 탈륨과 인듐이 발견되는 데 그쳤지만 주기율

연대	발견된 원소
18세기 이전	C, S, Fe, Cu, Ag, Sn, Au, Pb, Hg, As, Sb, Zn, Bi, P
18세기 전반	Co, Pt
18세기 후반	H, Be, N, O, F, Cl, Ti, Cr, Mn, Ni, Mo, Te, W, U
19세기 전반	Li, B, Na, Mg, Al, Si, K, Ca, V, Se, Br, Sr, Y, Zr, Nb, Ru, Rh, Pd, Cd, I, Ba, La, Ce, Pr, Nd, Ta, Os Ir, Th
19세기 후반	He, Ne, A, Sc, Ga, Ge, Kr, Rb, In, Xe, Cs, Sm, Eu, Gd, Dy, Ho, Er, Tu, Yb, Tl, Po, Rn, Ra, Ac
20세기 전반	Ma, Il, Lu, Hf, Re, Pa
20세기 후반	Np, Pu, Am, Cm, Bk, Cf, Es, Fm, Md, No, Lr

표가 만들어진 후 주기율표에 빠져 있는 자리를 채우기 위해 노력한 결과 이들 3 원소가 몇 년 사이에 발견된 것이다.

여러 원소가 주기율표 속에서 규칙적인 배열을 하고 있는 것은 화학자들에게 원소들도 어떤 공통된 물질로 이루어져 있지 않을까 하는 생각을 갖게 하였다. 그들은 모든 원소는 몇 개의 수소로 이루어졌을 것이라는 가설을 제안하였다. 그러나 염소와 같은 원소의 원자량은 35.5였음으로 이러한 설명은 설득력을 가질 수 없었다.

이때까지는 원소를 분류하는 데 원자량이 가장 많이 쓰이고 있었다. 그런데 1861년 크룩스(William Crookes, 1832~1919)가 분광법을 이용하여 탈륨을 발견한 이래 원소가 내는 스펙트럼은 원소의 여러 가지 성질과 함께 원소의 고유한 성질로

원소의 발견에 사용된 방법	사용된 방법을 발견한 사람	발견한 원소
전기 분해법	데이비	Mg, Ca, Sr, Ba, Na, K
환원법	데이비	B, Si, Zr, Th, Ti, Al
스펙트럼 분석법	분젠, 키르히호프	Cs, Rb, In, Ga, Sc, Ge, Eu, Lu
주기율표 이용	멘델레프	Ga, Sc, Ge
방사능 이용	베크렐, 퀴리부부	Ra, Po, Ac, Rn, Fr, Pa
x-선 이용	모즐리	Hf, Re
인공변환		Te, At, Np, Pu, Am, Cm, Pm, Bk, Cf

자리를 굳혀가고 있었다. 원소가 높은 온도에서 내는 빛은 모든 파장의 빛이 아니라 원소에 따라 고유한 파장의 빛만을 내게 된다. 나트륨을 태우면 노란색 불꽃이 나오는 것은 나트륨이 내는 고유한 빛이 노란색의 파장과 같기 때문이다. 이러한 원소의 특성 스펙트럼은 마치 원소의 지문과 같아서 원소의 종류를 구별하거나, 새로운 원소를 규명하는 데 큰 도움이 된다.

1890년에 레일리는 여러 가지 기체의 비중을 측정하는 가운데 대기 속의 질소의 비중이 화학적으로 만든 질소의 비중보다 크다는 것을 발견하고, 공기를 자세히 분석하여 공기 중에는 질소 이외의 새로운 기체가 소량 섞여 있는 것을 발견하였다. 이 기체의 스펙트럼을 조사한 결과 이 기체가 내는 스펙트럼은 그때까지 알려진 다른 어떤 기체의 스펙트럼과도 다르다는 것을 발견하였다. 이것이 최초로 발견된 불활성 기체인 아르곤이었다. 그 후 램지가 헬륨, 네온, 크립톤, 크세논을 발견하였다. 불활성 기체의 발견으로 주기율표는 7족에서 8족으로 불어나게 되었고 완전한 모양을 갖추게 되었다.

그러나 이 당시의 주기율표에는 아직 빈자리가 남아 있었다. 이러한 빈자리를 완전히 메우고 주기율표의 잘못된 부분을 바로 잡아 자연을 이루고 있는 원자 가족들을 완전하게 우리에게 드러나게 한 사람은 영국의 물리학자 모즐리(Henry Gwyn Jeffrey Moseley, 1887~1915)였다. 모즐리는 원소가 내는 특성 X-선의 파장과 원자번호 사이에 간단한 규칙성이 존재한다는 것을 발견하였다. 특성 X-선은 특성 스펙트럼과 마찬가지로 원소에 따라 파장이 달라지는 고유한 X-선을 말한다.

그는 X-선의 분석을 이용하여 수소에서 우라늄까지 원소가 모두 92가지가 있다는 것을 발견하고, 희토류 금속 14개와 우라늄보다 가벼운 원소 7개가 아직 발견되지 못했다는 것을 밝혀냈다. 그는 또한 원자량의 순서로 나열한 주기율표가 원자번호의 순서와 다른 것이 있다는 것을 지적하였다. Ar과 K, Co와 Ni, Te와 I가 이런 원소들이었다. 따라서 이러한 원소들은 모즐리에 의하여 제자리를 찾게 되었다.

1913년 모즐리가 이러한 발견을 할 당시에는 이미 원자가 더 이상 물질을 이루는 궁극의 입자가 아니라는 것이 밝혀져서 원자의 구조에 대하여 연구가 진행되고 있었는데 모즐리의 발견은 원자의 하부 구조를 밝히는 데도 큰 공헌을 할 수 있었다. 그러나 불행하게도 모즐리는 영국의 통신장교로 1차 대전에 참전하여 1915년 8월, 27세의 젊은 나이로 터키와의 전투에서 전사하고 말았다.

1896년에 베크렐(Henry Becquerel, 1852~1908)에 의하여 원자핵이 방사선을 내고 다른 원자로 변환하는 방사능이 발견되었고, 2년 후인 1898년에는 퀴리 부부(Pierre Curie, 1859~1906, Marie Curie, 1867~1934)가 방사성을 가진 라듐과 폴로늄을 발견하였다. 그뿐만 아니라 20세기에 와서는 원자핵에 인공적으로 가속된 입자를 충돌시켜 원자를 파괴하기도 하고, 새로운 원자를 만들어내는 실험도 진행되었다. 따라서 원자가 더 이상 쪼갤 수 없는 입자라는 돌턴의 생각은 수정할 수밖에 없게 되었다.

광학의 발전

1 빛의 본질에 대한 논쟁

빛의 속도 측정과 함께 빛의 본질에 대해서도 많은 연구가 진행되었다. 아리스토텔레스는 아무 것도 섞이지 않은 순수한 빛인 백색이 빛의 본성이라고 보고, 색채는 백색과 어둠이 혼합되어 나타나는 것으로, 혼합비에 따라 그 색채가 달라진다고 하였다. 이를테면 검은 숯을 태우면 빨간빛이 나오는데 이것은 불에서 나오는 빛과 숯의 어둠이 섞여진 결과라고 하였다. 또한 무지개가 일곱개 색깔로 나눠지는 현상은 프리즘의 두꺼운 부분을 통과한 빛은 얇은 부분을 통과한 빛보다 유리에 함유된 어둠을 많이 받아들이기 때문이라고 설명하였다. 이러한 생각은 17세기까지 강력한 영향력을 유지하였다.

1672년에 발표된 「빛의 색채에 관한 새 이론」이라는 논문에서 뉴턴은 프리즘을 이용하여 백색광이 여러 가지 단색광으로 분광되는 것을 보고, 이것은 백색광의 굴절성이 다른 여러 가지 단색광으로 이루어져 있기 때문이라고 주장하였다. 그는 또한 각각의 입사선은 고유한 색채를 지니고 있다고 주장하여 색채는 백색광과 어둠의 배합이라던 아리스토텔레스의 이론을 부정하였다. 뉴턴은 그의 주장을 검증하기 위해 제1의 프리즘으로 분광된 단색광을 제2의 프리즘에 의해 다시 분광하는 실험을 하였다. 이 실험에서 그는 한 번 분광된 단색광은 더 이상 분광되지 않는다는 것을 보이고, 단색광의 굴절률이 색깔에 따라 다르다는 것을 실험적으로 밝혀냈다.

뉴턴에 의해 빛의 본성에 대한 새로운 이론이 제기된 후 빛의 본성에 대한 논쟁에서 핵심적인 과제로 취급되었던 문제는 빛이 알갱이로 이루어진 입자의 흐름이냐 아니면 파동이냐 하는 것이었다. 빛의 정체에 관한 논쟁은 이미 뉴턴 이전에 입자설을 주장한 데카르트(René Descartes, 1596~1650)에서부터 시작되었다고 할 수 있다. 빛이 경계면에서 진행 방향을 바꾸는 굴절 현상에 대한 정확한 법칙은 1621년에 스넬(Willebrord Snell von Royen, 1591~1626)에 의해서 발견되었다. 그는 반사하는 빛의 입사각과 반사각은 항상 같으며, 두 매질의 경계면을 통과하는 빛의 입사각과 굴절각 사이에 일정한 관계가 성립한다는 것을 발견하였다.

데카르트는 스넬의 굴절 법칙을 빛이 빠른 직선운동을 하는 미립자로 이루어져 있다는 생각에 기초해서 설명하려고 하였다. 그는 빛이 반사하는 것은 빛의 입자가 경계면에서 역학 법칙에 따라 튕겨 나오는 것이고, 굴절은 빛 입자의 속도가 매질에 따라 다른데 경계면을 통과하는 동안 경계면에 수직한 속도성분은 달라지지만 평행성분은 달라지지 않아 생기는 현상이라고 설명하였다.

빛이 밀한 매질과 소한 매질의 경계면에서 굴절하면 밀한 매질에서의 굴절각이 소한 매질에서의 입사각보다 작아지는데 이것은 밀한 매질에서의 속도가 빠르기 때문이라고 하였다. 그것은 푹신푹신한 융단 위에서 보다 딱딱한 책상 위에서 공이 더 잘 구르는 것과 같은 이치라고 하였다.

데카르트의 이런 생각을 이어받은 뉴턴은 입자설을 이용하여 빛의 직진, 반사, 굴절과 같은 빛의 여러 가지 특성을 설명하려고 하였다. 그는 광 입자는 직선으로 운동하여 주변의 에테르에 진동을 일으키는데, 이 진동이 광 입자의 운동을 강화하기도 하고 약화하기도 한다고 하였다. 운동이 강화된 입자는 경계면을 뚫고 지나가는 데 필요한 힘을 가지고 있으나, 약화된 것은 힘을 가지고 있지 않으므로 반사된다고 설명하였다.

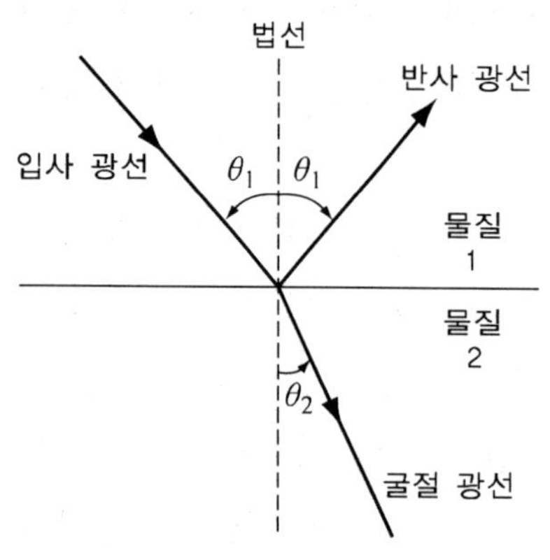

그림 7-1 빛의 반사와 굴절

그러나 뉴턴의 입자설로는 새로 발견되는 빛

의 여러 가지 현상을 간단하게 설명할 수는 없었다. 새로 발견되는 성질을 설명하기 위해서 빛 입자에 많은 가정을 덧붙여야 했는데 결국 빛 입자는 인력이나 반발력을 가져야 했으며 자전 운동을 하고 한 쪽은 둥글고 다른 쪽은 뾰족한 이상한 모양을 하게 되었다.

빛의 파동설은 볼로냐의 수학교수였던 그리말디(Francesco Maria Grimaldy, 1616~1663)에 의해 처음 제안되었다. 그는 빛이 직선으로만 진행하는 것이 아니라는 것과 그림자의 끝에는 색깔이 물들어져 있다는 것을 발견하였다. 그래서 그는 빛은 이동해 가는 액체의 진동이며, 진동이 달라지면 색채가 달라진다고 하였다. 뉴턴과 동시대에 살았던 후크와 호이겐스(Christiaan Huygens, 1629~1695) 등의 학자들은 그리말디의 광액 이론을 발전시켜 빛은 움직이는 매질이 아니라, 정지되어 있는 매질 속을 진행하는 파동이라고 하는 광파 이론을 제안하였다.

그러나 이러한 파동설은 빛의 가장 명백한 성질의 하나인 직진을 명쾌하게 설명할 수 없었으므로 학계에서 받아들여지지 않았다. 파동이 굴절과 회절을 하여 굽어져 진행할 수 있다는 것은 방파제로 둘러싸인 항구 안까지 파도가 들어오는 것만 보아도 쉽게 알 수 있는 현상이었으므로 빛의 직진을 파동설로는 설명할 수 없었던 것이다.

사실 뉴턴 자신은 입자설과 파동설 사이에서 어느 한 학설에 대한 확신을 가지지 못했음에도 불구하고 뉴턴이 입자설을 지지했었다는 사실이 입자설을 유리하게 하여 빛의 정체에 대한 첫 번째 논쟁에서는 입자설의 판정승으로 끝나게 되었다. 당

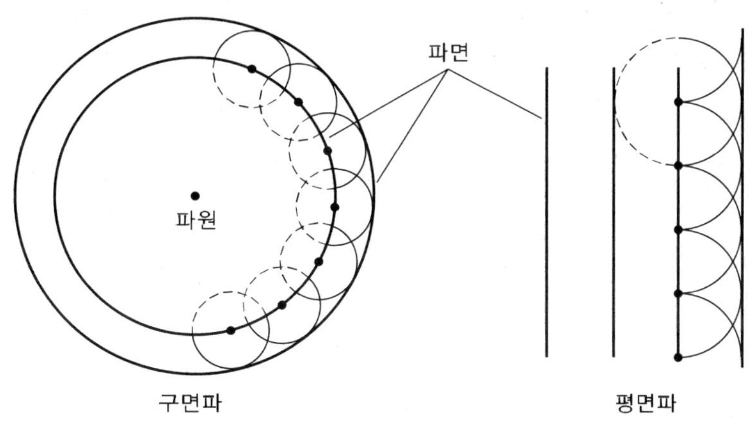

그림 7-2 호이겐스의 원리

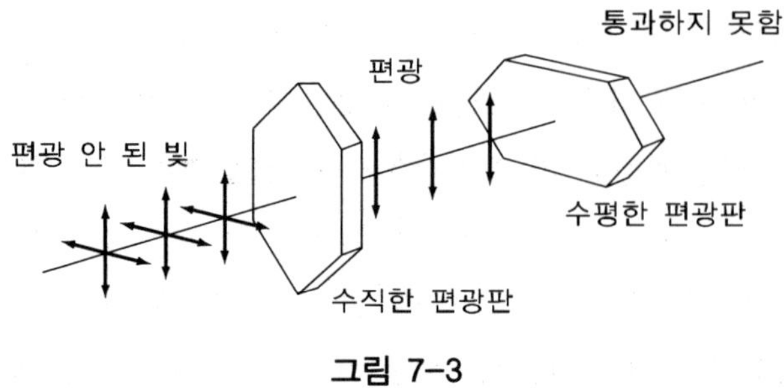

그림 7-3

시에 뉴턴의 권위는 자연 과학계에서 누구도 도전할 수 없는 성역이었으므로 입자설은 뉴턴의 권위에 힘입어 많은 사람들에게 영향을 미쳤던 것이다. 입자설의 영향력이 어느 정도였는지는 18세기말에 화학자 라부아지에가 발행한 원소표의 첫머리에 빛 입자가 실려 있는 것만으로도 쉽게 짐작할 수 있다.

빛의 정체에 관한 논쟁의 제2라운드는 150년 가까운 시간이 흐른 19세기 초에 다시 시작되었다. 이때 파동설을 가지고 입자설에 이의를 제기한 사람은 영국의 의사였던 영(Thomas Young, 1773~1829)이었다. 그는 여러 가지 간섭에 관한 실험을 하였는데 슬릿을 이용한 그의 간섭 실험은 오늘날에도 기초광학 실험실에서 '영의 실험'이라는 이름으로 재현되고 있다. 영은 그의 간섭 실험의 결과를 설명하기 위해서 100년 이상 잠자고 있던 파동설을 다시 들춰냈다. 하지만 그의 주장은 쉽게 받아들여지지 않았다.

그러나 문제의 실마리는 엉뚱한 곳에서 풀리기 시작하였다. 1808년에 복굴절을 연구하고 있던 말뤼(Etienen Louis Malus, 1775~1812)가 우연히 창문에 반사하는 빛이 편광된 빛이라는 것을 발견한 것이다. 많은 물리학자들은 이해할 수 없는 이 현상을 설명하려고 노력하였지만 실패하였다. 고전적인 입자이론은 이 현상을 설명하는 데 아무런 도움을 주지 못했으므로 입자설은 신뢰도를 현저히 잃게 되었다. 입자설에 마지막 일격을 가하고 파동설을 재건한 것은 토목기사이었던 프레넬(Augustin Fresnel, 1788~1827)이었다. 1818년 프랑스의 과학 아카데미는 빛의 회절을 설명하는 이론을 현상 모집하였다. 과학 아카데미에서는 입자설을 이용해 회절을 설명함으로써 입자설을 확고히 하기를 내심 바라고 있었는데, 뜻밖의 수상자는 파동설을 들고 나온 프레넬이었다. 이 사건으로 파동설은 새로운 조명을 받게 되고 입자설의 우위에 설 수 있었다. 프레넬은 또한 두 개의 거울을 이용하여 아주 간단하게 훌륭한 간섭 무늬를 얻을 수 있었고, 파동 이론을 이용하여 이 현상을 명쾌하게 설명하였다. 그는 또한 복굴절을 설명하기 위해 빛이 진행 방향에 수직으로 진동하는 횡파라고 가정하여 복굴절 현상도 성공적으로 설명해 냈다.

프레넬에 의해서 광학은 통일성을 갖게 되었는데, 이는 입자설이 기묘한 입자를 이용해서 몇 가지 성질을 설명할 수 있었던 것과는 매우 대조적이었다. 그러나 파동설이나 입자설이 다분히 현상론적인 설명의 범주를 크게 벗어나지는 못하고 있었다. 파동설이 입자설보다 빛의 여러 가지 성질을 설명하는 데 효과적이기는 했지만 입자설로도 나름대로 많은 것을 설명할 수 있었다.

그런데 입자설과 파동설이 매질 속에서의 빛의 속도에 대하여는 정반대의 설명을 하고 있었다. 파동설에 의하면 빛은 매질 속에서 속도가 느려진다고 한 데 반해 입자설에서는 매질 속에서 빨라진다고 하였다. 따라서 매질 속에서 빛의 속도를 측정하면 파동설과 입자설의 우열을 쉽게 가릴 수 있다고 생각하고 있었다. 마침내 1850년 프랑스의 푸코(Jean Bernard Leon Foucault, 1819~1868)가 물속에서의 빛의 속도를 측정하여, 물속에서 빛의 속도가 22만 km/sec라는 것을 알아내 빛의 속도가 물속에서 느려지는 것을 증명하였다. 푸코의 실험은 프레넬의 이론과 함께 빛의 파동설을 결정적으로 유리하게 하여 주었다.

프레넬의 수학적 재능과 푸코의 실험이 파동설을 굳은 토대에 올려놓기는 했지만 이것으로 빛의 정체에 관한 논쟁이 끝난 것은 아니었다. 파동은 우리가 바다의 파도의 전파에서 쉽게 이해할 수 있듯이 전파하기 위해서는 매질이 필요한데 공간에는 광파를 전달시킬 매질이 없는 것이다. 이 문제를 해결하기 위해 프레넬은 에테르라는 매질이 공간에 가득 차 있다고 주장했는데 이것은 실험적으로 확인된 것이 아니었다. 이 매질을 찾아내려는 실험적 노력이 아무런 효과 없이 끝났을 때 나온 새로운 이론이 우리가 뒤에서 다루게 될 상대성 이론이다.

프레넬의 파동설은 전기와 자기를 연구하던 맥스웰(James Maxwell, 1831~1879)에 의해 더욱 확실한 토대를 다지게 되었다. 맥스웰은 전자기파에 관한 파동 방정식을 그때까지 잘 알려졌던 패러데이 법칙과 암페어의 법칙으로부터 수학적으로 유도하였다. 이 방정식에 의하면 전자기파의 속도는 빛의 속도와 놀랍게 일치하였다. 이것을 우연의 일치라고는 볼 수가 없었다. 맥스웰은 빛의 속도와 전자기파 속도를 비교하여 최종적으로 빛은 전자기파라는 결론에 도달했는데 이때가 1871년이었다.

맥스웰이 이론적으로 예측한 전자기파는 맥스웰이 죽은 후인 1888년에 독일의 헤르츠(Heinrich Rudolf Hertz, 1857~1894)에 의해서 발견되었다. 헤르츠는 전자기파의 존재를 확인하고 그 전파 속도가 빛의 속도와 같다는 것을 증명하기에 이르렀다. 따라서 많은 사람들이 빛의 전자기파설에 주의를 기울이게 되었고 빛이 전자기파라는 것을 의심할 수 없는 사실로 인정하게 되었다.

2 빛의 속도가 가지는 신비

빛의 여러 가지 성질을 알아내려는 노력은 아주 오래전부터 있었다. 그러나 빛의 속도는 인간의 감각보다 훨씬 빨랐으므로, 빛이 전파하는 데는 시간을 요하지 않는다는 생각이 오랫동안 지배적이었다. 빛의 속도가 유한한 값이라는 가능성을 처음으로 지적하고, 실험적으로 이 값을 결정하려고 시도한 사람은 갈릴레이였다.

갈릴레이는 램프를 든 두 사람을 멀리 떨어져 있도록 한 다음 한 사람이 상대방 불빛을 보면 즉시 램프의 뚜껑을 벗기고 상대방에게 빛을 보낼 수 있도록 하여 빛이 왕복하는 시간을 측정하려 했다고 전해진다. 물론 이런 방법으로 빛의 속도를 측정하기에는 사람의 반응이 너무 느리고 빛의 속도가 너무 빨라서 불가능했지만 빛의 속도가 유한할 것이라는 그의 생각은 감탄할 만한 것이었다.

빛의 속도를 최초로 과학적인 방법으로 측정한 것은 덴마크의 천문학자 뢰머(Ole Christensen Romer, 1644~1710)였다. 1610년에 갈릴레이에 의해 목성의 4개의 위성이 발견되었는데 뢰머는 이 중에서 가장 안쪽에 위치한 위성 이오의 운동을 이용하여 빛의 속도를 결정하였다. 이오는 42.5시간마다 한 바퀴씩 목성 둘레를 공전하고 있다. 그리고 지구는 공전 궤도를 따라 빠르게 움직이면서 이오의 공전을 관찰하게 되므로, 빛의 속도가 유한하다면 지구의 위치에 따라 지구에서 관측한 이오의 공전주기가 달라질 것이라고 생각하였다.

실제로 뢰머는 지구가 목성에 가깝게 다가가면서 측정하면 이오의 주기가 짧아지고, 멀어지면서 측정하면 이오의 주기가 길어지는 것을 관측하였다. 이 시간 차를

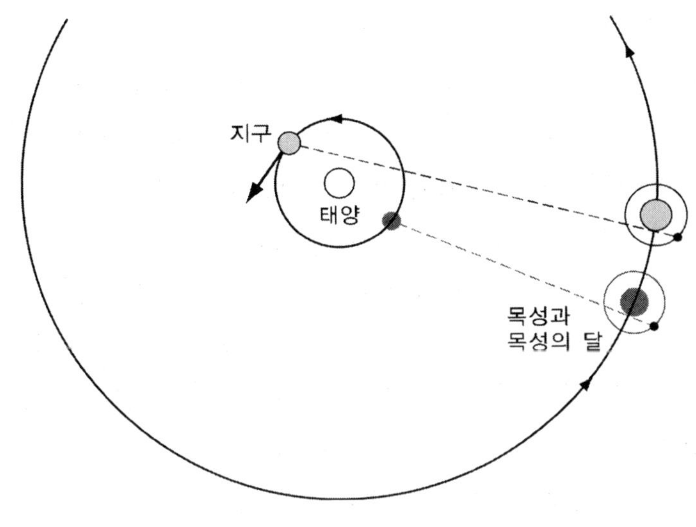

그림 7-4 뢰머의 빛 속도 측정

이용하여 뢰머는 빛이 지구 궤도를 가로지르는 데 11분이 걸린다고 설명하고 빛의 속도는 214,000 km/sec라고 하였다.

그러나 뢰머의 중요한 연구결과에도 불구하고 빛의 속도가 유한하다는 생각은 별로 일반의 주의를 끌지 못하다가 50년이나 지난 후에 영국의 브래들리(James Bradley, 1693~1762)가 광로차를 예측하고 부터 많은 사람이 관심을 보이기 시작하였다. 하늘에서 수직으로 떨어지는 빗방울을 걸어가면서 관측하면 앞에서부터 사선으로 떨어지는 것처럼 보이는데 만약에 움직이는 방향을 반대로 하면 빗방울은 반대 방향에서 떨어지는 것처럼 관측된다.

마찬가지로 공전운동에 의해 계절에 따라 지구의 움직이는 방향이 달라지므로 태양에서 오는 빛의 방향이 계절에 따라 다르게 관측돼서 태양의 위치가 조금씩 달라 보이는데, 이런 현상을 광로차라고 한다. 브래들리가 예측한 광로차는 독일의 천문학자 베셀(Friedrich Wilhelm Bessel, 1784~1864)에 의해서 실험적으로 검증되었는데 백조자리 61번 별의 광로차는 0.3초였다. 이것은 매우 작은 값이어서 그 때까지의 천문관측에서는 발견되지 않았던 것이다.

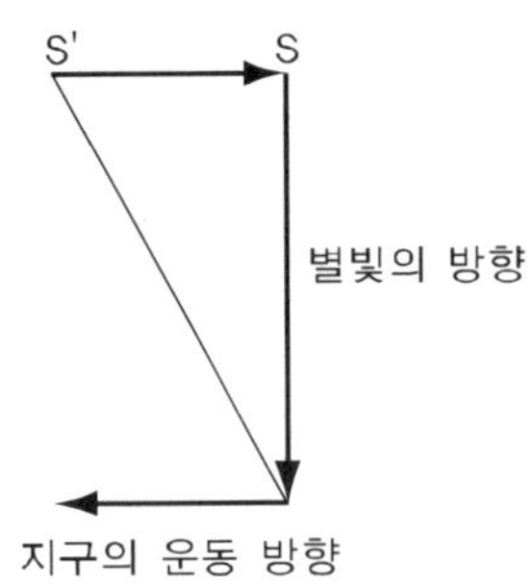

그림 7-5 광로차

천체의 현상이 아닌 지구상의 실험 장치를 이용하여

빛의 속도를 처음 측정한 것은 프랑스의 피조(Armand Hippolyte Fizeau, 1819~1895)였다. 피조는 매우 빠르게 회전하는 톱니바퀴를 이용하여 8 km를 빛이 왕복하는 데 걸리는 시간을 측정하여 빛의 속도를 315,000 km/sec라고 하였다. 아직 정확한 값은 아니었지만 오차는 훨씬 줄어들었다. 1850년에 푸코는 회전하는 거울을 이용하여 빛의 속도를 측정했는데, 그가 측정한 값은 298,000 km/sec였다. 빛의 속도를 정확하게 측정한 것은 19세기에 빛의 속도 측정에 전념한 마이컬슨(Albert Abraham Michelson, 1852~1931)이었다. 마이컬슨은 회전 거울을 이용하는 방법을 더욱 개량하여 빛의 속도가 299,792 km/sec인 것을 밝혀냈다. 오늘날에는 레이저와 같이 직진성이 좋은 빛을 이용하여 매우 먼 거리에 있는 물체 사이에 빛을 왕복시킴으로써 정확한 값을 얻어내고 있다.

마이컬슨과 몰리는 간섭계를 이용하여 빛의 속도가 지구의 운동 방향에 따라 달라지는가를 측정하려고 노력하기도 했는데, 그 결과 빛의 속도는 광원이나 관측자의 상대 운동에 달라지는 값이 아니라는 것을 알게 되었다. 진공 속에서 빛의 속도는 항상 일정한 값을 가지며 그것은 가장 중요한 우주 상수이다.

8장

전자기학의 성립

1 전기현상의 이해

정전기의 존재를 처음으로 발견한 사람은 그리스시대의 탈레스라고 전해지고 있다. 마찬가지로 자석의 발견과 이용도 그 기원은 메소포타미아시대로 거슬러 올라간다. 그러나 전기학과 자기학이 물리학에서 중요한 부분으로 과학적 실험과 이론적 연구의 대상이 된 것은 18세기부터였다. 처음에는 전기학과 자기학이 별개의 분야로 독립적으로 발전했지만 19세기에 암페어와 맥스웰에 의해 두 이론이 통합되어

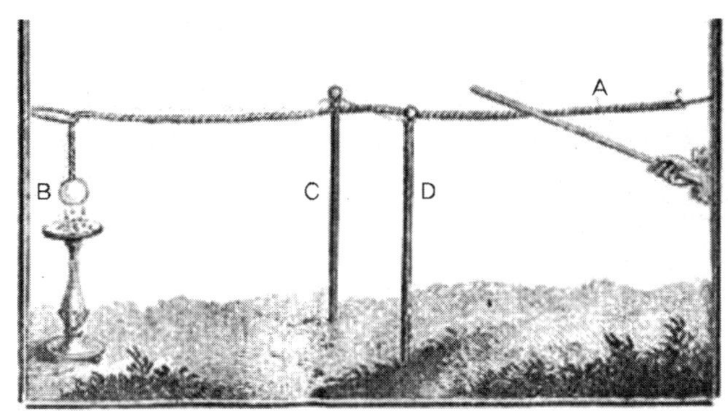

그림 8-1 그레이의 전기전도 실험

하나의 통일된 현상으로 인식하게 되었다.

1729년에 영국의 물리학자 그레이(Stephen Gray, 1670~1739)는 금속과 같은 어떤 물질은 전기를 통과시키고 명주와 같은 물질에는 전기가 통과하지 않는다는 것을 발견하여 처음으로 전기 전도율의 개념을 도입하였다. 그러나 당시에는 아직 전기의 정체에 대해서는 아무 것도 알려진 것이 없었으므로 마찰했을 때 서로 잡아 당기거나 밀치는 성질이 물질을 따라 흐른다는 정도의 생각에 지나지 않았었다.

그레이와 동시대 사람으로 그레이의 경쟁자였던 프랑스의 두페이(C. F. Du Fay, 1698~1739)는 1733년에 두 종류의 전기를 발견하고 같은 전기는 서로 밀고 다른 종류의 전기는 서로 잡아당긴다고 주장하였다. 그러나 그의 주장은 쉽게 받아들여지지 않고 많은 논쟁을 거치게 되었다. 결국 20년이 지난 1759년에 가서 여러 사람의 실험에 의해 두 종류의 전기가 존재한다는 것을 인정하고 양전기와 음전기라고 부르게 되었다. 전기를 발생시키는 방법이 점차 개량되어 전기에 대한 관심이 점차 높아지고 있었는데, 축전기의 발견은 물리학자들뿐만 아니라 일반인들도 전기에 커다란 관심을 갖는 계기가 되었다.

전기를 저장하는 축전기는 1745년에 독일인 폰 클라이스트(Ewald Georg von Kleist, ca. 1700~1748)와 네덜란드인 무센부룩(Pieter van Musschenbroek, 1692~1761)에 의해 만들어졌다. 그들이 발명한 축전기는 놋쇠선의 한 쪽을 전기기계에 연결하고 한 쪽을 물이 담긴 병에 넣은 것이었다. 그들은 이 도선에 전기를 통한 후 놋쇠선을 꺼내려고 손으로 놋쇠를 잡았을 때 생각지도 않았던 큰 충격을 받았다. 병 안의 물에 저장되었던 전기가 방전된 것이었다. 이 장치는 라이덴 병이라 이름지어져 널리 퍼졌다. 이로 인해 많은 사람들이 체험하기 위해 물리 실험실을 찾았다.

그림 8-2 라이덴 병

공중전기를 최초로 발견한 사람은 미국의 프랭클린(Benjamin Franklin, 1786~1847)이었다. 그는 벼락이 전기방전과 관계있을 것이라고 생각하고 그의 생각을 증명하기 위해 구름 속에 연을 날려 공중에 전기가 존재한다는 것을 증명하였다. 이 실험으로 벼락이 전기방전이라는 것을 증명하게 되었으며,

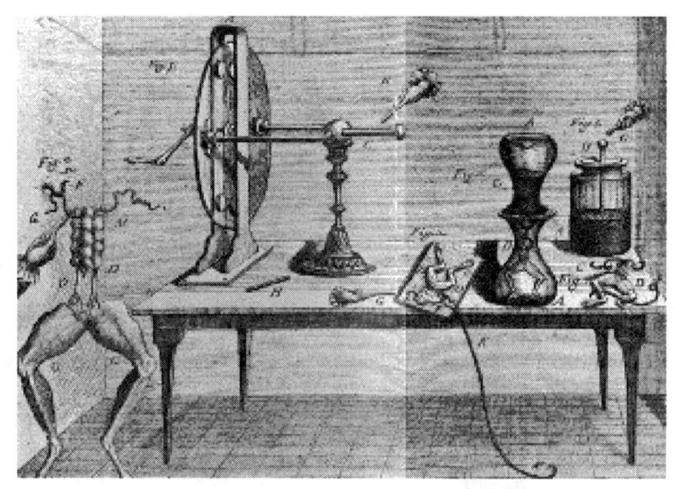

그림 8-3 갈바니 실험실

벼락을 피하기 위한 피뢰침이 발명되기도 하였다. 그러나 프랭클린은 전기가 두 가지 전하를 가진 유체라는 두페이의 학설을 부정하고 전기는 한 가지의 유체가 정상보다 많으면 플러스로 대전되고 정상보다 적으면 마이너스로 대전되는 것이라고 주장하였다.

갈바니(Luigi Galvani, 1738~1798)는 개구리를 이용하여 동물전기를 발견하고 동물에서 신경이 전달되는 것도 전기적인 성질 때문이라고 하였다. 갈바니의 동물전기 이론을 정밀하게 조사한 볼타(Alessandro G. A. A. Volta, 1745~1827)는 동물전기라는 새로운 종류의 전기가 있는 것이 아니라 개구리가 도선 역할을 한 것에 불과하다고 생각하고 종류가 다른 금속판을 여러 장 겹쳐 쌓은 후 그 사이를 염수를 적신 헝겊을 넣고 이 원판의 두 끝을 만지자 전기 충격이 있었다. 이것은 전기학의 발전 과정에서 매우 중요하며 이 실험으로 전지가 발명되었는데, 이 때 발명된 전지를 볼타전지라고 부르고 있다.

전기학에서는 많은 사람들의 호기심과 연구에 의해 18세기에 많은 진전이 있었지만 아직 전기의 여러 가지 현상이 정성적으로 다루어졌을 뿐 정량적인 설명에는 이르지 못하고 있었다. 두 종류의 전하 사이의 인력과 반발력을 처음으로 정량적으로 다룬 사람은 프랑스의 쿨롱(Charles Augustin de Coulomb, 1736~1806)이었다. 쿨롱은 아주 작은 힘을 측정할 수 있는 비틀림 저울을 고안하여 전하 사이의 인력과 반발력을 정밀하게 측정하여 전기력이 전하량의 곱에 비례하고 거리에 제곱에 반비례한다는 쿨롱의 법칙을 발표하였다.

$$F = k\frac{q_1 q_2}{R^2}$$

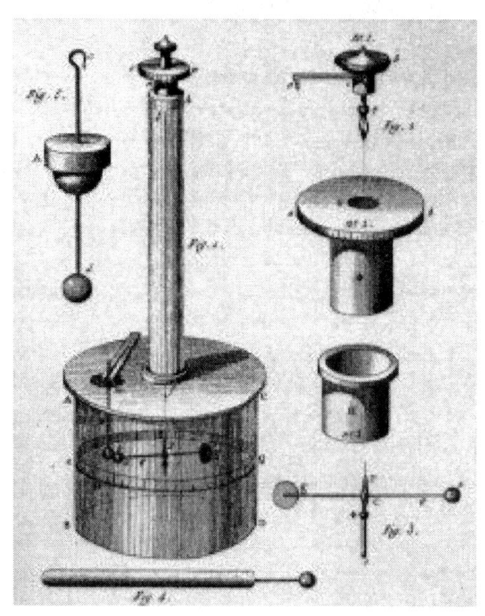

그림 8-4 쿨롱의 실험장치

이 식에서 k는 비례상수이고, R은 두 전하 사이의 거리를 나타내며 q_1과 q_2는 전하량을 나타낸다.

쿨롱의 법칙으로 정전기학의 기초가 마련되었으며 이제 전기학은 이 기초를 발전시키는 일만 남게 되었다. 1800년에 볼타가 전지를 발명한 이래로 전지의 모습이 빠르게 달라져 갔고, 전기를 발생시키는 방법이 개량되어 갔다. 영국의 다니엘이 다니엘 전지를 발견하였고, 열전 현상이 발견되었다. 전지의 발명은 전지를 이용한 전기분해를 가능하게 하였고 이는 물질의 화학적 조성을 연구하는 새로운 방법을 제공해서 화학이 비약적 발전을 하는 계기를 제공하였다.

그러나 전자기학의 발전은 전기현상과 자기현상 사이의 관계가 밝혀진 후의 일이다. 전기학과 자기학을 결합하여 전자기학이라는 새로운 학문분야로 발전시키는 일은 1820년 덴마크의 외르스테드(Hans Christian Oersted, 1777~1851)에 의해 시작되었다. 외르스테드는 전기회로에 대한 강의를 하고 있을 때 전기회로 곁에 우연히 놓아둔 자침이 전류가 흐를 때마다 움직이는 것을 발견하였다. 외르스테드의 이 우연한 발견은 전기와 자기 사이에 관계를 밝히는 계기가 되었고 전자기학이라는 새로운 물리학의 탄생을 예고하게 하였다.

프랑스의 수학자 앙페르(Andre Marie Ampere, 1775~1836)는 전류에 의해 자기장이 형성되는 기본 원리를 앙페르의 법칙으로 밝혀냈다. 앙페르의 발견으로 자기력이라는 것은 움직이는 전하 사이에 작용하는 힘이라는 것이 밝혀진 것이다. 암페어는 오른손 나사의 법칙을 발견하여 전류에 의해 형성되는 자기장의 방향을 예측하게 하였고, 비오(Jean Baptiste Biot, 1774~1862)와 사바르(Savart, 1791~ 1841)는 전류가 흐르는 도선에 의해 형성되는 자기장의 세기를 실험적으로 측정하고, 이를 수식화하였다.

그림 8-5 앙페르

자기력의 근원이 전하라는 것이 밝혀지자 사람들은 이것의 반대현상, 즉 자기장이 전기적 작용을 가지고 있는가에 관심을 갖기 시작하였다. 그들은 폐회로 근방에 강한 자석을 놓고 회로에 전류가 흐르는가를 조사했지만 아무런 전류도 찾아낼 수 없었다. 그러나 1831년 영국의 패러데이(Michael Faraday, 1791~1867)가 전류를 만드는 것은 자기장 자체가 아니고 자기장의 변화라는 전자기유도의 원리를 발견하였다. 전자기유도의 원리는 또한 렌츠의 법칙 또는 청개구리의 법칙이라고 부르기도 한다.

▪ ▪ 패러데이(Michael Faraday, 1791. 9. 22~1867. 8. 25) ▪ ▪

패러데이는 영국 런던 근교에서 태어난 화학자, 물리학자로 전자기유도 법칙을 발견하여 전자기학 발전에 크게 공헌하였다. 12세 때부터 서점 겸 제본업자 밑에서 일하며 틈틈이 읽은 책에서 과학에 흥미를 가지게 되었고, 일반 강연을 들으면서 스스로 화학실험을 시도하였다. 19세 때 데이비의 강연을 듣고, 그의 도움으로 1813년 왕립연구소의 실험조수가 되었다. 패러데이는 데이비의 실험을 보조하면서 화학 연구를 시작하였다. 1824년 왕립학회 회원이 되었고, 다음해 왕립연구소 주임이 되었다. 패러데이는 전자기학에 흥미를 가지고 자기의 작용에 의해 전류를 만들어내는 연구에 착수하여, 1831년에는 회로의 개폐에 의하여 제2의 회로에 전류가 발생한다는 것을 발견하였고, 이어 자석의 운동에 의해서도 전류가 발생된다는 것을 확인하여 전자기유도 법칙을 발견하였다.

2 맥스웰 방정식과 전자기파

맥스웰(J. C. Maxwell, 1831~1879)은 전기와 자기현상과 관련된 모든 방정식을 전류의 자기작용을 나타내는 앙페르법칙과 패러데이 전자기유도 법칙을 포함하는 네 개의 식으로 압축하여 기술하였다.

맥스웰 방정식의 첫 번째 방정식과 두 번째 방정식은 전기장과 자기장의 성질을 나타내는 방정식이다. 전기력과 자기력이 작용하는 공간을 전기장 또는 자기장이라고 부르는데 전기장과 자기장의 방향과 세기는 전기력선과 자기력선을 이용해 나타내는 것이 편리하다. 전기력선은 플러스 전하에서 시작되어 마이너스 전하에서 끝난다. 하지만 자기력선은 항상 전류를 싸고돌기 때문에 시작점과 끝점이 없다. 다시 말해 자석에는 N극과 S극이 존재하지 않는다는 것이다. 대신 N극 방향,

맥스웰(James Clerk Maxwell, 1831. 6. 13~1879. 11. 5)

맥스웰은 영국 에든버러 출신의 물리학자로 전자기학을 확립시켰다. 그는 15세가 되기 전에 난형곡선에 관한 논문을 에든버러 왕립학회에 제출하여 사람들을 놀라게 하였다. 1850년 케임브리지대학에서 공부했으며 1855년 연구원으로 선출되어 색채론과 전자기학을 연구하였다. 1856년 애버딘대학 자연철학 교수가 되어 1860년까지 재직하다가 킹스칼리지로 옮겼다. 그는 이곳에서 색채론에 관한 연구를 하면서 전자기학 이론의 기초가 되는 「물리적 지력선」, 「전자기의 장의 역학」 등의 논문을 완성하였다. 또한 그는 기체의 분자 운동론에 관한 중요한 연구를 했으며, 전기저항의 단위를 결정하기 위한 실험적 연구도 행하였다. 건강상의 이유로 교수직을 사직한 후 커쿠브리셔의 글렌레어로 돌아가 1873년에 명저 『전자기학』을 집필하였다. 1874년에는 캐번디시 연구소를 개설하여 초대 소장이 되었다. 맥스웰은 패러데이 전자기 유도의 법칙에서 출발하여 유체역학적 모델을 이용해 수학적 이론을 완성하고 전자기장의 기초방정식인 맥스웰 방정식을 완성하였다. 그는 또한 맥스웰 방정식으로부터 전자기파의 파동방정식을 유도해 내어 전자기파의 존재를 예측하였다. 전자기파의 전파속도가 빛의 속도와 같고, 전자기파가 횡파라는 사실도 밝힘으로써 빛이 전자기파설이라는 것을 밝히기도 하였다. 맥스웰은 분자의 평균 속도 대신 분자 속도의 분포를 나타내는 속도분포 법칙을 만들어 기체의 성질을 규명하는 데 공헌하였다.

S극 방향만 존재한다. N극과 S극으로 이루어진 자석을 반으로 나누면 한 끝은 N극이 되고 반대 편 끝은 S극이 되는 것은 이 때문이다. 맥스웰 방정식의 첫 번째, 두 번째 방정식은 이런 내용을 방정식을 이용하여 나타낸 것이다.

맥스웰 방정식의 세 번째 방정식은 전류가 만드는 자기장의 방향과 세기를 결정하게 하는 앙페르의 법칙이다. 하지만 맥스웰은 앙페르의 법칙을 일부 수정하였다. 앙페르의 법칙에서는 전류가 흐를 때만 주변에 자기장이 만들어진다고 하였다. 그러나 전류가 흐르지 않고 전기장의 세기만 변해도 주변에 자기장이 만들어진다는 것을 알아냈다. 전기장의 변화가 전류와 똑같은 역할을 하는 것이다. 따라서 전기장의 변화도 전류로 보고 변이 전류라고 부르게 되었다.

맥스웰 방정식의 네 번째 방정식은 패러데이의 전자기유도 법칙이다. 전자기유도 법칙은 변해가는 자기장이 기전력을 발생시키는 것을 나타내는 방정식이다. 기전력이 생긴다는 것은 전기장이 만들어진다는 것과 같은 의미이다. 따라서 패러데이 전자기유도 법칙은 변해가는 자기장이 전기장을 만들어낸다는 것을 의미한다. 그렇다면 이 법칙은 변위전류, 다시 말해 변해가는 전기장이 자기장을 만들어낸다고 했던 수정된 앙페르 법칙과 대칭이 되는 법칙이라는 것을 알 수 있다. 변화하는 전기장은 자기장을 만들어내고, 반대로 변화하는 자기장은 전기장을 만들어낸다는 것은 자연의 대칭성과 조화로움을 믿는 사람들에게 참으로 만족스럽고 아름다운 법칙이었다. 이렇게 네 가지 법칙으로 이루어진 맥스웰 방정식은 전자기와 관련된 모든 현상을 이해하고 설명할 수 있도록 하였다.

맥스웰은 맥스웰 방정식으로부터 수학적으로 전자기파의 파동 방정식을 유도할 수 있었다. 그런데 그렇게 유도한 전자기파의 속도는 그 때까지 관측되었던 빛의 속도와 같은 값을 갖는다는 것이 확인되었다. 따라서 빛도 전자기파라는 것을 알게 되었고, 이것은 광학이라는 별도의 분야로 취급되던 빛이 전자기학의 일부로 포함되었다는 것을 의미하였다. 그러나 맥스웰은 실험을 통해 전자기파의 존재를 확인하지는 못하였다.

맥스웰의 『전자기론』에서 정리한 전자기학 체계가 처음부터 사람들에 의해 받아들여지지는 않았다. 열 역학 성립에 중요한 역할을 했으며, 과학계에서 널리 존경받던 톰슨이 끝까지 맥스웰의 전자기학을 받아들이지 않은 것은 이런 사정을 잘 말해 준다. 베버와 헬름홀츠를 중심으로 한 독일의 과학자들은 맥스웰의 이론과는 다른 전자기학 체계를 구축하려고 시도하기도 하였다. 그러나 독일의 물리학자 헤르츠(Heinrich Rudolf Hertz, 1857~1894)가 맥스웰이 수학적으로 예견했던 전자기파를 실험을 통해 확인하면서 사정은 크게 변하기 시작하였다.

1857년에 독일 함부르크에서 태어난 기술자가 되기 위해 고등 공업 학교에 다니던 헤르츠는 자연과학을 공부하기로 마음먹고 베를린대학에 진학하여 물리학을 공부하고 키르히호프와 헬름홀츠의 지도를 받았다. 전자기 이론 및 전자기파에 관심을 가지게 된 것은 22세 때인 1879년 무렵부터였다. 그러나 당시로서는 전자기파를 관측하는 것이 불가능하였다. 그 후에 그는 높은 진동수의 전기 진동을 만들어내는 방법을 알아내는 데 성공하고 전자기파 실험에 착수하였다. 헤르츠는 하나의 코일에 의해 높은 진동수의 전기 스파크를 일으키면 이 회로와 분리되어 있는 다른 코일에도 전기 스파크가 생기는 현상을 관측하는 데 성공하였다. 헤르츠는 이 실험을 더욱 발전시켜 포물면경을 이용하여 평행한 전자기파를 만들어내고 이를 이용하여 전자기파의 직진, 반사, 굴절, 편광들의 성질을 조사하였다.

이를 통해 헤르츠는 전자기파가 맥스웰의 예측대로 빛이나 열 복사와 똑같은 성질을 가진다는 것을 확인하였다. 그리고 전자기파의 전파 속도가 빛의 속도와 같다는 것도 확인하였다. 이러한 일련의 실험은 1887년 10월에서 1888년 2월 사이에 이루어졌는데, 헤르츠의 실험은 단순히 전자기파의 존재를 확인하는 데 그친 것이 아니라 전자기파의 성질을 모두 규명하는 완전한 것이었다. 헤르츠의 실험으로 맥스웰의 전자기 이론은 완전히 검증되었다. 따라서 헤르츠가 전파의 존재를 실험적으로 입증하고 난 뒤 맥스웰 전자기학은 급속도로 전파되었고 마침내 전자기학의 중심이론으로 자리잡게 되었다.

그림 8-6 헤르츠

헤르츠가 전자기파의 존재를 확인한 후 전자기파를 이용한 통신이 급속히 발전하여 1899년에 이탈리아의 마르코니(Guglielmo Marconi, 1874~1937)가 영국 해협을 건너는 무선통신에 성공하였고, 1901년에는 대서양을 횡단하는 무선통신에 성공하였다. 인류가 전자기파의 존재를 실험적으로 확인한 것은 지금부터 대략 120년 전쯤의 일이다. 그러나 오늘날

전자기파는 우리에게 가장 필요한 것이 되었다. 120년 전에는 그런 것이 존재하는지 조차 알지 못하던 것이 120년 후에는 우리 생활에서 가장 중요한 것이 되었다는 것은 지난 100년 동안에 전자기파와 관계된 기술이 얼마나 많이 발전했는지를 단적으로 보여주고 있다.

맥스웰 방정식의 확립과 헤르츠의 증명으로 전자기학은 완성되었다고 할 수 있다. 그것은 전기와 관계된 현상을 모두 이해하게 되었다는 것을 의미한다. 그러나 정작 전기 현상을 만들어내는 원인에 대해서는 잘 알지 못하고 있었다. 모든 전자기적 현상은 전하에 의해 만들어진다는 것은 알고 있었지만 전하 자체에 대해서는 제대로 알지 못했던 것이다. 맥스웰의 전자기학에서는 플러스 극에서 마이너스 극으로 전류가 흐르는 것으로 되어 있지만 플러스 극에서 마이너스 극으로 흘러가는 것이 무엇인지 알지 못했던 것이다.

전기 현상을 일으키는 전하에 대해 좀 더 자세한 사실을 알게 된 것은 J. J. 톰슨(Thomson Sir Joseph John, 1856~1940)에 의해 전자와 양성자가 발견된 후의 일이다. 전자와 양성자가 발견되고 원자의 구조가 밝혀지면서 전기 현상을 일으키는 원인에 대해서 좀 더 확실한 것을 이해하게 되었고 전류가 흐를 때 대부분의 경우 실제로 흘러가는 것은 전자라는 것을 알게 되었다. 그리고 실제로 전자가 흘러가는 방향은 플러스에서 마이너스 방향이라는 것도 밝혀졌다. 그러나 이러한 새로운 사실들이 전자기 현상을 설명한 맥스웰 방정식을 바꾸어 놓지는 못하였다. 맥스웰 방정식은 전자가 발견된 후 에도 전자기학의 중심이론으로 그대로 남아 있다.

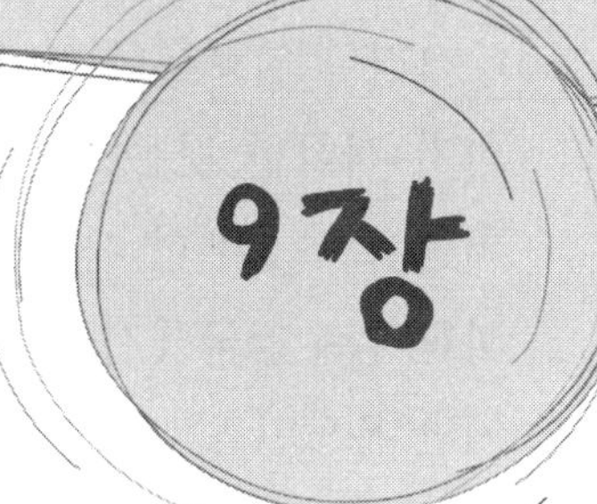

열 기관의 발전과 열역학의 성립

1 열 기관의 발달

인류는 경험을 통해 오래 전부터 열이 어떤 작용을 하는지를 알게 되었고 그것을 바탕으로 열을 이용하는 방법을 개발해 왔다. 그러나 열로부터 동력을 얻어내는 열 기관이 만들어지기 전에는 열은 주로 난방이나 음식을 만들어 먹는 용도로 사용되어 왔다. 그러나 열을 이용해 동력을 얻어내는 열 기관이 개발되면서 열은 가장 중요한 동력원이 되었다. 19세기에 있었던 산업 혁명은 열 기관의 발달이 주도했다고 해도 과언이 아닐 것이다.

인류는 오랫동안 물건을 옮기거나, 기계를 작동시키는 데 필요한 동력을 사람이나 가축에서 얻었다. 짐을 가득 실은 마차를 움직인 것은 소나 말이었고, 거대한 군함을 움직이는 것은 사람들이었다. 물의 힘을 이용하는 수차가 개발되기도 했고, 바람의 힘을 이용하는 돛이나 풍차도 쓰였지만 이런 것들은 제한적으로만 사용될 수 있었다. 수증기의 힘을 이용하려는 노력도 일찍부터 있었던 것으로 보인다. 알렉산드리아시대에 이미 여러 방향으로 구멍이 뚫린 공의 안쪽에서 수증기를 뿜어내공을 돌리는 헤론의 증기구가 발명되기도 했었다.

그러나 열로부터 얻어낸 동력으로 작동하는 본격적인 증기 기관을 만들려고 시도하기 시작한 것은 17세기 말부터였다. 증기의 힘을 이용해 움직이는 증기 기관을 처음으로 설계한 사람은 프랑스의 파팽(Denis Papin, 1647~1712)이었다. 프랑스 과학자로 영국에서 활동했던 파팽은 1690년에 수증기는 공기의 성질을 가지고 있지만 온도만 낮아지면 간단히 다시 물로 바뀌어 공기의 성질을 잃게 되는 것을 이용하면 큰 동력을 얻을 수 있다고 주장하였다. 물의 부피에 비해 수증기의 부피는 1300배나 된다. 따라서 물이 수증기가 될 때는 부피가 늘어나고 반대로 수증기가 물이 되면 부피가 급격하게 줄어든다. 이러한 부피의 변화를 이용하려는 것이 파팽의 증기 기관이었다.

파팽의 증기 기관은 피스톤과 실린더로 이루어져 있었다. 실린더 안에 물을 넣고 가열하면 수증기가 발생하면서 부피가 팽창해 피스톤이 올라간다. 그런 다음 실린더 안에 차가운 물을 넣어 식히면 수증기가 응결하여 물로 변해 내부의 압력이 줄어든다. 그렇게 되면 실린더 내부의 압력이 대기의 압력보다 낮아지기 때문에 대기의 압력에 의해 피스톤은 제자리로 돌아간다. 이러한 피스톤의 왕복 운동을 동력으로 사용하려는 것이다. 그러나 파팽의 증기 기관은 물을 끓여 수증기를 만드는 데 오랜 시간이 걸려 피스톤이 왕복 운동을 하는데 오랜 시간이 걸렸기 때문에 실용적으로 사용할 수 없었다.

실제로 광산에서 사용된 최초의 증기 기관을 만든 사람은 영국의 세이버리(Thomas Savery, 1650~1715)라고 알려져 있다. 세이버리의 생애에 대해서는 잘 알려져 있지 않다. 하지만 그는 자신을 가리키는 말인 "광부의 친구(The Miner's Friend)"라는 제목의 글에 '불 엔진(fire-engine)'이란 장치를 설명해 놓고 있다. 오늘날 이 말은 소방차를 가리키는 말이 되었지만 당시에는 불로 작동하는 증기 기관을 가리켰다. 세이버리는 커다란 공 모양 장치의 한 쪽에 길게 관을 연결하고 그 관의 아래 끝이 광산 안의 물속에 들어가게 하였다. 둥근 장치에 수증기를 가득 채운 다음 밖에서 찬물을 부어 식히면, 장치 안의 수증기가 물로 바뀌게 되어 장치 안은 거의 진공 상태가 된다. 그러면 그 공간을 채우려고 아래쪽에 연결된 관으로부터 광산 속의 물이 올라오게 된다. 그 물을 비운 다음 같은 과정을 반복하면 광산의 물을 퍼낼 수가 있었다.

그 후 세이버리의 증기 기관은 토마스 뉴커먼(Thomas Newcomen, 1663~1729)에 의해 개량되었다. 다트머스에서 철물점을 운영하던 뉴커먼은 세이버리의 증기 기관을 개량하여 훨씬 능률 좋은 증기 기관을 만들었다. 1712년 더들리 카슬의 탄광에 설치한 뉴커먼의 증기 기관은 1분에 12회 왕복운동을 하며 물을 퍼올렸는데, 뉴커먼 기관의 일률은 약 5마력 정도였다. 세이버리의 증기 기관이 1마력 정도였으므로 뉴커먼의 증기 기관은 다섯 배나 좋은 일률을 가지고 있었던 것이다.

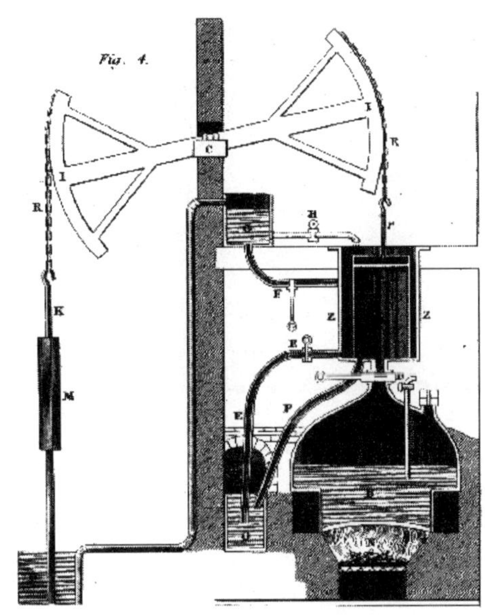

그림 9-1 뉴커먼의 증기 기관

그 후 금속 가공 기술이 발달하면서 점차 더 큰 실린더를 만들 수 있게 되었다. 처음에는 지름이 17.5 cm인 실린더가 사용되었지만, 1725년에는 지름이 75 cm로, 그리고 1765년에는 185 cm까지 대폭 커졌다. 실린더가 커짐에 따라 증기 기관의 출력도 크게 늘어났다. 이에 따라 뉴커먼의 증기 기관은 사람 20명과 말 50마리가 밤낮으로 쉬지 않고 움직여 1주일 걸려 했던 배수 작업을 2명의 작업자가 48시간 만에 할 수 있도록 하였다. 뉴커먼의 증기 기관은 당시로서는 대성공이었다. 발명 직후 4년 동안에 8개국에 보급되었고, 그가 죽던 1729년에는 그의 증기 기관이 유럽의 거의 모든 나라에 보급되었다.

뉴커먼의 기관은 파팽(Denis Papin, 1647~1712)의 기관을 개량한 것이었다. 뉴커먼 기관은 실린더 안에서 증기를 만들던 파팽의 기관과는 달리 외부에 있는 보일러에서 발생시킨 증기를 실린더로 불어넣는 방법을 사용하였다. 실린더 안에 수증기가 가득 찬 다음에는 차가운 물을 실린더 안에 넣어 증기를 급속히 응결시켰다. 그렇게 되면 실린더 내부의 압력이 대기압보다 낮아져 대기압이 피스톤을 내려 피스톤을 원래의 자리로 돌려보냈다. 이런 과정이 반복됨에 따라 피스톤이 상하로 반복하여 움직이게 되고 이 움직임을 이용하여 펌프를 작동시킬 수 있었다. 파팽 기관과 뉴커먼 기관에서는 수증기를 급속히 응결시켜 실린더 내부의 압력을 대기압보다 낮게 만들어 대기압이 피스톤을 밀어내도록 했기 때문에 대기압 기관이라고도 한다.

그림 9-2 제임스 와트

실용적인 증기 기관을 처음 발명한 사람은 뉴커먼이라고 할 수 있다. 그러나 뉴커먼의 증기 기관을 개량하여 오늘날 널리 사용되고 있는 증기 기관을 발명한 사람은 영국의 제임스 와트(James Watt, 1736~1819)였다. 영국 글래스고 근처의 그리노크라는 곳에서 태어난 와트는 런던에서 기술을 배우고 고향으로 돌아와 1757년 말에 글래스고대학에 공작실을 차렸다. 그곳에서 그는 대학에서 사용하는 기계를 제작하거나 고장을 수리해 주는 일을 맡았다. 제임스 와트는 1763년 글래스고대학에 있던 뉴커먼의 증기 기관 모형이 고장 난 것을 수리하게 되었다.

와트는 이보다 앞선 1760년경에 뉴커먼 기관의 기초가 된 파팽 기관을 사용하여 고압 증키 실험을 한 일이 있었기 때문에, 증기 기관에 대하여 이미 어느 정도의 지식을 가지고 있었다. 와트는 뉴커먼 기관을 수리하여 작동시켜 보았지만 많은 증기를 소모하고도 효율은 그리 좋지 않았다. 따라서 그는 뉴커먼의 증기 기관을 개량하여 더 나은 성능을 가지는 열 기관을 만들기로 마음먹었다. 뉴커먼의 증기 기관을 수리하면서 열 효율이 나은 새로운 증기 기관을 말들어보겠다는 결심을 했지만 좀처럼 좋은 생각이 떠오르지 않았다. 그는 1765년 5월 어느 맑은 휴일에 글래스고의 초원을 거닐다가 갑자기 그 해결 방법을 깨닫게 되었다고 전해진다.

뉴커먼 기관의 가장 큰 약점은 한 번 수증기가 들어가 실린더를 데워준 다음에는 뜨거워진 실린더에 차가운 물을 뿌려 넣어 실린더 전체를 식혔다가 다시 수증기를 넣어주는 과정이 반복된다는 것이었다. 기관 전체를 데웠다가 식히는 일을 반복했으므로 열 효율은 떨어질 수밖에 없었다. 와트는 실린더 옆에 새로운 장치를 달고, 수증기를 끌어들여 식히고, 실린더는 뜨거운 상태를 유지하도록 하였다. 이 장치를 영어로는 콘덴서라고 부르는데 우리말로는 응축기라고 번역할 수 있다. 이 새로운 부분이 와트가 개량한 증기 기관의 가장 중요한 기술적 진보였다. 와트는 1769년 1월 자신이 개발한 새로운 열 기관으로 발명 특허를 냈다.

1770년대에 들어서 와트는 증기 기관을 생산하여 판매하는 사업을 시작했지만 사업은 잘 되지 않았고, 1772년에는 전국적인 불경기 때문에 사업을 포기할 수 밖에 없었다. 그러나 1773년에 매튜 볼튼과 동업을 하면서 사업이 다시 번창하기 시작하였다. 특히 1774년에는 볼튼의 친구인 존 윌킨슨이 대포 제작 기술을 활용하여 좋은 실린더를 제작하기 시작하면서 그의 증기 기관은 더욱 빛을 내기 시작하였다. 드디어 그들의 증기 기관은 1776년부터는 뉴커먼 기관을 압도하기 시작했고, 50년도 안 되어 전 세계로 퍼져 나갔다.

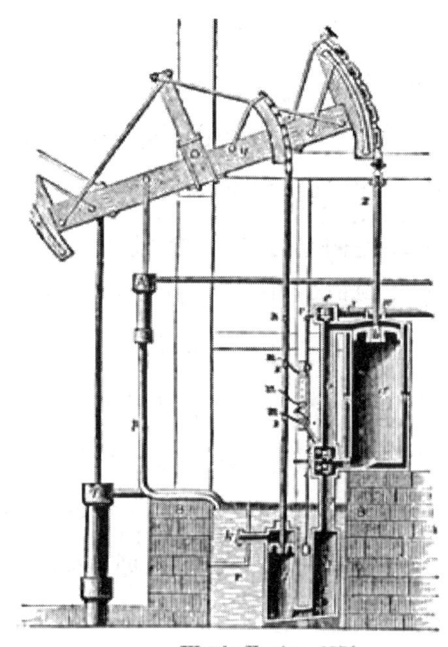

그림 9-3 와트의 열 기관

와트는 그 후에도 증기 기관의 개량에 온 힘을 기울여 여러 가지 발명품을 그의 증기 기관에 덧붙여 열 효율을 증대시켜 나갔다. 그는 많은 공부를 할 수 없었기 때문에 학식이 높다는 평가를 받지는 못했지만 1785년에는 영국 과학자들의 모임인 왕립학회 회원으로 추대되는 영예를 누리기도 하였다.

제임스 와트가 발명한 증기 기관은 산업 혁명의 원동력이 되었다. 증기 기관이 나오기 전에는 물건을 옮기거나, 물건을 만들기 위해 기계를 돌리는 일을 모두 사람이나 동물의 힘으로 해야 했다. 그래서 한꺼번에 많은 일을 할 수 없었다. 그러나 증기 기관을 이용하게 되자 많을 일을 쉽게 할 수 있게 되었고 한꺼번에 많은 물건을 만들 수 있게 되었다. 손으로 만드는 것을 수공업이라고 하고 기계를 이용하여 많은 물건을 만드는 것을 기계공업이라고 한다. 그러므로 증기 기관의 발명은 수공업이 기계공업으로 바뀌는 직접적 계기가 되었다.

제임스 와트가 개량한 증기 기관은 광산이나 탄광에서 물을 퍼 올리는 데는 물론 옷감을 짜는 방직 기계를 돌리는 데도 사용되었고, 철공소에서 화로에 쓰이는 풀무를 움직이는 데도 사용되었다. 증기 기관이 이렇게 널리 사용되자 물건을 만들어내고 그것을 옮기는 방법이 크게 발전하게 되었다. 이것이 산업 혁명이다.

제임스 와트의 증기 기관을 이용하여 철로 위를 달리는 증기 기관차를 처음 만든 사람은 스티븐슨(George Stephenson, 1781~1848)이라고 알려져 있다. 하지만 증기 기관차를 처음 발명한 사람은 스티븐슨이 아니었다. 증기 기관으로 바퀴를 회전시켜 달리는 기관차를 처음 만든 것은 제임스 와트가 증기 기관을 발명한 직후인

1769년의 일이었다. 프랑스의 퀴뇨(Nicolas Joseph Cugnot, 1725~1804)라는 사람이 철로 위를 시속 3.6 km의 속도로 달리는 증기 기관차를 만들어 15분간 움직이는 실험을 해 보였다. 하지만 속도가 느렸고 힘이 강하지 못해 실용적으로 사용할 수는 없었다. 많은 짐을 싣지도 못하고 걷는 것보다 느리게 움직이는 기차는 실용적으로는 아무 소용이 없었다. 그 후 더 좋은 증기 기관차를 만들어내려는 사람들이 많이 나타났지만 큰 힘을 가지고 빠르게 달리는 기관차를 만드는 데는 실패하였다.

영국의 스티븐슨이 증기 기관차에 관심을 가지고 증기 기관에 대한 연구를 시작한 것은 1814년 무렵부터였다. 그리고 스티븐슨이 만든 증기 기관차가 스톡턴과 달링턴 사이를 처음으로 달린 것은 1825년이었다. 증기 기관차가 만들어지기 전에도 철도가 있었다. 그러나 이때는 철로 위에 놓인 기차를 말이 끌었다. 말은 철로가 없는 길도 달리 수 있기 때문에 철로가 꼭 필요한 것은 아니었지만 철로 위에 수레를 올려놓으면 훨씬 움직이기 쉬워 많은 짐을 운반하기 위해 철로 위를 달리는 수레를 말이 끌도록 했었다.

스티븐슨이 만든 증기 기관차는 90톤이나 되는 열차를 시속 16 km/h의 속도로 달리게 할 수 있었다. 그러니까 스티븐슨의 증기 기관차는 사람 150명의 몸무게와 맞먹는 무거운 기관차를 걷는 것보다 3배 정도 더 빨리 움직일 수 있었다. 요즘의 기차와 비교하면 느림보였지만 당시로서는 대단한 발명이었다. 4년 후인 1829년에 만든 증기 기관차는 리버풀과 맨체스터 사이를 시속 48 km/h나 되는 속력으로 달렸는데 이것은 증기 기관차가 빠르게 발전했다는 것을 잘 나타낸다.

증기 기관의 발달은 해상 교통 수단에도 혁명적인 변화를 가져 왔다. 원시시대 이래 사람들은 배를 움직이기 위한 힘은 바람이나 사람의 근력에서 얻을 수 있을 뿐이라고 생각해오고 있었다. 하지만 증기 기관이 보급되자 이를 배에 설치해 배를 움직여 보려는 노력이 1770년대부터 시작되었다. 프랑스의 귀족 주프르와(Jouffroy, 1751~1832)는 1775년 세느강에서 피스톤의 지름이 20cm 증기 기관으로 움직이는 배를 만들어 시운전을 했지만 실패하였다. 그러나 1783년에는 증기 기관으로 물갈퀴를 움직이는 증기선을 만들어 리옹에서 15분 동안 항해하는 데 성공하였다.

비슷한 시기에 미국에서도 증기 기관을 배에 이용하려는 시도가 시작되었다. 1787년 램지(James Rumsey, 1743~1792)는 포토맥 강에서 증기 기관을 이용해서 배의 앞쪽에서 끌어들인 물을 뒤쪽으로 밀어내는 실험을 해 보였다. 하지만 제트

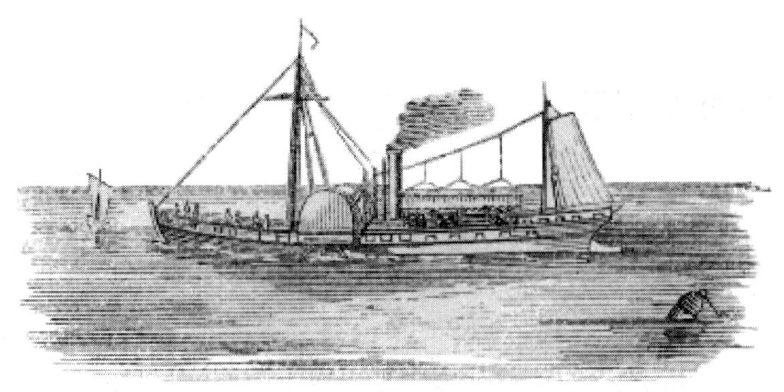

그림 9-4 풀턴의 증기선

추진 방식을 배에 적용한 이 방법은 성공하지 못하였다. 그는 영국에 와서도 탬즈강에서 같은 실험을 했지만 배를 움직이는 데는 실패하였다. 램지 외에도 증기선을 발명하려고 시도했던 사람은 많이 있었다. 미국의 피치(John Pitch, 1743~1798), 영국의 사이밍턴(Symington William, 1763~1831)과 같은 사람들이 그런 사람들이었다.

그러나 증기선을 발명한 영예는 미국의 로버트 풀턴(Robert Fulton, 1765~1815)에게 돌아갔다. 미국 펜실베니아 출신으로 영국에 유학하기도 했던 풀턴은 한 때 잠수함을 만드는 일에 열중하기도 했었다. 그는 1803년 최초로 증기선을 만들어 세느강에서 시험 운행할 예정이었으나 운행 직전에 폭풍이 몰아쳐 배가 침몰해 버리는 불운을 겪기도 하였다. 그는 1806년 미국에 돌아와 증기선을 만드는 연구를 다시 시작하였다.

풀턴이 첫 번째 증기선으로 꼽히는 클레어몬트호의 운행에 성공한 것은 1807년의 일이었다. 1807년 8월에는 뉴욕과 올바니 사이를 왕복 운행하는 데 성공하였다. 두 도시 사이의 240 km 거리를 클레어몬트호는 가는 데 32시간, 오는 데 30시간 걸려서 왕복하였다. 한편 허드슨강 연안에 있는 이 두 도시 사이의 교통은 아주 불편한 상태였다. 1807년 11월 1일부터 이들 두 도시 사이에 정기 항로가 개설되어 교통의 불편을 크게 덜어주었다. 클레어몬트호의 성공 이후 증기선은 빠르게 보급되기 시작하였다. 미국에서 뿐만 아니라 유럽 여러 나라에서 증기선의 정기항로가 열리기 시작하여 1815년경에는 러시아에서도 운행되었다. 1818년 미국의 사반나호가 대서양 횡단에 성공해서 본격적인 증기선의 시대가 시작됐음을 알렸다.

2 열역학의 성립

17세기의 많은 학자들은 열은 물질의 기계적인 운동이며, 그 운동의 속도는 온도와 함께 증가한다고 하였다. 18세기에 와서는 열은 무게가 없는 물질이라고 규정되어 열소라고 불리게 되었고 고체의 융해나 액체의 증발은 열소와 고체 또는 액체의 화학작용이라고 여겨지게 되었다. 열소설에 따르면 마찰에 의한 열의 발생은 마찰하는 두 물질에 화학적으로 결합되어 있는 열소가 그 물질로부터 떨어져 나가 일어나는 현상이므로 마찰의 양과 발생하는 열의 양은 비례해야 한다고 하였다.

그런데 대포의 포신을 생산하는 사업을 하고 있던 럼퍼드(Rumford, Sir Benjamin Thompson, Graf von, 1763~1814)는 발생하는 열량과 깎아낸 부스러기의 양이 비례하지 않는다는 것을 알아냈다. 열소설에 의하면 부스러기가 많이 나오면 금속에 잡혀있던 더 많은 열소가 방출되어 더 많은 열이 발생해야 하는데, 날카로운 천공기는 더 많은 부스러기를 내면서도 둔한 천공기보다 적은 열을 발생시켰다. 이것은 열소설로는 설명하기 어려웠다. 따라서 럼퍼드는 열은 기계적 에너지의 한 형태라는 결론을 내렸다. 그러나 열의 운동이론은 널리 받아들여 지지 않고 열소이론이 1850년대까지 일반적으로 받아들여지고 있었다.

프랑스의 기술자들은 열의 효과와 기계적인 일의 효과가 서로 관계가 있다고 생각하고 그 관계를 알아내려고 노력하고 있었다. 1824년 프랑스 육군의 기술자였던 카르노(Sadi Carnot, 1796~1832)는 『불의 기동력에 관한 고찰』이라는 논문을 발표하고, 증기 기관, 더 나아가 일반적 열 기관을 이용하여 열로부터 기계적 에너지를 발생시키는 요인을 분석하려고 노력하였다. 카르노는 열 기관 속에서 열은 고온도 부분에서 저온도 부분으로 흘러가는데, 그 과정 가운데 기계적인 작업이 실린더와 피스톤을 통해 이루어진다는 사실에 주목하였다. 이런 관점에서 카르노는 열 기관을 다른 동력 기관인 수차와 비슷한 것이라고 생각하였다.

그림 9-5 카르노

열에 의한 동력을 물의 낙하에 의한 동력에 비교하고, 물의 낙하에 의한 동력이 물의 양과 낙하한 높이에 비례하는 것과 같이 열에 의한 동력도 사용된 열소의 양과 높은 온도 부분과 낮은 온도 부분의 온도차에 비례한다고 생각하였다. 카르노의 설명에 따르면 열 기관이 작동하고 있는 사이에 열은 상실되지 않으며 열 자체가 기계적 에너지로 변환되는 일도 없다고 하였다. 따라서 고온의 열원에서 나온 열량과 저온의 냉각기로 들어가는 열의 양은 같고, 모든 열 기관이 같은 온도 차이에서 작동시키면 같은 열 효율을 가질 것이라는 결론에 도달하게 되었다.

그러나 그의 사후에 발견된 메모에서 카르노는 열 기관이 작동하는 동안에 열의 일부가 기계적 에너지로 바뀌어져 없어질 가능성을 인정하고 열 기관을 수차와 비교하는 것은 잘못된 것일지 모른다고 언급하고 있다. 그러나 그의 이런 견해는 그가 전염병에 의해 사망하여 실험적으로 확인되지는 못하였다.

마이어(Victor Meyer, 1848~1897)는 체온은 음식물의 화학에너지에서 공급되는 것이 아닌가 하는 생각을 가지고 근육의 기계적인 에너지도 결국은 같은 근원에서 오는 것이라고 생각하여, 기계 에너지, 열 에너지, 화학 에너지 등은 상호 전환이 가능한, 동등한 것이라는 의견을 피력하였다. 마이어는 또 기체는 진공 속으로 퍼져 나갈 때는 주위에 아무런 변화도 가져오지 않지만, 압력의 저항에 대항하여 팽창할 때는 주위로부터 열을 흡수한다는 사실에 주목하여 이때 흡수하는 열의 양은 기체가 팽창하면서 한 일의 양과 같을 것이라고 생각하고 이미 발표된 수치를 이용하여 일의 열당량을 계산하였다. 그러나 마이어의 논문은 실험적 연구 결과를 포함하지 않았다고 하여 출판이 거부되었다.

그 후 헬름홀츠(Hermann von Helmholtz, 1821~1894)는 만일 열이나 그 밖의 종류의 에너지가 그것과 값이 같은 기계적 에너지로 환원될 수 있다면, 이미 확립된 기계적 에너지 보존 법칙에 의하여 우주 안에 에너지의 총량이 일정하다는 에너지 보존의 법칙이 가능하다고 주장하였다.

열역학 제1법칙이라고 부르는 에너지 보존의 법칙을 확립한 실험연구는 줄(James Prescott Joul, 1818~1889)에 의해 행해졌다. 줄은 마이어와 같은 학자들의 의견에 따라 에너지는 불멸이며 여러 가지 형태로 나타난다고 믿고 그것을 실험으로 확인하기 위해 일정한 일의 양으로 변할 수 있는 여러 가지 에너지의 양을 체계적으로 측정하려고 노력하였다.

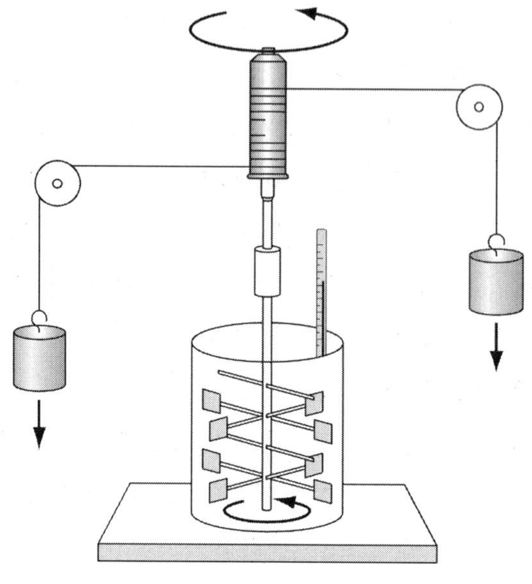

그림 9-6 줄의 실험장치

1840년 그는 저항을 통과하여 흐르는 전류에 의해 발생하는 열을 측정하여 일정한 시간 동안에 발생하는 열량은 저항과 그것을 흐르는 전류의 제곱에 비례한다는 것을 발표하고 전기 에너지는 저항에 의해 열 에너지로 변화됐다고 추론하였다. 1843년에는 물을 넣은 통속에 전기 모터를 넣고 모터에 날개를 단 다음 전기를 이용해 모터를 돌려서 모터에 연결된 날개바퀴로 물을 휘저음으로써 기계적 에너지에 의해 발생된 열량을 정밀하게 측정하였다. 이 실험에 의하여 1 J의 기계적인 일은 0.24 cal의 열 에너지와 같다는 것이 밝혀졌다.

줄이 얻은 결과는 열이 기계적인 에너지로 전환된다는 것이었는데, 당시 학자들은 열이 기계적인 에너지로 전환되는 것이 아니라 열은 고온에서 저온으로 떨어질 뿐 그 양이 줄어들지 않는다는 열소설을 받아들이고 있었으므로 줄의 견해는 쉽게 채택되지 못하였다.

그 후 줄과 마이어의 견해는 켈빈(William Thomson Kelvin, 1824~1907)과 클라우지우스(Rudolf Clausius, 1822~1888)에 의해 열 기관 이론으로 채택되었다. 그들은 기체와 증기가 팽창하면서 기계적인 일을 하면 기체와 증기는 열을 잃는데, 이때 일부의 열이 기계적 에너지로 바뀌게 되어 열 기관은 이런 작동을 하면서 열을 기계적인 에너지로 바꾼다고 주장하였다.

카르노가 제안한 이상적인 열 기관에서는 흡수한 열량과 열 기관이 외부에 해준 일의 양이 같아서 한 과정이 끝나고 나면 열 기관은 본래의 상태로 돌아오는데, 이때 고온에서 받아들인 열의 일부는 기계적인 에너지로 바뀌어 소모되고 나머지 열이 저온의 열원으로 방출되고 고온에서 흡수한 열량과 저온으로 방출한 열량의 차이만큼의 열은 기계적인 일로 바뀌게 되므로 전체 열의 양은 줄어들게 된다. 그러나 흡수한 열량을 고온의 열원의 온도로 나눈 값과 방출한 열량을 저온의 열원의 온도로 나눈 값은 같다는 것을 발견하고 이 양을 엔트로피라고 부르기로 하였다.

클라우지우스는 일상적인 경험에서 열은 언제나 높은 온도에서 낮은 온도로 흐르려고 해서 열량을 온도로 나눈 값인 엔트로피를 증가시키려고 해서 카르노의 이상적인 열 기관처럼 엔트로피가 일정하게 유지되는 일은 없다고 하였다. 이것이 우주의 총 엔트로피는 극대값을 향해 증가해 간다는 열역학 제2법칙이다.

열역학 제2법칙은 원자설에 의해 역학적으로도 설명되었다. 1857년에 클라우지우스는 기체는 운동하는 분자로 이루어졌으며, 기체의 압력은 그 용기의 벽에 부딪히는 분자의 충격력의 평균값이라고 설명하고 기체의 열에너지는 분자의 운동 에너지라고 하였다. 따라서 분자의 운동 속도는 온도가 올라감에 따라 빨라지게 된다고 하였다.

그림 9-7 클라우지우스

영국의 맥스웰은 1866년에 기체 운동이론을 발전시켜 일정한 온도 하에 있는 기체분자의 운동 속도가 모두 같은 것이 아니라 평균값을 중심으로 분포하고 있다고 주장하였다. 그는 확률론의 입장에서 어떤 비율의 분자가 평균보다 큰 운동 속도를 가질 것인가를 계산하였다.

그림 9-8 볼츠만

열역학 제2법칙은 오스트리아의 물리학자 볼츠만(Ludwig Edward Boltzmann, 1844~1906)에 의해서 원자론적으로 재해석되었다. 그는 기계 에너지가 열로 바뀌거나, 가열된 물체가 식을 때는 에너지의 양은 변하지 않지만 에너지의 분포가 달라진다고 하였다. 이

때 에너지의 분포는 맥스웰이 제안한 운동 속도의 분포와 같은 것으로 확률이 가장 높은 분포라고 하였다. 또한 볼츠만은 엔트로피의 자연적인 증가는 그 계의 분자 에너지의 확률적 분포의 증가에 관련된다고 지적하고, 1877년에 엔트로피는 에너지 분포의 확률의 로그값에 비례하게 된다는 것을 증명하였다.

열역학 제2법칙의 분자론적 해석에 의해 시간 경과에 대해 가역적이던 뉴턴 역학에 시간 경과의 물리학적 의미를 부여하게 되었다. 규칙적이고 단일 방향적인 투사체의 운동은 공기의 마찰저항 때문에 끊임없이 열로 바뀌고, 이 열이란 공기 분자의 무질서한 운동이므로 이러한 일련의 변화는 무질서도를 증가시키는 결과를 가져오고 따라서 엔트로피를 증가시키게 되어 반대 방향으로의 변화는 일어나지 않는다. 에너지의 자연 분산의 비율을 이용하여 태양과 우주의 나이를 측정하려고 한 시도는 열역학 제2법칙의 원자론적 해석의 결과라고 할 수 있다.

10장

근대 천문학의 발전

1 밝혀지는 태양계

과학 혁명기를 거치면서 사람들은 우주의 수수께끼를 푸는 새로운 발판을 마련하게 되었다. 그러나 갈릴레이나 케플러에겐 태양계가 우주의 전부였다. 그들은 태양을 중심으로 한 5개의 행성(수성, 금성, 지구, 목성, 토성)과 지구의 위성인 달, 그리고 갈릴레이의 망원경에 의해 발견된 목성의 4개의 위성들이 하늘에서 움직이고 있는 천체의 전부로 생각하고 있었다. 아직 별들은 한 자리에서 움직이지 않는 천체로 생각하고 있었고, 이러한 별들에 대하여는 역학적인 설명을 할 엄두를 내지 못하였다.

태양계의 5개의 행성은 어떤 개인의 관측에 의해서 발견된 것이 아니라 아주 오랜 옛날부터 사람들에게 알려져 있었다. 이 다섯 행성만이 맨눈으로 관측이 가능했기 때문이었다. 이 다섯 개의 행성 외에도 태양을 돌고 있는 다른 행성이 있다는 사실을 알게 된 것은 독일인으로 영국에 망명한 아마추어 천문학자 허셜(William Herschel, 1738~1822)이 1781년 3월 13일에 천왕성을 발견한 후의 일이다.

허셜은 당시로서는 아주 큰 반사 망원경을 만들어 조직적으로 별들을 관찰하고 있었다. 그가 망원경을 이용하여 쌍둥이자리의 별들을 관찰하다가 이상한 별 하나

허셜(Friedrich William Herschel, 1738. 11. 5~1822. 8. 25)

허셜은 독일 출생으로 전쟁에 종군하였다가 탈주하여 영국으로 건너간 영국의 천문학자이다. 그는 1766년 런던 교외의 작은 교회에서 오르간 연주자로 있으면서, 천문서적을 탐독하여 천문학에 관한 지식을 넓혔다. 그 후 자신이 직접 만든 망원경으로 천체관측에 주력하여, 천왕성을 발견하고 태양계 밖에 있는 항성들과 성운, 성단을 관측하였다. 그는 1774년에 초점거리 168 cm인 반사망원경을 제작하였고, 1775년에는 초점거리 213 cm인 망원경을 그리고 1789년에는 초점거리 1,219 cm(지름 122 cm)의 거대한 망원경을 완성하였다. 허셜은 1781년 초점거리 213 cm 망원경으로 황도를 관찰하던 중에 혜성과 비슷한 밝은 천체를 발견하였는데 궤도를 계산한 결과 새로운 행성으로 판명되어 천왕성이라고 명명하였다. 그는 또한 1782년과 1784년에 800여 개의 이중성을 포함하는 '이중성 목록'을 작성하였고, 1802년 이중성 중에서 케플러 운동을 하는 것들을 확인하였다. 1783년에는 천구 상에서 항성의 분포상태를 조사하기 시작하였다. 통계적으로 밝은 별은 가까운 별이고 어두운 별은 먼 별이라고 가정하고, 별들이 원반 모양으로 분포하고 있는 것을 발견하여 우리 은하의 구조에 대한 기초를 수립하였다. 허셜은 성운과 성단의 관측에도 관심을 가져 전체 하늘을 조직적으로 관측하고 1786년, 1789년, 1802년의 3회에 걸쳐 총 2,500개의 성운 및 성단의 목록을 작성하였다.

를 발견하였다. 이 별은 다른 별들이 점으로 보이는 것과는 달리 일정한 크기를 가진 원반으로 보였다. 그뿐만 아니라 며칠 동안 관측하는 사이에 이 별이 조금씩 자리를 옮겨가는 것을 확인하였다.

처음에 허셜은 자기가 새로운 혜성을 발견한 것으로 생각하였다. 그러나 이 별의 궤도를 조사한 결과 이심률이 큰 타원 궤도를 따라 태양을 돌고 있는 혜성과는 달리 원 궤도에 가까운 궤도를 따라 태양을 돌고 있다는 것을 확인하였다. 따라서 이것이 새로운 행성이라는 알게 되었다. 그는 또한 토성과 천왕성의 위성을 발견하기도 하였다.

허셜에 의하여 천왕성이 발견된 후 태양계 탐사작업이 본격적으로 진행되었다. 천왕성의 발견으로 맨눈으로 관찰 가능한 행성이 태양계의 전부라고 생각했던 기존의 고정관념이 부정된 결과였다. 천왕성 다음으로 발견된 것은 화성과 목성 사이에서 태양을 돌고 있는 소행성들이었다. 소행성을 발견하는 데는 보데의 법칙이 중요한 역할을 하였다.

자연에는 수의 조화가 있을 것이라는 믿음을 가지고 있던 사람들은 태양에서부터 행성까지의 거리에서 어떤 규칙을 발견하려고 노력하였다. 그 결과 수성에서 토성까지의 거리는 $3\times 2^n+4$로 나타내지는 수열을 이룬다고 주장하였다. 이 법칙에서 수성의 궤도 반지름을 구하기 위해서는 n에 마이너스 무한대를 대입하고, 금성의 궤도 반지름은 n에 0을 대입하면 되고, 지구에서부터는 n에 1부터 차례로 대입하면 태양에서 행성까지의 거리의 비를 구할 수 있다.

처음에 이 법칙이 제안되었을 때는 이미 알려진 거리들을 이용하여 만들어낸 수열이라 하여 신용할 수 없다고 생각하는 사람들도 많았다. 그러나 천왕성을 발견하고 그 궤도 반지름을 조사해본 결과 천왕성의 궤도 반지름은 보데의 법칙의 n에 6을 대입한 값과 같았다. 따라서 천왕성의 발견으로 보데의 법칙은 많은 사람들의 주목을 받게 되었다.

그런데 화성은 보데의 법칙에서 n이 2인 곳에 위치하고 목성은 n이 4인 곳에 위치하고 있다. 따라서 n이 3인 곳에는 행성이 없다. 천왕성의 발견으로 보데의 법칙의 신용도가 높아지자 화성과 목성 사이에 n이 3이 되는 곳에 또 하나의 행성이 존재할 것이라고 생각하게 되었다. 그래서 1700년대 말부터 많은 천문학자들이 이 사라진 행성을 찾기 위해 독일에서는 행성 파수대라는 집단을 조직해서 개인과 국가의 명예를 걸고 조직적으로 새로운 행성 수색작업을 벌이기 시작하였다. 그러나 정작 새로운 행성을 발견한 것은 이 집단과는 아무런 관계없이 독자적으로 활동한 시칠리섬의 천문학자 피아지(Giuseppe Piazzi, 1746~1826)였다.

피아지는 1801년 1월 1일에 새로운 행성이라고 생각되는 천체를 보데의 법칙이 예언한 위치에서 발견하였다. 이것이 달의 크기의 3분의 1인 세레스였다. 그 후 1802년에 세레스 크기의 반 정도 되는 다른 행성 팔라스(Pallas)가 발견되었고 1804년 세 번째 소행성 주노(Juno)가 발견되었다. 가장 밝아서 맨눈으로도 관찰할 수 있는 유일한 소행성인 베스타(Vesta)가 발견된 것은 1807년의 일이었다. 이렇게 해서 1890년까지 300여 개의 소행성이 발견되었고, 현재 2,000여 개가 발견자의 이름으로 명명되어 있다. 소행성의 발견으로 보데의 법칙의 신용도가 더욱 높아졌음은 물론이다.

허셜에 의해 발견된 천왕성의 운동은 케플러의 행성운동법칙에 의해 계산되었고, 동시에 정확히 관측되었다. 그 결과 계산에 의해 예측된 운동과 실제로 관측된 운동 사이에는 측정오차의 한계를 훨씬 넘는 차이가 있다는 것이 드러났다. 당시에 독일의 천문학자 베셀(F. W. Bessel, 1784~1846)은 이 차이가 천왕성 밖에 있는 미지의 행성의 작용에 의할 것이라는 견해를 피력하였다. 베셀은 지구의 궤도운동에 의한 연주시차를 이용하여 백조자리 61번별까지의 거리를 최초로 측정하여 우주에서 거리를 재는 최초의 정확한 방법을 제시하여 우주의 수수께끼를 푸는 데 중요한 역할을 한 사람으로도 유명하다.

베셀의 생각은 파리 천문대장이던 르베리에(U. J. J. Leverrier, 1811~1877)에게 영향을 주어 뉴턴 역학을 이용하여 새로운 행성의 위치를 계산에 의해 예측할 수 있게 했고, 그의 예측에 의해 베를린 천문대의 갈레(J. G. Galle, 1812~1910)가 1846년 9월 23일 밤에 예측된 지점과 매우 가까운 자리에서 해왕성을 발견하였다. 해왕성은 뉴턴 역학에 의해 발견된 행성이라 하여 더욱 많은 화제 남기기도 하였다.

그런데 뉴턴 역학의 계산으로부터 해왕성의 존재와 예상되는 위치를 먼저 예견한 것은 영국의 애덤스(John Couch Adams, 1819~1892)였던 것으로 알려져 있다. 애덤스는 프랑스의 르베리에보다 먼저 천왕성의 공전이 케플러의 법칙에서 벗어나는 불규칙의 원인을 바깥쪽에 있는 미지의 행성의 의한 섭동 때문이라고 생각하고 천왕성의 운동을 관측한 결과를 이용하여 미지의 행성의 질량, 공전궤도를 뉴턴의 중력의 법칙을 이용하여 산출해냈다. 그러나 실제로 해왕성을 발견한 것은 프랑스의 르베리에의 예측을 근거로 한 것이었기 때문에 애덤스는 먼저 해왕성의 존재를 예측하고도 해왕성의 존재를 예측한 공로를 르베리에와 나누어 갖게 되었다.

해왕성이 발견된 후에 해왕성의 운동을 조사하여 해왕성의 운동에 영향을 주고 있는 다른 행성이 있을 것이라고 생각했으나, 아홉 번째 행성을 찾는 작업은 20세기가 되어서야 시작되었다. 그것은 해왕성의 운동이 매우 느려서 해왕성의 운동의 관측에서 아홉 번째 행성이 존재해야 한다는 것을 알아내는 데 많은 시간이 걸렸기 때문이었다. 아홉 번째 행성을 찾는 일에 시간과 재산을 바친 사람은 우리나라와도 깊은 인연이 있는 미국의 로웰(P. Lowell, 1855~1916)이었다. 로웰은 여행과 여행기를 쓰는 일에 오랜 시간을 바친 사람으로 특히 극동지방을 여행하고 한국(Chosun, 1886)과 일본(Noto, 1891, Occult Japan, 1895)에 대하여 여행기를 출판하기도 했고, 주미 한국 특명 공사의 고문으로 활약하기도 하였다. 그는 만년에 천문학에 관심을 갖게 되어 그의 전 재산과 노력을 천문 관측소를 세우고 행성의 운동을 관측하고 연구하는 데 바쳤다.

로웰은 천왕성의 경우처럼 바깥쪽에 미지의 행성의 존재를 가정하면 해왕성의 운동을 더욱 잘 설명할 수 있다는 사실을 알고 새 행성을 찾는 일에 착수하였다. 그러나 그 일은 그의 생애에 완성되지 못하고 그가 세운 로웰 천문대의 톰보(Clyde W. Tombaugh, 1906~1997)에 의해서 계속되었다. 톰보는 하늘에서 달이 지나가는 길인 황도면을 따라 하늘의 사진을 모조리 찍어서 2, 3일 간격으로 움직인 것이 있는지를 조사하였다. 그렇게 해서 1930년 3월 12일 로웰 천문대로부터 새 행성의 발견 소식이 전 세계에 전해 졌고, 이 새 행성은 명왕성이라고 명명되었다. 그러나 2006년 8월 국제천문연맹(IAU)의 결정으로 명왕성은 행성에서 왜행성으로 등급이 낮아져 134,340번째로 소행성 목록에 등록되었다. 명왕성이 행성에서 제외된 이유는 명왕성 궤도 가까이에 있는 카이퍼 띠의 천체들을 끌어들일 만큼 충분한 중력을 가지고 있지 않기 때문이다. 따라서 태양계의 행성은 다시 여덟 개가 되었다.

2 망원경의 발전과 우주의 거리 측정

이렇게 태양계의 구조가 밝혀지는 동안 인간은 태양계 밖의 우주에도 눈길을 돌리기 시작하였다. 별들이 태양계를 둘러싼 천정에 고정되어 있다는 생각은 망원경을 이용한 우주 관측이 진행되면서 서서히 사라져 가고 대신에 우주에 별들이 어떻게 분포되어 있을까에 대하여 관심을 가지게 되었다. 이 일에 가장 먼저 관심을 가졌던 사람들 중에는 독일의 유명한 철학자 칸트가 있다.

1755년에 칸트(Immanuel Kant, 1724~1804)는 우리 은하계가 납작한 모양을 하고 있다고 제안하고, 지름은 대단히 큰 반면 두께는 매우 얇을 것이라고 하였다. 그는 안드로메다 성운과 같이 점으로 보이지 않고 흰 솜조각처럼 보이는 것은 우리 은하계 밖에 있는 우리 은하계와 닮은 은하계일 것이라는 놀라운 주장을 하기도 하였다. 그러나 당시의 관측 기술은 그의 이런 주장의 진부를 가려낼 수가 없었다.

우주의 모습을 밝히는 데 최초로 큰 공헌을 한 사람은 천왕성을 발견하고 태양계의 구조를 밝히는 데 큰 공헌을 했던 허셜이었다. 허셜은 스스로 구경이 19인치나 되는 망원경을 제작하여 하늘의 별들을 조직적으로 관찰하기 시작하였다. 그는 별들로 이루어진 우주의 모습을 정량적으로 밝히기 위해 조직적으로 별들을 세어 별들의 분포를 공간에 재구성하려고 하였다. 허셜은 하늘을 여러 조각으로 나누어 어느 방향에 몇 개의 별이 있는지를 자세하게 관찰하면 별들로 이루어진 은하계의 모양을 알아낼 수 있을 것이라고 생각한 것이다.

은하계가 완전한 구형이 아니라면 두터운 쪽이 있고 얇은 방향이 있을텐데 두터운 방향으로는 많은 별이 관찰되어 단위 면적당 별들의 밀도가 크고, 얇은 방향에는 별들의 수가 적을 것임으로 단위 면적의 별의 밀도가 작을 것이라고 생각하였다. 따라서 별들의 공간 분포를 잘 조사하면 은하계의 모습을 알 수 있을 것이라고 생각했던 것이다. 그러나 아직 별까지의 거리를 정확히 측정하는 방법이 발견되지 않았던 때이므로 허셜은 밝은 별은 가까이 있고 어두운 별은 멀리 있을 것이라고 가정하였다. 그의 이런 시도는 아직 태양계에 가까운 별들의 분포를 밝히는 데 그치는 것이었지만 우주의 모습을 밝히려는 최초의 과학적인 시도였다는 점에서 그의 업적은 높이 평가되어야 할 것이다. 그의 이런 노력으로 별들이 원반상으로 분포하고 있다는 것이 밝혀져서 아직 완전한 모습은 아니었지만 우리 은하계의 모습이 최초로 관측에 근거하여 제시되었다.

그 후 허셜은 구경 19인치 망원경으로 만족하지 못하고 영국 조지 3세의 재정적 도움을 얻어 40인치의 구경을 가진 대형 망원경을 다시 고안하여 제작하였다. 그는

그림 10-1 허셜의 망원경

구경이 큰 망원경이 갖는 이점을 최초로 인식한 천문학자였다. 망원경에 쓰이는 렌즈의 지름이 커지면 더 밝고 또렷한 상을 볼 수 있다. 실제로 천체 관측에서 배율보다도 상의 선명도가 더 중요한 경우가 많다. 허셜이 망원경을 이용하여 수많은 관측을 실시한 결과 하늘에는 밝게 빛나는 항성들 외에도 별들의 집단인 성단과 성간, 먼지 구름인 성운이 있다는 것을 밝혀냈다.

1786년에 허셜은 관측한 성운과 성단 목록을 왕립협회에 제출하였다. 그의 이러한 작업은 아들 존 허셜에게 계승되어 1864년에는 5,079개의 천체를 망라한 별들의 목록이 발표되었다. 이 중에는 그의 아버지에 의해 발견된 별과 성운이 포함되어 있었으며 800여 쌍의 이중성도 포함되었다.

허셜이 하늘의 별들의 분포에 대하여 수많은 관측을 하였고 관측된 결과를 토대로 우리 은하의 크기를 추정하려고 노력했지만, 그는 아직 코페르니쿠스가 지구로부터 태양에 옮겨놓은 우주의 중심을 다른 곳으로 옮길 적당한 장소는 찾아내지 못하고 있었다. 그는 태양이 한 점에 정지해 있는 것이 아니라 항성 운동을 하고 있다는 것을 알아내기는 했지만 아직 태양이 은하의 중심이라는 생각을 완전히 버리지는 못했었다. 우리 은하의 대략적인 모습을 알아내기는 했지만 우리 은하 밖에 다른 은하가 있다는 사실은 알지 못했으며 우리 은하의 모습도 부분적으로만 이해하지 못했으므로 우주의 중심은 당분간 태양에 머물러 있게 되었던 것이다.

별까지의 거리를 최초로 정확히 측정하여 관측 천문학을 한 차원 높여놓은 사람은 독일의 베셀이었다. 지구는 태양의 주위를 1년의 주기로 공전하고 있으므로 지구의 관측자는 반년마다 공전 궤도의 정반대 쪽에서 별을 관측하게 된다. 따라서 별의 상대적인 위치가 달라져 보일 것이다. 아주 먼 곳에 있는 별까지의 거리는 지구의 공전 궤도 반지름에 비해 아주 크므로 상대 위치가 거의 변하지 않는 것처럼 보일 것이다. 따라서 이런 별들을 배경으로 하면 가까이 있는 별들의 상대적 위치가 달라 보이는 것을 측정할 수 있다.

지구의 공전 궤도 반지름을 밑변으로 하고 별을 꼭지점으로 하는 직각 삼각형을 그렸을 때 이 삼각형의 꼭지각을 연주시차라고 한다. 지구의 공전 궤도 반지름을 알고 있으므로 꼭지각만 측정하면 간단한 계산으로 별까지의 거리를 알 수 있다. 연주시차가 3.14"가 되는 거리를 1파세크라고 하여 천문학에서 거리를 나타내는 단위로 많이 사용하고 있다. 1파세크는 약 3.26광년이 되는 거리로써 빛이 3.26년

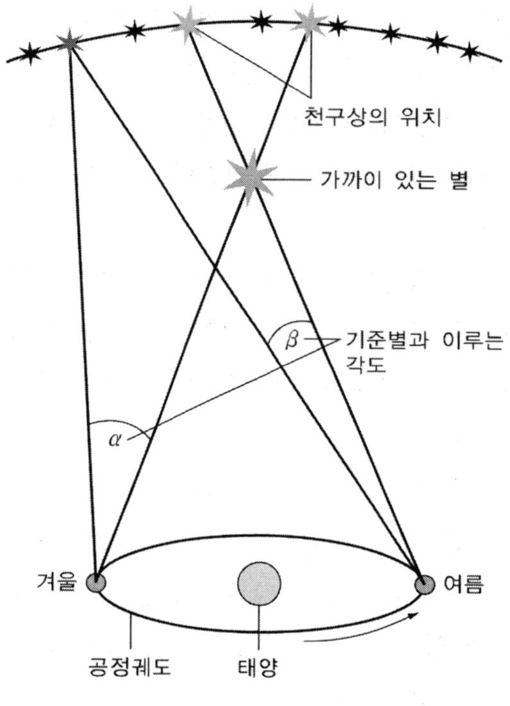

그림 10-2 베셀의 연주시차 측정

가야 되는 거리이다.

선원이 되려고 항해술의 기초가 되는 기하학과 천문학을 공부하던 베셀은 천문학에 커다란 매력을 느껴 결국은 천문학자가 된 사람이었다. 베셀은 연주시차를 이용하면 별까지의 거리를 정확히 측정할 수 있을 것으로 생각하고 프라운호퍼가 고안한 정밀 측각기를 이용하여 백조자리 61번성의 연주시차를 최초로 측정하여 이 별까지의 거리를 계산하였다. 그러나 가까운 별까지의 거리라 해도 지구 궤도 반지름에 비하면 엄청나게 커서 연주시차가 아주 작은 값이므로 측정하기가 쉽지 않았다. 태양계에서 가장 가까운 항성인 켄타우루스자리의 알파별인 프록시마의 연주시차도 겨우 0.76"밖에 안 된다. 측정 오차를 감안하면 이 방법으로 별까지의 거리를 정확히 측정할 수 있는 거리는 100파세크 즉 326광년 정도밖에 안 된다. 태양에서 우리 은하 중심까지의 거리가 약 30,000광년인 것을 생각하면 이 거리는 매우 짧은 거리라는 것을 알 수 있을 것이다.

그러나 가까운 별들까지의 거리를 정확하게 측정하게 되면서 지금까지 겉보기 밝기로만 알고 있던 별들의 실제 밝기를 계산할 수 있게 되었다. 별의 밝기는 별까지의 거리의 제곱에 반비례해서 어두워지므로 겉보기 밝기와 별까지의 거리를 알면 별의 실제 밝기를 쉽게 알아낼 수 있었던 것이다. 별의 밝기를 처음으로 정량적으로 다루었던 사람은 알렉산드리아시대의 히파르코스와 프톨레마이오스였다. 그들은 별의 밝기를 6등급으로 나누고 가장 밝은 별을 1등성이라고 했으며 가장 희미하게 보이는 별을 6등성이라고 하였다.

1850년 영국의 천문학자 포그슨(Norman Robert Pogson, 1829~1891)은 망원경을 이용하여 알렉산더시대부터 1등성이라고 구별되던 별과 6등성이라고 구별되던 별의 밝기의 차이가 100배라는 사실을 밝혀내어 별의 밝기를 수치화하였다. 5등급의 차이가 100배의 밝기를 나타내게 하기 위해서 한 등급의 밝기의 차이를 약 2.512배로 하면 되었다. 맨눈으로 관측이 불가능했던 별들이 망원경의 도움으로 관측이 가능해지자 별의 밝기는 이 스케일에 맞추어 높은 숫자를 가지게 되었다. 망원경으로 관측이 가능한 별 중에는 23.5등성도 있다. 또한 태양이나 보름달과 같이 1등성보다 밝은 별도 이 스케일에 의해 계산하면 음의 등급을 갖게 되는데 태양은 -26.7등성이고 보름달은 -11등성에 해당된다.

많은 과학자들의 노력으로 근대 200년 동안 태양계의 구조가 밝혀지고 우리 은하가 모습을 드러내기 시작했지만 우주의 구조를 밝혀내는 일은 현대 과학의 과제로 넘겨지게 되었다. 특히 우주의 기원을 따지고 우주의 미래를 예측하는 일은 근대 과학에서는 생각할 수도 없는 일이었다.

11장

19세기 기술의 발전

1 내연기관의 개발과 자동차의 등장

1800년대까지는 기술의 진보와 과학과는 무관한 것이 많았다. 물론 갈릴레이 이후 과학자들이 기술자들의 사용해온 여러 가지 방법을 이용해 실험을 하면서 과학과 기술 사이의 관계가 많이 좁혀지기는 했지만 기술과 과학이 서로 구별할 수 없을 만큼 밀접하게 된 현대의 시각에서 보면 그 당시 기술과 과학은 아직 거리가 있었다. 새로운 과학적 발견은 생산 기술로 연결되지 못했고, 기술자들이 사용하는 방법이 과학적 실험에서 충분히 응용되지 못하였다. 그러던 과학과 기술이 서로 밀접한 관계를 가지기 시작한 것은 1850년경부터 대량 생산이 시작된 후의 일이었다.

특히 이 시기에는 과학의 여러 가지 이론과 실험 방법이 기술의 발전을 주도하게 되고 생산성을 높이는 데 적극적으로 사용되기 시작하였다. 이러한 변화가 가장 먼저 눈에 띄게 나타난 부분은 군비의 대량 생산이었다. 여러 가지 군사용 무기를 대량으로 사용하기 시작하면서 정밀 공작 기계를 필요로 하게 되었다. 규격화된 부품을 대량으로 생산하기 위해서는 그 때까지 수공업에 의존하던 생산 방식을 정밀 기계를 사용하는 기계 공업으로 전환해야 되었다. 이 과정에서 과학 실험으로만 사용되던 방법들이 제품 생산을 위해서 다양하게 사용되기 시작하였다.

그림 11-1 오토

또한 열역학의 발전은 기계 공업의 동력원이 되는 열 기관의 개발과 발전에 큰 힘이 되었다. 특히 내연기관의 개발과 발전은 산업 사회의 발전에 중요한 계기가 되었다. 흡입, 압축, 폭발, 배기의 4행정을 가진 내연기관으로 처음 특허를 받은 사람은 프랑스의 엔지니어였던 알퐁스 보 드 로샤(Alphonse Beau de Rochas, 1815~1893)였지만 실제로 이 원리를 이용하여 내연기관을 만든 것은 1876년에 독일의 오토(Nikolaus August Otto, 1832~1891)였다. 처음에는 내연기관을 개발자의 이름을 따서 오토엔진이라고 불렀다.

오토엔진은 10년간 3만대 이상이 팔렸을 정도로 인기가 있었다. 1886년에는 오토엔진에 대한 특허취소 판결이 내려져서 누구나 개발이 가능하게 됐다. 최초의 자동차인 벤츠 1호와 다임러 1호는 오토엔진을 이용해 만들어졌다. 다임러자동차의 창업주로 오토 회사에서 기술 감독관으로 일하기도 했던 다임러(Gottlieb Daimler, 1834~1900)는 기체를 연료로 사용하는 오토엔진의 문제점을 지적하고 1885년 휘발유를 사용하는 내연기관을 만드는 데 성공하였다. 1895년에는 디젤(Rudolf Diesel, 1858~1913)이 중유를 연료로 사용하는 내연기관을 개발하여 많은 공장과 산업체의 동력을 제공하게 되었다. 내연기관의 개발과 함께 외연기관도 개발되어 1884년에는 파슨즈(Sir Charlse Algernon Parsons, 1854~1931)가 개발한 증기터빈이 발전에 이용되었다.

그림 11-2 다임러(좌)와 벤츠(우)

그림 11-3 벤츠가 개발한 최초의 자동차

내연기관을 이용하여 자유롭게 움직이는 자동차를 만들려는 인류의 오랜 꿈을 이룬 사람은 독일의 칼 벤츠와 고트리브 다임러였다. 두 사람은 비슷한 시기에 엔진을 장착한 자동차를 개발하였다. 다임러가 가솔린 엔진을 이용한 자동차를 처음 길에서 달리도록 한 것은 1886년이었다. 칼 벤츠가 개발한 가솔린 엔진을 삼륜 자동차에 장착한 것도 1886년이었다. 특허 번호 37435호로 등록된 벤츠의 자동차는 세계 최초의 자동차로 인정받고 있다. 이 차는 시속 16킬로미터의 속력으로 달릴 수 있었다.

처음에는 자동차에 대한 일반인들의 반응은 냉담하였다. 많은 사람들은 자동차가 너무 시끄럽고, 너무 빠르며, 너무 위험하다고 생각하였다. 그러나 자동차 산업은 빠르게 발전하여 1920년대에 이르러서는 전 세계에 자동차가 보급되기에 이르렀다. 자동차는 곧 현대 문명의 필수 구성요소가 되었다.

2 전기 기술의 발전

최초의 산업 혁명과 생산 설비의 발달은 앞에서 살펴본 열 기관의 발달에 힘입은 바 크다. 그러나 20세기에 들어오면서 산업 사회를 주도하는 기술은 전자공학이 되었다. 여러 분야의 과학 발전이 현대 산업 사회를 이루는 데 기여했지만, 그 중에

그림 11-4 에디슨

서도 전자공학의 발전은 산업 사회와 긴밀한 관계가 있다. 더구나 2차 대전 이후 컴퓨터가 많은 분야에서 사용되기 시작하면서 사회의 여러 분야는 빠르게 변하기 시작하였다.

전자공학의 역사는 다른 과학과 기술의 역사보다 훨씬 짧다. 그것은 19세기 중반이 되어서야 전기와 관련된 여러 가지 현상을 이해할 수 있게 되었기 때문이다. 전기를 실생활에 사용하기 시작한 것은 전등을 이용하면서부터라고 할 수 있다. 전등을 비롯한 전기를 이용하는 전기제품의 개발에 앞장선 사람은 발명왕으로 널리 알려져 있는 미국의 토머스 에디슨(Thomas Alva Edison, 1847~1931)이었다. 1847년 미국 오하이오의 밀란에서 태어난 에디슨은 열아홉 살이던 1866년에 자동 투표 기록기를 발명하고, 1876년에는 탄소 알갱이를 이용한 마이크를 개발하여 전화기를 개선한 것을 시작으로 많은 전기 제품을 발명하였다. 1876년 먼로파크에 자신의 연구실을 개설한 에디슨은 이곳에서 1883년까지 축음기를 비롯한 여러 가지 제품을 개발하였다. 1878년에 에디슨 조명회사를 설립한 에디슨은 전구를 개량하여 1,000시간 동안 사용할 수 있는 전구를 개발했고 1789년에 특허를 획득하였다. 거의 같은 시기에 영국의 스완(Sir Joseph Wilson Swan, 1828~1914)도 독자적으로 진공으로 된 유리구 속에 탄소봉선을 밀봉한 전구를 발명했지만 에디슨이 먼저 특허를 받았다는 것은 잘 알려진 사실이다. 두 자루의 탄소봉 사이에 전류가 흐르면 빛이 나오는 현상을 발견하여 전구를 발명하도록 길을 열어준 사람은 영국의 험프리 데이비(Sir Humphry Davy, 1778~1829)였다.

오늘날 가정이나 산업 현장에서 사용하는 전기는 대부분 교류이다. 교류는 변압기를 이용하여 전압을 올리거나 내리기가 쉬워 전력을 먼 거리에 전송하는 데 유리하기 때문이다. 그러나 전기가 널리 사용되기 시작하던 19세기 말에는 교류와 직류의 사용을 놓고 많은 논란이 있었다. 직류를 사용하는 것이 유리하다고 주장한 대표적인 사람은 에디슨이었고, 교류의 사용을 주장한 사람은 세르비아 출신으로 미국에서 활동한 니콜라 테슬라(Nikola Tesla, 1856~1943)였다. 현대 산업 발전에 공헌한 것에 비해 비교적 널리 알려지지 않은 테슬라는 처음에 프랑스 파리에 있던 콘티

넨탈 에디슨 회사의 직원으로 일하였다. 1884년에 미국으로 건너간 테슬라는 에디슨 회사에서 에디슨과 같이 일을 하기도 했지만 성과급 지급 문제로 에디슨과 헤어져 테슬라 전기 회사를 설립하기도 하였다. 후엔 발명가인 웨스팅하우스와 함께 일하기도 하였다. 1888년에 테슬라는 미국 전기공학 학회의 초청 강연에서 교류 발전기와 교류 모터에 대해 설명하였다. 그러나 에디슨은 교류가 위험하다고 생각하고 교류의 사용을 반대하였다.

그림 11-5 테슬라

에디슨은 교류의 위험을 알리기 위해 동물 실험을 해 보이기도 했고, 전기를 이용한 사형을 제안하기도 하였다. 이에 맞서 웨스팅하우스는 1889년『교류 체계의 안정성』이라는 책을 발간하여 교류의 사용을 권장하였다. 하지만 에디슨의 설득으로 미국 당국은 1890년 교류를 이용하여 사형을 집행함으로써 교류가 치명적일 수 있다는 에디슨의 주장을 널리 알리려고 하였다. 그러나 1893년 시카고에서 열렸던 만국 박람회에서 조명 시설 설비 공급권을 웨스팅하우스가 따내고, 이어 1895년에는 나이아가라 폭포 수력발전소 건설 공사마저 웨스팅하우스가 따내면서 에디슨 회사와의 경쟁에서 우위를 차지할 수 있게 되었다.

교류의 사용을 주장했던 테슬라는 이 외에도 다상 전기 분배 시스템을 개발했고, 교류 모터를 발명하였다. 그는 또한 로봇공학, 탄도학, 컴퓨터공학, 핵물리학, 이론물리학 등의 다양한 분야의 발전에도 직·간접적으로 기여하여 20세기 제2의 산업혁명을 불러오는 데 크게 기여하였다. 그러나 자신의 재정 상황에 관심이 없었던 그는 자신의 발명에 대한 정당한 대가를 받지 못하고 가난과 무관심 속에서 말년을 보냈다.

3 화학 기술의 발전

기술의 발전은 화학 분야에서도 두드러졌다. 특히 공업용으로 사용되는 산과 알칼리의 생산 방법이 개발되어 널리 사용되기 시작하였다. 초기에는 제약업, 가죽,

종이, 직물의 처리 염색에 사용되는 명반을 제조하는 것 등이 화학 분야의 전문 업종이었지만 산업 혁명이 빠르게 진행됨에 따라 몇 가지 기본적인 화학 물질의 수요가 크게 늘어나게 되었다. 산업용 화학 물질 중에서 가장 수요가 많은 것이 황산이었다. 따라서 영국에서 황산 제조 공정을 개선하기 위해 많은 시간과 비용을 쏟아부은 것은 당연한 일이었다.

18세기부터 사용되어 온 황산 제조법은 연실법(Lead-Chamber Method)이었다. 연실법으로 황산을 생산하기 위해서는 공기, 물, 이산화황, 질산염의 원료와 납으로 만든 커다란 용기가 필요하였다. 이 중에서 가장 비싼 원료로 모두 수입에 의해 충당해야 했던 질산염은 공정의 마지막 단계에서 대기 중으로 배출되었기 때문에 다음 공정을 위해서는 또 다른 질산염을 공급해야 하였다. 따라서 질산염은 황산의 제조 원가를 상승시키는 주요 원인이었다. 그러나 1859년에 영국의 화학자 존 글로버(John Glover)는 대기 중으로 배출되는 질산염의 일부를 회수하는 장치를 개발하여 이 문제를 해결하였다. 질삼염 회수 장치인 글로버탑은 19세기 말 화학 공업의 발전을 대표하는 것으로 생산비의 절감은 물론 화학 공장의 급속한 성장과 근대화를 가져왔으며 화학 산업 발전을 가능하게 하였다.

황산과 함께 수요가 급증한 화학 물질인 알칼리는 오랫동안 르 블랑(Le Blanc)법으로 제조해 오고 있었다. 알칼리성 물질인 소다회(Na_2CO_3)와 가성 칼리(K_2CO_3)는 유리, 비누, 직물 등을 포함한 다양한 제품을 생산하는 데 사용되었다. 18세기 말 영국에서는 소다회를 해초의 일종인 켈프를 이용하여 제조했으며 많은 양을 수입에 의존하였다. 그러나 프랑스의 르 블랑(Nicholas Le Blanc, 1742~1806)이 소금을 소다회로 바꾸는 공정을 개발하였다. 르 블랑법은 영국에서 1810년까지 사용되었으며 공정에 의해 만들어지는 염산, 산화질소, 황, 망간, 염소기체 등을 재생하는 방법이 꾸준히 개선되었다.

그러던 1873년 솔베이법이 개발되어 알칼리 생산에 혁신적인 변화를 가져오게 되었다. 솔베이법은 1811년에 프레넬(A. J. Fresnel, 1788~1827)이 창안했으나 오랫동안 사람들의 관심을 끌지 못하다가 60여 년이 지난 1873년에 벨기에의 화학자 솔베이(Ernest Solvay, 1838~1922)가 공업화에 성공한 후에야 주목을 받게 되었다. 솔베이법의 핵심은 20 m가 넘는 고효율 탄화 탑이다. 이산화탄소 기체가 탑의 바닥으로부터 위쪽으로 올라오는 동안 꼭대기에서는 암모니아화브린을 쏟아 붓고 이 화학약품들은 탑 속에서 반응하여 탄산나트륨을 생성한다. 솔베이법은 유독한 부산물을 만들어내지 않으며 정제가 용이한 제품을 만들어낼 수 있다는 장점을 가지고 있다.

그림 11-6 솔베이

솔베이는 솔베이법의 특허를 내고 1861년 형 알프레드 솔베이와 함께 회사를 세우고 1865년부터 생산을 시작했으며, 1890년경에는 다른 나라에도 회사를 설립하였다. 오래지 않아 유럽 전역과 미국에서 솔베이법을 사용하여 알칼리를 생산하기 시작하였다. 솔베이는 솔베이법을 이용해 번 돈을 화학, 물리학, 사회학을 연구하는 국제과학연구소를 짓는 데 썼다. 그는 또한 학자들의 모임인 학회를 위한 비용을 지불하기도 하였다.

솔베이가 기부한 기금으로 1911년에 시작된 솔베이 회의는 양자물리학의 발전에 중요한 역할을 하였다. 세계 정상급 물리학자들만을 초청해 3년마다 열렸던 솔베이 회의는 주요한 물리학적 주제에 대해서 발표하고 토론하였다. 아인슈타인, 보어, 하이젠베르크 그리고 슈뢰딩거와 같은 사람들도 솔베이 회의에 참석하였다.

4 신약의 개발

파스퇴르에 의해 확립된 미생물학은 질병의 예방과 치료에 크게 공헌하였고, 예방 접종의 원리를 확립시켰다. 이에 따라 약품을 생산하고 백신을 제조하는 분야에서도 큰 발전이 있었다. 1881년에는 탄저병의 불활성 종을 이용하여 활성의 병원체로부터 보호받는 방법이 연구되고 있었다. 제너(Edward Jenner, 1749~1823)가 우두를 이용하여 천연두를 예방한 것은 이보다 훨씬 전인 1793년의 일이지만 이때는 아직 병원체에 대한 지식이 없이 경험적으로 예방했을 뿐이었다.

1882년에는 코흐(Robert Koch, 1843~1910)에 의해 결핵균, 콜레라균이 발견되어 치료와 예방에 힘쓰게 되었다. 코흐는 현미경 슬라이드 위에서 탄저균을 배양하

그림 11-7 코흐

여, 탄저균이 긴 실 모양으로 자라는 것과 포자가 형성되는 것을 관찰하였다. 코흐는 건조된 포자가 노출된 상태에서도 수년 동안 살아 있는 것을 발견했는데, 이 발견은 오랫동안 방목하지 않았던 농장에서 탄저병이 다시 발생하는 것을 설명해 주었다. 다시 말해 잠복해 있던 포자가 조건이 좋아지면 간균으로 자라서 탄저병을 일으키는 것이다. 코흐는 병을 유발하는 유기체를 체외에서 배양하는 순수 배양기법을 고안해냈다. 병을 유발하는 유기체를 체외에서 배양할 수 있다는 것은 파스퇴르에 의해 증명되었지만, 이러한 배양을 통해 유기체의 종류를 밝혀내는 정교한 실험을 한 것은 코흐가 처음이었다. 탄저병에 대한 연구는 처음으로 특정한 질병과 세균 사이의 인과관계에 대해 확신한 증거를 제공하였다.

병원체설의 이론적 기초 위에 항생 물질을 질병의 치료에 사용하기 시작한 것은 독일의 에를리히(Paul Ehrlich, 1854~1915)가 보통 606호라고 불리는 살바르산을 합성하여 매독, 인도 천연두 등의 치료에 사용하면서부터이다. 현재는 폴란드의 영토가 되어 있는 실레지아에서 태어나 브레슬라우대학에서 의학을 공부했던 에를리히는 1882년 코흐의 결핵균 발견에 의해 크게 자극받고 결핵균의 항산성 염색연구를 시작하여 같은 해 염색법을 발견하였다. 1890년에는 코흐의 전염병 연구소에서 일하기도 했지만 결핵에 걸려 이집트에서 3년간 요양한 뒤 전염병연구소로 돌아와 디프테리아 독소와 항독소에 관한 연구를 하였다.

1899년 프랑크푸르트 암 마인 국립 실험치료 연구소장이 된 에를리히는 미생물과 결합하여 미생물을 죽이지만, 생체와는 결합하지 않는 무해한 화학 물질이 존재한다는 것을 알게 되었다. 그는 비소화합물 아토네실의 화학구조를 밝혀내고, 그 유도체를 만들어 606번째에 디아미드 디옥시 아르세노벤젠(살바르산)을 발견하여 매독치료에 성공하였다. 에를리히는 면역에 관한 연구 업적으로 1908년에 동물의 체내에서 세균을 비롯한 이물질들을 삼키는 아메바 같은 세포를 발견한 러시아의 메치니코프(Ilya Ilich Mechnikov, 1845~1916)와 공동으로 노벨생리·의학상을 수상하였다.

그 후 천연 항생 물질인 페니실린이 대량으로 제조되어 질병의 치료에 널리 사용

그림 11-8 플레밍

되게 되었다. 페니실린을 발견한 사람은 영국의 알렉산더 플레밍(Sir Alexander Fleming, 1881~1955)이었다. 영국의 세균학자로서 항균물질 리소자임(lysozyme)과 푸른곰팡이(Penicillium notatum)에서 페니실린을 발견하여 질병 치료 방법을 획기적으로 발전시켰다. 그는 스코틀랜드 출신으로 런던대학의 세인트 메어리즈 병원 의과대학(현재 임페리얼 칼리지)을 졸업한 후 제1차 세계대전 동안 전쟁터에서 군인이 걸리는 무서운 감염증이 있다는 것을 알게 되어 병원에 돌아온 후에는 감염증 치료를 개선시킬 수 있는 약제 탐색에 온 힘을 기울였다.

플레밍은 1920년경에 리소자임과 페니실린이라는 항균성을 가지는 두 물질을 분리해 내는 데 성공하였다. 부상병들이 세균으로 인한 폐혈증으로 죽어가는 것을 보고 연구를 계속하던 플레밍은 1922년에 세균을 죽이는 리소자임을 발견하여 분리하는 데 성공하였다. 1928년에는 인플루엔자 바이러스에 관한 연구를 하고 있던 중 우연히 푸른곰팡인 페니실리움 노타툼(Penicillium notatum)으로 오염되어 있는 배지에 황색포도상구균(Staphylococcus aureus)이 자라지 않는 것을 발견하였다. 그는 푸른곰팡이를 연구하여 이 곰팡이에서 인체에 감염을 일으키는 일반 세균들을 죽일 수 있는 물질이 만들어지는 것을 발견하였다. 플레밍은 푸른곰팡이의 배양물을 800배로 묽게 해도 균을 죽일 수 있다는 것을 발견했고 이것이 최초의 항생제인 페니실린이었다. 이 연구로 플레밍은 1945년 공동 연구자인 체인(Ernst Boris Chain, 1906~1979), 플로리(Howard Walter Florey, 1898~1968)와 함께 노벨생리·의학상을 수상하였다.

5 다이너마이트와 노벨상

스웨덴의 노벨(Alfred Bernhard Nobel, 1833~1896)이 안전한 폭약인 다이너마이트를 발명한 것도 중요한 기술상의 발전이었다. 스웨덴의 스톡홀름에서 태어난

그림 11-9 노벨

노벨은 발파용 폭탄과 공작기계 사업을 하던 부모를 따라 러시아의 상트페테르부르크로 이주하여 그곳에서 어린 시절을 보냈다. 아버지의 사업이 실패한 후 스웨덴으로 돌아온 노벨은 광산에서 안정적으로 사용할 수 있는 폭탄 제조 실험을 시작하였다. 당시 광산에서 사용하던 폭약은 흑색화약이었는데 액체 폭약인 니트로글리세린은 폭발성은 뛰어났지만, 휘발성이 강해 안전에 문제가 있었다. 노벨은 1862년부터 니트로글리세린을 안전하게 사용할 수 있는 방법을 찾기 위한 연구를 시작했고 1863년 금속용기에 니트로글리세린을 채운 다음 목제 점화 플러그를 끼워 넣는 방식으로 실용적인 뇌관을 만드는 데 성공하였다.

이것은 점화장치에 들어있는 소량의 흑색화약을 폭발시켜 액체 니트로글리세린의 폭발을 유도하는 방법이었다. 뇌관의 발명으로 노벨은 사업에 성공하는 한편 발명가로서의 명성을 얻기 시작한다. 그러나 폭발성이 강한 니트로글리세린의 운반과 취급은 여전히 어려운 문제로 남아 있었다. 1867년에 노벨은 니트로글리세린을 투과성이 높은 규산이 함유된 규조토에 스며들게 한 다음 말리면 사용과 취급이 훨씬 용이하고 편리하다는 사실을 발견하였다. 노벨은 이 새 제품에 다이너마이트라는 이름을 붙였다. 다이너마이트의 발명으로 각종 토목공사가 수월하게 진행될 수 있었으며, 다이너마이트는 세계적인 명성과 부를 안겨 주었다.

평생을 독신으로 지냈던 노벨은 협심증으로 고생하다 1896년 12월 10일 이탈리아 산레모에 있는 별장에서 뇌출혈로 사망하였다. 사망 당시 그가 소유했던 사업체 수는 폭탄 제조공장과 탄약 제조공장을 합해 90여 개를 넘었다. 1895년 11월 27일 파리에서 작성해 스톡홀름의 한 은행에 보관해 두었던 유언장이 그가 죽은 후 공개되었다. 유언장에서 노벨은 재산의 대부분을 기금으로 남겨 세계적으로 가장 권위 있는 상으로 인정받고 있는 노벨상을 제정하도록 하였다. 노벨상을 제정한 그의 유언장의 일부는 다음과 같다.

> 나의 전 재산을 아래와 같은 방식으로 처리할 것을 밝혀둔다.
>
> 원금은 나의 집행인들에게 맡겨 안전한 곳에 투자해 기금을 조성하게 하고, 거기서 나오

는 이자는 지난해 인류에 가장 큰 공헌을 한 사람들을 선정해 상을 주는 형태로 매년 지급하도록 한다. 앞서 언급한 이자는 5개 부문에서 공헌한 사람들에게 골고루 분배하도록 한다.

첫째, 물리학 분야에서 가장 중요한 발견이나 발명을 한 사람
둘째, 화학 분야에서 가장 중요한 발견이나 발명을 한 사람
셋째, 생리학이나 의학 분야에서 가장 중요한 발견이나 발명을 한 사람
넷째, 문학 분야에서 가장 탁월한 이상주의적인 경향의 작품을 쓴 사람
다섯째, 국가 사이의 유대를 돈독히 하거나 군대를 폐지 또는 축소시키거나 평화회담을 주창 · 개최하는 데 가장 큰 공을 세운 사람

물리학상과 화학상은 스웨덴 왕립 과학 아카데미에서 수여하도록 한다. 생리학 · 의학상은 스웨덴 스톡홀름의 카롤린스카 연구소에서 수여하도록 한다. 문학상은 스톡홀름 아카데미에서 수여하도록 한다. 평화상은 노르웨이 의회에서 선출된 5인 위원회에서 수여하도록 한다. 상을 수여하는 데 있어 어떠한 경우에도 후보자의 국적이 고려되어서는 안 된다는 것이 나의 바람이다. 따라서 상은 스칸디나비아인이든 아니든 상관없이 수상할 가치가 있는 사람에게 수여되어야 한다.

6 인조섬유의 개발

인류가 옷을 입고 살기 시작한 이래 생활에서 섬유가 차지하는 부분은 매우 크다. 인류는 오랫동안 자연에 얻은 섬유를 이용하여 옷을 지어 입었다. 그러나 19세기 초부터 인공적으로 제조한 인조 섬유를 사용하기 시작했고 인조 섬유의 사용은 인류의 생활과 산업을 크게 바꾸어 놓았다. 초기 인조 섬유는 면화와 같이 값싼 셀룰로오스계 천연 섬유로부터 비단과 같은 인조견을 만들려는 시도로부터 시작되었다. 1885년에 프랑스에서 셀룰로오스와 질산의 합성으로 만들어진 니트로셀룰로오스에서 뽑은 실에서 질산기를 제거하여 처음으로 레이온을 만드는 데 성공하였다.

부드러운 목재나 면화에서 얻은 셀룰로오스를 화학적으로 처리하여 용액 형태로 만들고 작은 구멍을 통해 압출하여 긴 섬유를 만드는데 이처럼 용액을 방사구로 압출하는 공정을 방사라고 한다. 니트로셀룰로오스는 작은 구멍을 통해 길이가 긴 필라멘트 형태로 압출된 뒤 공기 중 노출이나 화학적인 처리를 통해 응고시킨다.

이 필라멘트를 일정한 길이로 짧게 절단한 후 여러 겹을 꼬아 실을 만든 것이 레이온이다. 그러나 니트로셀룰로오스 레이온은 인화성이 높아 널리 사용되지 않았다.

1890년에는 독일에서 셀룰로오스가 산화구리를 함유한 암모니아 수용액에 녹는 성질을 이용한 구리암모니아 레이온이 개발되었다. 1918년 틸레(Edmund Thiele)가 발명한 연신방사법(stretch-spinning system)을 이용하여 구리암모니아 레이온으로 실용적인 인조견사를 만들 수 있었다. 구리암모니아 레이온은 가늘고 광택이 좋아 비단처럼 아름답지만, 생산비가 높아서 가격이 비싼 것이 대량 생산에 걸림돌이 되었다.

가장 널리 사용된 비스코스 레이온은 1891년 영국 화학자 크로스(Charles Frederick Cross, 1855~1935)와 베번(Edward John Bevan, 1856~1921)이 발명하였다. 목재 펄프를 수산화나트륨 용액에 침지한 후, 황화과정을 거쳐 끈끈한 용액으로 만들어 방사한 뒤 황산 등을 포함하는 응고액을 통과시켜 셀룰로오스로 재생한 섬유를 말한다. 1900년부터 1967년까지 전 세계에서 대량으로 생산되었다. 그러나 비스코스 레이온의 제조 과정에 발생하는 유해물질이 작업자들의 건강을 해치는 등 문제가 많아 우리나라를 비롯한 많은 나라에서 생산을 중단하고 있다. 비스코스 레이온의 환경문제가 대두되자 최근에는 다시 구리암모니아 레이온에 관심을 보이고 있다.

레이온은 천연 셀룰로오스를 용액으로 전환했다가 다시 섬유 형태로 환원한 것이기 때문에 재생 섬유이다. 재생 섬유와는 달리 합성 섬유는 석유, 석탄, 천연가스 등을 원료로 하여 고분자 화합물을 인공적으로 만들고 이것을 섬유 모양으로 방사한 것이다. 합성 섬유에는 여러 가지 종류가 있는데 나일론, 폴리에스테르, 아크릴을 3대 합성 섬유라고 한다.

최초의 합성 섬유인 나일론은 1935년 미국 뒤퐁사에서 캐러더스(Wallace Hume Carothers, 1896~1937)에 의해 개발되었다. 나일론은 섬유를 만드는 폴리아미드계 합성 고분자 화합물의 총칭이다. 1939년에 듀퐁사는 본격적인 합성 섬유 생산을 시작하였다. 폴리아미드는 지방족 폴리아미드, 방향족 폴리아미드, 지방족 고리 폴리아미드로 분류된다. 이들은 모두 아미드결합으로 연결된 선 모양의 고분자 화합물이다.

현재 상품화되어 있는 나일론은 주로 2종류인데, 하나는 듀퐁사가 최초로 발매한 나일론 6·6이고 다른 하나는 독일의 BASF사가 발매한 나일론 6이다. 같은 양의 아디프산과 헥사메틸렌디아민을 알코올이나 물을 용매로 하여 혼합하면 나일론 6·6염이 만들어진다. 이 나일론 6·6염 수용액을 가열 탈수하여 폴리 축합시켜 가면서 용융 방사를 하여 실을 뽑아낸 것이 나일론 6·6이다. 6·6이 뜻하는 것은 아미드기로 결합하고 있는 지방족화합물 2종류의 구성분자가 모두 6개의 탄소를 가지고 있다는 것을 나타낸다. 또한 많은 나라에서 생산되고 있는 나일론 6은 1938년 독일의 BASF사에서 개발되어 1943년에 상품화된 것으로 벤젠을 원료로 하여 제조뒤 카프로락탐을 개환 중합하여 만든다. 나일론 6·6과 나일론 6은 아미드기의 배열순서가 다를 뿐 섬유로서의 성질은 아주 비슷하다.

20세기 초부터 각종 공업 제품의 재료로 각광을 받게 된 플라스틱은 자연에서 발견되는 천연재료를 가공하여 사용하는 것에서 출발하였다. 대표적인 천연 플라스틱 재료는 고무이다. 고무나무에서 생산되는 천연고무는 열을 조금만 가해도 탄성을 잃어버렸기 때문에 활용도가 그렇게 많지 않았다. 이러한 고무의 성질을 개선해 온도가 높아져도 탄성을 잃어버리지 않게 만든 사람은 찰스 굿이어(Charles Goodyear, 1800~1860)였다. 1839년 굿이어는 천연고무에 가황처리를 하게 되면 고무가 높은 온도에서도 탄성을 잃지 않는다는 것을 발견하였다. 황이 고무분자 사이에서 다리를 형성하여 분자들의 결합이 풀어지기 어렵게 하기 때문이다. 굿이어의 발견으로 고무의 용도가 크게 늘어나게 되었다. 셀룰로오스를 재료로 하는 플라스틱은 1855년에 영국의 파크스(Alexander Parkes 1813~1890)에 의해 개발되었다. 파크스는 셀룰로오스를 질산에 처리하여 인조 상아를 만들어 팔았는데 1962년 런던에서 열렸던 세계 박람회에서 동상을 받기도 하였다.

천연재료가 아닌 합성물질을 이용하여 최초로 플라스틱을 만든 사람은 벨기에 사람으로 미국으로 이민해서 활동한 베이클랜드(Leo Hendrik Baekeland, 1863~1944)였다. 베이클랜드는 도선을 싸는 부도체를 찾고 있었다. 그는 페놀과 포름알데히드를 섞어 가열하면 끈적끈적한 물질이 되고 이것을 식히면 매우 단단해 진다는 것을 알게 되었다. 그는 연구를 계속하여 이 물질을 다른 여러 가지 물질과 섞으면 다양한 성질을 가지는 여러 가지 복합재료를 만들 수 있다는 것도 알아냈다.

그림 11-10 베이클랜드

1912년에 베이클랜드는 그의 발명품을 공개하고 베이클라이트라고 불렀다.

처음에는 베이클라이트가 주로 전기 부품을 만드는 데 사용되었지만 1920년 이후 부터는 여러 가지 제품에 다양하게 사용되기 시작하였다. 베이클라이트는 값이 싸고 강했으며 내구성이 있었고, 어떤 형태로도 쉽게 가공할 수 있었다. 따라서 베이클라이트는 거의 모든 공업 제품 재료로 사용되었다. 지금까지 살펴본 여러 가지 기술의 발전 외에도 19세기 후반과 20세기 초에는 많은 새로운 발견과 발명이 계속되어 20세기 고도 산업 사회로 진입하는 길을 열어 놓았다.

12장

새로운 시대를 연 상대성 이론

1 특수 상대성 이론

사람들은 경험을 통해 자연에 대해 많은 것을 알아가고 있다. 그런데 만약 경험을 통해 알고 있는 사실이 자연의 참모습과 다르다면 어떻게 할 것인가? 관측된 사실을 통해 자연을 알아 가는 인간에게 관측된 사실과 다른 자연의 참모습을 알아내라고 하는 것은 억지가 아닐 수 없다. 그러나 그런 억지를 부리지 않으면 안 되는 일이 20세기 초반부터 물리학계에 나타나기 시작하였다.

그것은 빛의 속도에서였다. 우리는 일상 경험을 통해 모든 속도는 관측자의 운동 상태에 따라 다르게 측정된다는 것을 잘 알고 있다. 길가에 서 있는 사람이 보는 참새의 속도와 자동차를 타고 달리는 사람이 보는 참새의 속도는 다르다. 만약에 참새의 속도가 자동차의 속도와 같다면 자동차를 타고 있는 사람에게는 참새가 서 있는 것처럼 보일 것이다. 이것은 일상 경험을 통해 자명하게 알고 있는 사실이다.

그런데 빛의 속도가 정밀하게 측정된 후에 마이컬슨(Albert Abraham Michelson, 1852~1931)과 몰리(Edward Williams Morley, 1838~1923)가 여러 가지로 실험한

그림 12-1 마이컬슨

그림 12-2 몰리

결과 빛의 속도는 이러한 속도에 대한 상식이 전혀 적용되지 않는다는 것을 알게 되었다. 빛의 속도는 관측자나 광원의 운동 상태와는 관계없이 항상 같은 값으로 측정되었던 것이다. 그것은 간단한 문제가 아니었다. 빛의 속도가 우리의 일상 경험을 뛰어넘는 것이라면 우리의 감각 경험으로 얻어진 지식이 정확하지 않을 수도 있다는 것을 뜻하였다.

실제로 빛의 속도에 비교할 수 있을 만큼 같이 빠른 속도로 달리는 세계에서는 우리의 일상 경험과는 다른 일들이 벌어지고 있다. 이런 세계에서 벌어지는 일을 알아내려는 노력이 아인슈타인(Albert Einstein, 1879~1955)의 상대성 이론이다. 아인슈타인의 상대성 이론에서는 빠른 속도로 움직이는 세계에서도 빛의 속도는 항상 같은 값이라는 사실을 실마리로 하여 풀어나간 이론이다.

물리량은 어떤 상태에 있는 사람이 측정한 양이다. 어떤 상태에 있는 사람이 측정한 양이라는 말은 물리량이 측정하는 사람의 상태에 따라 달라질 수도 있다는 의미를 포함하고 있다. 어떤 양이 물리량이기 위한 가장 중요한 조건은 그 양이 측정 가능해야 한다는 것이다. 길이, 질량, 시간, 속도, 운동량, 각운동량, 에너지와 같은 양들은 모두 측정 가능한 물리량이다. 이렇게 측정된 물리량들 사의의 관계를 물리법칙이라고 한다. 뉴턴의 가속도 법칙은 힘과 질량, 가속도라는 물리량들 사이의 관계를 나타내는 물리법칙이다.

등속도 운동을 하고 있는 계를 관성계라고 하고 모든 관성계에서 같은 물리법칙

▪ ▪ 아인슈타인(Albert Einstein, 1879. 3. 14~1955. 4. 18) ▪ ▪

아인슈타인은 독일 태생의 미국 이론물리학자로 상대론을 확립하여 20세기 최대 학자로 인정되고 있다. 아인슈타인은 스위스 국립공과대학 물리학과를 졸업한 후에 베른 특허사무소에서 5년간 근무하였다. 1905년에 광양자설, 브라운운동의 이론, 특수 상대성 이론을 발표하였다. 그 중에서도 특수 상대성 이론은 뉴턴 역학의 불완전성을 제시하고, 시간, 공간 개념을 근본적으로 변혁하였다. 특수 상대성 이론에 의한 질량과 에너지의 등가성의 발견은 원자폭탄의 이론적 근거가 되었다. 그리고 1913년 베를린대학 교수로 부임하였다. 1915년에는 특수 상대성 이론을 일반화하여 중력 이론이 포함된 이론으로 확대하고자 일반 상대성 이론을 발표하였다. 일반 상대성 이론에 의하면 중력장 속에서 빛은 구부러져 진행한다고 하였다. 이것은 1919년 에딩턴의 일식 관측팀에 의해 확인되었다. 아인슈타인은 광전효과 연구와 이론물리학에 기여한 공로로 1921년 노벨물리학상을 받았다. 1933년에는 유대인을 핍박하던 나치 지배하의 독일을 떠나 미국의 프린스턴 고등학술연구소 교수로 부임하여 통일장 이론의 연구에 힘을 기울였다. 제2차 세계대전 중 독일이 원자폭탄 연구에 몰두하자, 아인슈타인은 루스벨트 대통령에게 원자폭탄 개발의 필요성을 알리는 편지를 보냈다. 이것이 미국에서의 원자폭탄 연구, 맨해튼계획의 시초가 되었다. 유대인 출신인 아인슈타인은 유대민족주의, 시오니즘운동의 지지자, 평화주의자로서도 활약하였다.

이 성립하는 것을 상대성 원리라고 한다. 이는 또한 물리법칙의 불변성이라고도 한다. 태양 주위를 공전하기 위하여 빠르게 움직이는 지구 위에서 아무렇지도 않게 편안히 살아갈 수 있는 것은 물리법칙의 불변성 때문이다. 지구의 운동은 등속 운동이 아니고 가속 운동인 타원 운동이지만 가속도의 크기가 매우 작아 그 효과가 잘 나타나지 않는 것이다.

그러나 관성계가 물리적으로 동등한 상태라고 해서 측정되는 물리량마저 같은 것은 아니다. 따라서 서로 상대적으로 운동하는 계에서 물리량들이 어떻게 다르게 측정되는가 하는 것을 알아보는 것은 매우 중요한 문제이다. 서로 상대적으로 운동하는 계에서 측정한 물리량들 사이의 관계를 나타내는 식을 변환식이라고 한다.

뉴턴 역학에서 받아들여지던 변환식은 갈릴레이 변환식이었다. 갈릴레이 변환식에 의하면 서로 상대적으로 운동하고 있는 두 계에서 측정한 가속도, 질량, 시간, 길이 같은 물리량들은 항상 같다. 그러나 속도만은 다음과 같이 다르게 측정되어야 한다. 그러나 이러한 갈릴레이의 상대론에 문제가 생기기 시작하였다. 관측자의 운동 상태에 따라 속도가 다르게 측정된다는 갈릴레이 변환식이 빛에는 성립하지 않는다는 것이 밝혀진 것이다. 정밀한 측정에서 빛의 속도는 관측자의 운동 상태와는 관계없이 항상 같은 값으로 측정되었다.

문제는 여기에서 그치지 않았다. 전자기학의 기본 식인 맥스웰 방정식은 관측자의 운동 상태에 따라 다른 식으로 나타나 등속도로 운동하는 관측자에 대하여 불변이어야 한다는 상대성 원리에 맞지 않았다. 이 두 가지 문제를 해결하기 위하여 물리학자들은 여러 가지로 노력하였다. 하지만 그들은 자명해 보이는 갈릴레이 변환식에 문제가 있으리라고는 생각하지 않았다. 그래서 그들은 빛의 속도와 맥스웰 방정식에서 오류를 찾아내려고 노력하였다.

그러나 아인슈타인은 달리는 사람이나 서 있는 사람이 측정한 빛의 속도가 항상 같은 값이라면 갈릴레이 변환식이 틀렸다고 생각하면 된다고 제안하였다. 아인슈타인은 빛의 속도는 측정하는 사람의 운동 상태와 관계없이 항상 같은 값으로 측정된다는 사실을 만족시키는 새로운 변환식을 제시하였다.

빛의 속도는 광원의 속도와 관측자의 속도에 관계없이 항상 같은 값으로 나타난다는 광속불변의 원리와 등속도 운동하는 관성계에 있는 관측자에게 물리법칙은 항상 같은 식으로 표현된다는 상대성 원리를 만족시키도록 만들어진 새로운 변환식을 로렌츠 변환식이라고 한다. 이 변환식이 로렌츠 변환식이라고 불리는 것은 네덜란드의 로렌츠(Hendrik Antoon Lorentz, 1853~1928)가 제안했기 때문이다. 이는 빛의 속도가 광원이나 관측자의 상대 속도에 관계없이 항상 일정하다는 마이컬슨과 몰리의 실험결과를 운동하는 방향으로의 길이가 수축하기 때문이라고 설명하기 위해 설명했던 식이기 때문이다.

로렌츠 변환식을 이용하면 측정한 물리량이 빨리 달리고 있는 기차 위의 관측자에게는 어떤 값으로 측정될지 환산해 볼 수 있다. 로렌츠 변환식을 이용하여 그 때까지 문제가 되었던 빛의 속도 문제는 물론 맥스웰 방정식의 불변의 문제도 모두 해결되었다. 로렌츠 변환식에 의하면 길이, 시간, 심지어는 질량까지도 관측자의 운동 상태에 따라 다른 값으로 측정되어야 한다. 빛처럼 빠른 상태를 경험하는 것이 어려운 일이어서 실험을 통해 이 사실들을 확인하는 것도 쉬운 일이 아니었다.

특수 상대성 이론이 제안된 1905년 이후에도 오랫동안 특수 상대성 이론의 정당성을 놓고 많은 논쟁을 벌였던 것은 이 때문이다. 그러나 전자와 같이 빠르게 운동하는 입자들의 세계가 나타나면서 빠르게 달리는 입자들의 물리량을 실제로 측정할 수 있게 되었다. 이 과정에서 특수 상대성 이론은 정당한 것으로 증명되었다.

로렌츠 변환식을 이용하면 우선 속도를 더하는 방법이 달라진다. 관측자에 대하여 V의 속도로 상대 운동을 하고 있는 좌표계에서 v의 속도로 움직이고 있는 물체의 속도를 정지한 좌표계의 관측자가 측정한 속도는 $v+V$가 된다는 것이 그때까지 일반적으로 받아들여지던 갈릴레이 변환식에 의한 결과였다.

그러나 로렌츠 변환식은 빛의 속도는 광원이나 관측자의 속도에 관계없이 항상 같은 값이 되도록 만들어진 변환식이다. 따라서 속도 더하기가 달리지는 것은 당연한 일이다. 특수 상대성 이론에 의하면 빛의 속도의 70 %의 속도(0.7 c)로 달리는 기차 위에서 다시 빛의 속도의 반의 속도(0.5 c)로 앞으로 발사된 총알의 속도를 지상에 정지해 있는 관측자가 보면 단지 빛의 속도의 88 %에 해당하는 속도가 된다. 갈릴레이 변환식에 의하면 이 경우에 총알의 속도는 빛의 속도의 1.2배가 돼야 한다.

로렌츠 변환식에 의한 속도 가법에 의하면 빛의 속도로 달리는 기차에서 다시 빛의 속도로 총알을 발사해도 총알의 속도는 빛의 속도가 될 뿐이다. 결국 모든 속도는 빛의 속도보다 빠를 수 없다는 결론이 나온다. 빛의 속도로 달리는 기차에서 반대편으로 빛의 속도로 달리는 기차를 보아도 그 기차의 속도는 빛의 속도로 측정된다는 것이다. 그것은 달리는 기차에서 반대로 달리는 기차의 속도를 측정하면 두 배의 속도로 달리는 것처럼 보인다는 우리의 경험과는 전혀 다른 결과이다.

빛의 속도가 항상 같은 값으로 측정되도록 만든 로렌츠 변환식에 의하면 측정하는 사람의 속도에 의해 물체의 길이도 다르게 측정돼야 한다. 측정하려고 하는 물체에 대하여 운동하고 있는 관측자는 물체가 정지해 있는 관측자보다 물체의 길이를 짧게 측정한다.

다시 말해 빠른 속도로 달리는 기차 위에 있는 막대의 길이를 길가에 서 있는 사람이 측정하면 기차에 타고 있는 사람이 측정한 길이보다 짧게 측정되는 것이다. 이것을 피제랄드의 수축이라고 한다. 그러나 이러한 길이의 수축은 빛의 속도와 견줄 수 있는 빠른 속도로 달리는 물체에서만 측정 가능할 만큼 현저하게 나타난다. 일상생활에서 나타나는 속도는 빛의 속도보다 아주 느리므로 관측자에 따라 길이가 달라지는 현상이 잘 나타나지 않는다.

로렌츠 변환식에 의해 나타나는 또 다른 효과는 어떤 사건이 일어나는 시간 간격을 이 사건이 일어나고 있는 좌표계 위의 관측자가 측정한 시간 간격과 이 좌표계와 상대운동을 하고 있는 좌표계에서 측정한 시간 간격이 다르다는 것이다. 시간 간격은 움직이는 좌표계의 사건을 정지해 있는 좌표계에서 측정할 때 더 길게 측정된다.

다시 말해 빠르게 달리는 자동차 위의 시계를 길에 서 있는 사람이 측정하면 이 시계가 자기의 손목시계보다 천천히 가는 것처럼 관측된다. 시간이 어떤 의미를 가지는가 하는 것은 많은 논란의 대상이었다. 그러나 시간이 측정자의 상대운동에 따라 다르게 측정된다는 것은 전혀 새로운 생각이었다. 따라서 시간이 관측자에 따라 다르게 측정된다는 것은 많은 사람들이 상대성 이론을 이해하기 어렵게 하는 가장 큰 장애가 되었다.

로렌츠 변환식에 의한 특수 상대성 이론의 결과 중에서 전혀 새로운 또 하나의 결과는 질량이 물체의 고유한 양이 아니라 물체의 속도에 따라 변하는 양이라는 사실이다. 고전 물리학에서는 물체의 질량은 시간과 마찬가지로 절대적인 의미를 가지는 양이라고 생각해 왔다.

그러나 특수 상대성 이론에 의하면 질량은 속도의 증가에 따라 증가하는 양이어야 하였다. 뉴턴의 역학법칙에 의하면 물체에 힘을 작용시키면 그 물체의 속도를 끝없이 증가시킬 수 있고, 그 운동에너지도 무한히 증가시킬 수 있다. 그것은 질량이 속도에 관계없이 일정하고, 힘을 계속 가함에 따라 속도는 한없이 증가할 수 있다고 생각했기 때문이다.

그러나 상대성 이론에 의하면 물체의 속도는 한없이 증가할 수 있는 것이 아니고 빛의 속도에 이르면 더 이상의 증가가 불가능하게 된다. 그러므로 물체에 계속적으로 가해지는 힘에 의해 하여지는 일은 속도의 증가가 아닌 다른 것에 쓰여야 한다.

물체에 해주는 일의 일부는 물체의 속도를 증가시키는 데 쓰이는 것이 아니라 질량을 증가시키는 데 쓰이게 된다는 것이 상대성 이론의 결론이다. 따라서 질량과 에너지가 상호 변환 가능한 동등한 양이라는 결론에 이르게 되었다. 이러한 사실은 실험적으로 증명되었다. 에너지와 질량 사이의 변환식($E=mc^2$)은 일반인들에게도 잘 알려진 유명한 식이 되었다.

이제 에너지가 질량을 증가시킨다는 것이 밝혀졌고 질량과 에너지의 환산식이 밝혀짐에 따라 질량은 에너지의 한 형태로 취급할 수 있게 되었다. 작은 양의 질량이 에너지로 변해도 아주 큰 에너지로 바뀐다는 것이 계산되면서 과학자들이 질량을 에너지로 변환시키는 방법에 대하여 연구하게 된 것은 당연한 일이었다. 이런 일은 원자핵 물리학 분야에서 실제로 이용하여 큰 에너지를 얻기에 이르렀다.

학자들은 원자핵이 분열하는 과정에서 작은 양의 질량이 에너지로 변환되는 것을 실험적으로 확인하고 원자핵을 연속적으로 분열시켜 큰 에너지를 얻어내는 방법을 개발하였다. 이것이 원자폭탄이었다. 그 후 조절된 상태에서 핵분열이 일어나도록 하는 기술이 개발되자 원자핵을 새로운 에너지원으로 사용하게 되었다. 이제 상대성 이론은 단순한 측정의 문제 차원이 아니라 물리적 실체를 나타내는 원리로서 모든 사람이 받아들이지 않을 수 없게 된 것이다.

2 일반 상대성 이론

아인슈타인은 특수 상대성 이론을 발표한 후 1905년에서 1908년까지 베른의 특허 사무실에 그대로 근무하면서 상대성 이론을 발전시켰다. 아인슈타인이 구상하고 있는 새로운 이론은 중력에 관한 것이었다. 뉴턴은 중력을 물체 사이에 작용하는 원격작용이라고 하였다. 서로 접촉하지 않고 작용하는 힘이라는 것이다. 그러나 아인슈타인은 4차원 시공간이 중력의 원인이라는 것을 밝혀냈다. 시공간을 물렁물렁한 고무판이라고 가정하면 시공간이 중력을 작용하게 하는 방법을 쉽게 설명할 수 있다. 고무판에 아무 것도 놓여있지 않을 때는 평평하다. 이것은 변형되지 않은 시공간을 나타낸다. 그러나 고무판에 무거운 볼링공을 얹어 놓으면 공이 있는 자리가 움푹 들어갈 것이다. 이렇게 움푹 들어간 곳은 주위에 있는 다른 공들을 끌어들이는 작용을 할 것이다. 이것은 변형된 시공간 안의 물질들이 서로 중력을 작용하는 방법과 비슷하다. 태양이 있으면 태양 주위의 시공간은 움푹 들어가 있다. 따라서 태양 주위의 모든 물체들은 태양으로 굴러 떨어지려고 한다. 태양으로 끌려 들어가지 않으려면 빠른 속도로 태양 주위를 돌아야 한다는 것이다.

이 때 물체 사이에 얼마나 큰 중력이 작용하는가 하는 것은 휘어진 시공간의 곡률

그림 12-3 지구에 의해 휘어진 공간

에 따라 달리진다. 다시 말해 시공간이 급하게 휘어져 있어 곡률이 크면 큰 중력이 작용하고, 완만하게 휘어져 있어 곡률이 작으면 작은 중력이 작용한다는 것이다. 따라서 우리가 측정하는 중력 작용은 변형된 공간과 물체 사이의 상호 작용이다. 뉴턴은 사과가 지구로 떨어지는 것은 지구와 사과 사이에 서로 잡아당기는 힘이 존재하기 때문이라고 했지만 아인슈타인은 지구가 만들어 놓은 시공간의 웅덩이 속으로 사과가 굴러 떨어지는 것이라고 설명한 것이다.

이러한 새로운 중력 이론이 1915년에 발표한 일반 상대성 이론이다. 일반 상대성 이론에서는 질량이 공간을 어떻게 변형시키는지 그리고 그러한 공간에서 물체가 어떻게 운동하는지를 다루고 있다. 아인슈타인이 새로운 중력 이론을 상세한 수학적 논증으로 바꾸는 데는 8년이라는 시간이 걸렸다. 그 동안 그는 많은 좌절을 경험했던 것으로 알려져 있다. 1915년에 아인슈타인은 모든 것을 견뎌내고 마침내 일반 상대성 이론을 완성하였다. 아인슈타인은 모든 상황에서 중력을 계산해 내고 설명할 수 있는 수식을 만들어낸 것이다. 아인슈타인의 식은 이전의 것과 매우 다른 것이었다.

만약 아인슈타인의 새로운 중력 이론이 뉴턴의 중력 이론을 단지 다른 방법으로 설명한 것이라면 뉴턴의 중력 이론을 버리고 아인슈타인의 새로운 중력 이론을 받아들일 이유가 없을 것이다. 중력의 세기가 그리 크지 않는 경우에 뉴턴의 중력 이론과 아인슈타인의 중력 이론은 모두 정확하게 물체의 행동을 기술할 수 있다. 따라서 아인슈타인은 자신의 이론이 우월하다고 주장할 수 없다. 그러나 아인슈타인은 중력이 아주 큰 곳에서는 새로운 중력 이론과 뉴턴의 중력 이론이 서로 다른 결과를 나타낸다고 주장하였다. 따라서 일반 상대성 이론이 옳다는 것을 증명하기 위해서는 중력이 강한 곳을 찾아내 실험을 해 보는 수밖에 없었다.

수성은 태양에서 아주 가까운 곳에서 돌고 있다. 따라서 수성은 매우 큰 중력의 영향 아래 있다고 할 수 있다. 과학자들은 오래 전부터 수성이 이상한 운동을 한다고 알고 있었다. 수성은 타원 운동을 하고 있는데 태양에 가장 가까이 다가가는 근일점의 위치가 1세기마다 574초씩 변해 간다는 것이 밝혀졌던 것이다. 다른 행성들의 영향을 고려해도 531초의 위치변화 밖에는 설명해 낼 수 없었다. 이것은 오랫동안 과학자들을 괴롭혀 온 문제였다. 아인슈타인은 자신의 새로운 중력 이론인 일반 상대성 이론을 이용해 43초의 문제를 해결하는 데 성공하였다. 이것은 대단한 성공이었다. 그러나 그것으로 일반 상대성 이론의 정당성이 완전히 증명된 것은 아니었다.

이미 알려진 사실을 증명하는 것만으로는 새로운 과학 이론을 사실로 인정받기 힘들다. 새로운 이론이 이미 알려진 사실을 설명할 수 있도록 꿰어 맞추었을지도 모른다는 의심을 받기 때문이다. 따라서 새로운 이론이 정당성을 인정받기 위해서는 새로운 사실을 예측하고 그것이 실험적으로 증명되어야 한다. 아인슈타인은 이것을 위해 중력과 빛의 상호작용을 이용하였다. 중력은 빛에도 작용한다. 빛도 질량에 해당하는 양을 가지고 있으므로 빛에도 중력이 작용한다는 것은 뉴턴 이론을 이용해도 설명할 수 있다. 그러나 아주 중력이 강한 곳에는 뉴턴의 중력 이론과 일

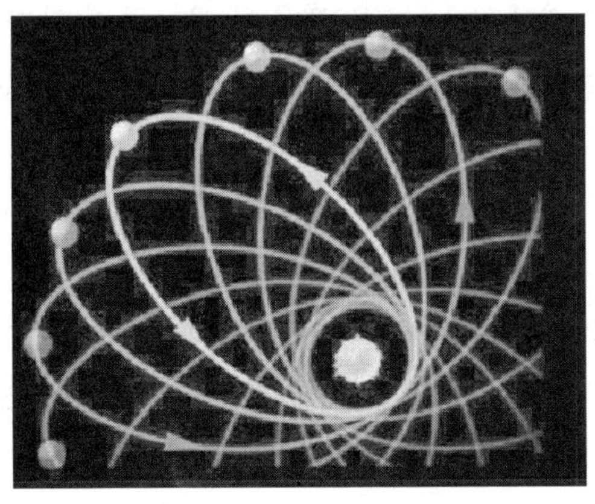

그림 12-4 수성궤도의 변화

반 상대성 이론에 의한 중력의 영향이 다르기 때문에 빛의 경로가 휘어지는 정도를 다르게 예측한다. 따라서 태양과 같이 중력이 아주 큰 천체 곁을 지나는 빛의 경로를 분석하면 일반 상대성 이론을 증명할 수 있을 것이라고 생각하였다.

3 일반 상대성 이론의 검증

일반 상대성 이론을 발표하기 전인 1912년 초에 아인슈타인은 어윈 프로인들리히(Erwin Finlay Freundlich, 1885~1964)와 빛의 경로를 측정하여 자신의 이론을 증명하는 문제에 대해 의논하였다. 처음에 그들은 태양계에서 가장 질량이 큰 목성의 중력이 먼 별에서 오는 빛을 굽어가게 할 만큼 크지 않을까 생각하였다. 만약 목성의 중력이 빛의 경로를 휘게 한다면 목성이 없을 때의 별의 위치와 목성이 이 별들 앞을 지날 때 별들의 위치가 달라져 보일 것이다. 그러나 아인슈타인은 지구 질량의 318배 정도의 질량을 가지고 있는 목성은 빛의 경로에 관측이 가능할 만큼의 영향을 주지 않는다는 것을 알게 되었다.

그러나 아인슈타인은 계산을 통해 목성보다 천 배나 되는 질량을 가지고 있는 태양의 중력은 먼 별에서 오는 빛에 상당한 영향을 미칠 것임을 알게 되었다. 따라서 태양이 없는 밤하늘의 사진을 찍어 놓고, 태양이 이 별들 앞을 지나갈 때 이 별들의 사진을 찍어 비교해 보면 태양에 의해 빛이 얼마나 휘어졌는지를 알 수 있다. 그러나 문제는 태양 주변에 있는 별은 관측이 가능하지 않다는 것이다. 하지만 태양 주위에 있는 별들을 관측할 수 있는 방법이 아주 없는 것은 아니다. 개기일식 때는 달이 태양 빛을 완전히 가리므로 태양 주위의 별을 관찰할 수 있다. 아인슈타인과 프로인들리히는 일식 때 별들의 사진을 찍기 위한 준비를 하였다.

프로인들리히는 1914년 8월 21일에 크리미아에서 일어날 일식 때 태양 부근의 별들을 촬영하기 위한 특별한 여행을 준비하였다. 아인슈타인도 이 여행의 중요성을 잘 알고 있었으므로 여행 준비를 도왔다. 프로인들리히는 1914년 7월 19일에 크리미아로 출발하였다. 그러나 프로인들리히가 일식을 관찰하기 전에 1차 세계대전이 발발했고 그는 간첩 혐의로 러시아의 포로가 되었다. 포로 교환을 통해 프로인들리히는 9월 2일에 독일로 돌아올 수 있었지만 관측 여행은 완전한 실패로 돌아갔다.

그림 12-5 에딩턴

프로인들리히가 시도했던 것과 똑같이 관측 여행을 시도한 사람은 영국의 아서 에딩턴(Arthur Edington, 1882~1944)이었다. 케임브리지 천체연구소 소장이었던 에딩턴은 종교적인 이유로 군에 입대하기를 거부하여 양심적 병역 거부자로 수용소에 갈 수밖에 없는 입장이었다. 그러자 천문학자였던 프랭크 다이슨(Frank Watson Dyson, 1868~1939)이 에딩턴을 군에 보내는 대신 1919년 3월 29일에 있을 개기일식을 관측하는 임무를 맡기자고 정부에 제안하여 허락을 받았다. 에딩턴은 아인슈타인의 이론을 증명하는 실험을 하기에 가장 적합한 인물이었다. 에딩턴은 『수학적 상대성 이론』이라는 책을 썼는데 이 책은 모든 언어로 된 상대론에 관한 내용 중에서 가장 훌륭한 책이라고 아인슈타인이 칭찬할 정도였다.

1919년 3월 8일 에딩턴과 그의 팀은 리버풀을 출발하였다. 에딩턴의 관측팀은 두 그룹으로 나누어 한 그룹은 브라질의 소브랄로 향했고 에딩턴이 이끄는 두 번째 그룹은 서부 아프리카의 적도 기아나 해변으로부터 조금 떨어져 있는 프린시페 섬으로 향하였다. 날씨는 이 여행을 실패하게 할 수도 있고 성공하게 할 수도 있었다. 만약 아마존의 날씨가 나빠 관측이 실패한다 해도 아프리카 팀이 관측할 수 있게 되기를 바라고 있었다. 일식이 가까워지자 소브랄과 프린시페 하늘에 구름이 모여들더니 천둥과 번개를 동반한 폭우가 쏟아졌다. 그러나 프린시페에서는 달이 태양의 가장자리를 가리기 시작한 지 한 시간 전쯤에 폭우가 약해졌다. 그러나 하늘은 아직 구름으로 덮여 있었다. 태양이 부분적으로 가려지기 시작한 1시 30분쯤에는 구름 사이로 태양 빛을 조금씩 볼 수 있었다. 에딩턴의 관측팀은 일식이 일어나는 동안 여러 장의 사진을 찍었다. 그러나 프린시페 팀에서 찍은 16장의 사진 대부분은 구름이 별들을 가려 쓸모가 없었다. 그러나 구름이 없어지는 아주 짧은 순간에 중요한 한 장의 사진을 찍을 수 있었다.

사진에 나타난 별들은 정상적인 위치에서 조금씩 위치가 달라진 것으로 보였다. 에딩턴은 이 결과를 이용하여 태양 가까이에 있는 별들의 위치 변화가 1.61초 정도

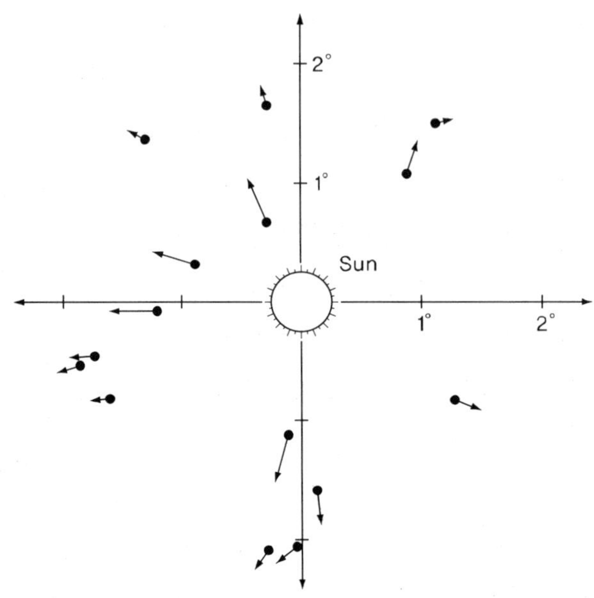

그림 12-6 태양의 중력에 의한 별의 위치 변화

라는 것을 알 수 있었다. 여러 가지 원인에 의한 오차는 0.3초 정도라는 계산이 나왔다. 따라서 그가 얻은 태양의 중력에 의한 위치 변화는 1.61±0.3초였다. 아인슈타인은 이 값이 1.74초일 것이라고 예상했었다. 이것은 아인슈타인의 예상이 실제 측정값과 일치한다는 것을 뜻하는 것이었다. 소브랄에서도 마지막 순간에 날씨가 좋아져 일식이 일어나는 동안 태양 주위에 있는 별들의 사진을 찍는 데 성공하였다. 소브랄에서 찍은 사진을 분석한 결과 태양 부근에 있는 별들의 최대 위치 변화는 1.94초였다. 이것은 아인슈타인의 예상치보다 더 큰 값이지만 오차 한계 안에서 아인슈타인의 예상과 일치하였다. 이것은 프린시페 팀의 결과를 확인하는 것이었다.

에딩턴은 이 관측결과를 1919년 11월 6일 왕립천문학회와 왕립협회가 공동으로 주관한 모임에서 발표하였다. 에딩턴은 이 발표에서 자신의 관측 결과는 물론 그 결과가 가지는 놀라운 의미를 설명하였다. 다음 날 타임지는 '과학의 혁명-우주에 관한 새로운 이론-뉴턴의 이론이 무너졌다.'라는 내용의 머리기사를 다루었다. 며칠 후 뉴욕 타임에는 '하늘에서 빛은 휘어진다. 아인슈타인 이론의 승리'라는 제목의 기사가 실렸다.

13장

양자론의 등장

1 양자화 된 물리량

모든 물질이 원자라는 알갱이로 이루어졌다는 사실은 잘 알려져 있다. 그것은 연속적인 것처럼 보이는 물질이 사실은 연속적인 물질이 아니라 불연속적인 알갱이로 이루어졌다는 것을 의미한다. 그러나 20세기에 들어와서 물질뿐만 아니라 모든 물리량도 불연속적인 양이라는 것이 밝혀지기 시작하였다. 물질이 원자로 이루어졌다는 것을 쉽게 이해하는 사람들에게도 에너지, 운동량, 속도, 가속도 같은 물리량이 연속된 양이 아니라 불연속적인 양이라는 것은 쉽게 이해되지 않는 일이었다.

경험의 세계에서 모든 물리량이 연속적인 양으로 느껴지는 것은 물리량들의 최소 단위가 인간의 감각으로 느낄 수 없을 정도로 작기 때문이다. 그러나 물리량의 최소 단위가 중요한 의미를 가지는 원자나 전자의 세계와 같은 작은 세계에서는 물리량이 불연속적인 양이라는 것은 매우 중요한 사실이다. 연속된 물리량만을 취급할 수 있는 뉴턴 역학이 이렇게 작은 세계에서 일어나는 일을 기술하는 데 아무런 쓸모가 없는 것은 이 때문이다.

물리량의 불연속성이 지배하는 작은 세계를 다루기 위해 성립된 물리학이 바로 양자물리학이다. 양자물리학에서 양자라는 말은 불연속적인 물리량의 최소 단위를 나타낸다. 물리량은 연속적인 양이 아니고 불연속적인 양이라는 것은 흑체복사의 문제를 다루는 과정에서 처음 밝혀졌다.

흑체복사의 문제는 19세기부터 빈(Wilhelm Wien, 1964~1928), 레일리(John William Strutt Rayleigh, 1842~1919), 진스(Sir James Jeans, 1877~1946) 같은 학자들에 의하여 다루어졌다. 그러나 고전역학이나 전자기학의 이론을 이용하여 흑체복사의 문제를 설명하려는 이들의 시도는 모두 실패하고 말았다. 어떤 온도에서 물체가 내는 전기파의 파장과 세기를 조사해 보면 모든 파장에 따라 세기가 달라진다.

물체가 내는 전자기파의 세기는 어떤 파장에서 최대가 되고 그 파장보다 짧아지거나 길어짐에 따라 약해진다. 그리고 세기가 최대가 되는 전자기파의 파장은 온도가 높아짐에 따라 짧아진다.

1900년에 독일의 플랑크는 이 흑체복사의 문제를 이론적으로 설명하기 위해 대담한 가정을 하였다. 그는 물체가 흡수하거나 발산하는 에너지는 연속적인 양이 아니라 불연속적인 양으로만 가능할 것이라고 가정하였다. 이러한 것을 에너지가 양자화 되어 있다 하고 플랑크의 가설을 양자화 가설이라고 한다.

▪ ▪ 플랑크(Max Karl Ernst Ludwig Planck, 1858. 4. 23~1947. 10. 3) ▪ ▪

플랑크는 독일 킬 출신의 물리학자로 에너지의 양자화를 밝혀내는 데 크게 공헌하였다. 뮌헨대학을 나온 플랑크는 1897년에 연구결과를 정리하여『열역학강의』를 출판하였다. 1889년 베를린대학으로 옮긴 후부터는 당시 학계의 관심사였던 열복사 문제의 연구에 전력하였다. 처음에는 열역학적 방법으로 엔트로피와 에너지 관계를 추적, 빈의 법칙을 정당화시키려고 시도하였다. 그러나 실험 결과와 차이가 명백히 드러남에 따라 빈의 식을 개량하기 위해 노력하였다. 1910년 마침내 실험결과를 성공적으로 설명할 수 있는 '플랑크의 양자가설'을 발표하였다. 이어서 그는 에너지의 최소 단위인 플랑크 상수(h)를 도입하였다. 이것은 매우 획기적인 제안으로 양자론이 도입되는 계기가 되었다. 플랑크는 에너지의 양자화를 밝힌 공로로 1918년 노벨물리학상을 받았다. 상대성 이론에도 관심을 가져 1914년 아인슈타인을 자신이 총장으로 근무하던 베를린대학에 초빙하였다.

에너지도 최소 단위의 배수로만 주거나 받을 수 있다는 플랑크의 가설을 기존의 이론에 적용시키면, 실험에서 얻을 수 있는 곡선을 정확하게 설명할 수 있었다. 따라서 에너지가 최소 단위의 정수 배라는 불연속적인 양으로만 존재할 수 있고 서로 주고받을 수 있다는 가설을 받아들일 수밖에 없게 되었다. 그리고 에너지의 최소 단위는 플랑크 상수라고 불렀다. 플랑크 상수, h는 6.626×10^{-34} J・sec 이다. 에너지가 양자화 되어 있다면 에너지와 관계되어 있는 다른 모든 물리량도 양자화 되어 있어야 한다. 결국 플랑크의 가설은 인류를 양자화 된 세계로 안내하는 안내자가 되었다.

불연속적으로 양자화 되어있는 물리량을 다루는 양자물리학이 성립하는 과정은 크게 두 갈래로 나누어진다. 하나는 물리량이 양자화 되어있다는 것이 밝혀지는 과정이고 하나는 파동과 입자의 이중성이 밝혀지는 과정이다. 1905년에 아인슈타인은 특수상대성 이론과 함께 광전효과에 관한 논문을 발표하였다.

금속에 쬐어 준 빛의 에너지에 의해서 금속 내의 전자가 밖으로 나온 것을 광전자라고 한다. 이 때 쬐어준 빛의 파장과 세기가 튀어나오는 광전자의 개수 그리고 광전자가 가지고 있는 운동에너지와 어떤 관계를 가지는가를 설명한 것이 아인슈타인의 광전효과 이론이다.

진공관의 음극에 빛을 쬐어주어 전자가 나오도록 한 것을 광전관이라고 한다. 쬐어준 빛의 파장과 세기가 튀어나오는 전자의 숫자 그리고 전자의 운동에너지에 어떤 영향을 주는지를 알아보기 위해서는 음극에 여러 가지 빛을 쪼이면서 회로에 흐르는 전류를 측정하면 된다.

빛이 만약에 파동이라면 파장에 관계없이 쬐어준 빛의 세기가 세거나 또는 세기가 약하더라도 오래 쬐면 충분한 에너지가 전달되어 전자가 튀어나와야 한다. 그러나 실험 결과는 그렇지 않았다. 파장이 짧은 빛은 약하게 쬐어주어도 전자가 튀어나오는 반면 파장이 긴 빛은 빛의 세기를 아무리 세게 해서 오래 쬐어주어도 전자가 튀어나오지 않았다.

광전효과 실험에서 또 하나 파동설로는 설명할 수 없는 현상 빛을 쬐었을 때 튀어나오는 전자가 가지는 에너지는 빛의 세기와는 관계없이 같은 파장의 빛을 쬐어주었을 때 다 같다는 것이었다. 푸른빛을 쬐어주었을 때 나오는 전자의 운동에너지는 빛을 세게 쬐어주었을 때나 약하게 쬐어주었을 때 모두 같았다. 다만 빛의 세기를

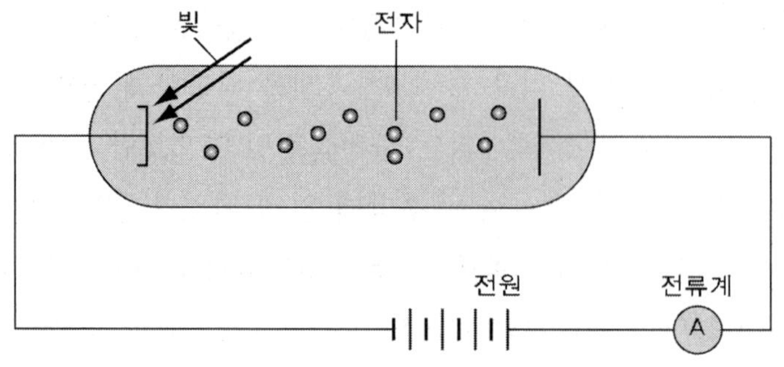

그림 13-1 광전효과 실험

세게 하면 튀어나오는 전자의 수가 증가하였다.

파동의 에너지는 중첩에 의해 얼마든지 커질 수 있으므로 세기가 센 빛은 큰 에너지를 전자에 전달해 줄 수 있어야 한다. 따라서 튀어나오는 전자들이 같은 에너지를 가지는 것은 빛의 파동설로는 설명할 수 없는 현상이었다. 아인슈타인은 이 현상을 설명하기 위해 빛은 진동수에 비례하는 에너지를 가지는 입자라고 설명하였다.

따라서 빛과 전자는 입자 사이의 충돌과 같다. 빛 입자(광자, photon) 하나하나가 전자를 원자로부터 떼어낼 수 있을 만큼의 에너지를 가지고 있으면 충돌에 의해 전자를 방출시키지만 이러한 에너지를 가지고 있지 못하면 그 수가 아무리 많아도 전자를 방출시키지 못하는 것이라고 설명하였다.

전자를 방출시킬 수 있는 가장 작은 진동수를 문턱진동수라고 한다. 따라서 문턱진동수보다 큰 진동수의 빛을 쬐어주어야 전자가 튀어나올 수 있다. 물론 빛 입자 두 개가 협력하여 하나의 전자를 떼어낼 가능성에 대해서도 생각해 볼 수 있다. 그러나 그런 가능성은 매우 적으므로 그런 방법으로 몇 개의 전자가 튀어나온다고 해도 그 수는 무시해도 좋을 정도로 적을 것이다. 따라서 튀어나온 모든 전자는 전자와 빛 입자의 1대 1 충돌에 의해 방출된 것이라고 생각할 수 있다.

빛이 입자냐 파동이냐 하는 것에 대해서는 오랫동안 많은 논란 끝에 결국 빛은 전자기파라고 결론지었다. 그러나 아인슈타인이 광전효과를 발표함으로써 빛이 입자라는 설이 다시 대두하였다. 빛이 입자와 같이 행동한다는 것은 콤프턴(Arthur Holly Compton, 1892~1962)의 실험으로도 입증되었다. 콤프턴은 X-선을 니켈에 쪼여서 반사되어 나오는 X-선과 입사한 X-선의 파장을 조사해 보았다. 이 실험에서 콤프턴은 반사된 X-선의 파장이 반사각에 따라 다르다는 것을 발견하였다. 이것은 매우 설명하기 힘든 실험 결과였다. 콤프턴은 이 결과를 설명하기 위해 빛을 입자라고 가정하고 빛 입자가 금속 속에서 전자와 완전 탄성 충돌하는 것이라고 가정하였다.

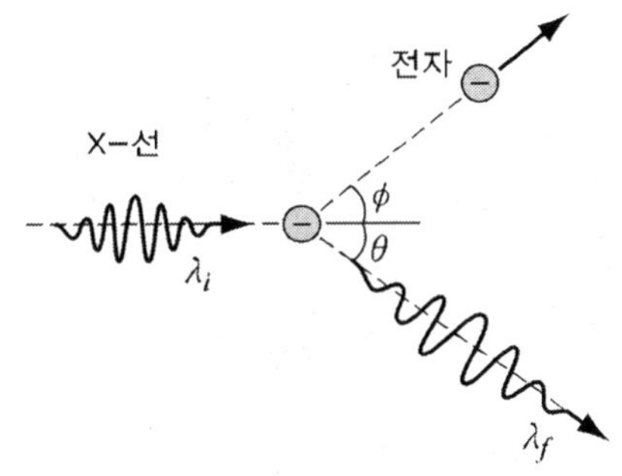

그림 13-2 콤프턴 실험

콤프턴은 각도에 따라 반사된 X-선의 파장이 다른 것은 X-선과 니켈 속의 전자의 충돌이 당구공의 충돌과 같이 입자 사이의 완전 탄성 충돌이기 때문이라고 설명하였다. 그는 운동량 보존의 법칙과 에너지 보존의 법칙을 이용하여 반사하는 각도에 따라 다른 파장의 빛이 측정되는 것을 성공적으로 설명하였다.

빛과 전자의 충돌을 당구공의 충돌과 같은 방법으로 분석했는데 그 결과가 실험 사실과 잘 일치하는 것은 빛과 전자가 당구공의 충돌과 같이 두 입자로 상호작용한다는 것을 단적으로 증명하는 것이었다. 이것은 빛이 입자의 흐름이라는 것을 다시 한 번 입증하는 중요한 실험이었다. 콤프턴 효과로 불리는 이 실험은 광양자설을 확고하게 해주었다.

아인슈타인이 광전효과의 실험을 이용하여 광양자설을 주장하고 콤프턴에 의해 빛이 입자와 똑같은 방법으로 전자와 상호작용 한다는 것이 다시 증명되자 빛이 입자라는 것은 이제 재론의 여지가 없는 것처럼 보였다. 그러나 빛이 가지는 파동의 성질이 이런 입자설로 인해 없어진 것도 아니고 입자설로 빛이 가지고 있는 모든 성질을 전부 설명할 수 있는 것도 아니었다.

2 물질파 이론

어쩌면 빛이 파동이냐 아니면 입자냐 하고 다투던 해묵은 논쟁이 다시 재연되는 것이 아닌가 하는 생각마저 들게 하였다. 그러나 이 논쟁은 전혀 예기치 못했던 결론을 내고 막을 내리게 되었다. 입자와 파동의 논쟁을 완전히 종식시키고 두 이론

그림 13-3 드브로이

을 화해시킨 사람은 프랑스의 드브로이(Louis Victor de Brogli, 1892~1987)였다.

드브로이는 1924년에 제출된 그의 박사학위 논문에서 빛의 파동성과 입자성에 대한 전혀 색다른 제안을 하였다. 드브로이는 빛이 때로는 입자처럼 행동하고, 때로는 파동처럼 행동한다면 빛은 입자나 파동 둘 중의 하나가 아니라 입자와 파동의 성질을 모두 가지고 있는 물리적 실체로 인정해야 된다고 하였다.

드브로이는 또한 빛의 파동과 입자의 이중성은 빛에만 해당되는 것이 아니라 모든 입자들에게도 해당되는 일반적인 성질이라고 하였다. 드브로이는 빛에 관한 입자설과 파동설의 논쟁을 종식시키는 것에 만족하지 않고, 한 걸음 더 나아가 이 입자와 파동의 이중성을 자연이 가지는 일반적인 속성의 하나로 일반화한 것이었다.

이러한 드브로이의 이론을 물질파 이론이라고 한다. 물질파 이론에 의하면 입자와 파동은 서로 다른 물리적 실체가 아니라 같은 물리적 실체가 가지는 두 가지 측면 중에 하나에 불과하다는 것이다. 어떤 경우에 파동의 성질이 훨씬 더 뚜렷이 나타나면 우리는 그것을 파동이라고 하고 입자의 성질이 뚜렷이 나타나면 그것을 입자라고 부르고 있을 뿐이다.

모든 물리적 실체가 입자와 파동의 성질을 모두 가지고 있는데도 유독 빛만이 오랫동안 입자냐 파동이냐 하는 논쟁의 대상이 되어 온 것은 빛이 입자의 성질과 파동의 성질을 거의 같은 정도로 나타내고 있기 때문이었다. 다시 말해 빛이 입자와 파동의 중간에 있었기 때문이다.

입자도 파동의 성질을 가지고 있고, 파동도 입자의 성질을 가지고 있다면 파동의 여러 가지 행동은 입자의 행동을 기술하는 방법으로 할 수 있어야 하고, 마찬가지로 입자의 행동은 파동을 기술하는 방법으로 할 수 있어야 할 것이다. 그러기 위해서는 입자의 물리적 성질을 나타내는 질량, 운동량과 같은 물리량과 파동의 성질을 나타내는 파장, 주기 같은 물리량 사이에 어떤 관계가 있는지를 알아야 하였다.

드브로이는 입자를 나타내는 물리량과 파동을 나타내는 물리량 사이를 이어주는 관계식을 제안하였다. 그는 물질의 파동성을 나타내는 물리량인 파장과 입자의 성질을 나타내는 물리량인 운동량 사이에는 서로 반비례하는 관계가 있다고 제안하고 그 비례 상수는 플랑크 상수라고 하였다. 이것은 수식을 이용하여 $\lambda = h/p$와 같이 나타낼 수 있다.

드브로이의 식을 이용하여 계산해 보면 54 V에 의해 가속된 전자의 파장은 1.67 Å(옹스트롬)이 된다. 1 Å은 1 cm의 1억분의 1에 해당하는 길이다. 수소 원자의 지름이 약 1 Å이고 다른 원자의 지름도 수Å에서 수십Å 사이의 값을 가지므로 원자를 이용한 실험에서는 전자의 파동성이 측정될 수 있을 것이라는 것은 쉽게 예측할 수 있다.

드브로이의 물질파 이론을 실험적으로 증명한 사람들은 데이비슨(Clinton Joseph Davisson, 1881~1958)과 저머(Lester Halbert Germer, 1896~1971)였다. 미국의 벨 전화회사 소속 연구소의 연구원들이었던 이들은 드브로이가 물질파 이론을 제안한 후 4년이 지난 1927년에 전자가 가지는 파동성을 증명하였다.

그들은 니켈 결정의 표면에 전자를 입사시켜서 반사되어 나오는 전자들의 세기가 각도에 따라 어떻게 다른가 하는 것을 조사하였다. 그들이 니켈 표면에 형성된 산화막을 제거하기 위하여 고온 열처리를 한 후 같은 실험을 되풀이하였을 때 새로운 실험 결과를 발견하였다. 54볼트의 전압으로 가속된 전자는 산란각이 50도 되는 각도에 집중되어 있다는 것을 발견한 것이다.

그들은 이것이 열처리를 하는 동안에 니켈의 결정을 이루는 원자들이 모두 같은 방향으로 배열되었고 이 규칙적으로 배열된 원자에 의해 산란된 전자가 간섭을 일으키기 때문이라고 설명하였다. 이것은 전자도 X-선과 똑같이 간섭을 일으킨다는 것을 의미하는 것이었다. 그들은 또한 금속 원자들 사이의 간격과 산란각을 이용하여 계산한 전자의 파장은 전자의 속도를 드브로이의 식에 넣어 계산한 값과 잘 일치한다는 것을 확인하였다. 데이비슨과 저머의 실험으로 전자도 파동의 성질을 가진다는 것이 증명되어 드브로이는 1929년에 노벨 물리학상을 수상하였다.

그 후 전자가 파동의 성질을 갖는다는 것은 다른 과학자들의 실험에 의해서도 입증되었다. 톰슨(Sir George Paget Thomson, 1892~1975)은 비슷한 파장을 가질 것으로 예상되는 전자와 X-선을 금박에 투과시켜 나오는 회절상을 조사하였다. 그는 전자가 X-선과 똑같이 회절한다는 것을 증명할 수 있었다. 그 후 중성자, 양성자, 원자와 같은 입자를 이용한 비슷한 실험이 행해져서 이런 입자들이 파동의 성질을 갖는다는 것이 확인되었다.

모든 입자가 파동의 성질을 가지고 있다는 물질파 이론은 자연에 대한 인간의 생각을 바꾸어 놓는 매우 중요한 사건이었다고 할 수 있다. 이러한 것이 가장 먼저 현실로 나타난 것이 1927년에 하이젠베르크(Werner Karl Heisenberg, 1901~1976)가 제안한 불확정성의 원리일 것이다. 자연의 모든 물체가 사실은 파동의 성질도 갖는다면 파동의 위치를 정확히 정할 수 없는 것과 마찬가지로 입자의 위치를 정확하게 정하는 데는 한계가 있다는 것이 불확정성의 원리이다.

조금 더 구체적으로 이야기하면 입자가 가지는 파동성으로 인해 입자의 위치의 오차와 운동량의 오차의 곱은 어떤 값보다 작게 할 수 없다는 것이다. 이러한 현상은 모든 물질이 파동과 입자의 이중성을 가지기 때문에 나타나는 자연현상이어서 우리의 측정기술이나 인간의 감각의 한계와는 관계없는 자연의 기본적 속성이다.

위치와 운동량 사이에 불확정성 원리가 작용하는 것과 마찬가지로 에너지와 시간 사이에도 불확정성 원리가 적용된다. 입자의 에너지를 측정했을 때 이 에너지의 오차와 에너지를 측정한 시간의 오차의 곱은 위치와 운동량의 경우와 마찬가지로 일정한 값 이하로 작아질 수는 없다. 다시 말해 어떤 입자가 어떤 순간 어떤 에너지를 가지는지 알기 위해 우리가 측정하면 우리는 어떤 시간 간격 사이에 어느 정도의 에너지를 가지는 지 알 수 있다. 정확한 시각을 알기 위해 시간의 오차를 줄이려고 노력하면 측정된 에너지의 오차가 증가하고 에너지 측정값의 오차를 줄이려고 하면

▪ ▪ **하이젠베르크(Werner Karl Heisenberg, 1901. 12. 5~1976. 2. 1)** ▪ ▪

하이젠베르크는 뷔르츠부르크 출신의 독일 이론 물리학자로 양자역학의 성립에 공헌하였다. 1924년 코펜하겐대학에서 보어의 지도 아래 원자 구조에 대해 연구하였고, 얼마 후 행렬을 이용하여 양자화된 물리량을 다루는 행렬역학을 고안하였다. 1926년에는 사고실험을 통하여 불확정성의 원리를 발견하였다. 그 후 수소분자의 문제, 다체문제, 강자성에 대하여 연구하였고, 1929년에는 파울리와 함께 장의 양자론을 발표하여 양자역학의 새로운 방향을 제시하였다. 1932년에는 원자핵 분야에서 핵이 중성자와 양성자로 구성된다는 새로운 이론을 발표하였다. 하이젠베르크는 불확정성 원리의 연구와, 양자역학 창시의 업적으로 1932년 노벨 물리학상을 받았다.

그 에너지를 가지는 시간의 오차가 증가한다는 것이다.

이와 같이 불확정성의 원리는 인간이 들여다볼 수 있는 자연의 한계를 제공한다. 우리는 불확정성의 한계 내에서 일어나는 일에 대하여는 측정하는 방법이 없고 다만 그 결과로 나타나는 여러 가지 현상만 측정할 수 있다. 어쩌면 불확정성의 원리는 인간이 벗길 수 있는 비밀의 한계일지도 모른다.

플랑크의 가설로부터 시작된 일련의 제안과 실험으로 인해, 과학자들은 입자와 파동을 별개의 물리적 실체가 아니고, 같은 물리적 실체의 다른 면이라는 것을 알게 되었다. 이것은 불연속적인 물리량을 다루는 방법을 찾고 있던 물리학자들에게 새로운 길을 제공하였다. 그래서 과학자들은 입자의 행동을 파동함수를 이용하여 기술하는 방법을 모색하게 되었다.

모든 물리량이 양자화 되어있다는 프랑크의 가설과 입자와 파동의 이중성을 주장한 드브로이의 물질파 이론이 만나서 만들어낸 것이 양자물리학이다. 결국 양자물리학은 양자화 되어있는 물리량을 파동함수를 이용하여 다루는 물리학이다. 플랑크의 식($E = h\nu$)과 드브로이의 식($\lambda = h/p$)을 이용하면 입자의 성질을 나타내는 물리량을 포함한 파동함수를 구할 수 있다. 반대로 어떤 입자의 운동을 기술하는 파동함수를 알면 이 파동함수로부터 입자의 물리량을 얻어 낼 수가 있다.

3 양자물리학과 코펜하겐 해석

양자물리학의 기초를 확립하는 일을 한 학자들로는 하이젠베르크와 슈뢰딩거(Erwin Schrödinger, 1887~1961), 디랙(Paul Adrien Maurice Dirac, 1902~1984) 같은 학자들을 들 수 있다. 그들은 제한 조건하에 있는 입자들의 운동을 나타내는 파동함수를 어떻게 구하느냐 하는 문제로 고민하였다. 그들은 가능한 많은 물리적 정보를 지닌 파동함수를 구할 수 있는 여러 가지 방법을 제안하였다. 그 중에서 슈뢰딩거가 제안한 방정식을 이용하면 가장 포괄적인 물리 정보를 가진 파동함수를 구할 수 있다는 것이 밝혀졌다.

슈뢰딩거 방정식은 주어진 조건하에서 입자의 운동 상태를 나타내는 물리량을

▪ ▪ 슈뢰딩거(Erwin Schrödinger, 1887. 8. 12~1961. 1. 4) ▪ ▪

슈뢰딩거는 오스트리아 빈 출신의 이론물리학자로 양자역학의 성립에 가장 큰 공헌을 하였다. 슈뢰딩거는 화학을 공부한 후 식물학을 연구, 식물의 계통발생 논문을 발표했고, 그 밖에도 고대문법이나 독일시의 감상에도 재능을 보였다. 그는 슈투트가르트대학, 브레슬라우대학, 취리히대학에서 교수로 일하였다. 1926년에는 파동역학을 연구하여 고유값 문제를 이용하여 기술하려고 시도하였다. 그는 드브로이가 제안한 물질파의 개념을 받아들여 미시 세계를 기술하는 데는 파동함수를 이용하는 것이 좋다는 것을 발견하고 슈뢰딩거 방정식을 제안하였다. 이것은 당시 하이젠베르크 등이 탐구하고 있던 행렬역학과는 다른 방법으로 양자역학을 기술하는 것이었다. 슈뢰딩거는 원자이론의 새로운 형식의 발견에 대한 공로로 디랙과 함께 1933년 노벨 물리학상을 수상하였다. 슈뢰딩거는 『생명이란 무엇인가?』, 『자연과 그리스인』, 『나의 세계관』 등 많은 저서를 남겼다.

포함하고 있는 파동함수를 구할 수 있는 미분 방정식이다. 따라서 주어진 조건하에서 풀어낸 슈뢰딩거 방정식의 해인 파동함수는 전자에 대한 모든 정보를 포함하고 있다. 슈뢰딩거 이전에 이미 하이젠베르크를 비롯한 괴팅겐의 물리학자들이 양자적 상태를 행렬을 이용하여 나타내는 행렬역학을 발전시키고 있었다. 그러나 행렬역학에서는 전자가 한 상태로부터 다른 상태로 순간적이고 불연속적으로 변하는 양자도약의 개념을 포함하고 있었다. 양자도약은 보어의 원자모델에서 전자가 한 에너지 준위에서 다른 에너지 준위로 순간적으로 건너뛰면서 에너지를 흡수하거나 내놓은 것과 같이 순간적이고 불연속적으로 상태가 변하는 것을 말한다.

슈뢰딩거는 원자 내의 전자가 정상적인 에너지 준위들 사이에서 도약하듯이 순간적으로 상태가 바뀌는 양자도약을 마땅치 않게 생각하였다. 자연에서의 상태의 변화는 연속적으로 일어나야 한다고 생각했기 때문이었다. 슈뢰딩거는 양자도약이라는 이상한 개념을 포함하고 있는 하이젠베르크의 행렬역학을 연속적인 자신의 파동역학으로 대체하려고 시도하였다. 슈뢰딩거는 자신의 파동함수는 전자의 밀도를 나타낸다고 주장하였다.

그러나 실험적으로 증명된 양자도약을 사실로 받아들이고 있던 보른(Max Born, 1882~1970)은 슈뢰딩거의 파동함수를 통계적이고 확률적으로 해석하였다. 다시 말해 슈뢰딩거의 방정식을 풀어서 얻은 파동함수가 실제로 전자의 밀도를 나타내는 것이 아니라 전자가 가질 수 있는 가능한 상태의 확률을 나타낸다고 해석한 것이다. 슈뢰딩거는 아인슈타인과 함께 이런 확률론적 해석에 비판적이었다.

이제 양자역학의 해석이 중요한 문제로 떠올랐다. 우리의 감각을 통해 경험하는 세상과 다른 현상을 설명하는 양자역학은 직관적 사실에 근거를 두어야 한다고 생각하던 많은 사람들에게 쉽게 받아들여질 수 없었다. 1927년 9월에 알렉산더 볼타 서거 100주년을 기념하기 위하여 열린 학회에서 보어는 강연을 통해 양자역학의 핵심은 고전 이론과는 달리 불연속성을 주장하는 양자가설이라고 강조하고 양자역학은 그 때까지의 물리적 개념을 새롭게 바꿀 것이라고 주장하였다. 1927년 10월에 브뤼셀에서 열린 제5회 솔베이 회의나 1930년의 제6회 솔베이 회의에서도 보어는 상보성 개념에 기초를 둔 양자역학의 해석을 물리학자들이 받아들이도록 설득하였다.

이런 과정을 거쳐 보어, 하이젠베르크, 보른, 디랙, 파울리, 폰노이만 등이 중심이 되어 양자역학을 해석한 내용을 코펜하겐 해석이라고 한다. 코펜하겐 해석은 양자물리학의 핵심적인 내용을 이루고 있다. 따라서 이 해석에 대한 많은 반론과 새로운 해석이 존재함에도 불구하고 코펜하겐 해석은 양자역학 그 자체라고 말할 수 있다. 코펜하겐 해석의 중요한 내용은 다음과 같다.

첫째, 양자역학으로 나타낼 수 있는 입자의 상태는 파동함수에 의해 결정되며, 파동함수의 제곱은 측정값에 대한 확률밀도함수이다. 예를 들어 어떤 조건하에서 슈뢰딩거 방정식을 풀었을 때 가능한 에너지 상태가 ϵ_1와 ϵ_2이고, 이런 에너지 상태를 나타내는 파동함수가 각각 Ψ_1과 Ψ_2라면 이 입자가 ϵ_1의 에너지를 가질 확률은 $|\Psi_1|^2$이고 ϵ_2의 에너지를 가질 확률은 $|\Psi_2|^2$이라는 것이다. 따라서 우리가 양자역학을 통해 알 수 있는 것은 입자의 정확한 상태가 아니라 입자가 가질 수 있는 상태의 확률분포뿐이다.

둘째, 모든 물리량은 관측이 가능할 때만 의미를 가진다. 물리적 대상이 가지는 물리량은 관측과 관계없는 객관적인 값이 아니라 관측 작용의 영향을 받는 값이다. 다시 말해 물리량과 측정 작용은 분리할 수 없다는 것이다. 우리는 양자 세계와는 다른 큰 세계에서 살아온 경험을 통해 물리량은 우리가 측정하던 측정하지 않던 어떤 일정한 값을 가진다고 알고 있다. 그러나 양자 세계에서는 그렇지 않다는 것이다. 예를 들어 전자 하나는 우리가 측정하지 않을 때는 스핀 업 상태와 스핀 다운 상태가 중첩된 상태로 존재한다. 그러나 우리가 측정하는 순간 전자의 상태는 스핀 업이나 스핀 다운 중의 한 상태로 고정되어 버린다. 이것은 측정 작용이 전자의 상태에 영향을 주었다는 것을 의미한다.

셋째, 서로 관계를 가지는 물리량들은 하이젠베르크가 제안한 불확정성 원리에 따라 동시에 정확히 측정하는 것은 불가능하다. 위치와 운동량, 시간과 에너지와 같이 서로 연관되어 있는 물리량을 동시에 정확히 측정하는 것은 불가능하다는 불확정성 원리는 자연물이 가지고 있는 파동의 성질 때문에 나타나는 것으로 측정 기술이나 감각적 오류에 기인한 것이 아니다. 양자역학 발전의 초기 단계에서 중요한 공헌을 했던 아인슈타인은 불확정성 원리를 끝까지 받아들이지 않았다. 그러나 불확정성 원리는 많은 실험을 통해 사실로 확인되었다.

넷째, 양자역학으로 나타나는 계는 입자의 성질과 파동의 성질을 상보적으로 가진다. 입자의 성질과 파동의 성질이 상보적이라는 것은 두 가지의 성질을 모두 가지고 있지만 동시에 두 가지가 관측되지는 않는다는 것을 뜻한다. 빛이 파동과 입자의 상보성을 가진다는 것은 빛이 입자로 기술되기도 하고 파동으로 기술될 수도 있지만 동시에 두 가지 성질을 관측할 수는 없다는 뜻이다. 간섭무늬를 만들어낼 때는 빛이 파동으로 행동하지만 광전효과를 일으킬 때는 입자로 행동한다. 따라서 빛은 입자라고 할 수도 있고 파동이라고 할 수도 있다. 그러나 동시에 두 가지 성질이 나타난다는 뜻은 아니다. 처음에는 빛에서 이러한 상보성이 발견되었지만 후에 전자와 같은 입자들도 상보성을 가진다는 것이 확인되었다. 보어는 상보성을 모든 자연물의 일반적인 성질이라고 주장하였다.

다섯째, 양자도약이 가능하다. 양자역학적으로 허용된 상태들은 불연속적인 특정한 물리량만 가질 수 있다. 따라서 한 상태에서 다른 상태로 변하기 위해서는 한 상태에서 사라지고 동시에 다른 상태에서 나타나야 한다. 예를 들어 어떤 입자의 양자역학적으로 가능한 에너지가 100과 200이라고 가정하자. 이제 이 입자의 에너지가 100인 상태에서 200인 상태로 변한다고 생각해 보자. 고전역학에 의하면 에너지는 연속적인 양이므로 100에서부터 조금씩 증가하여 200에 도달해야 한다. 그러나 양자역학에 의하면 이 입자는 100의 에너지 상태에서 200의 에너지 상태로 건너뛰어야 한다. 이렇게 어떤 물리량이 불연속적인 간격을 건너뛰는 것이 양자도약이다.

이러한 코펜하겐 해석에 대해서는 많은 논란이 있었다. 아인슈타인과 마찬가지로 슈뢰딩거도 양자역학의 정통으로 자리잡아가고 있던 코펜하겐 해석에 대해 비판적이었다. 아인슈타인은 파동함수가 물리적 실체를 기술하는 데 완전하지 않다고 주장하였다. 그는 특히 양자역학의 확률적 해석과 불확정성의 원리를 받아들일 수 없다고 하였다. 아인슈타인은 그의 친구 막스 본에게 보낸 편지에서 "양자물리학은 확실히 인상적입니다. 그러나 내 생각에 그것은 아직 사실이 아닌 것 같습니다. 이 이론은 많은 것을 이야기하고 있지만 신의 비밀에 가까이 다가간 것 같지는 않습니다. 나는 신이 주사위놀이를 하고 있지 않다고 확신합니다."라는 말로 양자역학에 대한 불만을 나타냈다.

양자역학의 중심이 되는 슈뢰딩거 방정식을 제안한 슈뢰딩거도 관측 작용이 대상물의 물리량에 영향을 미친다는 코펜하겐 해석에 강한 비판적인 입장을 취하였다. 그가 제기한 반론은 '슈뢰딩거 고양이의 역설'이라는 이름으로 널리 알려져 있다. 슈뢰딩거는 양자도약에 대해서도 비판적이었다. 슈뢰딩거는 "만약 이 저주스러운 양자도약이 사실이라면 나는 양자 이론에 관계하게 된 것을 후회할 것입니다."라는 말로 양자도약에 대한 불만을 나타냈다.

양자역학에 대한 코펜하겐 해석은 일상적인 경험을 바탕으로 해서는 이해하기 힘든 내용이다. 어떤 물리학자는 "양자물리학은 이상하다. 양자물리학이 이상하다고 생각하지 않는 사람은 양자물리학을 모르는 사람이다."라고 말하기도 하였다.

양자역학에 대한 코펜하겐 해석에 깊은 회의를 가지고 있던 슈뢰딩거는 이 문제를 제기하기 위해 '슈뢰딩거의 고양이'라고 부른 사고실험을 제안하였다. 슈뢰딩거는 고양이와 방사성 원소, 그리고 방사선 검출기를 넣고 봉한 상자를 상상하도록 하였다.

방사선 검출기가 방사선을 검출하면 독가스가 나와 고양이는 죽게 된다. 방사성 원소의 반감기가 1분이라면 고양이가 1분 동안에 죽을 확률은 $\frac{1}{2}$이다. 물론 살아있을 확률도 $\frac{1}{2}$이다. 코펜하겐 해석에 의하면 상자를 열어 관측을 하기 전까지는 1분 후에 고양이가 살아있는지 죽었는지 말할 수 없다. 다만 고양이의 상태는 살아있는 것을 나타내는 확률파와 죽은 상태를 나타내는 확률파의 중첩으로 나타낼 수 있을 뿐이다. 다시 말해 $\frac{1}{2}$은 죽었고 $\frac{1}{2}$은 죽은 상태로밖에는 기술할 수 없다.

그림 13-4 슈뢰딩거의 고양이

그러나 어떤 사람이 나서서 상자를 열고 고양이의 상태를 확인하는 순간 고양이는 이런 확률적인 상태에서 살았거나 죽은 하나의 상태로 결정된다. 그러나 이 사람과 통신을 하지 못한 다른 사람들에게는 아직도 고양이의 상태는 반은 죽었고 반은 살아있는 확률의 중첩 상태이다. 그 뿐만 아니라 고양이의 상태를 확인한 과학자마저도 이런 확률적인 상태의 일부로 편입된다. 그가 자신이 확인한 사실을 컴퓨터에 입력하면 컴퓨터를 통해 아직 그 결과를 확인하지 않은 사람들에게는 컴퓨터도 그 세계의 일부로 인식된다. 관측된 사실이 알려짐에 따라 더 많은 사람들이 그 세계로 편입된다.

상자 속의 고양이 비유에 의하면 고양이와 같은 거시세계의 존재조차도 객관성을 가질 수 없다. 코펜하겐 해석에 의하면 관찰되는 대상과 관찰자 사이에 분명한 경계가 존재한다. 관찰이 진행되고 그 결과가 전파됨에 따라 그 경계도 확장된다. 슈뢰딩거는 객관적인 상태가 존재하는 고양이의 상태를 이렇게 잘못 기술하게 된 것은 고양이의 문제가 아니라 양자물리학의 문제라고 지적하였다. 그러나 전자와 같은 미시적인 상태에서 발견되는 객관성의 결여는 일상세계에 적용할 필요가 없다고 주장하는 학자들도 있다. 그들은 관찰이 무엇을 뜻하는지 새롭게 인식함으로써 이 문제를 해결할 수 있다고 주장하였다.

양자역학의 해석에 대한 이러한 비판과 비판에 대한 반론에도 불구하고 1950년대 이후 양자역학은 새로운 응용분야를 찾아 수학적 기법을 발전시키는 방향으로 전개되었고 원자보다 작은 세계에서 일어나는 여러 가지 현상을 성공적으로 설명해냈다. 그러는 동안 물리학의 중심이 실용성을 우선시하는 미국으로 옮겨감에 따라 양자역학의 해석 문제는 물리학 외적인 문제로 치부되기 시작하였다. 대부분의 물리학 강의에서는 양자역학의 문제를 수학적으로 다루는 방법만이 사용되었다.

이렇게 하여 실제로는 받아들이는 데 어려운 점이 많았던 양자물리학에 대한 코펜하겐 해석은 양자물리학에 대한 최종적인 해석으로 굳어졌다. 양자물리학은 이제 해석의 문제에서 벗어나 원자보다 작은 세계의 일들을 얼마나 성공적으로 다룰 수 있는가 하는 문제에만 집중하게 된다. 그 결과 양자물리학은 20세기의 핵심적인 이론으로 자리 잡아 인간이 해석할 수 있는 자연의 범위를 크게 확장시켰고 20세기의 가장 성공적인 물리학으로 인정받게 되었다.

14장

원자와 원자핵

1 전자와 양성자의 발견

원자보다 작은 세계에 대한 연구는 전기에 대한 연구에서 시작되었다. 전기의 여러 가지 현상은 이미 19세기 중엽에 앙페르와 패러데이 그리고 맥스웰과 같은 학자들의 노력으로 이해되었다. 그러나 19세기 전기적 현상에 대해서 거의 완전히 이해하고 있었던 것과는 대조적으로, 전하를 옮겨주는 것이 무엇인지에 대하여는 아직 잘 모르고 있었다.

오랫동안 베일 속에 숨겨져 있던 전기의 정체는 1897년 톰슨(Sir Joseph John Thomson, 1856~1940)이 전자를 발견함으로써 밝혀지기 시작하였다. 톰슨 이전에도 전기분해 과정을 정밀하게 관측한 학자들에 의해 전기는 입자 상태로 존재할 것이라는 의견이 제시되기도 했지만, 아직 전자의 정확한 실체는 밝혀내지 못하고 있었다.

기압이 아주 낮은 관 속에서 두 개의 극판 사이에 높은 전압을 걸어 방전시키면, 음극에서 나와 양극으로 흐르는 음극선이 있다는 것은 톰슨 이전에도 이미 알려져 있었다. 크룩스(Sir William Crookes, 1832~1919)는 음극선의 경로가 자기장 속에서 휘어지는 방향을 조사하여 음극선은 음극으로부터 튀어나온 음전하를 띤 입자

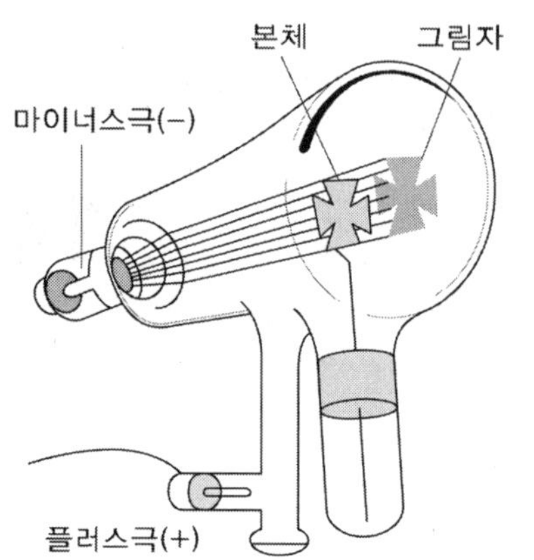

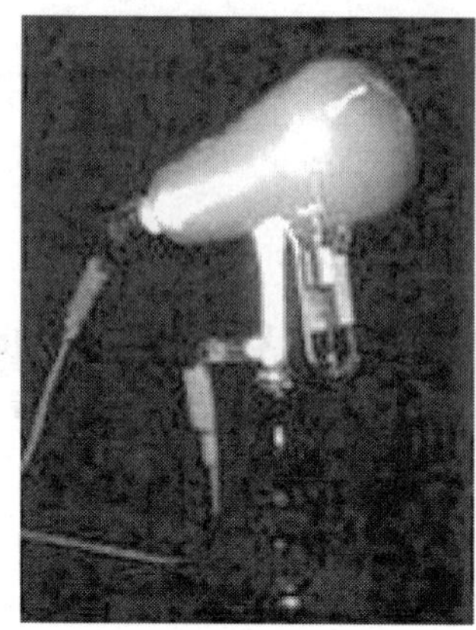

그림 14–1 음극선관 실험

의 흐름일 것이라는 의견을 제시하기도 하였다.

또한 이 음극선은 직진하는 성질이 있다는 것을 밝혔고, 음극선속이 운동량을 가지고 있다는 것도 밝혀져 음극선이 입자의 흐름일 것이라는 생각이 신빙성을 얻게 되었다. 그러나 이와 같은 많은 사실이 확인되었음에도 불구하고 음극선의 본질에 대해서는 아직 많은 논란이 계속되고 있었다. 여러 가지 실험적 사실에 의해 음극선을 입자의 흐름이라고 생각하는 사람들이 많아지기는 하였지만 아직도 음극선을 파동이라고 생각하는 사람도 있었다.

음극선의 정체를 밝혀내어 이런 논란을 종식시킨 사람은 톰슨이었다. 그는 음극선이 전기장과 자기장에 의해 휘어지는 방향을 조사해서, 음극선이 음의 전하를 띤 입자들의 흐름일 것이라 생각하고, 전하를 띤 입자와 전기장이나 자기장 사이에 작용하는 힘을 이용하여 음극선의 정체를 밝혀냈다. 전하를 띤 입자가 자기장 속이나 전기장 속에서 운동하면 이 입자는 전기장 또는 자기장에 의해 힘을 받게 되어 진로가 바뀐다. 전기장 속에 수직으로 입사한 전자는 전기장에 의해서 플러스극 쪽으로 힘을 받게 된다.

따라서 이 입자는 원래의 운동방향으로는 등속도 운동을 하게 되고, 전기장의 플러스극 방향으로는 등가속도 운동을 하게 된다. 한 방향으로는 등속도 운동을 하고, 이와 직각인 방향으로는 등가속도 운동을 하는 물체의 경로가 포물선이 된다는 것은 잘 알려진 사실이다. 따라서 전기장에 수직으로 입사한 전하를 띤 입자의 경로는 포물선이 된다.

또한 자기장에 수직으로 입사한 전자는 자기장에 의해 항상 운동하는 방향과 수직 방향으로 힘을 받게 된다. 운동 방향과 수직 방향으로 힘을 받으면 물체는 원 운동을 하게 된다. 그런데 전기장 속에서 포물선 운동의 곡률이나 자기장 속에서의 원 운동의 반지름은 전하를 띤 입자가 받는 힘의 크기와 질량에 의해 결정된다. 따라서 포물선의 곡률이나 원 운동의 반지름을 측정하면 전하와 질량의 비를 결정할 수 있다. 톰슨은 이런 방법으로 전자의 전하와 질량의 비를 실험적으로 결정하였다.

톰슨은 여러 실험을 통해 질량과 전하의 비가 모든 음극선의 입자에서 동일하다는 것을 알아내고, 이것이 음극선을 이루는 입자 즉, 전자의 고유한 값이라고 결론지었다. 따라서 전자의 질량과 전하를 따로따로 알아내기 위해서는 누군가가 전자의 전하나 질량 중의 하나를 결정해 주어야 했다. 이 일을 해 준 사람이 미국의 밀리컨(Robert Andrews Millikan, 1868~1953)이었다.

1913년 밀리컨은 기름방울 실험을 이용하여 전자의 전하를 측정하였다. 이로써 전자의 전하와 질량이 밝혀져서, 전자의 완전한 정체가 세상에 드러나게 되었다. 밀리컨은 전자가 입자이므로 기름방울이 전하를 띠게 되면 이 기름방울이 가질 수 있는 전하는 전자전하의 정수배여야 한다고 생각하였다.

그는 기름방울의 전하를 정밀한 장치를 이용하여 조사한 후 기름방울이 가지고 있는 전하량의 차이가 어떤 전하량보다는 절대로 작지 않으며, 전하량의 차이는 최소 전하량의 정수배로 이루어져 있다는 것을 밝혀냈다. 그래서 이 전하량을 전자의 전하량이라고 결론지었다. 밀리컨이 전자의 전하량을 결정함에 따라 톰슨이 이미 결정한 전자의 전하와 질량의 비를 이용하여 전자의 전하와 질량을 각각 결정할 수 있었다. 이런 과정을 거쳐 밝혀진 전자의 전하는 1.6×10^{-19} 쿨롱이고, 전자의 질량은 9.1×10^{-31} kg이다.

톰슨은 또한 산성용액을 전기분해하여 얻은 수소이온의 전하와 질량의 비도 같은 방법으로 측정하였는데, 수소이온은 전자와 반대의 전하를 띠고 있으며, 질량과 전하의 비가 전자의 질량과 전하의 비보다 약 1,860배 크다는 사실을 밝혀냈고, 밀리컨 실험에 의하여 수소이온이 가지고 있는 전하도 부호만 다를 뿐 전자의 전하와 같다는 것이 알아냈다. 이렇게 전자의 전하량은 모든 전하량의 기본 단위이며 원자는 플러스 전하를 띤 양성자와 마이너스 전하를 띤 전자로 이루어졌다는 것을 알게 되었다.

2 원자 구조의 이해

원자보다 작은 세계를 연구하기 위해서는 모형을 이용한다. 원자에 대한 여러 가지 실험을 하고 그 실험 결과를 설명할 수 있는 원자모형을 제시한 후 이 모형을 이용하여 다른 여러 가지 성질을 설명하려고 시도하게 된다. 그러다가 기존의 원자모형으로 설명할 수 없는 새로운 현상이 발견되면 원자모형은 이 결과를 수용할 수 있도록 수정된다.

원자의 구조에 대한 최초의 모형은 톰슨에 의해 제시되었다. 톰슨은 그가 발견한 전자와 수소이온을 바탕으로 1904년에 원자모형을 제시하였다. 이 당시 이미 전자의 실체가 확인되었고, 천연 방사능의 연구에 의해 원자에서 마이너스 전하를 띤 전자와 플러스 전하를 띤 양성자가 방출된다는 사실이 알려져 있었으므로, 원자가 마이너스 전하를 띤 전자와 플러스 전하를 띤 양성자로 이루어졌다고 가정하는 것은 매우 자연스러웠다.

사실 우리가 톰슨의 원자모형이라고 알고 있는 것을 처음 제시한 사람은 열역학에서 뛰어난 업적을 남긴 톰슨(William Thomson Kelvin, 1824~1907)이었다. 그런데 톰슨이 이 원자모형을 적극적으로 지지해서 그의 원자모형이라고 알려지게 되었다. 톰슨의 원자모형에 의하면 수소원자는 플러스 전하를 띤 양성자들 사이에 마이너스 전하를 띤 전자가 박혀있는 구조로 이루어졌다고 하였다.

이러한 톰슨의 원자모형은 마치 건포도를 섞어 만든 플럼푸딩을 닮았다고 하여 플럼푸딩모형이라고 부르기도 한다. 이 원자모형에서는 원자의 질량과 전하가 원

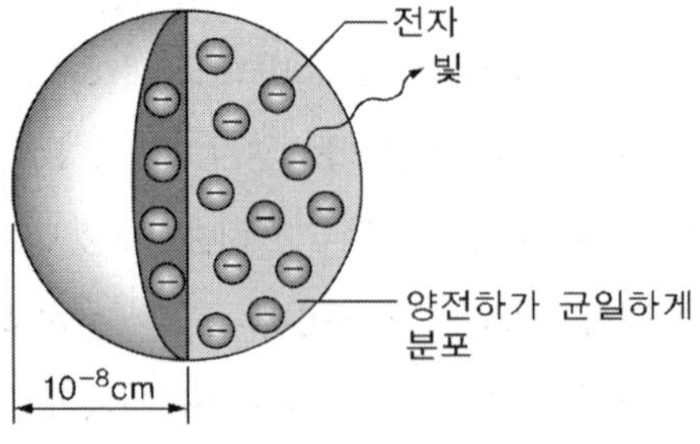

그림 14-2 톰슨의 플럼푸딩 원자모형

자를 이루는 전체 부피에 골고루 분포되어 있다. 이 모형을 처음 제안했다고 알려진 캘빈은 후에 양전하와 음전하를 띤 구형의 입자가 반복되어 쌓여 있는 사이사이에 전자가 끼어 있는 새로운 원자모형을 제시하기도 하였다.

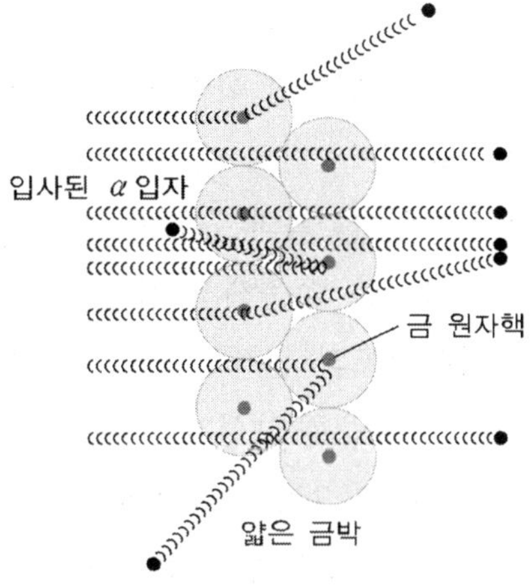

그림 14-3 러더퍼드 실험

원자의 질량이 원자를 이루는 공간에 골고루 퍼져있는 톰슨의 원자모형은 1910년에 행해진 러더퍼드(Ernest Rutherford, 1871~1937)의 실험에 의해 새로운 원자모형으로 대치되었다. 러더퍼드는 아주 얇은 금박에 천연 방사성 원소인 라듐원자로부터 나오는 알파 입자를 때려 넣어서 산란되는 모습을 관측하였다. 그는 대부분의 알파 입자는 거의 직선으로 금박을 통과하지만, 소수의 알파 입자는 커다란 각도로 산란한다는 것을 발견하였다.

전자의 질량은 알파 입자의 질량보다 훨씬 작으므로 알파 입자가 전자에 의해서 산란되지는 않았음을 쉽게 예측할 수 있다. 또 커다란 각도로 산란되는 것은 여러 개의 양성자 입자에 의하여 반복 산란한 결과라고 생각하기에도 많은 문제점이 있었다. 여러 개의 양성자에 의한 반복 산란은 오히려 산란효과가 상쇄되어 산란각이 작아지므로 커다란 각도로 산란되기를 기대하기가 어렵기 때문이다.

이 실험의 결과로 원자의 질량이 원자를 이루는 전체 부피에 골고루 퍼져 있다는 톰슨의 원자모형은 사실과 부합하지 않는다는 것이 입증되었다. 러더퍼드는 그의 실험 결과를 설명하기 위해 원자 전체에 비해 아주 작은 크기를 가진 핵에 원자 질량의 대부분이 몰려있고 나머지 부분은 거의 진공으로 되어 있어 이곳에서 전자가 원자핵을 돌고 있는 새로운 원자모형을 제시하였다.

따라서 러더퍼드의 원자모형은 원자핵의 존재를 최초로 제시한 원자모형으로 원자핵 물리학이라는 새로운 분야의 시발점이라고 할 수 있다. 또한 그는 원자핵이 가지고 있는 전하량이 그 원소의 원자번호와 비례한다는 것을 밝혀내고 이것은 원자핵에는 원자번호와 같은 수의 양성자가 들어 있기 때문이라고 추정하였다. 따라서 원자가 전체적으로 중성이기 위해서는 그 주위를 도는 전자의 수도 양성자의 수와 같아야 한다고 주장하였다.

러더퍼드의 새로운 원자모형은 톰슨의 원자모형에 비하면 원자의 실체에 훨씬 근접하긴 했지만 아직도 전자기학적 입장에서 보면 중대한 결함을 가지고 있었다. 전하를 띤 입자가 가속도 운동을 하면 전자기파를 발생시킨다는 것은 잘 알려진 사실이었다. 핵의 주위를 돌고 있는 전자들의 운동은 가속도 운동이므로 끊임없이 전자기파를 방출해서 점점 에너지를 잃고 핵으로 떨어져야 한다.

러더퍼드의 원자모형에 의하면 원자핵은 양성자로 이루어져 있으므로 핵의 질량이나 전하량은 양성자의 질량이나 전하량에 양성자의 수 즉, 원자번호를 곱한 값이어야 한다. 그러나 실험에 의하여 결정된 원자량은 양성자 하나의 질량에 원자번호를 곱한 값보다 훨씬 큰 값이었다. 그러나 원자핵의 전하량은 양성자 하나의 전하량에 양성자의 수를 곱한 값과 같았다. 이것은 원자핵에 양성자 외의 다른 입자가 포함되어 있다는 것을 뜻한다. 그러나 아직 중성자의 존재를 알지 못하던 당시에는 이런 문제를 성공적으로 설명할 수 없었다. 그래서 원자핵 속에도 전자가 들어 있는 것이 아닌가 하는 생각이 제시되기도 했었다.

원자의 이런 문제들을 성공적으로 설명할 수 없었던 러더퍼드의 원자모형은 곧 새로운 원자모형으로 내치될 수밖에 없었다. 1913년에 보어(Niels Henrik David Bohr, 1885~1962)는 양자론의 입장에서 이러한 결함을 없앤 새로운 원자모형을 제안하였다. 보어는 원자에서 나오는 전자기파의 에너지가 연속적으로 방사되는 것이 아니라 불연속적인 양으로 방출되어 선스펙트럼을 이루는 데 착안하였다. 보어의 원자모형에 의하면 원자에는 어떤 안정된 궤도가 존재하게 되어 전자가 이 궤도에서는 에너지를 잃지 않고 운동할 수 있으며, 한 궤도에서 다른 궤도로 뛰어 옮길 때만 전자기파를 방출하여 에너지를 잃게 된다고 하였다. 이러한 보어의 원자모형은 물리량이 양자화 되어 있다는 양자론적인 생각에 근거하고 있다. 보어는 전자의 각운동량을 가장 중요한 물리량으로 생각하였다.

보어는 에너지가 연속된 양이 아니라 최소 단위의 정수배로만 존재하며, 주고받을 수 있다면 원자 내의 전자가 가질 수 있는 에너지도 마찬가지로 연속적인 양이 아니며, 원자가 방출하거나 흡수하는 에너지도 양자화 된 양이어야 한다고 생각하였다. 그는 원자 내의 전자는 모든 에너지를 가질 수 있는 것이 아니라 전자의 각운동량이 플랑크상수의 정수배가 되는 안정된 궤도에서만 존재할 수 있다고 하였다. 이것을 보어의 양자조건이라고 한다. 보어는 양자조건을 만족하고 전자와 양성자

보어(Niels Henrik David Bohr, 1885. 10. 7~1962. 11. 18)

보어는 코펜하겐 출신의 물리학자로 에너지의 양자론을 원자모형에 도입하여 원자의 구조를 밝히는 데 큰 공헌을 하였다. 그는 1903년 코펜하겐대학에 들어가 물리학을 공부하고, 1911년 「금속의 전자론」이라는 제목의 논문으로 학위를 받았다. 그 후 영국으로 건너가 케임브리지대학에서 톰슨, 그리고 맨체스터대학의 러더퍼드 밑에서 연구하고 귀국하여 코펜하겐대학에서 원자모형을 연구하였다. 보어는 러더퍼드의 모형에 플랑크의 양자가설을 적용한 새로운 원자모형을 제시하여 수소의 스펙트럼계열을 성공적으로 설명하였다. 후에 보어는 정상파의 개념을 이용하여 양자조건 및 진동수 조건을 제시한 일반적인 원자이론으로 정리되어 보어의 원자모형이 완성되었다. 보어의 원자모형은 양자의 개념을 처음으로 원자의 구조에 적용하여 원자가 내는 스펙트럼을 밝혀 양자역학 성립에 크게 공헌하였다. 보어는 원자구조론 연구 업적으로 1922년에 노벨 물리학상을 받았다. 1930년경부터는 원자핵 연구에 주력하여 핵반응을 설명하는 액정모형을 제안하기도 하였다. 제2차 세계대전 중 영국과 미국에 건너가 맨해튼계획에도 참가했고, 전쟁이 끝난 후에는 코펜하겐으로 돌아왔다. 원자력의 평화적 이용과 핵무기의 연구를 공개하도록 주장하는 공개장을 UN에 보내는 등 정치적 활동을 하기도 하였다.

사이의 전기적인 인력이 전자의 원 운동으로 인해 원심력이 균형을 이루는 궤도에만 전자가 존재할 수 있다고 하였다.

보어의 원자모형에서는 전자가 이러한 안정된 궤도에서 원자핵 주위를 도는 동안에는 전자기파가 발생하지 않아 에너지를 잃지 않고, 운동을 계속할 수 있다고 하였다. 전자가 안정된 궤도에서 다른 안정된 궤도로 건너뛰게 되면 두 궤도의 에너지 차이에 해당되는 에너지를 흡수하거나 방출해야 한다. 원자가 내는 스펙트럼이 선스펙트럼인 것은 이러한 에너지 준위가 존재한다는 증거라고 하였다.

보어의 원자모형을 이용하면 수소원자가 내는 선스펙트럼을 잘 설명할 수 있었다. 수소원자가 내는 스펙트럼은 자외선, 가시광선, 적외선 등의 계열을 이루고 있는데 이것을 각각 라이만계열, 발머계열, 파션계열이라고 부른다. 전자가 가지는 에너지의 크기는 안정된 궤도의 번호의 제곱에 반비례하여 줄어든다(음으로 나타난 에너지의 값이 줄어드는데 실제로는 증가하는 것이다).

그러므로 다음의 에너지 준위표에서 확인할 수 있는 것처럼 높은 에너지 준위에서 1궤도로 떨어질 때의 에너지 차이가 가장 크고(예를 들어 2궤도에서 1궤도로 떨어질 때의 에너지 차이가 6궤도에서 2궤도로 떨어질 때의 에너지 차이보다 크다), 2궤도

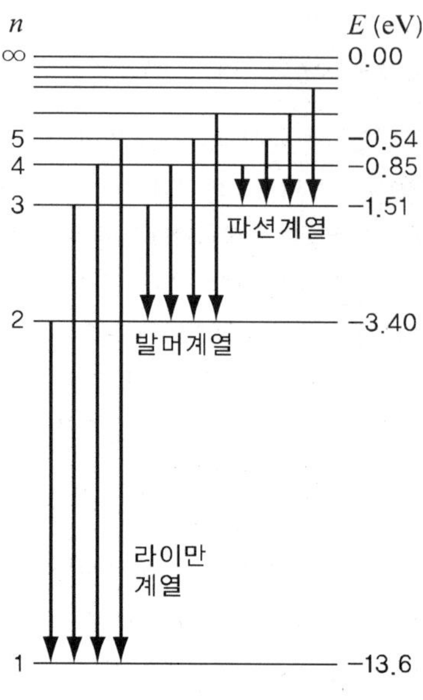

그림 14-4 보어의 수소원자 모형

로 떨어질 때의 에너지 차이가 다음으로 크며, 3궤도로 떨어질 때의 에너지 차이가 그 다음으로 크게 된다. 수소원자가 내는 빛이 계열을 이루는 것은 전자가 각각 높은 에너지 상태에서 1궤도(라이만계열, 적외선)와 2궤도(발머계열, 가시광선), 3궤도(파션계열, 적외선)로 떨어질 때 나오는 빛임을 알 수 있다.

그러나 보어의 원자모형은 수소원자가 내는 스펙트럼의 종류를 설명하는 데는 성공적이었지만 아직 설명할 수 없는 부분이 많았다. 원자에서 나오는 스펙트럼들은 하나의 스펙트럼처럼 보이던 것이 사실은 전기장이나 자기장 안에서는 여러 개의 스펙트럼으로 갈라지는 것이 관측되었고, 또 각 스펙트럼의 세기가 모두 일정한 것이 아니라 스펙트럼에 따라 매우 복잡한 형태의 크기를 가진다는 것을 알게 되었다. 그러나 보어의 원자모형은 그런 현상을 전혀 설명할 수 없었다. 따라서 원자에 대한 정확한 이해는 양자역학적 모형이 등장할 때까지 기다려야 했다.

양자역학적 원자모형에 의하여 원자 내의 전자의 에너지 상태를 알려면 전자의 상태를 나타내는 몇 가지 양자수를 알아야 한다. 양자수는 전자가 가질 수 있는 물리량을 제한하는 불연속적인 양이다. 양자물리학에서 다루는 물리량이 불연속적인 양인 것은 양자수가 불연속적인 양이기 때문이다. 원자핵 주위를 돌고 있는 전자가 가질 수 있는 물리량을 제한하는 양자수에는 에너지의 크기를 나타내는 양자수(주양자수), 각운동량의 크기를 나타내는 양자수(궤도 양자수), 각운동량의 한 성분의 크기를 나타내는 양자수(자기 양자수), 스핀을 나타내는 양자수 등이 있다. 따라서 전자는 이 양자수로 주어지는 물리량만을 가질 수 있다.

따라서 특정한 상태에 있는 전자가 가지는 에너지, 각운동량, 스핀 등의 물리량을 알기 위해서는 주양자수 외에도 세 가지의 다른 양자수를 알아야 한다. 원자핵 주위를 돌고 있는 전자도 원 운동을 하고 있으므로 각운동량을 갖게 되는데 전자가 가질 수 있는 각운동량에도 엄격하게 제한되어 있다. 전자의 상태를 나타내는 두

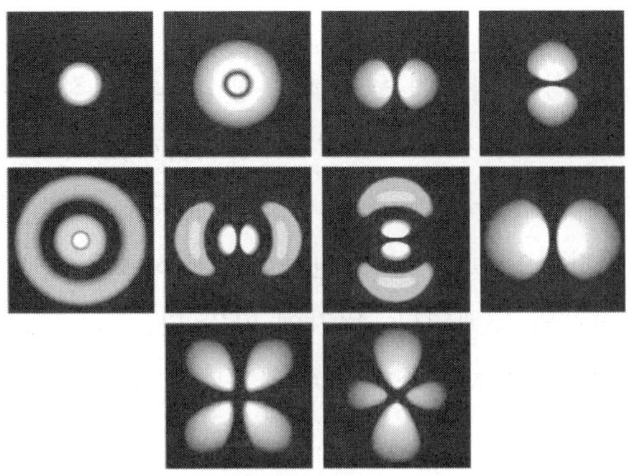

그림 14-5 양자역학적 원자모형의 전자밀도함수

번째 양자수는 전자가 허용된 각운동량의 어떤 값을 갖는가 하는 것을 나타낸다. 그런데 각운동량은 크기뿐만 아니라 방향도 있는 양으로 각운동량의 크기와 방향을 지정해 줄 또 하나의 양자수가 필요하다. 세 번째 양자수는 전자가 각운동량의 한 성분이 어떤 값을 가져야 하는지를 나타낸다.

마지막 양자수는 전자의 스핀과 관계가 있다. 스핀은 알기 쉽게 전자의 자전에 의한 각운동량이라고 이해하면 된다. 전자는 원자핵 주위를 돌고 있을 뿐 아니라 스스로도 자신의 축을 중심으로 자전하고 있다. 자전도 원 운동이므로 자전에도 이에 따르는 각운동량이 있게 마련이다. 그런데 전자의 자전에도 제한이 있다. 전자는 수직한 축을 중심으로 좌로 돌거나 우로 도는 방법밖에는 허용되지 않으며 각운동량의 크기도 자전 방향이 좌냐 우냐를 나타내는 플러스와 마이너스의 부호를 제외하면 같은 값만을 가져야 한다. 따라서 전자의 스핀을 나타내는 마지막 양자수는 두 가지밖에 없다.

3 원자핵의 발견

러더퍼드는 실험을 통하여 원자의 질량은 원자 전체에 퍼져 있는 것이 아니라, 원자 중심의 매우 작은 부피 속에 질량의 대부분이 집중되어 있는 것을 발견하고 이것을 원자핵이라고 불렀다.

그런데 여러 가지 실험에 의하여 원자핵은 양성자의 전하(e)에 원자번호를 곱한 만큼(Ze)에 해당하는 전하를 가지고 있다는 것이 밝혀졌다. 그러나 원자핵의 질량은 양성자 질량(m_p)에 원자량을 곱한 값(Am_p)과 같다는 것이 밝혀졌다. 예를 들면 원자번호가 8이고 원자량이 16인 산소 원자핵의 전하량은 양성자 전하량의 8배이고, 질량은 양성자 질량의 16배였다. 원자에 따라 다르기는 하지만 원자의 질량이 수소원자의 질량의 몇 배인가를 나타내는 원자량은 원자번호의 2배보다 큰 값을 갖는다.

중성자가 발견되기 이전에는 원자량의 의미를 정확하게 이해할 수 없었다. 만약에 원자핵이 양성자만으로 이루어졌다면 원자핵의 질량과 전하는 다 같이 양성자 하나의 질량과 전하량에다 양성자의 수를 곱한 값과 같아야 한다. 그런데 원자핵의 질량은 양성자의 질량에 원자번호를 곱한 값과 같지 않다. 이것은 전하를 띠지 않은 중성자의 발견 후에야 설명되었다.

중성자를 실험적으로 확인한 것은 1932년 채드윅(Sir James Chadwick, 1891~1974)에 의해서였다. 채드윅은 이레느와 졸리오 퀴리 부부가 행한 실험을 분석하는 과정에서 중성자의 존재를 확인하게 되었다. 1930년에 보데(Walther Bothe, 1891~1957)와 베커(George Ferdinand Becker, 1847~1919)는 폴로늄에서 나오는 알파선을 원자핵에 쪼였더니 원자핵들에 방사능이 생겨서 감마선을 내는 것을 확인하였다.

라듐과 폴로늄을 발견한 퀴리의 딸과 사위인 이레느와 졸리오 부부는 천연의 방사능 원소(폴로늄)에서 나오는 알파선(헬륨 원자핵)을 베릴륨에 조사하는 실험을 하여 보데와 베커의 실험을 재현하고 베릴륨 원자핵에서 나오는 감마선의 투과력을 실험하고 있었다. 이때 베릴륨 표적 주위에 수소를 많이 포함하는 파라핀 같은 물질에서 새로운 입자가 나온다는 것을 확인하고, 이 입자가 양성자인 것을 알아냈다.

채드윅은 이것을 분석하여 알파입자가 베릴륨에 충돌할 때 양성자와 비슷한 질량을 가진 중성입자를 방출하고, 이 중성입자가 수소의 원자핵인 양성자와 충돌하여 양성자를 방출하는 것이라고 설명하였다. 그리고 이 중성입자가 바로 러더퍼드가 제안한 중성자라고 하였다. 이제 원자핵은 양성자에 중성자가 첨가되어 그 모습이 제대로 드러나게 된 것이다.

채드윅의 중성자 발견은 하이젠베르크로 하여금 새로운 원자핵 모형을 만들어 내도록 하였다. 하이젠베르크의 원자핵 모형은 우리가 중·고등학교에서 배우고 있는 모형으로 우리와 매우 친숙한 원자핵 모형이다. 새로운 모형에 의하면 원자번호가 Z인 원자의 경우 그 원자핵은 Z개의 양성자와 N개의 중성자로 이루어져 있다. 중성자는 양성자의 질량과 매우 비슷한 크기의 질량을 갖는다. 따라서 원자량(A)은 Z+N이 된다.

중성자와 양성자의 수는 중성자가 하나도 없고 양성자만 하나 있는 수소 원자핵을 제외하면 대체로 같거나 중성자의 수가 조금 많다. 원자번호가 작은 원소에서는 양성자와 중성자의 수가 정확히 같은 경우가 많고, 원자번호가 큰 원소에서는 중성자의 수가 양성자의 수보다 많은 경우가 대부분이다.

원자의 화학적 성질은 양성자와 전자의 개수에 의해 결정되므로 양성자의 수가 같으면 같은 원소라고 한다. 그러나 양성자의 수는 같고 중성자 수가 다르면, 원자번호는 같고 질량수가 다르게 되는데, 이러한 원소들을 동위원소라고 부른다. 동위원소는 화학적 성질은 같지만 물리적 성질이 다르므로 이 원소들을 분류하려면 물리적 방법을 사용해야 한다.

원소라는 개념과는 달리 핵종으로 원자핵의 종류를 구별하기도 한다. 같은 수의 양성자와 중성자를 포함하고 있는 것을 같은 핵종이라고 하며, 양성자나 중성자 어느 하나의 개수가 달라도 다른 핵종으로 구별하는 것이다. 자연에는 90가지의 원소가 존재한다. 그러나 지구상에는 안정한 핵종이 약 300여 가지가 존재하며 방사성을 가지고 있어 불안정한 핵종까지 합하면 약 1,300종이 존재한다.

양성자의 수는 같고 중성자의 수는 다른 동위원소의 존재를 처음으로 확인한 것은 천연 방사능 원소가 붕괴해서 새로운 원소가 생성되는 현상을 조사하는 과정에서였다. 우라늄과 토륨은 자연에 존재하는 천연 방사능 원소의 하나이다. 이 원소들이 붕괴해 가는 과정을 추적하여 원자번호는 같은데 원자량이 다른 원소가 형성된다는 것을 알아내고 이 원소들을 동위원소라고 부르기 시작하였다. 방사성 원소가 아닌 보통 원소도 동위원소를 갖고 있다는 사실을 처음 발견한 것은 1913년 톰슨에 의해서였다.

전하를 띤 입자가 자기장 속에서 자기장에 수직한 방향으로 운동하기 시작하면 자기장의 영향으로 진로가 구부러져 원 운동을 하게 된다는 것은 잘 알려진 사실이

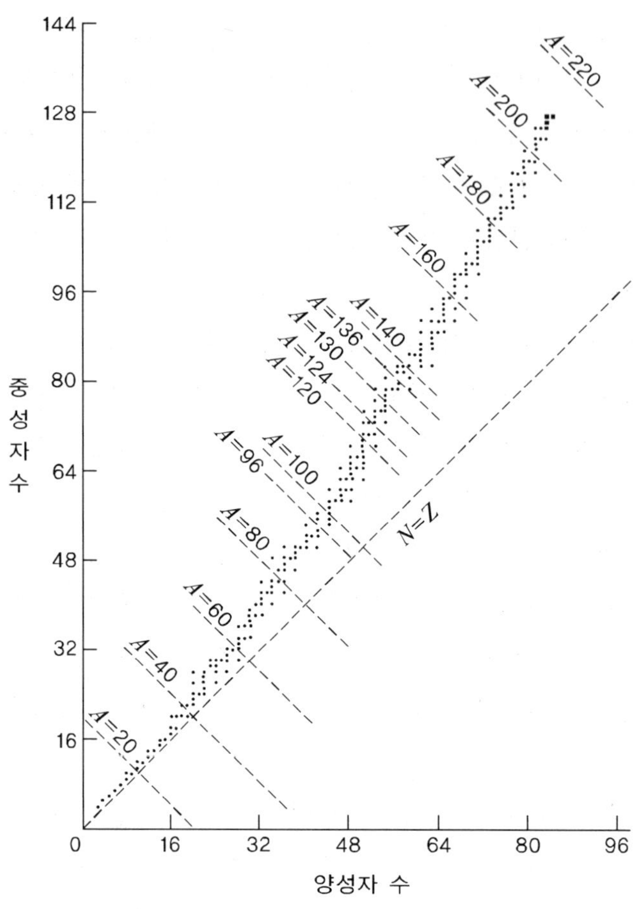

그림 14-6 원자핵 속의 양성자와 중성자 수

다. 이러한 입자의 원 운동 반지름은 입자의 전하와 질량의 비에 따라 결정된다. 동위원소의 원자핵들은 전하량은 같고 질량은 다르다. 따라서 동위원소의 원자핵을 자기장 속에서 원 운동을 시키면 두 원자핵의 원 운동 반지름이 달라 동위원소를 분류해 낼 수 있다. 동위원소는 화학적 성질이 거의 동일하므로 화학적인 방법으로는 분류해 낼 수가 없고 이러한 물리적 방법으로만 분류가 가능하다.

톰슨의 실험방법을 이어받아 더욱 발전시킨 아스톤(Francis Willhelm Aston, 1877~1945)은 거의 모든 원소들이 동위원소를 가지고 있다는 것을 발견하고, 어떤 원소들은 10개나 되는 많은 동위원소가 있다는 것도 밝혀냈다. 그는 또한 각 원소들의 동위원소들 사이의 존재비도 상당히 정확하게 측정하였다. 동위원소 중에는 천연 방사능 원소의 붕괴 시 생성되는 것과 같은 방사성을 가진 동위원소와 방사성을 가지지 않는 안정한 동위원소로 나눌 수 있다. 자연 상태에 존재하는 많은 동위원소들은 대부분 안정한 동위원소들이다.

우리가 원소의 원자량이라고 부르는 것은 사실 그 원소의 여러 가지 동위원소들의 가중 평균값이다. 예를 들어 원자번호가 17인 염소는 원자량이 35인 동위원소가 약 75 % 정도 존재하고, 원자량이 37인 동위원소가 약 25 % 존재한다. 따라서 염소의 원자량은 약 35.5가 된다. 많은 원소들의 원자량이 양성자 질량의 정수배가 아닌 것은 동위원소들이 존재하기 때문이다.

원소들이 안정한 동위원소를 갖는다는 것은 일정한 수의 양성자와 결합하여 안정한 핵을 이룰 수 있는 중성자의 개수가 여러 가지 있다는 것을 뜻한다. 따라서 어떤 원소에 몇 개의 동위원소가 있는지를 조사하는 것은 원자핵의 안정성과 원자핵의 에너지 구조에 대하여 이해할 수 있는 실마리를 발견할 수 있게 된다. 원소들 중에 안정한 동위원소를 갖지 않는 것은 20가지 원소로 자연에 존재하는 전체 원소의 약 4분의 1에 해당하고 나머지는 두 개 이상의 동위원소를 가지고 있다.

각 원소들이 가지는 동위원소의 수를 잘 조사해 보면 몇 가지 중요한 규칙성을 발견할 수 있다. 우선 위의 표에서도 쉽게 알 수 있는 것과 마찬가지로 홀수의 원자번호를 갖는 원소보다는 짝수의 원자번호를 가지는 원소가 훨씬 많은 동위원소를 가지고 있다는 것이다.

또한 몇 개의 예외를 제외하고는 원자번호가 짝수인 원소는 원자량도 짝수가 된다는 것도 알 수 있다. 동위원소를 갖지 않는 20개의 원소 가운데는 베릴륨만이 원자번호가 짝수이고 나머지 원소는 모두 홀수의 원자번호를 가지고 있다. 이런 동위원소 수의 규칙성은 원자핵의 안정성과 원자핵을 이루는 핵자의 개수에 대한 중요한 정보를 제공할 수 있다.

원자를 이해하기 위한 여러 가지 실험과 이론이 전개되었지만 20세기 초반에 행하여진 대부분의 연구는 핵 주위를 돌고 있는 전자들의 분포와 전자의 에너지 상태에 대한 것이었다. 따라서 원자핵에 대해서는 오랫동안 별로 이해하지 못하고 있었다.

4 방사성 동위원소와 원자핵 에너지

원자핵을 이루는 양성자와 중성자가 어떠한 상태로 존재하고, 이들을 결합해 주는 결합력은 무엇이며, 원자핵이 어떻게 해서 알파입자와 같은 입자를 방출하게 되는지를 이해하기 위해서는 양자물리학이 본격적인 궤도에 오를 때까지 기다려야 하였다. 원자핵은 다른 원자핵이나 원자핵을 이루는 입자 즉 양성자나 중성자 또는 전자를 가속시켜 충돌시켜야만 분해할 수 있다. 양성자와 전자 같은 입자를 아주 빠른 속도로 가속해서 이 입자들을 원자핵에 충돌시켜 원자핵을 분열하는 가속기가 발달됨에 따라 원자핵은 점차 그 베일을 벗게 되었다.

그러나 원자핵은 꼭 외부로부터 충격이 가해 질 때만 분해되는 것은 아니다. 어떤 원자핵들의 에너지 상태는 매우 불안정해서 일정한 비율로 저절로 붕괴하게 되는데 이런 원자들을 천연 방사성 원소라고 한다. 따라서 인공적으로 원자핵을 파괴해 보는 것과 마찬가지로, 천연 방사성 원소들이 방사성 붕괴 시에 방출되는 여러 가지 입자와 에너지를 조사하는 방법도 원자핵의 구조와 에너지 상태를 유추해 내는 중요한 열쇠라고 할 수 있다.

사실 원자핵에 대한 연구는 이런 천연 방사능에 대한 연구에서 시작되었다. 가속기를 이용한 원자핵의 인공변환은 천연 방사성 원소에 대한 연구로 알아내지 못한 원자핵의 비밀을 파헤치는 데 중요한 역할을 하였다.

원자핵은 분열해서 안정한 원소가 되려고 할 뿐만 아니라 두 원자핵이 결합하여 안정한 핵이 되려는 경향도 있다. 이때는 대개 반응에 참가하는 물질과 생성물질의 질량 사이에 차이가 나게 되는데 이 차이에 해당하는 질량은 에너지로 변환하게 되어 큰 에너지가 방출된다.

원자핵을 이루고 있는 핵자들을 완전히 분리해서 자유로운 입자들로 만드는데 필요한 에너지를 핵자의 수로 나눈 것을 핵자의 평균 결합에너지라고 한다. 원자핵을 이루고 있는 핵자들의 평균 결합에너지는 핵자 수가 증가함에 따라 증가한다. 그러나 핵자 수의 증가에 따라 한없이 증가하는 것이 아니라 일정한 핵자 수에서 최대값을 갖고 그 이상 핵자의 수가 증가하면 오히려 평균 결합에너지가 감소하게 된다.

결합에너지가 최대가 되는 핵자의 수는 56으로 원자번호 26인 철(Fe)의 원자핵이 여기에 해당한다. 평균 결합에너지가 크다고 하는 것은 이 핵을 붕괴시키는 데 더 많은 에너지가 필요하다는 뜻이고, 또 이 핵이 매우 안정한 상태에 있다는 것을 뜻한다. 따라서 원자핵을 이루는 핵자의 수가 56보다 큰 원소는 핵자 중의 일부를 방출하면 더 안정한 상태의 핵으로 변환할 수 있고, 핵자의 수가 56보다 적은 원소들은 원자핵의 결합으로 핵자의 수를 늘리면 더 안정한 핵이 될 수 있다.

이렇게 작은 원자핵이 결합하여 더 안정한 큰 원자핵으로 변해 가는 것을 핵융합이라 하고 큰 원자핵이 분열하여 작은 안정한 원자핵으로 변환되는 것을 핵분열이라고 한다. 그런데 원자핵들은 어느 정도 안정한 상태에 있으므로 이러한 핵반응이 그리 쉽게 일어나지는 않는다. 현재 원자력 발전에 사용되는 연료는 우라늄 235이다. 천연으로 존재하는 우라늄에는 연료로 사용되지 않는 우라늄 238이 전체 우라늄의 99.3 %를 차지하고 있다. 이것은 우라늄 235의 반감기는 7억 년이고 우라늄 238의 반감기는 45억 년이나 되어 우라늄 238이 자연에 훨씬 많이 남아있기 때문이다.

따라서 핵연료로 사용하기 위해서는 우라늄 중에서 우라늄 235를 농축하여 우라늄 235의 농도가 3.2 % 이상이 되도록 하여야 한다. 우라늄 235의 핵은 중성자를

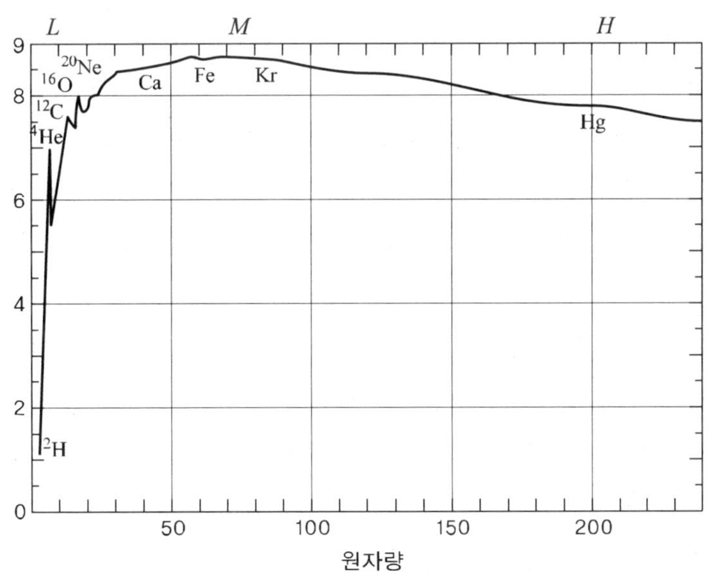

그림 14-7 핵자당 결합에너지의 변화

흡수함으로써 들뜬 상태에 놓이게 된다. 이렇게 해서 들뜬 우라늄 235의 핵은 분열되면서 중성자와 에너지를 내놓는다. 그런데 이때 방출된 중성자는 다시 다른 우라늄 235의 핵에 흡수되어 이 핵이 분열될 수 있도록 한다. 따라서 이런 반응이 연쇄적으로 일어나게 되어 큰 에너지가 나오게 되는 것이다.

이때 연쇄반응의 속도를 조절하여 적당한 에너지가 나오도록 하지 못하면 한꺼번에 아주 큰 에너지가 방출되어 폭탄과 같은 파괴의 목적으로 사용될 수 있다. 그러나 중성자를 흡수하거나 중성자의 속도를 조절하여 적당한 비율로 연쇄반응이 일어나도록 방출되는 에너지의 양을 조절할 수 있기 때문에 원자력 발전과 같이 평화적인 목적에 사용될 수 있다.

그러나 이런 핵연료 재처리 기술의 발달은 핵 확산의 위험을 가져오기도 하였다. 핵연료를 재처리하면 어렵지 않게 원자폭탄을 제조할 수 있기 때문이다. 따라서 국제적인 협약으로 핵연료는 물론 폐기물까지 국제기구가 관리하여 핵 확산을 방지하려는 노력이 전개되고 있다.

이러한 여러 가지 원자로의 건설에 최우선으로 고려되고 있는 것이 안전성이다. 그래서 원자로는 보통 여러 겹의 안전장치를 가지고 있다. 원자로의 건설에 막대한 비용이 드는 것은 다중 안전장치 때문이다. 우리나라에서 가동 중인 원자로의 대부분을 차지하고 있는 경수로는 5겹의 방호벽을 가지고 있다.

첫째 방호벽은 핵연료 펠렛이다. 이것은 핵연료인 이산화 우라늄 분말을 고온으로 구워 원통형으로 굳힌 것으로 핵분열 시에 나오는 핵분열 산물을 이 속에 가두어 두게 된다. 두 번째 방호벽은 연료 피복관이다. 지르코늄 합금으로 만든 원통형의 관으로 그 속에 연료봉이 들어가게 되는데 연료 펠렛에서 새어 나온 방사성 물질은 대부분 이 피복관 안에 갇히게 된다. 다음의 방호벽은 원자로 압력 용기이다. 연료 피복관은 수백 개를 한 묶음으로 하여 두께 25 cm의 철제 압력 용기에 담겨져 있다.

이 압력 용기는 방사성 물질뿐만 아니라 높은 압력과 온도에도 견디도록 설계되었다. 다음 네 번째의 방호벽은 원자로 격납용기이다. 원자로 전체가 두께 4 cm 정도의 철판으로 만들어진 격납용기 안에 설치되어 있다. 물은 물론 공기마저 새어 나오지 않도록 만든 격납용기 밖으로는 어떤 방사성 물질도 새어 나오지 못한다. 마지막 방호벽은 원자로 건물 자체이다.

격납용기 밖에는 두꺼운 콘크리트로 원형 돔을 만들어 최후의 방호벽으로 사용하고 있다. 원자로에는 이러한 다중 방호벽뿐만 아니라 각종 자동 안전장치가 설치되어 사고 시에 비상 작동할 수 있다. 그러나 이러한 안전장치에도 불구하고 아직 원자로의 안전 문제는 중요한 문제로 남아 있다. 원자력을 이용한 발전이 중요한 에너지원으로서 널리 사용되기 위해서는 안전의 문제를 완전히 해결하여야 할 것이다.

원자핵의 분열을 이용한 발전은 이미 오래 전에 실용화되어 세계 에너지의 상당한 부분이 이 방법으로 충당된다. 그러나 핵에너지 발전은 여러 가지 심각한 문제를 가지고 있어서 많은 나라에서 새로운 원자력 발전소의 건설이 중단된 상태이다. 핵에너지 발전의 첫 번째 문제로 지적된 것이 핵반응과정에서 방출되고 생성되는 방사선과 방사성 물질에 의한 환경오염이다.

1986년 4월 당시 소련 체르노빌의 원자력 발전소 사고로 인한 오염은 원자력이 가지고 있는 심각한 문제점을 단적으로 드러내 보인 사건이라고 할 수 있다. 소련은 폐쇄된 사회로 그 피해 실상이 제대로 알려지지 않았지만 현재도 피해사례가 보고되고 있어 앞으로도 이 문제는 절대로 소홀히 다루어선 안 될 것이다.

핵분열과는 반대로 핵융합은 작은 원자핵이 융합하여 더욱 안정한 큰 원자핵이 되면서 에너지를 내놓는 반응이다. 원자핵 융합 시에 나오는 에너지를 에너지원으로 사용하면 이러한 극심한 환경 오염 없이 거의 무한정의 에너지를 얻어낼 수 있을 것이라는 기대를 가지고 세계의 많은 나라에서 핵융합 반응을 이용한 에너지를 실용화하려고 노력하고 있다.

수소 핵융합을 일으키기 위해서는 첫째 1억 도에 이르는 높은 온도를 얻을 수 있어야 한다. 이런 높은 온도에서 원자핵들은 두 원자핵이 충분히 가까이 다가갈 수 있을 만큼 빠르게 움직이기 때문이다. 그러나 온도가 높은 것만으로는 안 된다. 원자핵들이 충분히 자주 상호 충돌하게 하려면 원자핵의 밀도가 어느 정도 높아야 된다. 온도가 올라가면 밀도는 작아짐으로 이런 조건을 만족시키기가 쉽지 않다. 마지막으로 충분히 높은 온도와 밀도를 얻었다고 해도 원자핵들이 반응할 기회를 주기 위해서는 이런 상태가 일정한 시간 동안 지속돼야 한다.

핵융합 조건을 나타내기 위한 지표로 로손의 수가 사용되기도 한다. 로손의 수는 밀도와 이 밀도에서의 지속 시간을 곱한 값이다. 따라서 좌표의 한 축은 로손의 수를 나타내고, 다른 축은 온도를 나타내도록 하면 수소의 핵융합 조건을 도식화하여 볼 수가 있다. 이러한 그래프에서 대각선 방향, 즉 로손의 수와 온도가 다 같이 높아지는 방향으로 상태가 변화하면 핵융합이 가능한 상태에 도달할 수 있다. 그러나 현재의 기술로는 온도를 높이는 방향 또는 로손의 수를 높게 하는 방향으로의 상태 변화에는 어느 정도 성공했지만 두 조건을 동시에 개선시키는 데는 많은 문제점을 가지고 있다.

지금까지 이야기한 것은 수소원자핵이 융합하여 헬륨원자핵이 되는 데 필요한 조건이다. 그러나 수소보다 더 무거운 원자핵이 융합하기 위해서는 이보다 훨씬 까다로운 조건이 필요하다. 아직 지구상에서는 그런 상태를 만들어낼 엄두도 못 내고 있다.

현재 핵융합 반응이 일어날 수 있는 조건은 별 내부에서만 가능하다. 그러나 아주 높은 온도에 있는 전하를 띤 입자를 자기장을 이용해 좁은 공간에 가두는 기술이 발달되어 수소핵융합을 일으킬 수 있는 조건에 가까이 가고 있으므로 멀지 않은 장래에 수소 핵융합에 의한 에너지가 실용화 될 수 있을 것이라고 생각된다. 그러나 핵융합이 예상대로 아무런 공해를 유발하지 않는 깨끗한 에너지원일 것이라는 데는 이견을 제시하는 학자도 있다.

5 원자폭탄의 개발

원자핵을 발견한 영국의 물리학자 어니스트 러더퍼드(Ernest Rutherford, 1871~1937)는 1933년에 원자를 부술 때 나오는 에너지는 아주 작아서 원자가 변환할 때 나오는 에너지를 이용하려는 것은 달빛을 이용하려고 하는 것과 마찬가지라고 말하여 원자핵 에너지의 이용 가능성을 일축하였다. 그러나 원자핵 에너지를 이용한 원자폭탄은 국제 질서를 근본적으로 바꾸어 놓은 20세기의 최대 발명품이 되었다.

20세기 초에 원자핵을 발견하고 원자핵에 입자를 충돌시켜 다른 종류의 원자핵을 만들어낼 수 있다는 것을 알게 된 과학자들은 새로운 원소를 만드는 일에 관심을 집중하였다. 영국의 어니스트 러더퍼드, 프랑스의 이레느 퀴리와 프레드릭 졸리오 퀴리, 독일의 리제 마이트너와 오토 한, 이탈리아의 엔리코 페르미와 같은 과학자들은 새로운 원자 만들기 경쟁을 벌였다.

1933년에 파리에서 이레느(Irene Joliot Curie, 1897~1956)와 프레드릭 졸리오 퀴리(Frederic Joliot, 1900~1958) 는 알파입자를 알루미늄에 쏘아 실험실에서 방사성 동위원소를 만들었다. 거의 같은 시기에 로마대학의 엔리코 페르미는 원자핵에 중성자를 쏘아 넣기 시작하였다. 중성자는 전하를 가지고 있지 않기 때문에 원자핵에 의해 반발되지 않아 쉽게 원자핵까지 도달할 수 있었다. 러더퍼드는 중성자들은 매우 느려서 어떤 작용을 할 수 없을 것이라고 생각했지만 오스트리아 출신으로 독일에서 연구하고 있던 여성 물리학자 리제 마이트너(Lise Meitner, 1878~1968)는 느리게 움직이는 중성자가 원자핵에 의해 더 잘 흡수된다는 것을 발견하였다.

이탈리아의 엔리코 페르미(Enrico Fermi, 1901~1954)는 수소와 헬륨을 제외하고 그가 실험할 수 있는 모든 원소를 가지고 실험하여 40개가 넘는 새로운 방사성 물질을 발견하였다. 페르미는 중성자를 우라늄 원자핵에 충돌시키는 실험도 하였다. 그는 우라늄보다 더 무거운 초우라늄 원소를 만들고 싶었다. 페르미가 중성자를 우라늄 원자핵에 충돌시켰을 때 우라늄 원자핵은 파괴되어 두 개의 원자핵이 만들어졌지만 페르미는 그런 사실을 알아차리지 못하였다. 1934년에 페르미 자신은 그것을 모른 채 우라늄 원자핵을 분열시키는 실험에 성공한 것이다.

페르미의 연구를 알고 있었던 리제 마이트너는 그녀의 친구이며 동료연구원이었던 베를린의 화학자 오토 한(Otto Hahn, 1879~1968)과 프리츠 슈트라스만(Friedrich Wilhelm "Fritz" Strassman, 1902~1980)에게 중성자를 우라늄 원자핵에 충돌시키는 실험을 할 것을 제안하였다. 그것은 1938년의 일이었다. 페르미와 마찬가지로 그들도 무거운 초우라늄 원소가 만들어질 것으로 기대하였다. 그러나 그들은 중성자가 우라늄 원자핵에 충돌했을 때 원자번호가 56인 바륨이 만들어지는 것을 확인하였다. 당시 리제 마이트너는 유대인이었으므로 나치를 피해 스톡홀름에 가 있었다. 한의 실험결과를 통보받은 리제 마이트너는 그들이 원자핵을 두 조각으로 분열시켰다는 것을 알게 되었다.

마이트너는 원자핵의 분열 시에 질량 결손이 생긴다는 것을 알아내고 이 질량이 아인슈타인의 식 $E=mc^2$에서 예측했던 대로 에너지로 변환된다는 것을 알아차렸다. 마이트너는 원자핵이 분열할 때는 에너지뿐만이 아니라 중성자도 나올 것이고 이 중성자가 또 다른 핵분열을 일으킬 수 있을 것이라고 생각하였다.

그러는 동안에 유럽에는 2차 대전의 전운이 감돌기 시작하였다. 나치 정권을 피해 미국으로 온 과학자들은 독일이 먼저 원자폭탄을 만들지도 모른다는 염려를 하기 시작하였다. 독일에는 양자역학의 권위자인 하이젠베르크와 우라늄의 핵분열을 발견한 오토 한이 남아 있었다. 그들이라면 원자폭탄을 개발이 가능하다는 것이 서방 과학자들의 판단이었다. 원자폭탄의 위력을 잘 알고 있었던 레오 실라르드(Leo Szilard, 1898~1964)는 미국이 먼저 원자폭탄을 개발하도록 하기 위해 아인슈타인의 도움을 받기로 하였다. 아인슈타인을 방문한 실라르드는 아인슈타인이 원자폭탄 개발을 권고하는 편지를 루즈벨트 대통령에게 쓰도록 설득하였다. 실라르드의 설득으로 아인슈타인은 1939년 8월 2일에 루즈벨트 대통령에게 보내는 아인슈타인의 편지에 서명하였다.

이 편지는 대통령의 고문이었던 경제학자 알렉산더 작스(Alexander Sachs, 1893~1973) 를 통해 독일이 대규모로 폴란드를 침공한 이후인 10월 11일 루즈벨트 대통령에게 전달되었다. 바로 그 날 저녁 대통령은 원자폭탄의 가능성을 조사하는 위원회를 설치하였다. 아인슈타인도 이 위원회에 참여할 것을 요청 받았으나 아인슈타인은 그 요청을 거절하였다. 그는 원자폭탄 개발 프로젝트에도 참여하지 않았다. 이렇게 하여 원자폭탄을 만드는 일이 시작되었다.

그러나 그 때까지 우라늄 원자핵의 핵분열은 증명되었지만 어떤 실험도 연쇄반응이 가능하다는 것을 확인하지는 못하고 있었다. 원자폭탄을 만들기 위해서는 연쇄반응을 일으킬 수 있어야 한다. 연쇄반응 실험을 위해 페르미와 실라르드는 붕소를

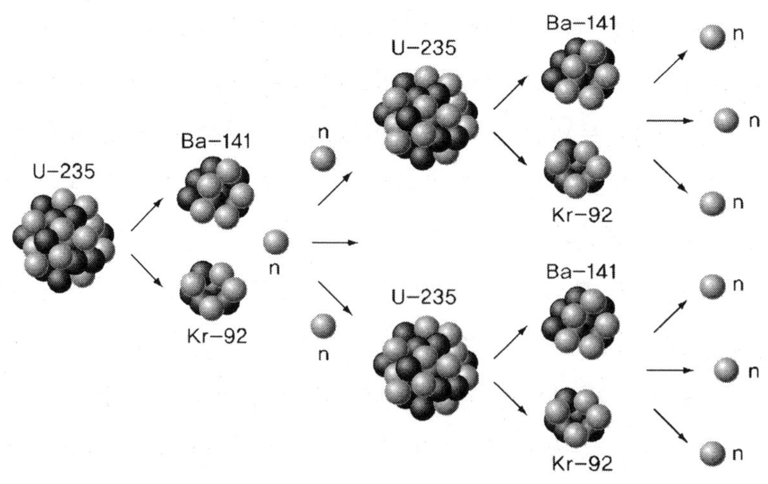

그림 14-8 우라늄 원자의 연쇄 핵분열 반응

포함하지 않는 흑연 4톤을 주문하였다. 붕소를 포함하지 않은 흑연은 효과적인 감속제로 핵분열 시에 나오는 빠른 중성자를 원자핵이 잘 흡수되는 느린 중성자로 감속시킬 수 있다는 것을 알게 되었기 때문이다.

실라르드와 페르미는 시카고대학 운동장 스탠드 아래에 있던 사용되지 않는 스쿼시 코트에 우라늄과 흑연을 차례로 쌓아 핵 파일을 만들었다. 페르미의 핵 파일은 6톤의 우라늄과 50톤의 산화우라늄, 그리고 400톤의 흑연벽돌로 만들어졌다. 57층으로 이루어진 이 파일은 지름 7미터 정도의 원형이었으며 이와 비슷한 높이로 스쿼시 코트를 가득 채웠다. 연쇄반응 실험은 1942년 12월 2일에 행해졌고 예상대로 연쇄반응이 일어난다는 것이 확인되었다.

그러는 동안에 캘리포니아의 버클리에 있던 글랜 씨보그(Glenn Theodore Seaborg, 1912~1999)의 연구팀이 1940년 12월 14일에 새로운 원소를 분류하는 데 성공했고, 1941년 2월 23일 이 새로운 원소가 원자번호 94인 플루토늄이라는 것을 규명하였다. 씨보그 등은 플루토늄이 느린 중성자에 의해서 핵분열을 한다는 것을 발견하였다. 우라늄과 마찬가지로 플루토늄도 원자폭탄 제조에 사용될 수 있다는 것을 알게 된 것이다. 따라서 이제 원자폭탄을 만들 수 있는 물질이 우라늄 외에도 하나 더 늘어나게 되었다.

1941년 12월 6일에는 새로운 정부위원회가 회의를 개최하고 원자폭탄 프로젝트를 위해 자금을 지원하는 문제를 검토하였다. 1941년 12월 7일 새벽에는 일본군이 진주만을 폭격하였다. 이 공격으로 스물한 척의 배가 파괴되거나 손상을 입었고 2,400명이 사망하였다. 같은 날 일본군은 미국이 점령하고 있던 괌, 웨이크 아일랜드와 필리핀을 공격하였다. 12월 8일 미국 의회는 일본에 대해 선전포고를 하였다. 3일 후인 12월 11일에 독일과 이탈리아가 미국에 대해 선전포고를 하였다.

원자폭탄을 만드는 미국의 프로젝트는 맨해튼 프로젝트라는 암호명으로 불려졌다. 원자핵 물리학을 비롯한 다양한 분야의 물리학자들과 수학자들이 비밀리에 이 프로젝트에 참가하였다. 비밀을 유지하기 위해 미국 육군은 뉴멕시코 주의 생그레드 크리스토 산중에 있는 해발 2,100미터 고지의 로스 알라모스에 새롭게 연구소를 만들었다. 산타페에서 북서쪽으로 55킬로미터 정도 떨어져 있는 이곳은 지리적으로 깊은 골짜기가 자연적인 경계를 이루고 있어 기밀을 유지하기에 가장 적합한 곳이었다. 뉴욕 출신의 로버트 오펜하이머(John Robert Oppenheimer, 1904~

그림 14-9 원자폭탄으로 폐허가 된 히로시마

1967)가 책임 과학자였다.

원자폭탄이 완성된 것은 독일이 항복한 후인 1945년 7월 16일이었다. 맨해튼 계획에 참가했던 과학자들은 이날 5시 30분에 알라모스에서 340킬로미터 남쪽에 있는 알라모고도 원자폭탄 시험장에서 플루토늄 원자폭탄의 폭발 실험을 하였다. 우라늄 폭탄은 폭발 실험을 할 필요가 없다고 판단되어 실험하지 않았다. 우라늄 235로 만든 원자폭탄이 일본의 히로시마에 투하된 것은 그로부터 20일 후인 1945년 8월 6일이었다. 플루토늄으로 만든 두 번째 원자폭탄이 나가사키에 투하된 것은 그보다 3일 후인 8월 9일이었다.

무기로서 원자폭탄은 제 성능을 발휘하였다. 그것은 잔혹한 전쟁을 끝내는 데 도움을 주었다. 원자폭탄은 새로운 세계 정치질서를 가져오게 되었다. 그것은 한 시대를 마감하고 새 시대를 시작하는 것이었다. 그러나 원자폭탄은 사람들이 과학의 가공할 파괴력을 의심스런 눈초리로 바라보게 하는 계기가 되었다.

6 방사성 동위원소와 연대 측정

방사성 원소는 연대를 측정하는 데도 사용되고 있다. 연대 측정에는 지구나 암석의 나이와 같이 수억 년이 넘는 매우 긴 지질학적 연대를 측정하는 것과 역사적 유물의 연대와 같이 수천 년에서 몇 만 년 사이의 비교적 짧은 연대를 측정하는 연대 측정이 있다. 지질학적인 연대 측정이나 고고학적 연대 측정은 측정에 사용되는 원소의 종류는 다르지만 모두 방사성 원소를 사용한다는 면에서는 같다고 할 수 있다. 지구상에 존재하는 여러 가지 방사성 원소들은 인류에게 과거 시간을 알려주는 시계인 셈이다. 방사성 동위원소의 반감기를 이용하여 처음으로 고고학적인 연대를 측정한 사람은 리비(Willard Frank Libby, 1908~1980)였다. 리비는 탄소의 동위원소인 탄소14를 고고학 연대 측정에 사용한 공로로 1961년 노벨 화학상을 받았다.

고대문화의 유적이나 유물의 연대를 측정하는 데 탄소 동위원소가 사용되는 것은 탄소 동위원소의 반감기가 측정하고자 하는 연대와 비슷하기 때문이다. 20세기 초 이래로 대기의 상층부에는 전하를 띤 입자들로 이루어진 전리층이 있다는 것이 알려졌다. 전리층은 전파를 반사시켜 원거리 통신을 가능하게 한다는 것은 잘 알려진 사실이다. 이 전리층은 우주로부터 날아오는 입자들과 공기 분자가 충돌해서 만들어진다. 우주에서부터 날아오는 이러한 입자와 전자기파를 통틀어 우주선(cosmic ray)이라고 한다. 우주선의 대부분은 태양으로부터 날아오지만 그 중에는 먼 우주로부터 날아온 것도 있다. 지구는 대기로 둘러싸여 있어 우주선의 대부분은 지상에 도달하지 못하고 공기 분자들과 작용하여 뮤온, 전자와 같은 다른 입자들을 만들어 낸다.

우주선 속에는 중성자들도 섞여 있는데 중성자와 양성자가 일곱 개이고 중성자가 일곱 개인 질소 원자핵과 충돌하면 방사성 동위원소인 양성자 여섯 개와 중성자가 여덟 개로 이루어진 탄소14가 된다. 탄소14는 불안정한 원자핵이므로 베타 붕괴를 하여 보통의 질소 원자핵으로 바뀐다. 탄소14가 보통의 질소로 붕괴하는 반감기는 약 5,730년이다. 우주선은 계속 날아오므로 방사성 탄소는 계속 만들어지지만 만들어진 방사성 탄소는 계속적으로 붕괴되기도 한다. 일정한 시간 동안 붕괴하는 방사성 탄소 원자의 수는 방사성 탄소가 많아지면 증가한다. 우주선에 의해 방사성 탄소가 계속적으로 만들어지면 공기 중에 들어있는 방사성 탄소의 양이 증가하고 이는 붕괴하는 탄소의 수를 증가시킨다.

이런 과정을 거치다보면 일정한 기간 동안에 만들어지는 방사성 탄소의 수와 붕괴하는 방사성 탄소의 수가 같아지게 된다. 그렇게 되면 방사성 탄소가 계속 만들

그림 14-10 방사성 탄소의 생성

어지고 붕괴되더라도 공기 중에는 일정한 양의 방사성 탄소가 항상 존재한다. 실험 관측에 의하면 지구의 대기 중에는 약 10^{12}개의 탄소 원자마다 약 1개의 비율로 방사성 탄소가 포함되어 있다.

그런데 방사성 탄소는 보통의 탄소와 화학적 성질이 똑같으므로 모든 탄소의 화합물 속에도 이 비율과 같은 방사성 탄소가 포함되어 있다. 식물은 대기로부터 이산화탄소를 흡수하여 광합성 작용으로 유기화합물을 만들어낸다. 따라서 이 유기화합물 속에도 공기 속에서와 같은 비율의 방사성 탄소가 포함되어 있다. 그러나 생물이 죽으면 더 이상 유기물을 흡수하지 않으므로 생물체 내의 방사성 탄소의 양은 시간이 갈수록 줄어들기만 한다. 나무와 뼈, 옷가지 등 탄소를 포함하는 시료만 구할 수 있으면 이 시료 속에 포함되어 있는 방사성 탄소의 양을 측정해서 이 시료가 살아있을 때로부터 얼마나 많은 시간이 흘렀는지 알 수 있다.

리비는 5년간의 집중적인 연구를 통해 공기 중에 포함되어 있는 방사성 탄소의 비율과 생물체 내에 존재하는 방사성 탄소의 비율이 같다는 것을 증명하고 이를 이용하여 생물체의 연대를 측정할 수 있는 길을 열어 놓았다. 그러나 방사성 탄소의 양이 매우 적기 때문에 나무나 가죽의 표본으로부터 탄소14의 양을 알아내는 일은 쉬운 일이 아니었다. 시료에 묻어 있는 불순물이나 실험실 내의 다른 물체가 내는 방사능에 의해서도 측정에 방해를 받기 때문이다. 리비는 자신이 방사성 탄소를 이용하여 결정한 연대 측정의 정확성을 확인하기 위해 연대가 잘 알려진 이집트 유물들의 연대를 측정하여 비교하였다. 그는 BC 3000년경에 만들어진 것으로 알려진 이집트 왕의 무덤으로부터 나무 시료를 구하여 연대를 측정하였다. 한편으로는 나이테를 이용하여 정확한 연대를 알 수 있는 미국산 삼나무의 연대도 측정하였다.

이러한 일련의 실험과 관측을 통해 리비는 탄소14의 연대 측정법의 신뢰성을 입증하는 데 성공하였다. 그 결과 유기물을 포함하고 있는 연대를 정확하게 측정하는 데는 탄소14가 가장 많이 사용되게 되었다. 그러나 탄소14 방법으로는 약 5,000년 전 유물의 연대를 측정할 수 있을 뿐이다. 유물의 연대가 그보다 오래되면 방사성 탄소의 양이 매우 적어 측정이 힘들기 때문이다. 그러나 1970년대에 방사성 탄소의 붕괴율을 측정하던 기존의 방법 대신에 직접 시료에 포함되어 있는 방사성 탄소의 양을 측정하는 방법으로 바뀌면서 탄소 연대 측정법은 더욱 정밀해졌다. 탄소14가 고고학적 시계의 자리를 차지하게 된 것이다.

그러나 지질학적 연대는 유적이나 유물의 연대와는 비교할 수 없을 정도로 길기 때문에 반감기가 매우 긴 방사성 원소의 반감기를 이용해야 한다. 자연에 존재하는 원소들 중에서 가장 안전한 원자핵을 가지고 있는 원소 중의 하나가 납이다. 따라서 불안정해서 붕괴하는 방사성 원소들은 붕괴과정에서 여러 가지 다른 단계를 거치지만 결국에는 납의 원자핵으로 바뀐다. 납은 방사성 원소들의 붕괴여행의 종착지인 셈이다. 예를 들어 핵연료로 사용되는 우라늄235는 약 12단계의 붕괴과정을 거쳐서 납이 된다.

우라늄의 방사성 동위원소를 이용하여 지구의 나이를 처음으로 측정한 사람은 원자핵을 발견한 러더퍼드였다. 앞에서 이야기한 바와 같이 우라늄에는 반감기가 약 7억 년인 우라늄235와 반감기가 약 45억 년인 우라늄238이 있다. 그런데 자연에서 발견되는 우라늄의 대부분은 우라늄238이다. 우라늄235의 양은 약 0.7 %밖에 안 된다. 러더퍼드는 처음에 우라늄이 생성될 때는 우라늄235와 우라늄238이 같은 양만큼 만들어졌을 것으로 가정하였다. 그리고 서로 다른 반감기에 의해 현재와 같은 비율이 되는데 걸리는 시간을 계산한 결과 약 34억 년이 된다는 것을 알아내고 그것을 지구의 나이라고 주장하였다. 그러나 그가 제시한 지구 나이는 진지하게 받아들여지지 않았다. 당시로서는 우라늄 반감기의 확실성과 최초 우라늄의 존재 비율이 같았다는 가설을 쉽게 받아들일 수 없었기 때문이었다.

그러나 지질학적 시계를 발견하려는 노력은 새로운 방향에서 돌파구를 찾을 수 있었다. 1922년 노벨 화학상을 받은 애스턴(Francis William Aston, 1877~1945)은 자연에 존재하는 납에는 원자량이 각각 204, 206, 207, 208인 네 가지의 동위원소가 있다는 것을 밝혀냈다. 그는 또한 납204를 제외한 다른 납의 동위원소들은 모두 우라늄과 토륨의 동위원소들의 붕괴과정에서 만들어지는 마지막 부산물이라는 것도 알아냈다. 우라늄238은 긴 붕괴과정을 거쳐 납206을 만들어내고, 우라늄235는 납207을 생성한다는 것을 알게 된 것이다. 이제 암석 속에서 우라늄238의 양과 납206의 양, 그리고 우라늄235의 양과 납207의 양을 알면 암석의 나이를 보다 정확하게 측정할 수 있게 된 것이다. 암석 속에는 서로 다르게 작동하는 두 개의 시계가 감추어져 있었던 것이다.

보통의 납인 납204의 양을 측정함으로써 처음부터 있었을 납206과 납207 동위원소의 양을 추정할 수 있게 하였다. 이것은 암석의 나이를 측정하는 또 하나의 시계로 사용될 수 있었다. 알프레드 니어(Alfred O. C. Nier, 1911~1994)는 이 세 개의 지질학적 시계가 정확하게 작동한다는 것을 증명하기 위해 1930년대 말부터 1940년대 조에 질량 분석기를 이용하여 25종의 암석의 나이를 결정하여 비교하였다. 세 개의 시계는 대부분의 경우에 제대로 작동되고 있다는 것이 확인되었고 암석 중 가장 오래된 것은 그 나이가 22억 년이라는 것을 밝혀냈다.

당시에는 우주의 나이를 20억 년 정도로 생각하는 학자들이 많았는데 지구의 나이가 오히려 우주의 나이보다 긴 것으로 나와 학자들을 당황하게 하기도 하였다. 그 후 연대가 더 오래 된 암석이 발견되면서 지구의 나이는 점점 더 큰 값을 가지게 되었다. 그러나 문제는 처음 암석이 만들어질 때부터 있었던 원시납의 양을 정확하게 알아내는 것이 문제였다. 이 문제는 의외의 곳에서 해결되었다. 그린란드에서 발견된 갈레나암에는 방사성 원소인 우라늄이나 토륨을 전혀 포함하고 있지 않았다. 따라서 이 암석에 포함된 납은 지구 생성 초기부터 존재한 원시납이어야 하였다. 학자들은 갈레나암에 포함되어 있는 납이 원시납의 양을 나타낸다고 가정하고 니에르의 표본들을 다시 분석하였다. 그 결과 지구의 나이는 30억 년이 넘게 되었다. 이것이 1946년의 일이었다.

그러나 갈레나암에 포함된 납이 원시납의 양이라는 가정에도 역시 문제가 있었다. 우라늄과 납의 양을 비교함으로써 암석의 나이와 지구의 나이를 측정하려는 노력은 처음에 납이 얼마나 존재했었는지를 정확하게 알아야 했기 때문에 원시납의 양을 결정하는 것은 꼭 풀어야 할 숙제였다. 이 문제를 해결한 사람은 미국의 클레어 패터슨(Clair C. Patterson, 1922~1995)이었다. 패터슨은 지구의 나이를 측정하는데 지구의 암석이 아닌 우주에서 날아온 운석을 사용하였다. 운석 중에는 철로 된 운석이 있는데 이러한 운석에는 우라늄이 거의 포함되어 있지 않아 이 운석 속에 포함된 납은 원시납일 것이라고 생각한 것이다. 그러나 문제는 납의 양이 작아 측정이 매우 어렵다는 것이었다. 그러나 1953년 패터슨은 약 5만 년 전 애리조나에 떨어진 운석에 포함된 납의 양을 측정하는 데 성공하였다. 이 운석은 그때까지 측정한 운석들 중에서 가장 적은 양의 납을 포함하고 있었다.

패터슨은 운석과 지구가 동일한 물질에서 동일한 시기에 만들어졌다고 생각하고 운석에 포함된 납의 양을 원시납의 양으로 하여 지구의 나이를 새롭게 계산하였다. 그 결과 지구의 나이는 45억 1,000만 년에서 46억 6,000만 년 사이이라는 결과가 나왔다. 그러나 여기에도 문제는 아직 남아 있었다. 운석 속의 납의 양을 지구의 원시납의 양으로 가정한 것이 과연 타당한가 하는 문제였다. 패터슨는 이후 3년 동안 이 문제를 해결하기 위해 노력하였다.

그 결과 1956년에 지구와 운석이 같은 물질로부터 만들어졌으며 나이가 같다는 것을 증명하여 발표할 수 있었다. 패터슨은 3개의 암석 성분의 운석과 2개의 철 성분의 운석에 포함된 납의 양을 분석하여 이들이 모두 45억 5,000만 년에서 7,000만 년을 더하거나 뺀 나이를 갖는다는 것을 밝혀냈다. 이것은 운석들이 모두 같은 시기에 만들어졌다는 것을 증명하는 것이었다. 이제는 지구 차례였다. 지구에는 많은 종류의 암석이 있고 개개의 암석에는 납의 양과 우라늄의 양이 모두 조금씩 다르기 때문에 어떤 암석이 지구의 평균값을 나타내는 대표 암석인지를 결정하는 것은 매우 어려운 문제였다.

이 문제는 패터슨의 재치있는 아이디어로 해결되었다. 그는 바다 깊은 곳에 퇴적된 암석은 대륙 곳곳에서 침식되어 흘러온 점이라는 것에 착안하여 이 해저 퇴적암에는 지각이 함유한 납의 평균값이 함유되어 있을 것이라고 생각한 것이다. 그가 태평양 해저에서 표본을 채취하여 분석한 지구의 나이도 운석의 나이와 동일하다는 것이 밝혀졌다. 패터슨에 의하면 지구와 운석은 모두 약 45억 5,500만 년 전에 같은 물질에서 만들어졌다는 것이다. 이렇게 해서 지구의 나이를 측정한 공로는 클레어 패터슨의 것이 되었다. 오늘날 대부분의 과학자들은 지구가 약 45억 년 전에 지금과 같은 질량을 갖게 되다고 생각하고 있다. 이것은 나이를 먹지 않는 원자가 어떻게 지구의 나이를 결정하는 데 공헌했는지를 잘 보여주는 예이다.

7 방사성 동위원소의 의학적 이용

방사성 동위원소는 질병의 진단과 치료와 같은 의학적 목적으로도 널리 사용되고 있다. 방사성 동위원소를 포함한 화합물을 인체 내에 투입하면 이 화합물이 어디로 어떻게 움직이는지를 추적할 수 있다. 인체의 어느 곳에서도 방사선을 내기 때문이다. 이 때 투여하는 방사성 원소의 종류는 진단하고자 하는 질병에 따라 달라진다. 예를 들어 갑상선의 이상을 진단하기 위해서는 방사성 요오드가 들어있는 화합물을 투여한다. 요오드는 갑상선에 모이기 때문이다. 질병의 진단을 위한 방사선 원소를 사용하기 위해시는 방사성 동위원소가 내는 방사선이 건강한 세포에 해를 끼치시 말아야 하며, 충분한 측정이 가능할 만큼 반감기가 길어야 하고, 인체 조직에 잘 침투할 수 있어야 한다.

현재 진단 목적으로 가장 많이 사용되고 있는 방사성 동위원소는 테크네튬99이다. 반감기가 6시간인 테크네튬99는 약한 에너지의 감마선을 방출한다. 반감기가 짧은 방사성 원소를 진단에 사용하는 것은 환자에게 방사선에 노출되는 시간을 줄인다는 점에서 바람직한 일이지만 방사성 동위원소의 생산과 수송에는 여러 가지 어려움을 가져온다. 따라서 간단한 방법으로 반감기가 짧은 방사성 원소를 만들 수 있는 발생장치의 개발이 필수적이다.

방사선이 인체에 해롭다는 것은 이미 잘 알려져 있다. 그것은 강한 방사선이 세포를 파괴하기 때문이다. 이러한 방사선의 강력한 파괴력은 오히려 치료 목적으로 이용되기도 한다. 특히 암과 같은 종양 세포를 파괴하기 위해서 방사성 원소들이 내는 방사선이 다양하게 사용되고 있다. 종양의 제거에는 여러 가지 방사성 동위원소들이 사용되지만 그 중에서도 코발트60이 가장 많이 사용되고 있다. 코발트60이 내는 감마선을 이용하여 악성 종양 세포를 파괴하는데 이때 건강한 세포가 같이 피해를 입지 않도록 여러 가지 조치를 취하고 있다.

방사성 동위원소 이외에도 원자핵과 관련된 여러 가지 지식이 질병의 진단과 치료에 사용되고 있는 예는 많이 있다. 그 중에서 가장 널리 사용되고 있는 진단 장비는 MRI와 PET일 것이다. 핵자기 공명 영상장치라고도 불리는 MRI는 엑스선 진단장치와 CT(단층 영상장치)에 이어 의학에 새로운 장을 연 진단장치이다. MRI는 1960년대 후반에 의사이며 엔지니어였던 다마디안(Raymond Vahan Damadian, 1926~)이 악성 조직과 정상 조직의 NMR 스펙트럼이 다르다는 것을 발견하므로 시작되었다. 1974년에 다마디안이 만든 쥐 종양의 MRI 영상은 사이언스 지의 표지에 실렸다. 그리고 1976년에는 최초로 인체 MRI 영상을 만들었다. 비슷한 시기에 라우테버(Paul Christian Lauterbur, 1929~2007)도 거의 같은 일을 하였다.

MRI의 이론적 근거가 되는 핵자기 공명(NMR) 현상은 1952년에 이론 물리학자인 블로치(Felix Bloch, 1905~1983)와 퍼셀(Edward Mills Purcell, 1912~1997)이 발견하였다. 이들에 의하면 핵은 자신의 축을 중심으로 회전 운동하고 있고 이 자전 운동과 연관된 자기장을 가지고 있다. 이 자기장을 자기 모멘트라고 부른다.

인체 내에 포함되어 있는 원자의 약 80 %를 차지하는 수소는 주로 물의 형태로 존재한다. 수소 원자는 양성자 하나로 이루어진 원자핵을 가지고 있다. 전하를 가지고 자전하는 양성자는 하나의 작은 막대자석이라고 할 수 있다. 양성자 막대자석은 외부 자기장이 없는 경우에는 임의의 방향을 향하고 있다. 따라서 수많은 양성자의 자기 모멘트의 합은 0이다. 그러나 외부에서 자기장을 걸어주면 양성자 자석은 자기장과 나란히 또는 반대 방향으로 배열하게 된다.

이 때 양성자는 팽이의 축이 수직한 축을 중심으로 도는 세차 운동을 하는 것과 마찬가지로 외부 자기장 주변을 세차 운동하게 된다. 이 세차 운동의 주기는 원자핵에 따라 달라지므로 원자핵에 따라 특정한 주파수의 전자기파만 흡수하게 된다. 수소 원자핵 즉 양성자가 흡수하거나 방출하는 전자기파의 세기를 조사하여 수소 원자핵의 분포를 알아보는 영상을 만들어내는 것이 MRI이다. MRI의 장점은 해상도가 우수하고, 생체의 영상을 여러 가지 단면으로 선명하게 만들 수 있고, 생체 분광분석이 가능하며, 유해한 방사선이 나오지 않는다는 것이다.

PET란 양전자 방출 단층 촬영술(Positron Emission Tomography)이라는 뜻의 영문 머리글자의 줄인 말이다. PET는 생체 내의 기능이나 대사 작용을 영상화하는

그림 14-11 PET 영상장치

최신 영상의료 기술이다. PET는 양전자 방출체를 추적자로 표지한 방사성의약품을 이용하여 양전자가 전자와 결합하고 쌍소멸할 때 발생하는 511 keV의 에너지를 가진 감마선을 검출하여 양전자를 방출한 핵종의 체내 분포에 대한 공간적 위치 정보를 이용해 영상을 만들어낸다. 양전자와 전자의 쌍소멸에 의해 발생한 두 개의 감마선은 운동량 보존 법칙에 의해 서로 반대 방향으로 진행한다. 따라서 생체를 에워싸고 있는 고리모양의 감마선 검출기에서 감마선을 측정하면 양전자를 방출한 핵종의 위치를 알 수 있다. 양전자 방출체에서 발생하는 감마선을 검출하는 PET 검출 시스템은 수만 개의 광전관과 광전자 증폭 장치, 그리고 동시계수 회로 등으로 이루어져 있다.

PET는 신경학, 종양학, 심장학 등의 영역에서 활발하게 이용되고 있다. 신경학에서는 신경세포에서 일어나는 생화학적 현상을 평가하는 데 이용된다. PET를 이용하면 여러 가지 생리적, 병리적 상태에서 신경세포의 생화학적 변화를 총체적으로 관찰하는 것이 가능하다. 뇌 대사의 진단, 뇌 혈류 평가와 뇌 기능도 작성, 신경전달물질 및 그 수용체 농도 측정에도 PET가 이용되고 있다. 간질병소의 규명에 있어서 CT나 MRI로는 대부분 구조적 이상을 발견할 수 없지만 PET 영상은 정확한 정보를 제공해 준다. PET 영상을 이용하면 알츠하이머병에서 나타나는 특징적인 뇌 대사를 관찰하여 진단의 정확도를 향상시킬 수 있을 뿐만 아니라 대사 저하의 정도와 범위를 정확하게 평가함으로써 질병의 진행을 조기에 진단하고 질병 진행 억제 치료를 적용하는 기회를 제공할 수 있다. 종양세포에서는 특정한 대사 작용이 활발하다는 사실로부터 이들 대사에 이용되는 물질에 방사성 동위원소를 표지하여 PET 영상을 얻어 종양을 정확하게 진단할 수 있다.

15장

아원자 입자의 발견

1 늘어나는 입자가족

20세기에 들어서자 더 이상 쪼개지지 않는 입자라고 생각했던 원자는 양성자, 중성자, 전자와 같이 더 작은 알갱이로 구성되어 있다는 것이 밝혀졌다. 그러나 실험기술의 진보로 수많은 새로운 입자들이 발견되자 양성자, 중성자, 전자가 만물의 근원이 아닐지도 모른다는 생각을 하는 사람들이 나타나기 시작하였다. 그래서 과학자들은 더 작은 세계에 숨어 있는 새로운 입자들을 찾아 나섰다.

새로운 입자의 탐험에서 가장 먼저 모습을 드러낸 입자는 양전자였다. 양전자는 실제로 발견되기 전에 이미 그 존재가 예언되어 있었다. 영국의 디랙(Paul Adrien Dirac, 1902~1984)은 1928년 로렌츠 변환에 대하여 불변인 전자의 운동방정식을 제안하여 상대론적 양자론을 확립하였다. 디랙 방정식을 풀면 전자의 스핀에 대하여 알 수 있었다. 전자의 스핀을 나타내는 양자수는 전자의 양자역학적 상태를 나타내는 네 번째의 양자수이다. 이 양자수는 슈뢰딩거의 이론에서 나타나지 않았던 양자수이다.

그런데 디랙의 방정식을 풀면 플러스의 에너지를 갖는 전자와 마이너스의 에너지를 갖는 전자가 존재하게 된다는 것을 알게 되었다. 디랙은 플러스 에너지를 갖는 전자는 그때까지 발견되었던 일반적인 전자이고 마이너스 에너지를 갖는 전자는 공간에 숨어있는 전자라고 설명하였다. 공간에 숨어있는 전자들은 충분한 에너지를 주면 공간에서 나와 실재 전자가 되는데 이 전자가 나온 자리는 양전하를 띤 양전자로 남게 된다고 하였다. 처음에 디랙은 이것이 양성자를 나타내는 것이 아닌가 생각하기도 하였으나 전자와 양성자의 질량에는 큰 차이가 있어 이것이 양성자가 아니라는 것은 곧 밝혀졌다. 양전자가 실제로 발견된 것은 1933년 앤더슨(Carl David Anderson, 1905~)에 의해서였다. 앤더슨은 우주에서 오는 방사선(우주선)을 안개상자로 조사하고 있었는데 우주선 중에 전자와 같은 질량을 갖지만 반대 부호의 전하를 갖는 입자가 섞여 있는 것을 확인하였다.

중성미자도 양전자와 마찬가지로 실제로 발견되기 이전에 그 존재가 예언되어 있었다. 중성미자는 방사성원소의 베타 붕괴를 연구하는 과정에서 베타입자들의 에너지가 연속된 양인 것을 설명하기 위해 페르미(Enrico Fermi, 1901~1954)가 처음으로 그 존재를 예측하였다. 중성미자가 실험에 의해 확인된 것은 1956년의 일이었다. 중성미자의 작용으로 베타붕괴의 역반응, 즉 중성미자와 전자, 양성자가 반응하여 중성자가 되는 반응을 발견함으로써 그 존재가 확인되었다.

그 후 실험에 의해 중성미자 외에 뮤중성미자와 타우 중성미자도 발견되어 중성미자의 수도 3가지로 늘어났다. 뮤중성미자와 타우 중성미자의 질량은 중성미자의 질량보다 크다는 것을 알게 되었다. 이 중성미자들은 이들과 짝을 이루는 전자, 뮤온, 타우입자와 함께 경입자족을 이루고 있다.

유가와가 핵력을 설명하기 위해 제시했던 중간자도 실제로 실험을 통해 확인되었다. 중간자가 실험을 통해 확인된 것은 1947년 영국의 포웰(Cecil Frank Powell, 1903~1969)에 의해서였다. 이보다 앞서 앤더슨은 우주선 속에서 전자의 약 200배의 질량을 갖는 새로운 입자를 발견하고 이 입자가 유가와가 예언한 중간자일 것이라고 설명하였다. 그러나 이 입자는 우주선 속의 파이 중간자가 붕괴하여 생긴 뮤온이라는 것이 밝혀졌다. 포웰은 고감도의 사진 건판을 우주선에 노출시켜서 우주선과 기체 분자의 작용에 의하여 현재 우리가 파이 중간자 또는 파이온이라고 부르는 입자가 생성된다는 것을 발견하였다. 우주선에 섞여 날아온 양성자와 공기의 원자핵 속의 양성자가 반응하여 파이 중간자를 생성한다.

파이 중간자의 질량은 전자질량의 270배 정도이고 스핀은 0이다. 파이 중간자에는 플러스의 전하를 띤 플러스 파이 중간자(π^+)와 마이너스 전하를 띠고 있는 마이너스 파이 중간자(π^-), 그리고 전하를 띠지 않은 중성 파이 중간자(π^0)가 있다. 이들 파이 중간자들은 매우 불안정해서 1억분의 1초의 짧은 시간 후에는 뮤온과 뮤중성미자로 붕괴한다. 그런데 파이 중간자의 붕괴에 의하여 생성된 뮤온은 파이 중간자들보다 훨씬 안정하여 중간자의 일생보다는 약 100배나 되는 일생을 가지므로 지상에까지 도달하게 되는 것이다. 앤더슨이 뮤온을 발견하고 중간자라고 생각한 것은 파이온과 뮤온의 질량이 매우 비슷하기 때문이었다.

양전자와 중간자, 그리고 중성미자의 발견은 더 많은 새로운 입자의 등장을 예고하는 신호탄과 같은 것이었다. 이들 입자들의 발견이 새로운 세계로 향하는 길을 안내해 주는 이정표의 역할을 하게 된 것이다. 그 후 우주선의 분석과 실험 장치를 통해서 수많은 새로운 입자들이 등장하게 되어 원자 이하의 세계를 구성하는 소립자 가족은 끊임없이 늘어나게 되었다. 이러한 새로운 입자들의 본격적인 등장은 가속기와 입자 검출기의 발달에 의하여 가능하게 되었다.

새로운 입자들은 때로는 이론에 의해 예언된 것을 실험을 통해 검증하는 과정을 거쳐 발견되기도 하고, 때로는 실험에 의해 발견된 후 이론으로 그 정체가 규명되기도 하였다. 이렇게 하여 지금까지 발견된 소립자의 수는 수백 종에 이르게 되었다. 이렇게 많은 소립자들이 발견되자 소립자들마저 물질을 이루는 궁극입자가 아닐지 모른다는 생각을 하게 되었다.

2 경립자와 쿼크

소립자들은 이들 입자의 질량과 스핀을 이용하여, 렙톤(경립자), 메손(중간자), 바리온(중립자)의 세 가지 종류로 나누고 있다. 렙톤은 질량이 작고, 스핀이 $\frac{1}{2}$인 페르미온입자들이다. 현재까지 발견된 렙톤입자는 모두 6가지가 있다. 렙톤 중에서 가장 먼저 발견된 입자는 전자이다. 전자에 대하여는 이미 자세히 이야기하였으므로 여기서 더 이야기하지 않아도 될 것이다. 양전자는 전자의 반입자이다. 반입자는 입자와 같은 질량을 가진 것인데 전하와 스핀이 반대 부호를 가지고 있다. 입자와 반입자는 반응하여 소멸(쌍소멸)하기도 하고, 감마선과 같이 에너지가 많은 광자로부터 같이 생성(쌍생성)되기도 한다. 전하보존 법칙이 성립되는 것은 모든 전하를 띤 입자가 쌍생성과 쌍소멸하기 때문이다.

모든 소립자는 반대 부호의 전하와 스핀을 가지는 반입자를 가지고 있다. 전자는 전하를 띠고 있는 데 반해, 전하를 띠지 않고 질량이 전자보다 매우 적은 중성미자(neutrino)가 발견되었다는 이야기는 앞에서 하였다. 전자와 중성미자를 제1세대 렙톤이라고 부르기도 한다. 제2세대 렙톤에 해당하는 것이 뮤입자(뮤온)이다. 뮤온에는 마이너스 전하를 띤 마이너스뮤온과 플러스 전하를 가진 플러스뮤온이 있는데 이들의 전하량은 전자의 전하량과 같으며, 질량은 전자의 질량보다 훨씬 크다. 전자의 질량이 약 51만 전자볼트인 데 반해 뮤온의 질량은 그보다 200배나 큰 1억 6백만 전자볼트 정도이다. 앤더슨이 우주선 속에서 뮤온을 발견하고 처음에는 유가와에 의해 예언된 파이 중간자라고 생각한 것도 이런 큰 질량 때문이었다.

그러나 곧 이 입자는 중간자가 아니라, 우주에서 날아온 양성자가 공기 중의 원자핵과 반응하여 파이 중간자를 발생시키고, 이 파이 중간자가 붕괴되는 과정에서 발생한 뮤온이 지상에 도달한 것임을 알게 되었다. 뮤온이 지상에까지 도달할 수 있었던 것은 뮤온의 수명이 파이 중간자의 수명보다 훨씬 길고, 대기를 이루는 기체 원자와 상호작용을 하지 않기 때문이다. 뮤온도 전자와 마찬가지로, 뮤온과 짝을 이루는, 질량이 매우 작으며 전하를 띠지 않는 뮤중성미자를 가지고 있다.

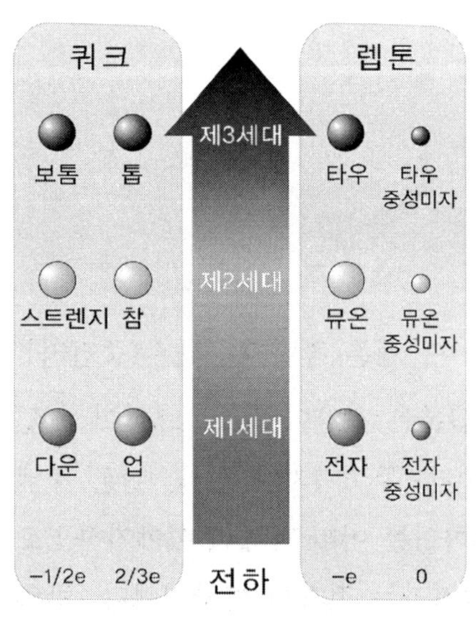

그림 15-1 쿼크와 렙톤

제3세대 렙톤에 해당하는 입자가 타우입자이다. 타우입자는 스탠퍼드대학의 선형 가속기 연구소에서 연구하고 있던 펄(Martin Lewis Perl, 1927~)이 1978년에 발견하였다. 그는 가속기를 이용하여 전자와 양전자를 충돌시키는 실험을 하고 있었는데, 전자와 양전자가 충돌하여 소멸된 후 뮤온보다 더 큰 질량을 가지는 새로운 렙톤이 생성되는 것을 확인한 것이다. 타우입자도 전자와 같은 전하를 가지고 있지만 질량은 뮤온보다도 커서 뮤온 질량의 약 17배 정도나 되는 18억 전자볼트 정도이다. 타우입자도 타우 중성미자를 가지고 있다. 타우중성미자의 질량은 다른 중성미자보다 커서, 전자의 질량보다도 큰 질량을 가지고 있다.

두 번째 그룹에 속하는 입자들이 바리온이다. 바리온에는 양성자, 중성자 그리고 이보다 무거운 입자들이 속한다. 바리온입자들은 0.5의 홀수배 스핀을 가지는 페르미온입자들로 바리온 중에서 양성자와 중성자를 합쳐 핵자라고 부르고, 핵자들보다 무거운 입자들은 초핵자(하이페론)라고 부르기도 한다. 람다입자, 시그마입자, 크사이 입자들과 같은 바리온들이 바로 하이페론입자들이다.

세 번째 그룹에 속하는 입자들은 메손이다. 중간자라고도 부르는 메손은 최초로 발견된 메손인 파이 중간자의 질량이 경립자와 중립자의 중간 정도 값을 가지는 데서 중간자라는 이름이 붙게 되었다. 메손과 바리온을 통틀어 하드론(강입자)이라고도 한다.

쿼크모형은 미국의 겔만(Murray Gell-mann, 1929~)과 츠바이크(Gorge Zweig, 1937~)에 의해서 각각 독창적으로 1964년에 처음 제안되었다. 그들은 하드론보다 한 단계 낮은 새로운 층에 있는 기본입자를 가정하고 이 기본입자를 u, d, s 쿼크라고 불렀다. 츠바이크와 겔만은 중간자는 한 개의 쿼크와 한 개의 반쿼크로 구성되어 있으며, 바리온은 세 개의 쿼크가 결합하여 만들어진 입자라고 설명하였다.

그런데 쿼크를 이용해 중간자와 바리온들의 구성을 설명하기 위해서는 쿼크가 분수전하를 가진다는 것을 가정하지 않을 수가 없었다. 본래 전하는 양자화 되어 있어 전자의 전하가 모든 전하의 최소 단위라고 생각되고 있었는데 분수전하를 가지는 입자를 가정하는 것은 새로운 시도였다.

이러한 쿼크모형은 당시까지 알려졌던 하드론들의 구성을 설명하는 데 효과적이라는 것이 밝혀졌다. 중간자들은 한 개의 쿼크와 한 개의 반쿼크의 조합으로 구성되어 있다고 설명할 수 있다. 이러한 설명은 중간자가 전하를 띠게 되는 것과 이들의 질량이 바리온입자들보다 작은 것을 설명하는 데 효과적이다.

반면에 바리온입자들은 3개의 쿼크의 조합으로 구성되어 있다고 설명하고 있다. 바리온입자들 중에서 우리에게 가장 친숙한 양성자와 중성자는 각각 두 개의 u 쿼크와 한 개의 d 쿼크, 그리고 한 개의 u 쿼크와 두 개의 d 쿼크로 이루어졌다고 가정하면 이들의 여러 가지 성질을 잘 설명할 수 있다.

양성자와 중성자의 질량이 비슷한 것은 이들을 이루는 u 쿼크와 d 쿼크의 질량이 비슷하기 때문이라고 설명하면 된다. 정밀한 측정에 의하면 중성자의 질량이 양성자의 질량보다 조금 더 큰 것을 알 수 있는데 이것은 d 쿼크의 질량이 u 쿼크의 질량보다 조금 크기 때문이다.

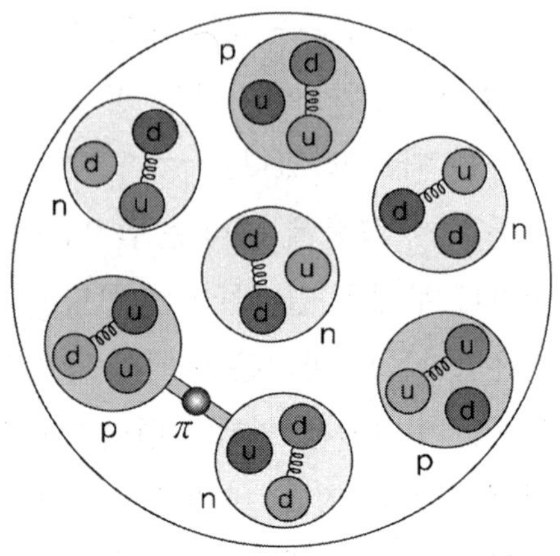

그림 15-2 원자핵과 쿼크

그런데 이러한 쿼크를 이용하여 입자의 구성이 논의되기 시작할 당시에는 쿼크가 실제로 존재하는 물리적인 존재인지 아니면 단순히 수학적 모형에 지나지 않는지가 명확하지 않았다. 심지어는 쿼크모형을 제시한 겔만마저 쿼크모형은 단순한 수학적 기호에 불과할지도 모른다고 쿼크의 실재성에 의문을 가졌었다고 전해진다.

그러나 쿼크모형에 의하여 존재가 예언된 오메가입자(Ω^-)가 1963년에 브룩헤이븐 연구소의 사미오스(Nicholas Samios, 1932~) 등에 의하여 발견되었다. 이 입자의 질량은 예측했던 것과 같이 16억 8천만 전자볼트였다. 이것은 오메가라는 새로운 입자의 발견 이상의 의미를 가지는 사건이었다. 오메가 입자의 발견으로 쿼크모형이 단순한 수학적 추상이 아니라 실제로 존재하는 물리적인 존재라는 생각이 널리 받아들여지게 되었다.

그러나 쿼크의 물리적 실재성을 완전하게 주장하기에는 아직도 중요한 문제가 남아 있다. 그것은 단독으로 존재하는 쿼크를 발견하는 일이다. 쿼크가 궁극입자로서 명실상부하게 모든 물질을 이루는 최소단위의 입자로 등극하기 위해서는 단독으로 존재하는 것이 입증되어야 한다.

바리온이나 중간자족에 속하는 입자들이 쿼크의 조합에 의해 만들어졌다면, 이 입자들을 분해하면 자유 쿼크가 튀어나올 것을 기대할 수 있다. 그러나 이런 입자를 큰 에너지의 입자를 이용하여 부수어 보면 다른 바리온이나 중간자들이 생성될 뿐, 단독으로 존재하는 쿼크는 그 모습을 드러내지 않았다.

그러나 하드론입자들이 쿼크로 이루어진 하부구조를 가지고 있다는 것은 하드론입자와 렙톤입자의 충돌실험에 의하여 밝혀지고 있다. 주로 전자를 양성자나 중성자와 충돌시키는 실험에서 전자와 반응하는 것은 양성자나 중성자를 구성하고 있는 쿼크들이다.

다시 말하면 전자가 양성자와 충돌할 때 실제로는 전자와 양성자를 이루고 있는 쿼크 중의 하나와 반응을 하게 된다. 양성자와 중성미자의 충돌실험에서는 양성자 내에 있는 쿼크의 종류와 쿼크의 수를 알아낼 수 있으며 쿼크들이 가지고 있는 전하도 알아낼 수 있다. 이러한 실험 결과는 쿼크가 실제로 존재하는 입자라는 것을 지지해 주는 것으로 나타났다.

쿼크 존재에 대한 또 하나의 강력한 증거는 하드론입자들의 충돌에 의해 플러스뮤온과 마이너스뮤온이 생성되는 실험이다. 뮤온은 렙톤입자이므로 강한 상호작용에 의하여 생성되지는 않는다. 그러나 하드론 속에 있는 쿼크와 반 쿼크가 쌍소멸하여 큰 에너지를 가진 감마선이 되고 이 감마선이 붕괴하여 플러스 뮤온과 마이너스 뮤온을 생성한다. 하드론입자의 충돌에 의한 뮤온의 생성률은 쿼크와 반 쿼크가 쌍소멸할 확률과 잘 일치한다.

이렇게 쿼크모형을 이용하여 입자들의 구성을 설명하고, 그것이 꽤 설득력을 얻어 갈 즈음인 1974년에 제이프사이입자가 발견되었다. 이 새 입자는 양성자 질량의 3배 내지 4배에 가까운 큰 질량을 가진 입자로 브룩헤이븐 연구소에서 연구하던 중국계 미국인 사무엘 팅(Samuel Ting 丁肇中, 1936~)과 스탠퍼드대학의 선형가속기 연구소의 리히터(Burton Richter, 1931~)가 각각 독립적으로 발견하였다. 팅은 그의 중국 이름과 비슷한 모양의 알파벳을 따서 J입자라고 불렀고, 리히터는 프사이(Ψ)라고 불렀다. 현재는 두 이름을 합쳐서 이 입자를 제이프사이(J/Ψ)입자라고 부르고 있다.

제이프사이(J/Ψ)입자는 질량이 31억 전자볼트라는 특징 외에 스핀이 1인 보존이라는 것, 패리티가 마이너스라는 특징이 있는데 후에 이 종류에 속하는 입자가 더 발견되어 최소한 7종 이상의 제이프사이(J/Ψ)입자가 존재하는 것이 확인되었다. 제이프사이입자는 보손입자로서 중간자족에 속하는 입자라는 것이 밝혀졌는데, 이 입자의 질량은 다른 중간자보다 훨씬 컸으므로, 당시까지 알려졌던 세 개의 쿼크를 가지고는 만들 수 없다는 것이 밝혀졌다.

따라서 제이프사이입자를 쿼크모형을 이용해서 설명하려면 새로운 쿼크가 필요하게 되었다. 그래서 등장하게 된 것이 c(charm) 쿼크이다. c 쿼크의 전하는 2/3

e이고, 질량은 s 쿼크보다 큰 15억 전자볼트 정도이다. 제이프사이입자는 한 개의 c 쿼크와 한 개의 반 c 쿼크로 이루어진 입자이다.

제이프사이입자는 c 쿼크와 반 c 쿼크 쌍으로 이루어진 포지트로늄과 매우 비슷한 구조를 하고 있는 입자이다. 두 쿼크는 서로 반대의 전하를 가지고 있지만, 질량이 같으므로 한 쿼크가 다른 쿼크의 주위를 돌고 있지는 않다. 이들 두 쿼크는 공통의 질량 중심을 중심으로 회전하고 있다.

그러나 전자와 양전자 사이에는 전기적인 인력이 작용하고 있는 것과는 달리 제이프사이입자를 이루는 쿼크 사이에는 이보다 훨씬 강한 상호작용에 의한 인력이 작용하고 있다. 제이프사이입자가 발견된 후 몇 년 동안에 발견된 제이프사이입자 계열에 속하는 여러 입자들은 제이프사이입자의 들뜬 상태일 것으로 생각되고 있다.

제이프사이입자의 발견으로 참 쿼크의 존재가 확인되었다면 당연히 이 참 쿼크와 다른 쿼크의 결합으로 이루어진 다른 입자들의 존재를 쉽게 예상할 수 있다. 이러한 예상은 D 중간자와 F 중간자가 발견됨으로써 적중하였다. K 중간자를 이루는 쿼크 중에서 s 쿼크를 c 쿼크로 치환한 것이 D 중간자이다. 이러한 새로운 입자들의 발견은 쿼크모형의 신용도를 더욱 높이게 되었다.

참 쿼크의 발견으로 쿼크의 종류는 4개로 늘어났다. 이것으로 자연은 이 4가지의 쿼크와 당시까지 발견되었던 4개의 렙톤(전자, 중성미자, 뮤온, 뮤중성미자)으로 이루어진 것이 아닌가 하는 생각을 하게 되었다. 5번째의 렙톤인 타우입자와 타우중성미자가 스탠퍼드의 연구진에 의해 발견되었다. 이제 렙톤의 숫자가 6개로 늘어났다. 따라서 쿼크의 종류가 조금 더 늘어나도 전혀 이상할 것이 없게 되었다.

지금까지 등장한 렙톤과 쿼크는 두 개씩 짝을 이루고 있다. 이런 렙톤과 쿼크의 짝을 세대(generation)로 구분하기도 한다. 세대 구분에 의하면 전자와 중성미자는 제1세대 렙톤이고, 뮤온과 뮤중성미자는 제2세대 렙톤이며, 타우입자와 타우중성미자는 제3세대 렙톤이다. 이와 마찬가지로 d 쿼크와 u 쿼크는 제1세대 쿼크쌍이고, s 쿼크와 c 쿼크는 제2세대 쿼크들이다. 제3세대 렙톤이 발견되었다면 다음은 쿼크의 3세대가 발견될 차례가 아닐까 하는 기대를 가져 봄직하다. 이러한 기대는 1977년 페르미 연구소의 레더만(Leon Lederman, 1922~)이 이끄는 연구팀이 입실런입자를 발견하면서 의외로 빨리 실현되었다.

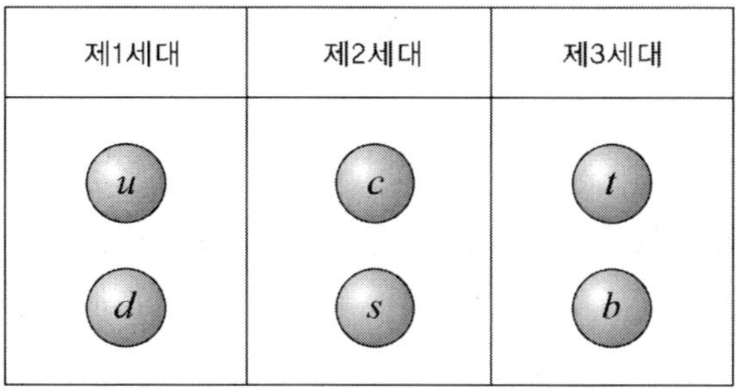

제1세대	제2세대	제3세대
u	*c*	*t*
d	*s*	*b*

그림 15-3 여섯 가지 쿼크

레더만 그룹은 미국의 페르미 연구소에서 양성자와 양성자의 충돌 실험을 하고 있었다. 이들은 충돌하는 양성자 빔이 100억 전자볼트에 이르렀을 때 새로운 입자가 형성된다는 것을 발견하였다. 입실런입자의 발견은 이론으로부터 거의 아무런 도움 없이 순전히 실험에 의해서만 새로운 입자를 발견하게 된 대표적인 예라고 할 수 있을 것이다. 새로운 입자의 발견에는 이론에 의해 그 존재가 예언된 경우도 있지만, 입실런입자의 경우와 같이 실험에 의해 발견된 후 이론에 의해 그 실체가 규명된 경우도 많이 있다.

그 후 코넬대학에서 행한 전자와 양전자의 충돌실험에서도 입실런입자와 이 입자의 들뜬 상태에 해당되는 여러 입자들이 발견되었다. 이 입실런입자족에 속하는 입자들은 질량이 100억 전자볼트 정도의 크기를 가지고 있으므로 이 입자들을 이루고 있는 새로운 쿼크의 질량은 50억 전자볼트 정도일 것이라고 추정되어 지금까지 알려진 모든 쿼크 중에서 가장 질량이 큰 쿼크이다.

입실런입자를 이루고 있는 새로운 쿼크는 b(bottom 또는 beuty) 쿼크로 부르게 되었다. 입실런입자는 제이프사이입자와 마찬가지로 하나의 b 쿼크와 하나의 반 b 쿼크가 결합되어 만들어진 중간자이다. b 쿼크의 실체는 입실론입자들과 b 쿼크와 이보다 가벼운 다른 쿼크로 이루어진 중간자들을 연구함으로써 좀 더 자세히 알려지게 되었다. b 쿼크로 이루어진 중간자들을 B 중간자라고 부른다.

b 쿼크의 발견은 타우 렙톤의 발견과 함께 입자세계에 새로운 차원을 제시하게 되었다. 그것은 단순히 새로운 쿼크 하나가 등장하는 차원을 넘어 도대체 궁극입자는 몇 개여야 하는지 케케묵은 의문이 새로운 모습으로 심각하게 제시되었다는 것을 의미한다. 쿼크모형은 성공적으로 입자세계의 여러 가지 현상을 설명하고 있지

만 계속되는 새로운 쿼크의 등장은 과학자들을 조금씩 불안하게 하고 있는 것도 사실이다.

그러나 어쨌든 새로운 쿼크의 등장은 이 쿼크와 쌍을 이루어 제3세대를 형성하게 될 새로운 쿼크의 등장을 기대하게 하였다. 이 새로운 쿼크의 에너지는 2백70만 전자볼트 정도가 아닐까 추측도 있었지만 이 근처의 에너지에서는 새로운 입자가 발견되지 않았다. 그러나 새로운 쿼크의 존재에 대한 증거를 확보했다는 소식이 전해지고 있다. 이 쿼크가 b(bottom) 쿼크의 쌍이라는 뜻의 이름을 가진 t(top) 쿼크이다.

3 자연현상을 지배하는 네 가지 상호작용

이제 자연계를 형성하는 기본입자들에 대해서는 어느 정도 알게 되었다. 중요한 것은 이 입자들 사이에 작용하는 힘이 어떤 것이 있느냐 하는 것이다. 자연계에 존재하는 기본적인 힘에는 4가지가 있다. 중력은 질량 사이에 작용하는 힘이고, 전자기력은 전하 사이에 작용하는 힘이라는 것은 잘 알고 있는 사실이다. 그러나 중력과 전자기력만으로는 원자핵을 이루는 핵자들의 결합을 설명할 수 없어서 핵자 사이에 매우 강하게 작용하는 핵력을 가정하게 되었다.

핵력을 처음 제안한 유가와는 핵자들이 중간자를 주고받음으로써 인력이 작용하고 있다고 하였다. 그 후 핵자들 사이에 작용하는 힘에는 약한 상호작용과 강한 상호작용이 있다는 것이 알려지게 되었고, 핵력은 핵자들보다 더 근본적인 단위에서 찾게 되었다. 약한 상호작용과 강한 상호작용을 약력과 강력이라고 하기도 한다. 따라서 자연계의 모든 구성원의 질서를 유지하는 기본적인 힘에는 중력, 전자기력, 약력, 강력이 있다.

자연계의 물질의 상호작용을 지배하는 4가지 힘을 세기의 순서로 나열하면 강력이 가장 강하고, 다음은 전자기력이며, 다음이 약력이고, 가장 약한 힘이 중력이다. 그러나 만유인력과 전자기력은 도달 거리가 매우 긴 반면, 강력과 약력은 도달 거리가 아주 짧아서 핵을 이루는 입자들과 같이 매우 가까이에 있는 입자 사이에만 작용한다.

따라서 원자보다 작은 세계에서 일어나는 일은 강력과 약력의 지배를 받는 반면 우주와 같이 거대한 세계에서는 약력과 강력이 아무런 의미가 없게 된다. 천체들은 전체적으로 중성이므로 전자기력도 작용하지 않아서 천체들의 움직임은 중력의 지배만을 받게 된다. 가장 약한 힘이 가장 큰 세계를 지배하는 것은 매우 재미있는 일이다.

중력은 우리가 잘 알고 있는 것처럼 모든 질량 사이에서 작용하는 힘이다. 반면에 전자기력은 전하를 띤 입자 사이에만 작용한다. 중력의 세기가 전자기력보다 훨씬 작은 힘이면서도 우주의 질서를 유지하는 힘이 된 것은 우주의 중요한 구성원인 천체들이 전기적으로 중성이어서 전하를 띠고 있지 않기 때문이다. 천체가 전기적으로 중성인 것은 천체를 이루는 원자들이 전기적으로 중성이기 때문이며, 또한 원자가 전기적으로 중성인 것은 원자 속에는 같은 수의 전자와 양성자가 들어 있기 때문이다. 그리고 전자와 양성자의 부호는 반대이고 크기는 똑같은 전하를 띠고 있다.

그렇다면 물체 사이에 작용하는 이런 여러 가지 힘들이 어떤 방법으로 상호작용하게 될까? 뉴턴 역학이 확립되기 이전의 아리스토텔레스 역학에서는 모든 힘은 접촉에 의해서만 전달이 가능하다고 믿었다. 그런데 뉴턴의 만유인력은 중간에 힘을 전달해 줄 물체를 필요로 하지 않는다. 멀리 떨어져서도 작용할 수 있는 원격작용에 의해 힘이 작용할 수 있다고 생각했기 때문이다. 장이론으로 힘의 작용을 설명하려고 시도한 사람은 패러데이와 맥스웰이었다. 장이론에 의하면 힘은 아무 것도 없는 빈 공간을 통해서 전달되는 것이 아니라 공간의 성질에 의해 작용한다. 전기와 자기는 전기장과 자기장을 만들고 전하는 이 전기장, 또는 자기장과 상호작용을 한다. 마찬가지로 질량을 가진 물체는 중력장을 만들고 물체는 이 중력장과 상호작용으로 중력이 작용한다.

그러나 입자 물리학에서는 네 가지 상호작용이 입자의 교환으로 발생한다고 설명한다. 힘의 작용을 입자의 교환에 의해 발생하는 것으로 설명하는 것은 이런 방법이 자연에 존재하는 4가지 힘에 통일성을 줄 뿐만 아니라 수학적으로 다루는 데도 편리하다. 전자기력은 전하가 광자와 교환하면서 발생하는 힘이다. 약한 상호작용을 매개하는 입자는 위크보손(W, Weak boson)이라고 한다. 전자기력을 매개하는 입자인 광자는 질량이 0이고, 전하를 띠지 않은 입자인 데 반해, 약한 상호작용을 매개하는 위크보손은 큰 질량을 가지고 있고 전하를 띠고 있다. 입자가 위크보손을 교환하면 입자의 질량과 전하가 달라진다.

후에 약한 상호작용을 매개하는 입자에는 전하를 띠지 않은 Z입자도 있다는 것이 밝혀졌다. 약한 상호작용은 렙톤과 쿼크 사이, 쿼크와 쿼크 사이, 그리고 쿼크와 렙톤 사이에 W입자나 Z입자를 교환해서 생기는 힘이라고 할 수 있다. 그런데 전자기력을 적용하기 위해서는 전하가 필요하듯이 약한 상호작용에 의해 힘이 작용하기 위해서는 전하와 비슷한 양이 있어야 된다. 이 양을 위크차지(weak charge)라고 한다. 따라서 약한 상호작용은 위크차지를 가진 입자 사이에서 두 입자의 위크차지의 곱에 비례하는 수의 위크보손을 교환하므로써 작용한다고 할 수 있다. 이런 면에서 볼 때 전자기력과 약한 상호작용은 매우 비슷한 구조를 가지고 있다고 할 수 있다. 더구나 전하의 크기와 위크차지의 크기가 매우 비슷한 양이고 보면 더욱 그렇다. 따라서 전자기력과 약한 상호작용을 하나의 힘으로 통합하려고 시도한 것은 당연한 일이었다고 할 수 있다.

전자기력과 약한 상호작용을 통일한 이론을 전약이론이라고 한다. 글라쇼우(Sheldon Lee Glashow, 1932~), 살람(Abdus Salam, 1926~)과 같은 이들에 의하여 시도된 전약이론은 1967년에 와인버그(Steven Weinberg, 1933~)와 살람에 의해서 체계적인 이론이 제시되어 두 힘이 하나의 힘으로 통합되기에 이르렀다.

쿼크로 이루어진 하드론 사이에는 강력이 작용한다. 강력을 매개하는 입자는 글루온이라고 알려져 있다. 전자기력과 약한 상호작용을 통일한 것과 같이 강한 상호작용도 하나의 원리로 통일하려는 시도가 계속되고 있다. 이러한 통일을 대통일이라고 하는데 아직 완전히 성공을 거둔 단계에는 이르지 못했지만 많은 진전을 보고 있다. 힘의 통합을 연구하는 과학자들의 최종 목표는 네 가지 힘을 모두 통합하여 하나의 원리로 설명하는 것이다. 그러나 아직 중력을 매개하는 중력자(그래비톤)를 발견하지 못하고 있다. 네 가지 힘을 통일하기 위해서는 아직 발견되지 않은 중력자가 발견되어야 할 것이다.

16장

우주의 발견

1 태양계 탐사

20세기에는 우주의 연구와 태양계 탐사가 본격적으로 시작되었다. 망원경을 비롯한 관측 장비의 발달로 인간이 관측할 수 있는 한계가 점점 더 넓어졌다. 우리 은하에 대한 탐사는 물론 우리 은하 밖에 있는 외부은하의 탐사가 본격적으로 진행되었고, 은하들로 구성된 은하단, 그리고 은하단으로 구성되어 있는 초은하단의 구조가 밝혀지기 시작하였다. 그런가 하면 우주가 어떻게 시작되었는가 하는 논쟁도 본격적으로 시작되었다.

이러한 우주의 탐사와 함께 탐사선을 이용한 태양계 탐사도 본격적으로 시작되었다. 특히 미국과 구소련의 우주 탐사 경쟁은 불꽃이 튈 정도로 치열하게 전개되어 태양계 탐사가 크게 진전될 수 있었다. 태양계 탐사는 공기가 없는 곳에서도 비행할 수 있는 로켓을 개발하는 데서부터 시작되었다.

최초로 액체연료를 이용하여 로켓을 비행시킨 사람은 미국의 고다드(Robert Hutchings Goddard, 1882~1945)였다. 고다드는 1926년에 매우 간단하기는 하였지만 연료를 연소시킬 때 나오는 기체를 뒤로 분사시키면서 앞으로 나아가는 로켓을 발명하여 로켓기관의 아버지라는 칭호를 받게 되었다. 그 후 1942년에는 폰 브라운(Wernher von Braun, 1912~1977)이 이끄는 독일의 과학자들이 V-2 로켓을 개발한 바가 있다. 2차 대전이 끝난 후에는 미국의 과학자들이 V-2 로켓을 개량하여 402 km 상공까지 올려놓는 데 성공하였다.

그러나 지구 궤도에 처음으로 비행물체를 올려놓은 것은 소련이었다. 소련은 1957년 10월에 최초로 인간이 만든 비행물체인 스푸트니크호를 지구 궤도에 올려놓음으로 태양계 탐험의 한 획을 긋는 성과를 올렸다. 그 해 11월에는 스푸트니크 2호가 개를 싣고 궤도 비행을 하여 생명체가 지구 궤도에서도 살아남을 수 있다는 것을 증명하였다. 스푸트니크 2호를 타고 지구 궤도를 비행했던 개 라이카는 7일간 지구 궤도에서 지구의 경치를 내려다보았다.

소련의 성공에 자극을 받은 미국도 로켓 개발에 박차를 가해 1958년에는 익스플로러 1호를 지구 궤도에 올려놓는 개가를 올렸다. 익스플로러 1호에 실려 있던 방사능 측정기 가이거 계수기는 지구 주위를 둘러싼 반알렌대가 있다는 것을 확인하는 성과를 올리기도 하였다.

그러나 초반 태양계 탐사에서는 언제나 소련이 앞장서 있었다. 1959년에 소련은 태양계 탐사 역사에 길이 남을 큼직한 사건을 여러 개 만들어냈다. 우선 루나 1호가 최초로 태양 궤도를 돌았고, 이어서 발사된 루나 2호는 달에 충돌함으로써 인간이 만든 물체로서는 지구가 아닌 다른 천체에 도달한 최초의 물체로 기록되었다. 당시로서는 아직 달에 연착륙한다는 것은 생각하기 어려운 일이었으므로 달에 충돌한 것만으로도 대단한 일이었다. 루나 3호는 달 뒷면 사진을 처음으로 전송해 왔다. 달은 항상 한 면만 지구쪽을 향하고 있었으므로 인류 역사상 누구도 달의 뒷면을 본 적이 없었다. 따라서 달을 뒷면을 보게 된 것은 인류 역사상 기억할 만한 또 하나의 사건이었다.

1960년대가 되어서도 태양계 탐사에서 소련은 미국을 저만큼 앞질러 가고 있었다. 1961년에는 드디어 인간이 지구 궤도를 도는 쾌거를 이룩하였다. 최초의 우주인은 보스톡 1호를 타고 지구 궤도를 돌았던 유리 가가린(Yuri Gagarin, 1934~1968)이었다. 미국도 이에 질세라 쉐퍼드 주니어를 우주로 보냈지만 프리덤 7호를 타고 우주를 날았던 쉐퍼드는 지구 궤도에는 미치지 못하고 지상 187.5 km의 고도에 이르는 것으로 만족해야 하였다. 그러나 1962년 2월에 미국에서도 존 글렌(John Herschel Glenn Jr., 1921~)을 프렌드쉽 7호에 태워 261 km 고도에서 지구를 세 바퀴 도는 데 성공하였다. 글렌의 성공에 고무된 미국은 그 해 12월 마리너 2호가 33,635 km 고도를 지나가면서 금성을 관측하였다.

1963년에는 소련의 발렌티나 테레슈코바(Valentina Vladimirovna Tereshkova, 1937~)가 최초의 여성 우주인이 되어 보스톡 6호로 지구를 48회나 돌았다. 1964년에는 미국의 마리너 4호가 최초로 화성의 표면 상태를 자세하게 관측하는 데 성공하였다. 마리너 4호는 화성 표면으로부터 9,846 km 떨어진 지점에서 화성 표면의 크레이터를 관측하는 데 성공한 것이다. 1968년에 소련은 또 한 번 미국을 앞지르는 성과를 거두었다. 9월에 존드 5호가 달 궤도를 돌고 지구로 귀환하는 데 성공하였다. 존도 5호는 동식물을 싣고 달 궤도를 돌고 돌아와 우주의 방사선이 생물체에 미치는 영향에 대해서도 실험하였다.

지금까지 있었던 많은 우주 탐험 가운데 인류에게 가장 큰 흥분과 감동을 안겨준 것은 미국에서 실시한 아폴로의 달 탐험 계획이었을 것이다. 머큐리 계획, 제미니 계획으로 불리면서 우주선의 도킹 실험, 달 궤도 진입과 귀환 실험 등 인간을 우주에 보내는 계획 전단계의 실험을 모두 끝낸 미국은 1968년 10월 11일 3인의 우주인을 태운 아폴로 7호를 지구 궤도에 올려 163회나 지구 궤도를 선회하고 무사히 귀환시킴으로써 본격적인 아폴로 계획을 시작하였다. 이어서 아폴로 8호는 유인 우주선으로 달 궤도를 일주하고 귀환했고, 9호는 사령선과 착륙선의 도킹을 성공적으로 해냈으며, 10호는 달 궤도를 31회나 선회하고 귀환하였다.

이로써 모든 준비를 끝낸 미항공우주국(NASA)에서 1969년 7월 16일 지구에서 발사된 아폴로 11호는 무사히 달 궤도에 진입하여, 착륙선 이글호를 달 표면의 고요의 바다에 착륙시키는 데 성공하였다. 육중한 우주복을 입은 닐 암스트롱(Neil Alden Armstrong, 1930~)이 착륙선에서 천천히 계단을 내려와 달에 첫 발을 디딘 것은 1969년 7월 21일 11시 56분 20초(한국시간)였다. 이 장면은 전 세계에 생중계 되었고 사람들은 숨을 죽이고 이 광경을 지켜보았다. 이것은 인간이 지금까지 우주를 향해 내디딘 발걸음 중에서 가장 큰 발걸음이었다고 할 수 있다.

그 후 아폴로 17호를 마지막으로 아폴로계획이 끝날 때까지 6차례에 걸쳐 인간을 달에 보냈고, 15호부터는 월면 주행차를 이용하여 월면을 9.6 km나 돌아다니며 조사를 하기도 하였다. 그들은 또한 여러 가지 관측 장비를 달 표면에 설치해 놓았다. 1971년에는 아폴로 15호가 달에 착륙하여 월면차를 이용해 넓은 지역을 조사하였

그림 16-1 아폴로 11호 승무원들

다. 1972년에 달에 착륙했던 아폴로 17호도 비슷한 월면차를 이용하여 35 km나 이동하면서 달 표면을 조사하고 샘플을 채취하여 돌아왔는데 이러한 조사를 통하여 달에 대한 지식이 급속히 증가했음은 물론이다.

1973년 5월에는 미국에서 스카이랩을 지구 궤도에 올려놓았는네 이곳에서는 여러 가지 실험을 하며 사람들이 오랫동안 거주할 수 있도록 되어 있었다. 스카이랩에서는 태양의 관측, 생물 실험 등이었는데 이 중에는 최초의 우주 거미 아니타와 아라벨라가 무중력 상태에서 어떻게 거미줄을 만드는지를 알아보는 실험도 포함되어 있었다.

달에 대한 탐사와 함께 태양계의 다른 행성에 대한 탐사도 진행되었다. 행성 탐사에서는 금성과 화성 탐사에 가장 큰 관심이 집중되었다. 소련은 1970년 12월에 처음으로 베네라 7호를 금성에 연착륙시키는 데 성공하였다. 두터운 구름으로 가려 있어서 표면의 참모습을 드러내지 않았던 금성이 인류에게 그 속내를 드러내는 순간이었다. 베네라 7호는 금성의 대기에 대한 자료를 보내와 예상대로 금성 표면의 온도가 매우 높다는 것을 확인시켜 주었다.

1971년에 미국의 탐사선 매리너 9호가 화성 궤도를 1년 가까이 돌면서 7,000여 장의 화성 사진을 보내온 것도 태양계 탐험의 역사에서 획기적인 사건이었다. 매리너 9호의 활동으로 화성의 지도가 만들어지기도 하였다.

1973년에 미국 매리너 계획의 마지막 우주선이었던 매리너 10호는 금성을 지나

수성에 689 km 까지 접근하여 수성 표면을 촬영하였다. 촬영된 사진을 송신하여 수성 표면에 대한 정확한 정보를 제공하였다. 이로써 태양의 밝은 빛 속에 숨어서 자세한 모습을 드러내기 거부하던 수성도 드디어 빛의 베일을 벗고 인류 앞에 생생한 모습을 드러내게 되었다.

1975년에는 소련의 탐사선 베네라 9호와 10호가 금성 표면에 착륙하여 금성 표면 사진을 전송해 왔다. 금성은 90기압이 넘는 두꺼운 대기층으로 덮여 있어서 외부에서의 관측으로는 금성 표면을 자세히 알아낼 수가 없었다. 두꺼운 대기층을 뚫고 금성 표면에 도달한 것은 인류의 태양계 탐사 역사에 기록될 만한 사건이었다.

1976년에는 미국의 바이킹 1호가 화성에서 활동을 개시하였다. 바이킹 1호는 화성 표면에 착륙하여 토양 샘플을 채취하고 여러 가지 실험을 하면서 화성의 생명체를 찾기 위해 노력했지만 별다른 소득을 얻지는 못하였다. 그러나 바이킹 1호의 활약으로 바위투성이의 붉은 화성의 풍경이 인간에게 낯익은 풍경이 되었다.

1989년에 우주 왕복선 아틀란티스호에 실려 지구를 떠난 미국 마젤란 탐사선은 금성 탐사에 신기원을 이룩하였다. 1년 반의 긴 여행 끝에 1990년 8월 금성 궤도에 도착한 마젤란 탐사선은 레이더를 이용해 금성의 표면 상태에 대한 정보를 수집하기 시작하였다. 금성은 두꺼운 대기층으로 둘러싸여 있어서 구름을 뚫고 들어가기 쉬운 긴 파장의 전파를 이용하는 레이더를 사용해야 표면 상태를 조사할 수 있었다. 마젤란은 금성 표면의 약 90 %를 200 m의 분해능으로 조사하여 금성의 상세한 지도를 작성하였다. 이로써 금성의 표면이 우리에게 자세히 알려지게 되었다.

지구형 행성 탐사에 어느 정도 성과를 올린 인류는 목성형 행성으로 눈길을 돌리기 시작하였다. 미국의 탐사선 파이어니어 10호가 목성을 향해 날아간 것은 1972년 3월이었다. 파이어니어 10호는 목성을 지나면서 목성과 목성의 위성 사진을 지구로 전송해 인간의 시야를 크게 넓히는 데 성공하였다. 파이어니어 10호는 1974년 12월에 발사되어 토성의 생생한 사진을 전송하고, 새로운 위성과 새로운 고리를 발견한 파이어니어 11호와 함께 목성형 행성들의 대한 많이 새로운 자료를 제공해 주었다.

태양계 탐사 임무를 마친 파이어니어 10호와 11호는 태양계 밖으로 날아가 우주의 심연 속으로 뛰어든 첫 번째 우주선이 되었다. 파이어니어 탐사선에는 우주를 항해하는 도중에 만나게 될지도 모르는 우주인들에게 우리의 메시지를 전하기 위해 그림엽서가 실려있는데 이 그림엽서에는 인간의 모습, 태양계의 구조와 파이어

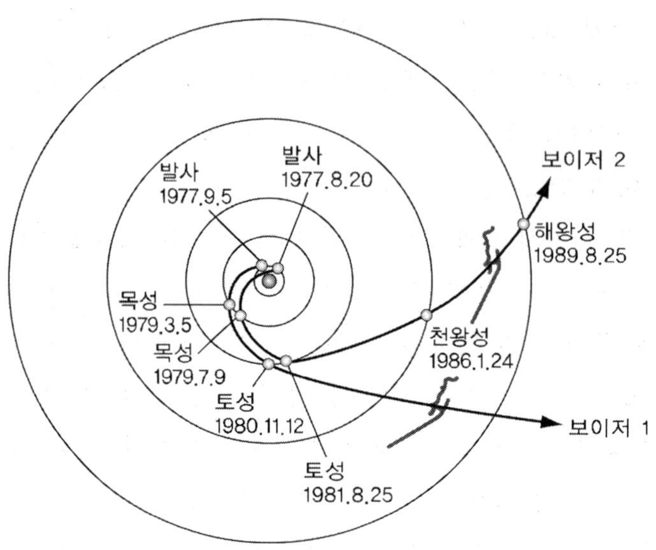

그림 16-2 보이저 1호와 2호의 여행 경로

니어 탐사선의 궤도 등이 그려져 있었다.

1977년 9월에 발사된 보이저 1호와 1977년 8월에 발사된 보이저 2호는 목성, 토성, 천왕성, 해왕성에 접근하여 수많은 자료와 사진을 지구에 송신하여 태양계의 비밀을 낱낱이 인류에게 공개하였다. 토성을 지난 보이저 1호는 우주의 항해자가 되기 위해 우주로 뛰어들었지만 보이저 2호는 토성을 지난 후에도 천왕성과 해왕성의 자료를 수집하여 지구에 보내는 임무를 1989년까지 12년 동안이나 성실히 수행하였다. 보이저 탐사선들은 목성, 토성, 천왕성, 그리고 해왕성의 자세한 사진은 물론 48개나 되는 이들의 위성, 이들을 둘러싸고 있는 고리, 자기장, 대기의 움직임에 대한 수많은 자료를 지구로 전송하여 전 세계 태양계에 대한 교과서를 다시 쓰도록 하였다.

보이저 탐사선이 이러한 성공을 거둘 수 있었던 것은 목성형 행성 4개가 가장 이상적으로 배열되어 있었기 때문에 가능하였다. 따라서 보이저 탐사선은 하나의 행성을 조사하고 그 인력을 이용하여 다음 행성으로 쉽게 다가갈 수 있었다. 이러한 행성의 배치는 175년에 한 번씩 일어나는 것으로 계산되었다. 그러나 처음 보이저호의 탐사를 준비하는 동안에는 목성과 토성, 그리고 이 행성을 돌고 있는 위성을 관측하는 것을 목표로 계획하였다. 천왕성과 해왕성을 탐사하는 것은 옵션으로 남겨

놓았었다. 1978년에는 두 개의 파이어니어 우주선이 화성 궤도에 도달하였다. 이들은 화성의 대기 상태, 표면 지도를 작성하기 위한 자료를 수집하는 데 성공하였다.

1981년은 우주개발의 역사에 또 하나의 전환점이 되었다. 이 해 처음으로 우주 왕복선 콜럼비아호가 우주 비행을 마치고 지구로 무사히 귀환했기 때문이다. 우주 왕복선의 등장은 비행기를 타고 여행하듯이 우주여행을 할 수 있는 시대가 다가오고 있음을 실감할 수 있도록 해주었다.

우주 탐사에 전념하던 과학자들이 오랫동안 꿈꾸어 오던 것이 1990년에 실현되었다. 그것은 망원경을 대기권 밖에 내보내 대기의 방해를 받지 않고 우주를 관측할 수 있도록 하는 것이었다. 이 일은 1940년대의 과학자들이 이미 그 가능성을 타진했었고 1970년대와 1980년대에 준비가 이루어졌었다. 그러나 허블 우주 망원경을 지구 궤도에 올려놓은 것은 1990년 4월 25일 우주 왕복선 디스커버리호에 의해서였다. 허블 망원경은 구경 2.4 m짜리 반사망원경으로 지상 600 km 상공에서 95분마다 한 번씩 지구를 돌고 있다.

처음 이 계획이 진행되는 동안에는 망원경을 궤도에 올려 일정 기간 작동한 다음 지상으로 회수하여 수리한 다음 다시 궤도에 올려놓기로 했었다. 그러나 그 후 계획이 수정되어 일단 망원경을 궤도에 올려놓은 다음 3년마다 정기적으로 지구 궤도 위에서 수리하는 것으로 바뀌었다. 이러한 일정에 따라 1993년에 첫 번째 우주 수리가 이루어졌다. 이 수리에서는 제대로 작동하지 않는 광각렌즈 카메라(WF/PC1)를 새로운 카메라(WF/PC2)로 바꾸었다.

그림 16-3 허블 우주 망원경

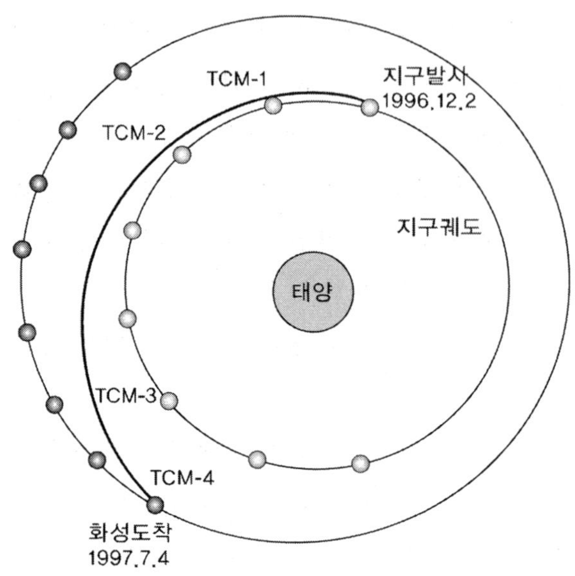

그림 16-4 패스파인더의 여행 경로

그 동안 허블 망원경은 태양계는 물론 우주에 대한 수많은 정보를 지상에 전송하였다. 지상 망원경으로는 상상도 못했던 고해상도의 우주 사진이 전 세계에 넘쳐났다. 인류가 허블 망원경을 통해 우주에 한 발 다가선 것이다. 허블 망원경이 보내온 태양을 비롯한 태양계 가족사진도 놀라웠다. 그 중에는 태양계에서 가장 큰 화산인 화성의 올림피아 화산의 거대한 모습도 있었고, 목성의 위성 이오의 표면에 솟구치는 화산의 생생한 사진도 있었다.

1990년대에도 탐사선을 이용한 태양계 탐사는 계속되었다. 그 중에서도 1996년 12월 4일에 지구를 떠나 1997년 7월 4일 화성에 착륙하여 화성 탐사에 성공한 미국의 패스파인더 계획과 1996년 11월 7일 지구를 출발하여 화성 궤도를 돌면서 화성의 대기와 표면 상태를 탐사하고 있는 서베이어호의 탐사, 그리고 목성 궤도를 돌면서 목성의 대기 상태를 관측하고 있는 갈릴레오 탐사계획과 1997년 10월 15일에 발사되어 토성 탐사를 위해 토성으로 날아가고 있는 카시니호의 탐사 계획이 가장 주목할 만한 태양계 탐사계획이다.

1997년 10월 15일 지구를 출발하여 토성을 향해 날아가고 있는 카시니호도 토성에 대한 새로운 정보를 많이 전해 줄 것으로 기대하고 있다. 특히 카시니 탐사선은 2004년 토성 궤도에 도착한 후 호이겐스 착륙선을 토성의 위성인 타이탄에 착륙시켜 타이탄에 대한 여러 가지 조사를 진행하였다. 호이겐스 착륙선은 인간이 만든 비행체 중에서 가장 멀리 있는 천체에 착륙한 비행물체로 기록되어 있다.

인류의 발길이 화성과 목성, 토성에까지 이르는 동안 달에 대한 탐사도 계속되었다. 1990년대에 진행된 달 탐사 과정에서는 달에 물이 존재하는가 하는 문제가 가장 큰 관심거리로 떠올랐다. 1998년 3월 5일 달 궤도를 선회하면서 달에 대한 자료를 수집하고 있던 루나 프로스펙터호는 달의 남극과 북극에 물이 언 얼음이 존재한다는 증거를 수집했다고 알려 왔다. 이것은 1996년 클레멘타인 탐사선이 달의 남극 부분에 얼음의 징후를 발견한 것과 같은 결과였다. 20세기에 진행된 활발한 태양계 탐사 결과 인간은 태양계에 대하여 참으로 많은 것을 알게 되었다.

우주로 진출하려는 인류의 오랜 꿈은 지구 궤도에 우주 정거장을 건설하는 것으로 구체화되었다. 우주 정거장은 사람이 우주에 장기간 머물 수 있는 구조물이다. 우주 정거장은 추진 장치와 착륙 장치를 가지고 있지 않다는 점에서 우주선과 구별된다. 이전에는 알마즈, 샬루트, 미르 등의 우주 정거장 프로젝트가 진행되었다. 이중에서도 가장 오랫동안 운영된 구소련의 우주 정거장 미르는 1986년 최초로 발사된 후 2001년 3월까지 4,594일 동안 우주 정거장의 기능을 수행하였다.

1998년 이후에는 미국과 러시아를 비롯한 16개국이 참여하여 국제 우주 정거장(ISS)을 건설하고 있다. 국제 우주 정거장은 350 km 상공에서 시속 27,740 km의 속력으로 하루 지구를 15.78회 공전하고 있다. 1998년 이후 현재까지 건설 중에 있는 국제 우주 정거장은 2010년에 완성될 예정이다. 2008년 4월에는 우리나라

그림 16-5 건설 중인 국제 우주 정거장(ISS)

의 이소연(李素姸, 1978~)이 과학기술부와 러시아가 공동으로 추진한 우주 여행자 양성 계획에 참여하여 국제 우주 정거장에 11일간 체류하면서 여러 가지 실험을 행하기도 하였다.

2 우주론의 발전

우주의 구조를 연구하기 시작한 과학자들이 가장 먼저 해야 할 일은 우주에서 거리를 재는 방법을 알아내는 일이었다. 베셀이 연주시차를 이용하여 태양에서 가까이 있는 별들의 거리를 재는 데 성공했지만 이것으로는 우리 은하 밖에 있는 다른 은하까지의 거리를 잴 수는 없었다. 연주시차를 이용하는 방법 다음으로 알려진 거리측정법은 세페이드형 변광성의 주기와 밝기의 관계를 이용하는 것이었다.

1905년에 하버드의 천문대에서 일했던 리비트(Henrietta Swan Leavitt, 1868~1921)는 페루에 있던 천문대가 찍은 마젤란은하의 변광성 자료를 분석하였다. 마젤란은하에는 많은 세페이드 변광성이 있는데 별의 밝기가 변하는 주기는 1.5일에서 127일에 이르는 것까지 매우 다양하였다. 리비트는 마젤란은하에 있는 별들까지의 거리가 비슷할 것으로 가정하고 관측되는 별의 밝기와 주기의 관계를 알아내려고 관측결과를 조사하였다.

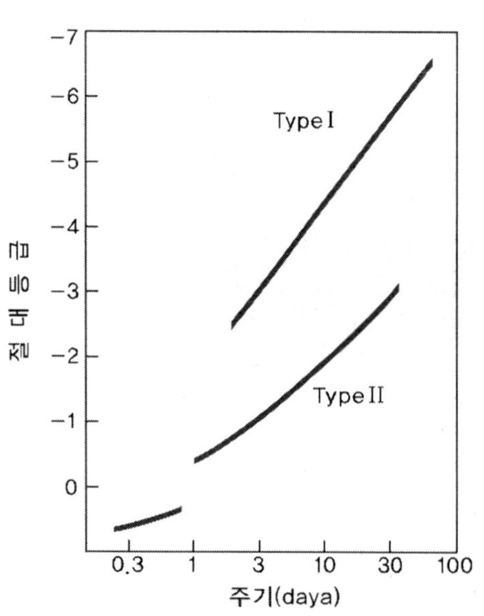

그림 16-6 세페이드 변광성의 주기와 밝기 사이의 관계

그 결과 세페이드 변광성의 주기와 밝기 사이에는 일정한 관계가 있다는 것이 밝혀졌다. 과학자들은 이 관계를 먼 곳에 있는 별까지의 거리를 측정하는 데 사용하게 되었다. 세페이드 변광성의 주기를 측정하면 그 세페이드 변광성의 실제 밝기를 알 수 있기 때문이다. 별의 실제 밝기를 알면 별의 겉보기 밝기를 측정하여 그 별까지의

거리를 계산할 수 있다. 그러나 세페이드 변광성의 주기를 이용하는 거리측정법도 변광성 하나하나를 구분해 낼 수 있을 정도로 가까이 있는 은하까지의 거리를 잴 수 있을 뿐이었다. 따라서 먼 우주에 있는 은하까지의 거리를 측정하기 위해서는 다른 거리 측정법이 발견되어야 하였다.

미국의 천문학자 허블(Edwin Powell Hubble, 1889~1953)은 도플러효과를 이용하여 우주에서의 거리 측정 방법을 발견하였다. 광원의 운동에 따라 파장이 다르게 측정되는 현상을 도플러효과라고 한다. 다가오는 광원에서 나오는 빛은 푸른빛 쪽으로 편향되어 나타나고, 멀어지는 광원에서 나오는 빛은 붉은빛 쪽으로 편향되어 나타난다. 같은 원소에서는 일정한 파장으로 이루어진 독특한 스펙트럼을 형성하고 있으므로 별에서 오는 빛의 스펙트럼을 분석하면 이 빛이 어떤 원소에서 나온 빛인지 판별할 수 있으며 또 얼마나 어느 쪽으로 편향되었는지도 알 수 있다.

허블은 이 도플러효과의 정도와 은하계까지의 거리 사이에는 일정한 관계가 있다는 것을 밝혀내고 그것을 허블법칙이라고 불렀다. 따라서 어떤 은하계에서 오는 빛의 도플러효과만 측정하면 그 은하계까지의 거리를 알 수 있게 되었다. 우주의 거리를 측정하는 더욱 효과적인 세 번째 자를 가지게 된 것이다. 우주는 인간이 가지게 된 이 세 가지 자에 의해 크기가 밝혀지고 그 모습이 알려지게 되었다.

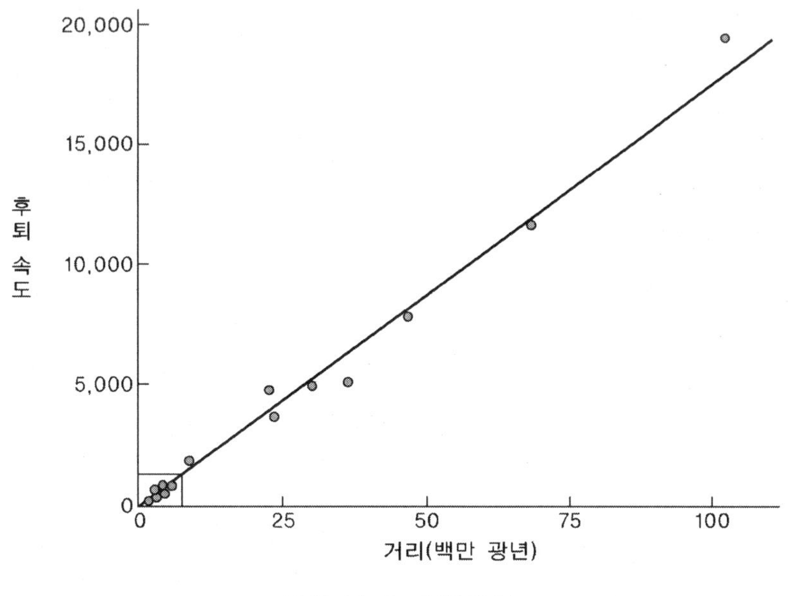

그림 16-7 허블법칙

▪ ▪ 허블(Edwin Powell Hubble, 1889. 11. 20~1953. 9. 8) ▪ ▪

허블은 미국 몬타나주 출신의 천문학자로 허블법칙을 발견하여 우주가 팽창하고 있다는 것을 밝혀냈다. 허블은 1910년 시카고대학 법과를 졸업하고, 옥스퍼드대학에 진학하였다. 처음에는 변호사로 일하였으나 천문학에 흥미를 느껴, 제1차 세계대전 후인 1919년에 윌슨천문대의 연구원이 되었다. 그는 지름 252 cm 망원경으로 성운을 관찰하는 일에 전념하여 이들이 모두 우리 은하 밖에 있는 외부 은하임을 입증하였다. 1925년 우리 은하 밖에 있는 외부 은하에 대한 총괄적인 연구를 시작하여 모양에 따른 분류를 시도하였고, 1929년 은하들의 스펙트럼선에 나타나는 적색편이 정도가 은하까지의 거리에 비례한다는 허블법칙을 발견하여 우주팽창설에 대한 기초를 세웠다.

우리 은하에는 약 2,000억 개의 별이 있는데 이들은 은하 중심을 이루는 은하면에 몰려 있으며, 은하 외곽에는 몇 개의 나선형 팔이 있어 이 팔에 별들이 몰려 있다. 우리 은하의 지름은 약 10만 광년 정도이고, 가운데 볼록한 부분의 두께는 약 1,000광년 정도이다. 은하계를 이루는 2,000억 개의 별들은 인력으로 인해 서로 멀리 흩어지지 않고, 은하계의 중심을 회전하고 있다.

1944년에 바데(Walter Baade, 1893~1960)는 우리 은하의 별들을 두 종류로 구분하였다. I족에 속하는 별들은 내부에 분자량이 무거운 원소인 금속원소를 많이 가지고 있는 밝고 젊은 별들로 주로 나선의 팔들에 많이 분포하는 반면, II족에 속하는 별들은 무거운 원소를 거의 가지지 않고, 주로 수소와 헬륨으로 이루어져 있으며 적색 거성 상태의 늙은 별들로 은하계의 중심에 몰려 있다. 지금까지의 관측에 의하면 별의 크기는 태양 질량의 10분의 1에서 50배에 이르기까지 다양한 것으로 알려져 있다. 그러나 아주 작은 별과 큰 별은 매우 드물고 많은 별들이 태양과 비슷한 질량을 가지고 있다.

은하의 중심에는 핵이 있을 것으로 믿어지지만 이것을 직접 관찰할 수 없다. 은하의 중심 부분에는 많은 성간 물질이 있어 빛의 통과를 막기 때문이다. 그러나 전파망원경의 관측에 의하면 은하의 중심에는 약 5광년의 지름을 갖는 핵이 있을 것으로 믿어지며 핵 근처에는 많은 별들의 집단인 구상 성단이 모여 있을 것으로 보인다.

1979년에 하버드의 천문학자들은 전파 망원경을 이용하여 우리 은하의 중심 부분에 빠르게 움직이는 기체 덩어리가 있음을 발견하였다. 빠른 기체의 움직임으로 미루어보아 은하의 핵에는 태양 질량에 500만 배나 되는 엄청난 질량을 가진 블랙

홀이 있을 것이라고 주장하기도 하였다. 태양은 우리 은하의 중심에서 30,000광년 떨어진 지점에 있는 I족에 속하는 별로 아직 젊은 별에 속한다. 태양이 은하의 중심을 회전하고 있는 속도는 매초 300 km나 되는 빠른 속도이다. 이런 속도로 열심히 달려도 은하를 한 바퀴 도는 데는 약 2억 5,000만 년쯤 걸린다.

20세기 천문학에서는 우주를 구성하고 있는 별들의 생성과 소멸과정을 밝혀내기도 하였고 우주 자체의 시작을 규명하는 성과를 올리기도 하였다. 우주가 과연 과거 어느 시점에서 시작되었는가 아니면 영원한 과거로부터 그렇게 존재해 왔느냐를 밝히는 것은 매우 어려운 일이다. 19세기까지는 우주가 과거의 어느 시점에 시작되었을 것이라고 생각하는 사람은 아무도 없었다. 그러나 허블의 관측에 의해 우주가 팽창하고 있다는 것이 밝혀지면서 사정이 달라지기 시작하였다.

우주가 팽창하고 있다면 오래전의 우주는 지금보다 적어야 한다. 그래서 시초로 거슬러 올라가면 모든 질량이 한 점으로 모여야 한다. 우주는 결국 이 점에서부터 시작되었다고 하는 것이 현대 천문학에서의 결론이다. 빅뱅이론이라고 부르는 이 이론은 우주가 무한한 과거부터 현재까지 계속 같은 상태를 유지하고 있다는 정상 상태 우주론과의 경쟁에서 이기고 우주론의 정설로 받아들여지게 되었다. 그것은 빅뱅이론에서 예언한 우주 배경복사가 실제로 실험적으로 확인되었기 때문이었다.

빅뱅이론을 처음 제시한 가모브는 우주 초기의 빛이 우주의 팽창에 따라 점점 식어 가서 지금은 절대온도 3°K 정도의 낮은 온도의 빛이 되어 우주를 채우고 있을 것이라고 주장하였다. 가모브가 예언했던 대폭발 시의 복사선, 즉 대폭발에 의해 우주에 흩어져 우주에 골고루 퍼져 있을 것이라고 한 복사선은 1965년에 미국의 벨 전화회사의 전기기사였던 팬지어스(Arno Allan Penzias, 1933~)와 윌슨(Robert Woodrow Wilson, 1936~)에 의해 우주의 어느 방향으로부터도 약 3°K의 온도에 해당하는 복사선이 검출되어 확인되었다.

빅뱅이론에 의하면 최초에는 에너지와 물질 사이에 상호 교환이 일어나지만, 팽창에 따라 온도가 내려가면 더 이상 물질과 입자 사이에 교환이 일어나지 않고, 이때 남아 있던 빛은 우주의 팽창과 더불어 우주 속으로 흩어지면서 도플러효과에 의하여 파장이 점점 길어지게 되었다. 이것을 다른 말로 표현하면 우주의 팽창에 따라 빛이 식어 갔다고도 할 수 있다. 가모브는 계산을 통해 이때부터 남아 있는 빛의 파장은 7.35 cm 정도일 것으로 예측했었다. 따라서 팬지어스와 윌슨의 발견

▪ ▪ 가모브(George Anthony Gamow, 1904. 3. 4~1968. 8. 19) ▪ ▪

가모브는 우크라이나 출신의 물리학자로 영국과 미국에서 활동하였다. 가모브는 레닌그라드대학을 졸업하고 괴팅겐대학을 거쳐, 코펜하겐대학과 케임브리지대학에서 공부하였다. 한 때 레닌그라드 과학아카데미연구부장으로 근무하다가 파리대학과 런던대학 강사를 거쳐, 1934년 미국의 조지워싱턴대학 교수가 되었다. 가모브는 1950년경에 우주가 초고압, 초고밀도 상태에서 빅뱅과 함께 시작되었다고 하는 빅뱅이론을 제시하여 우주론을 근본적으로 바꾸어 놓았다. 100억 년 내지 200억 년 전에 있었던 빅뱅 후에 우주는 빠른 속도로 팽창하여 현재의 우주에 이르렀다는 학설이다. 이 이론에 의하면, 현재 우주에 존재하는 원자나 천체는 모두 빅뱅 후 팽창과정의 어느 시기에 만들어진 것이며, 결코 영원한 과거로부터 존재하던 것이 아니다. 1965년 가모브가 빅뱅의 흔적이라고 예견했던 3°K 우주 배경복사가 팬지어스와 윌슨에 의해 발견되어 대폭설의 신뢰성을 크게 높였다.

은 빅뱅이론을 강력히 지지하는 우주 고고학적 증거를 찾아낸 것이라고 할 수 있다.

우주 배경복사의 존재가 확인된 후 우주 배경복사의 분포를 조사하여 초기 우주의 상태를 알아내고 이를 바탕으로 오늘날 우리가 관측하는 은하와 은하단과 같은 구조가 만들어지는 과정을 이해하려는 노력이 전개되었다. 이것은 빅뱅 우주론을 완성시키는 마지막 단계였다. 우주 배경복사의 분포를 알아내려는 노력은 1989년 11월 18일 발사된 COBE 위성과 2001년 6월에 발사된 WMAP 탐사위성의 활약으로 큰 성과를 거두었다. 이들 관측위성들의 활약으로 초기 우주에 오늘날 우주의 복잡한 구조를 만들어낼 씨앗이 잉태되어 있었다는 것이 확인되었다. 입자물리학에 대한 이해가 깊어짐에 따라 빅뱅 직후에 일어났던 일들에 대해서도 예전보다 많은

그림 16-8 WMAP가 조사한 우주 배경복사의 분포

것을 알게 되었다.

20세기 천체 물리학 분야에서 가장 특기할 만한 사건은 암흑물질과 암흑에너지의 발견일 것이다. 1930년대에 프리츠 츠비키(Fritz Zwicky, 1899~1974)는 은하단을 이루고 있는 은하들의 운동을 관측하고 우리가 관측할 수 없는 물질이 존재한다고 생각하여 이 물질을 암흑물질이라고 불렀다. 그 후 1950년대에 미국의 베라 쿠퍼 루빈(Vera Cooper Rubin)이 은하 중심을 돌고 있는 별들을 운동을 통해 암흑물질의 존재를 다시 확인했다. 20세기 말 발달한 관측기술을 이용하여 은하나 은하단에 의한 중력렌즈 효과를 정밀하게 측정할 수 있게 되자 과학자들은 다시 한 번 암흑물질의 존재를 확인했다.

처음에 과학자들은 블랙홀, 중성미자와 같은 소립자, 스스로 빛을 내지 못하는 작은 천체들, 성간물질과 같이 보통의 물질이지만 빛을 내지 않아서 우리가 관측할 수 없는 물체들이 암흑물질의 정체가 아닐까 하고 생각했다. 그러나 마초(MACHO)라고 불리는 이런 물질들로는 암흑물질을 설명할 수 없다는 것을 알게 되었다. 따라서 최근에는 대부분의 과학자들이 무거운 입자지만 전자기적 상호작용을 하지 않아 우리가 관측할 수 없는 새로운 입자가 암흑물질의 정체일 것이라고 생각하고 있다. 이런 입자를 과학자들은 윔프(WIMP)라고 부른다. 윔프를 찾아내기 위한 노력은 아직 뚜렷한 성과를 거두지 못하고 있다.

아직 암흑물질의 정체도 알아내지 못하고 있던 과학계에 암흑에너지라는 새로운 숙제가 주어졌다. Ia 형 초신성을 이용하여 우주의 팽창속도 변화에 대해 연구하던 High-Z 팀과 SCP 연구팀은 1998년 각각 독립적으로 우주의 팽창이 가속되고 있다는 것을 발견했다. 그것은 우주 공간이 은하들을 밀어내고 있다는 것을 뜻한다. 과학자들은 우주의 팽창을 가속시키는 원인을 암흑에너지라고 부르고 있다. 그러나 아직 암흑에너지의 정체에 대해서는 아무 것도 모르고 있다.

여러 가지 관측을 통해 과학자들은 우주에 존재하는 총 에너지의 73 %가 암흑에너지이고 23 %가 암흑물질이며, 우리가 관측할 수 있는 보통의 물질은 4 %에 지나지 않는다는 것을 알아냈다. 이것은 우리가 알고 있는 우주에 대한 지식이 우주의 4 %를 차지하고 있는 물질에 대한 것이라는 것을 뜻한다. 21세기에 인류가 우주에 대해 얼마나 더 많은 사실을 알아낼 수 있을 지 궁금하다.

17장

분자 생물학과 생명공학

1 유전 정보의 해독

생명현상의 기본이 되는 세포의 구조와 기능을 이해하게 된 생물학자들은 세포의 각 기관에서 일어나는 물리 화학적 변화에 주목하여 이러한 물리 화학적 반응이 어떻게 생명 현상과 관계되는지를 이해하려고 노력하였다. 이렇게 생명현상을 물질의 물리 화학 반응을 기초로 하여 이해하려는 생물학 분야를 분자 생물학이라고 한다. 분자 생물학의 발달로 세포 내에서 일어나는 많은 대사 작용은 그 반응의 기전이 잘 이해되어 졌다.

분자 생물학이 여러 분야에서 대단한 성공을 거두었지만 그 중에서도 가장 큰 성공을 거둔 분야는 유전학 분야라고 할 수 있다. 어버이의 형질이 자손에게 전달되고 그 형질이 발현되는 과정은 오랫동안 사람이 가져온 궁금증 중에 하나였지만 이 문제를 체계적으로 연구하기 시작한 것은 그리 오래된 일이 아니다. 멘델이 완두콩을 이용하여 유전에 관한 독립의 법칙과 분리의 법칙을 발견한 것이 19세기말인 1880년이었다.

그러나 당시까지만 해도 실제로 유전에 관한 정보를 전달하는 물질이 무엇인지에 대해서는 아직 이해하지 못하고 있었다. 세포를 연구한 학자들이 세포핵에서 염색체를 발견하고 이 염색체가 유전에 관계할 것이라는 생각을 하게 된 것은 그 후의 일이었다. 그런데 세포핵은 단백질로 이루어졌다는 것이 당시에 알려져 있었으므로 유전에 관계하는 물질은 단백질일 것이라는 생각이 널리 받아들여지고 있었다.

세포핵 속의 염색체에서 단백질이 아닌 물질을 최초로 추출한 사람은 미셔(Johann Friedrich Miescher, 1844~1895)였다. 미셔는 1869년에 고름 안의 백혈구를 연구하여 핵 안에서 그가 뉴클레인이라고 명명한 물질을 추출해 냈다. 1880년에는 코셀(Albrecht Kossel, 1853~1927)이 뉴클레인이 단백질과 다른 구조를 가지고 있어 단백질이 아니라는 것을 밝혀내고 뉴클레인에는 아데닌, 구아닌, 시토신, 티민, 우라실의 5종류의 염기가 들어 있다고 주장하였다. 또한 레빈(Phoebus Aaron Theodore Levene, 1869~1940)은 핵산을 연구하여 핵산을 이루는 5탄당에는 구조가 비슷하지만 고리 모양의 탄소 사슬의 두 번째 탄소에 수소원자가 붙느냐 아니면 수산기가 붙어 있느냐에 따라 구별되는 두 가지의 당이 있다는 것을 밝혀냈다. 그들은 수소가 있는 당을 리보스라고 부르고 수산기가 있는 당을 데옥시리보스라고 불렀다. 따라서 핵산에는 리보스를 포함하는 RNA와 데옥시리보스를 포함하는 DNA가 있다는 것을 알게 되었다. 이 두 가지의 핵신 중에서 유전 정보를 가지고 있는 것은 DNA라는 것은 후에 밝혀졌다. 이러한 핵산에 대한 연구에도 불구하고 당시에는 아직 핵산이 유전 정보를 전달하는 물질인지에 대하여 확신을 하지 못하고 있었다.

핵산을 연구하여 핵산에는 RNA와 DNA가 있다는 것을 밝힌 레빈은 핵산의 분자량은 불과 1500 정도인 작은 분자라고 주장하는 테트라뉴클레티드 가설을 발표하여 핵산이 유전 물질일 가능성을 부정하기도 하였다. 유전 정보는 매우 복잡하므로 유전 정보를 포함하는 분자라면 분자량이 아주 큰 거대한 분자라는 것이 많은 사람들의 생각이었다. 따라서 핵산이 작은 분자라는 주장은 핵산보다는 단백질이 유전 물질일 것이라고 하는 기존의 생각을 더욱 굳게 하는 결과를 가져오게 되었다. 그러나 1938년에는 DNA가 분자량이 50만에서 100만에 달하는 아주 거대한 분자라는 것을 밝혀내어 DNA가 유전 물질일 가능성이 다시 강하게 대두되었다. 그들은 레빈이 분자량을 작게 측정한 것은 DNA를 거칠게 다루는 바람에 DNA가 잘게 절단되었기 때문이라고 지적하였다.

DNA가 유전 물질이라는 것을 확실하게 증명한 사람은 에브리(Oswald Theodor

Avery, 1877~1955)였다. 에브리는 1944년에 폐렴균을 이용한 실험을 통하여 DNA가 유전 물질이라는 직접적인 증거를 제시하였다. 폐렴균에는 표면에 협막이 둘러싸여 있는 것과 그렇지 않은 것이 있는데 에브리는 표면에 협막이 있는 폐렴균에서 순수한 DNA를 추출하여 이것을 협막이 없는 폐렴균에게 주입하였다. 그 결과 협막이 없던 폐렴균에 협막이 생기는 것을 관찰하였다. 에브리는 그것은 DNA가 협막을 만드는 유전 정보를 협막이 없는 폐렴균에게 전달했기 때문이라 설명하고 DNA가 유전 물질이라고 주장하였다.

에브리의 엄밀한 실험에도 불구하고 그의 주장은 곧바로 유전학자들에게 받아들여지지 않았다. DNA가 바로 유전 물질이라는 것은 1952년 허시(Alfred Day Hershey, 1908~) 등이 다시 DNA가 유전자의 정체라고 발표한 후의 일이었다. 허시는 바이러스를 이용한 실험을 통해 DNA가 유전 물질이라는 것을 밝혀냈다. 바이러스는 단백질과 DNA로 이루어진 세포보다 더 작은 생명체로 스스로 증식하지 못하고 다른 세포 속에서만 증식할 수 있다. 그런데 핵산에는 인(P)이 포함되어 있고, 단백질에는 황(S)이 포함되어 있다는 것을 이용하여 바이러스가 다른 세포 속에서 증식할 때 실제로 단백질과 핵산 중에서 어느 부분이 세포 속으로 침투하여 새로운 바이러스의 형성에 관계하는지 조사하였다. 허시는 이 바이러스의 핵산과 단백질을 각각 P^{32}와 S^{35}의 방사성 동위원소를 이용하여 표시하였고 다른 세포 속에서 증식된 바이러스 속에 어느 원소가 들어 있는지 조사하였다. 허시는 이 실험을 통해 인(P)을 포함한 DNA만이 세포 내로 침입하여 바이러스 증식에 참여한다는 것을 확인할 수 있었다.

그러나 많은 사람들이 DNA에 대하여 본격적으로 관심을 기울이게 된 것은 허시의 발견이 있은 후 1년 만인 1953년에 왓슨(James Dewey Watson, 1928~)과 크리크(Francis Harry Compton Crick, 1916~)가 X-선 회절 분석법을 이용하여 DNA 분자의 이중나선구조를 밝힌 후의 일이라고 할 수 있다. 왓슨과 크리크는 X-선 회절을 이용하여 DNA가 마치 꼬인 사다리와 같은 나선 구조를 하고 있다는 것을 밝혀냈다. 왓슨과 크리크의 연구 발표를 계기로 DNA를 중심으로 한 유전학은 눈부신 발전을 거듭하여 유전의 기전에 대하여 많은 것을 이해할 수 있게 되었다.

DNA는 주로 핵 속에 있다. 그러나 핵 밖에 있는 DNA도 있다. 핵이 없는 세포로 이루어진 생물들은 원핵생물이다. 주로 세균들과 같은 하등 생물이 이에 해당한다.

그림 17-1 왓슨(좌)과 크리크(우)

원핵생물에서 DNA는 핵양체로 불리는 구조체를 형성하고 있지만 핵막으로 둘러싸여 있지는 않다. 세균 속에는 플라스미드라고 하는 작은 고리 모양의 DNA가 있는데 이것은 핵양체에도 포함되어 있지 않다. 핵막으로 둘러싸인 핵을 가지고 있는 진핵생물에서는 DNA가 주로 핵 속에 있지만 미토콘드리아, 엽록체와 같은 곳에서 발견되기도 한다. 이런 DNA를 핵 외 DNA라고 한다.

1960년 이후 핵산에 관한 연구는 더욱 눈부시게 발전하였다. 핵산에는 앞에서 이야기한 대로 DNA와 RNA가 있다. 이 중에서 유전 정보를 자손에게 전달하는 것은 DNA이고 RNA는 전달된 유전 정보가 발현하는 과정에서 중요한 역할을 하는 것으로 밝혀졌다. DNA와 RNA는 근본적으로 인산, 염기, 당의 구조로 되어 있어 비슷한 구조를 가지고 있는데 DNA에는 오탄당인 데옥시리보스, 인산, 염기(아데닌, 구아닌 시토신, 티민 중의 하나)로 구성되어 있고, RNA는 오탄당인 리보스, 인산과 염기(아데닌, 구아닌, 시토신, 우라실 중의 하나)로 이루어져 있다. DNA를 이루는 기본 단위 즉 당, 염기, 인산으로 이루어진 구조를 뉴클레오티드라고 한다. DNA 분자는 뉴클레오티드가 연속적으로 결합된 고분자 화합물이다.

유전 정보를 가지고 있어 유전에 가장 핵심적인 역할을 하는 DNA는 수많은 뉴클레오티드가 실 모양으로 길게 연결되어 있는데 당과 인산의 반복이 DNA의 골격을 이루고 염기는 가지처럼 뻗어 나와 있다. 가지처럼 뻗어 나와 있는 염기는 다른 DNA에서 나온 염기들과 결합하게 된다. 이 때 뉴클레오티드와 뉴클레오티드 사이의 결합은 공유 결합으로 매우 강해서 특정한 효소의 작용이 없으면 끊어지지 않는다. 그러나 염기와 염기 사이의 결합은 수소 결합으로 결합력이 매우 약해서 물리 화학적 방법으로 쉽게 단절된다.

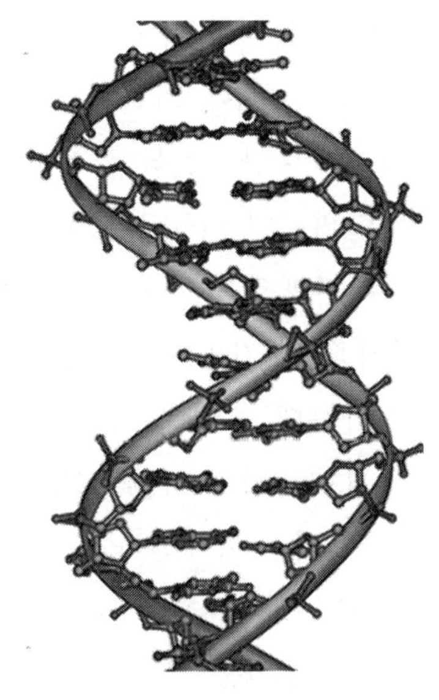

그림 17-2 DNA의 이중나선 구조

왓슨과 크리크가 밝혀낸 바에 의하면 DNA는 두 가닥의 사슬이 서로 얽혀져 있으며 두 가닥 사이에는 군데군데 바지랑대 같은 것이 가로로 끼워져 있어 마치 비꼬인 사다리 같은 구조를 하고 있다. 사다리의 두 기둥에 해당하는 것이 바로 DNA의 골격에 해당하는 인산과 당의 연결이고 바지랑대에 해당하는 것이 염기이다.

그런데 두 골격에서 나온 염기는 상대편 DNA의 골격에서 나온 염기와 무조건 결합하는 것이 아니라 아데닌은 티민하고만 결합하고 구아닌은 시토신하고만 결합하므로 마치 상대편 DNA 골격에 매달린 염기의 순서는 이쪽 DNA의 염기 순서의 음화와 같은 관계가 있다. 따라서 나선 구조가 풀려서 각각의 기둥에 새로운 뉴클레오티드가 차례로 붙어서 새로운 DNA를 만들면 새로 생겨난 DNA 분자는 원래 DNA의 정확한 복제가 되는 것이다.

어버이의 유전 형질이 이러한 복제과정을 거쳐 자손에게 전달된 후에 DNA에 담겨있는 유전 정보가 발현되는 과정에 대해서도 많은 연구가 진행되었다. 우선 DNA가 가지고 있는 유전 정보가 어떤 것인가에 대하여 많은 관심을 가지고 연구했는데 유전자가 가지고 있는 정보의 내용은 단백질을 구성하는 아미노산의 결합 순서일 것으로 이해되고 있다.

그런데 아미노산에는 20여 가지가 있으므로 20여 가지의 정보를 전달하기 위해서는 적어도 염기 세 개의 조합($4^3 = 64$)이 필요하게 된다. 실제로 실험에 의해 구아닌, 아데닌, 아데닌(GAA)의 배열은 글루탐산을 지정하는 암호이고 구아닌, 아데닌(GGA)의 배열은 글리신이라는 아미노산의 지정 암호라는 것이 밝혀졌다.

생물체는 수많은 종류의 단백질로 이루어진다. 가장 단순한 대장균에도 2,000종 이상의 단백질이 형성되고, 사람에는 수만 종의 효소(촉매작용), 구조 단백질, 호르몬, 운반 단백질, 면역 단백질, 리셉터 등이 있다. 그러나 이렇게 수많은 단백질도 겨우 20종류의 아미노산으로 이루어진다. 수많은 종류의 단백질은 20가지의 아미노산과 DNA에 기록된 정보의 결합으로 만들어진다.

DNA는 단백질을 합성하는 아미노산의 결합 순서를 지시하는 정보를 가지고 있는 단위이며 이들은 염색체라고 하는 핵 내의 특수 물질을 이루고 있다. 그런데 실제로 단백질을 합성하는 곳은 핵 안에 있는 염색체가 아니라 리보솜이라는 세포질 내에 있는 기관이므로 염색체에 저장되어 있는 DNA의 정보를 리보솜까지 전달해야 하는데 이때 관여하는 것이 전령 RNA(m-RNA)이다.

RNA는 염기 중에 DNA의 티민 대신 우라실을 가지고 있는데 우라실은 티민과 마찬가지로 아데닌하고만 결합한다. 따라서 RNA는 DNA가 가지고 있는 유전 정보를 그대로 복제하여 리보솜으로 옮길 수가 있고 이 정보에 따라 리보솜에서는 단백질을 합성하는 것이다. 유전 형질이 발현되는 것은 RNA가 전달해온 정보에 의해 일정한 순서로 아미노산이 연결되어 이루어진 단백질에 의한 것이라고 믿어진다.

많은 실험에 의해 유전 정보의 내용이 해독되어 유전 정보 속에는 아미노산의 결합 순서뿐만 아니라 단백질 합성의 시작과 끝을 지시하는 정보도 있으며 정보가 잘못 전달되는 것을 방지하기 위한 여러 가지 장치가 있다는 것도 밝혀졌다.

그런데 DNA에 포함된 유전 정보 중에는 아미노산을 지정해서 단백질 합성에 관여하는 유전 정보만을 가지고 있는 것은 아니다. DNA에는 하나의 단백질을 지정하는 코드 배열이 처음부터 끝까지 하나로 연결되어 있는 것이 아니라 사이사이에 의미 없는 비코드 배열이 끼어들어 있다. 이렇게 비코드 배열에 의해서 분할된 코드 배열을 엑손이라고 하고, 사이사이에 끼어든 코드 배열을 인트론이라고 부른다. DNA의 유전 정보를 RNA에 전사할 때는 인트론 배열도 전사하지만 복제 과정에서는 무시되는 것으로 알려졌다. 아직 이러한 인트론과 엑손이 존재하는 이유가 정확히 밝혀지지는 않았지만 인트론 부분이 단백질의 한 단위를 나누는 도메인 부분이 아닐까 하는 가설이 제시되기도 하였다.

한 생물의 유전 정보를 모두 포함하는 염색체 세트를 게놈이라고 한다. 전체 게놈 중에 한 개만 존재하는 DNA 배열을 단일 배열이라고 하고 게놈 중에 복수의 상동 염기 배열이 있는 경우를 반복 배열이라고 한다.

코드 배열의 대부분은 단일 배열이지만 게놈당 수십 카피의 반복 배열이 있는 경우도 있다. 배열이 하나면 단백질 합성의 수요를 감당하지 못하기 때문이라고 생각되기도 하지만 대량 합성되는 유전자는 반드시 반복 배열이 있는 것도 아니어서 반복 배열이 존재하는 이유도 잘 알려지지 않고 있다. 반복 배열이 완전히 동일하지 않은 경우 단백질의 작용에 미세한 차이를 나타낸다. 유사한 단백질의 그룹을 유전자 가족이라고도 한다.

코드 배열 속에 종지 코드가 여러 번 나타나기도 하고 단백질을 정확하게 지정하지 않는 것도 있다. 이런 유전자를 가짜 유전자라고 한다. 진핵 생물의 DNA 중에는 코드 배열도 아니고 제어 배열도 아니며 또 인트론 배열도 아닌 기묘한 배열이 대량으로 존재한다. 사람의 경우 50 % 이상이 이런 배열이다. 초파리의 경우 ACAACT가 마르모트에서는 TTAGGG 수만 번 내지 수백만 번이나 반복하여 배열되어 있다. 이런 비코드 반복 배열은 종 사이에서도 다르고 개체 사이에서도 다르다. 이런 유전자를 쓰레기 유전자라는 뜻으로 Junk DNA라고 부르는데 그것이 정말 쓰레기인지는 더 연구해 보아야 할 것이다.

지금까지 살펴본 바와 같이 1950년 이래 유전자의 구조와 그 구조에 입각한 단백질 합성과정에 대하여 참으로 많은 것을 알게 되었다. 이것은 20세기 생물학의 최대 업적이라고 할 수 있다. 따라서 인간은 이제 유전자의 인위적인 조작이 가능하게 되었으며, 이런 조작을 통해 새로운 단백질을 합성시키고 나아가 새로운 생물체를 탄생시킬 가능성도 가지게 되었다. 유전자에 관한 이러한 지식을 인간에게 유리하도록 이용하고자 하는 학문 분야가 바로 유전공학이다.

2 유전공학의 발전과 생물 복제

유전자가 어떻게 유전 정보를 전하고 그것이 발현되는 과정을 이해하기 위해서는 우선 우리가 DNA 속에 들어 있는 유전 정보를 해독할 수 있어야 한다. 그러나 이것은 쉬운 일이 아니다. 화학적인 실험을 통해 하나하나의 DNA 사슬의 염기 순서를 따로따로 읽어낼 수는 없다. 화학 실험을 통해서 유전 정보를 해독하기 위해서는 같은 염기 배열을 가지고 있는 DNA가 화학 실험을 하기에 충분할 만큼 얻어져야 한다. 그러나 시험관 내에서 잘라진 DNA는 무작위로 잘라지기 때문에 끝이 가지런

한 DNA를 얻기가 힘들다.

따라서 DNA에서 특별한 염기 배열을 인식하여 절단해 주는 효소를 필요로 하는데 이렇게 DNA 사슬에서 특별한 염기 배열을 인식하여 절단해 주는 효소를 제한효소라고 한다. 제한효소는 1970년에 미국의 스미스(Hamiton Othanel Smith, 1931~)에 의해서 발견되었다. 그런가 하면 잘라진 DNA 단편을 연결해 주는 효소도 있는데 이러한 효소를 리가제라고 한다.

1970년대에는 세균 속에 있는 플라스미드라는 원형 DNA를 이용하여 제한효소와 리가제를 사용한 여러 가지 실험이 시행되었다. 플라스미드를 제한효소로 절단한 후에 리가제를 이용하여 다른 DNA 단편을 붙여서 인위적으로 만든 재조합 DNA를 대량으로 생산하였다.

대량으로 같은 유전 정보를 가지는 DNA를 생산하기 위해서는 먼저 고리 모양의 플라스미드를 절단하여 선 모양으로 만든 다음 다른 DNA에서 분리해낸 단편 DNA를 리가제를 이용하여 플라스미드에 연결하여 고리 모양의 재조합 DNA를 만들었다. 이 DNA는 복제 능력이 있으므로 세균에 주입시키면 불과 몇 시간 안에 한 세균당 100만 개 이상의 플라스미드를 복제하게 된다.

이렇게 같은 유전 정보를 가지는 DNA를 대량으로 생산할 수 있게 되자 DNA 연구는 더욱 활발하게 진척되었다. 특정 DNA의 단편을 분리하여 대량으로 DNA를 제조하는 방법을 '분자 클로닝법'이라고 한다. 재조합 유전자를 만드는 방법은 여러 가지 연구에 사용되고 있다. 유전자의 조작을 통해 형질을 바꾸는 방법이 활발하게 연구되고, 특정 호르몬을 합성하는 유전 정보를 가진 DNA를 이 방법으로 대장균 내에 주입시켜 인체 내에서만 합성되던 호르몬을 대장균에서 합성하게 하는 방법 등은 이미 어느 정도 실효를 거두고 있다.

암을 유발하는 암 유전자를 식별하고 그것이 어떤 과정을 거쳐 발현하는가를 밝혀내어 암의 예방과 치료에 유전 정보를 이용하려는 노력도 그동안 계속되어 왔다. 실제로 암 유전자는 암 세포에만 있는 것이 아니라 정상 세포에도 있는데 그것이 발현되지 않고 있을 뿐이다. 앞으로 유전자의 발현과정에 대한 연구가 계속되면 암과 같은 난치병의 치료에 대단한 성과를 올릴 것으로 기대되고 있다.

지금까지 그 원인이 밝혀지지 않았던 유전병들이 유전자와 염색체의 연구로 많이 밝혀져서 유전병의 예방과 치료에 쓰이고 있는 것도 유전자에 대한 지식을 이용하는 대표적인 예일 것이다. 생식 세포를 제외한 모든 세포의 염색체는 같은 것이 한 쌍씩 있는 배수체(2n)로 되어 있다. 한 개 세포의 염색체를 순서적으로 배치한 것을 핵형이라고 하는데 한 개체에서 핵형은 모두 같다. 그러나 핵형은 개체 사이에 변이가 있다는 것을 알게 되었다. 예를 들어 약 200명 중 한 명의 빈도로 염색체 수가 정상인 46에서 벗어난다고 보고되었다.

이러한 핵형의 이상 중에서 염색체 수가 통상보다 하나 더 많은 것(2n+1)이 있다. 그 중에서 제21염색체가 3개인 것을 다운증후군이라고 하는데 1959년에 발견되었다. 유럽에서는 700명의 한 명 꼴로 나타난다고 보고되어 있으며 자연 유산까지 계산하면 150분의 1정도일 것이라고 생각된다.

그 외에도 13염색체가 하나 많은 것을 파타우 증후군, 18염색체가 하나 많은 것을 에드워드증후군이라고 한다. 성염색체에 이상이 있는 터너 증후군에서는 성염색체가 X 하나뿐이어서 총 염색체수가 45이다. 이러한 염색체의 이상은 약 5000명의 한 사람 빈도로 일어난다. 이러한 유전병들을 유전학적으로 퇴치하려는 노력이 계속되고 있지만 아직 큰 성공을 거두지는 못하였다.

유전학 분야에서의 이런 성공은 생명체의 유전 정보를 해독하고 이를 바탕으로 유전자를 조작하여 우리가 원하는 생물체를 만들어내는 방향으로 진전되고 있다. 생명체를 직접 조작하려는 이러한 시도에 대해 우려의 소리가 높은 것도 사실이지만 이 분야의 발전은 매우 빠른 속도로 진행되고 있다. 유전학의 발전 과정에서 2001년 2월 12일에는 또 하나의 커다란 진전이 있었다. 인간게놈지도가 완성되어 공개된 것이다. 이보다 앞선 2000년 6월26일에는 인간게놈프로젝트(HGP)라고 하는 국제 공공 연구 컨소시엄과 셀레라 제노믹스(Celera Genomics)라고 하는 생명공학 벤처기업이 공동으로 인간게놈지도의 초안을 발표하기도 했었다. 인간게놈프로젝트에서는 인간게놈지도의 완성본과 이에 대한 분석결과를 영국의 과학전문지 「네이처」 2001년 2월 15일자에 발표했으며, 셀레라 제노믹스는 미국의 과학 전문지 「사이언스」 2월 16일 자에 그 결과를 발표하였다. 그동안 유전학 분야의 놀라운 발전을 익히 들어 어느 정도 알고 있던 사람들도 인간유전자지도를 확인하여 발표한다는 사실에 새삼 놀라지 않을 수 없었다. 사람들은 이것이 인류에게 어떤 의미를 가지는 사건인지를 분석해 내느라고 분주하였다. 어떤 사람들은 과학의 승리라고 극찬하는가 하면 어떤 사람들은 인간이 신에게 무모한 도전을 한 것이라고 생각하여 그 결과를 걱정하기도 하였다.

세포의 핵 속에 들어있는 염색체 수는 생물의 종에 따라 다른데 인간의 세포핵은 46개의 염색체 즉 23쌍의 염색체를 가지고 있다. 인간게놈지도란 인간의 염색체 속에 들어 있는 모든 DNA의 염기 순서를 밝히는 일이다. 인간 세포에 들어 있는 23쌍의 염색체에는 모두 31억 6,470만 쌍의 염기쌍이 들어 있다. 하나의 유전자는 염기쌍의 배열에 의해 만들어지는데 평균 3,000개 정도의 염기가 모여 하나의 유전자를 형성한다. 이로써 인간의 염색체 속에 들어 있는 30억 염기쌍의 순서는 모두 밝혀졌다. 인간의 게놈지도를 분석한 결과 모든 인간은 99.9%의 같은 DNA 염기서열을 가지고 있다. 그러니까 개인 차이를 만들어내는 염기서열은 0.1%인 셈이다. 전체 염기쌍의 수가 약 30억이므로 개인 차이를 나타내는 염기쌍의 수는 약 30만 개라고 할 수 있다.

그런데 DNA 염기서열을 연구하던 과학자들은 모든 생물의 DNA 염기서열 중에는 단순서열이 수없이 반복되고 있어서 특별한 유전 정보를 포함하고 있을 것 같지 않은 염기서열이 많이 포함되어 있다는 것을 알아냈다. 인간의 게놈지도에도 이러한 정크 DNA가 50% 이상 포함되어 있다는 것이 밝혀졌다. 이것은 다른 동물이 가지고 있는 정크 DNA의 비율보다 훨씬 높은 비율이다. 다른 생물의 경우 정크 DNA의 비율은 10% 정도인 것으로 알려졌다. 따라서 정크 DNA가 정말 유전 정보와는 아무런 관계가 없는 쓰레기인지 앞으로 더 많은 연구가 뒤따라야 할 것이다.

인간의 게놈지도가 완성되기 전에는 인간의 염기쌍으로 이루어진 인간의 유전자 수가 적어도 15만 개 정도는 될 것으로 추정했었다. 약 1억 1,600만 개의 염기쌍을 가지고 있는 과실파리의 유전자 수는 약 1만 9,099인 것으로 밝혀졌다. 따라서 염기 100만 개당 117개의 유전자가 들어있는 셈이다. 그러나 인간게놈프로젝트와 셀레라 제노믹스는 인간의 유전자 수는 예상보다 훨씬 적은 2만 6,000에서 3만 9,000 사이라고 발표하였다. 따라서 인간은 염기쌍 100만 개당 약 15개 정도의 유전자를 가지고 있는 것이다. 예상보다 적은 유전자 수 때문에 많은 사람들이 실망하기도 했지만 이 연구에 참여했던 연구진들은 오히려 적은 수의 유전자로 복잡한 생명 현상을 발현시키는 유전 체계가 얼마나 복잡하고 오묘한 것인지를 방증한다고 주장하고 있다.

이제 인간의 게놈지도는 완성되었지만 아직 넘어야 할 큰 산은 그대로 있다. 인간게놈지도를 완성한 것은 약 30억 염기쌍의 서열을 밝힌 것뿐이다. 이 염기서열 속에 전부 몇 개의 유전자가 들어 있는지, 그리고 그것이 어느 부분에 들어 있는지, 그리고 개개 유전자의 기능이 무엇인지를 밝혀내야 하는 일은 그대로 남아 있다. 그 일을 하는데는 염기서열을 알아내는 것보다 훨씬 더 많은 시간이 걸릴 것이다. 따라서 이제부터 정말 중요한 일이 시작된다고 할 수 있다. 전 세계 과학자들과 제약회사들은 이미 이런 것들을 밝혀내기 위한 무한 경쟁에 돌입하였다. 우리는 이런 경쟁이 인류의 행복을 위해 기여하는 방향으로 전개되기만을 바랄 뿐이다.

체세포의 세포 분열에서는 염색체 수가 줄어들지 않고 같은 수가 복제되기 때문에 같은 수의 염색체 수가 유지된다. 그러나 생식 세포의 분열에서는 염색체 수가 반으로 줄어든다. 따라서 정자나 난자는 체세포 염색체 수의 반에 해당하는 염색체를 가지고 있다. 반수의 염색체를 가진 생식 세포는 수정을 통하여 체세포와 같은 수의 염색체를 갖게 된 것이다. 그러니까 수정을 통해 얻어지는 2세는 부모 양쪽으로부터 반씩의 유전 정보를 물려받는 것이다.

복제 생물이란 수정 과정을 거치지 않고 체세포를 복제하여 어미와 똑같은 유전 정보를 가진 2세를 탄생시키는 것을 가리킨다. 실제로 식물의 줄기를 이용한 꺾꽂이나 감자와 같이 씨눈을 이용하여 싹을 틔우는 것은 복제 생물을 만들어내는 것이라고 할 수 있다. 그러나 체세포 핵 이식에 의하여 복제 동물을 탄생시키는 것은 이보다는 복잡한 과정이 필요하다. 1996년 영국의 로슬린 연구소는 여섯 살 난 양 돌리를 복제하는 데 성공하였다. 돌리를 복제하는 데는 체세포에서 떼어낸 핵을 특수처리하고 핵을 제거한 난자에 이식한 후 이 난자를 개체로 성장시키는 방법을 사용하였다.

복제양 돌리를 탄생시킨 윌머트를 비롯한 과학자들은 암양의 난자에서 핵을 제거하여 유전자가 없는 난자를 만들었다. 이 난자는 새 핵을 주입하지 않으면 곧 죽어버린다. 따라서 난자에 핵을 제거하는 즉시 이 난자에 다른 암양의 유방 젖샘 세포에서 채취한 핵을 집어넣는 작업을 시작하였다. 핵을 집어넣는 것은 난자의 세포막 밑으로 젖샘 세포를 살짝 끼워 넣고 아주 짧은 시간 동안(수 마이크로 초) 전기 충격을 주는 것이었다. 이 전기 충격으로 난자의 세포막과 젖샘 세포의 세포막에 작은 구멍이 생겨 젖샘 세포의 내용물이 난자로 스며들도록 하는 것이다.

염색체를 비롯한 유방 세포의 내용물이 난자로 스며들어 자리를 잡으면 난자는 이제 핵을 가지고 있는 세포가 된 것이다. 물론 이 난자에는 젖샘 세포를 제공한 염소의 유전자가 고스란히 옮겨와 있었다. 더구나 세포의 내용물이 스며들도록 하기 위해 가했던 전기 충격은 난자가 마치 수정된 것처럼 행동하게 하여 발생을 촉발시켰다. 그러나 이 과정은 그리 쉬운 과정이 아니다. 복제양 돌리도 277번의 시도 끝에 성공한 것으로 알려져 있다.

그러나 복제양 돌리가 최초의 복제 동물은 아니었다. 분리된 핵을 제거한 난자에 주입하는 클로닝을 처음으로 제안한 사람은 미국의 스페만(Hans Spemann, 1869~1941)이었다. 1938년 스페만은 『배 발생 유도』라는 책에서 환상적인 실험이라는 용어를 사용하여 처음으로 클로닝을 제안하였다. 그러나 스페만은 자신이 제안한 실험을 직접 시도하지는 못하였다. 그는 이 책에서 '분리된 핵을 얻는 이 실험의 절반은 두 슬라이드 사이에 세포를 넣고 문지르면 가능할지 모르지만, 실험의 나머지 절반, 즉 핵이 없는 난자의 원형질 속으로 핵을 주입하는 방법을 나로서는 알 수 없다.'고 쓰고 있다.

개구리 세포를 이용하여 클로닝에 성공한 것은 스페만이 세상을 떠난 지 11년이 지난 1952년이었나. 개구리를 이용하여 동물 복제를 시도했던 사람은 토미스 킹(Thomas J. King Jr., 1972~1973)과 로버트 브릭스(Robert W. Briggs, 1911~1983)였다. 킹과 브릭스는 미국과 캐나다의 연못에서 발견되는 몸에 반점이 있는 표범 개구리를 연구 재료로 선택하였다. 그들은 미세수술을 통하여 체세포의 핵을 난자에 이식하였다. 그들은 우선 개구리의 포배 세포로 실험을 시작하였다. 포배 세포는 수정된 세포가 분열하기 시작하여 8,000개에서 16,000개까지 분열된 세포로 아직 분화된 조직과 기관을 형성하지 않은 세포였다. 요즘은 줄기세포라는 이름으로 더 알려진 세포이다.

줄기세포는 수정란이 분열하기 시작한 후 초기 단계의 세포로 모든 종류의 세포로 발전할 수 있는 전능성을 가진 원천 세포이다. 줄기세포도 몇 가지로 나눠지는데 수정란이 첫 분열할 때 형성되는 만능 줄기세포, 이 세포들이 계속 분열하여 포배기에 이른 배아 줄기 세포, 성숙한 조직과 기관 속에 들어 있는 다기능 줄기세포로 성체 줄기세포라고도 불리는 것이 있다. 줄기 세포에 대한 연구는 여러 가지 질병의 치료와 대체 기관을 만들어내기 위한 방법으로 널리 연구되고 있다.

킹과 브릭스는 개구리의 배아 줄기세포의 핵을 개구리 알에 주입하면 개구리를 발생시킬 수 있을 것으로 생각하였다. 킹과 브릭스는 가는 피펫으로 배아 줄기세포의 핵을 빨아낸 다음 미세한 가위로 알을 감싼 젤리층을 잘라냈다. 그들은 시계 수리공이 사용하는 핀셋으로 젤리성 막을 열고, 마이크로 피펫을 이용하여 세포 안으로 핵을 떨어뜨렸다. 처음에는 개구리 알들이 몇 번 분열하다가 모두 죽고 말았다. 그러나 실험은 계속되었다. 브릭스와 킹은 197개의 포배 핵을 개구리 알에 이식했고, 그 가운데 35개는 배로 발달하였으며, 27개는 올챙이 단계까지 갔다. 올챙이에서 생식이 가능한 개구리로 성장하는 데는 2년 내지 3년이 걸리기 때문에 과학자들은 올챙이 단계에서 실험이 성공했다고 선언하였다.

그 후 많은 과학자들이 브릭스와 킹의 실험을 반복하여 같은 성공을 거두었다. 그러나 클로닝을 연구하는 과학자들은 실망하였다. 이유는 발생 초기의 줄기세포에서 얻은 핵을 이용한 클로닝의 성공 가능성은 높지만 분화가 진행될수록 배로 발달할 유전적 잠재력이 줄어든다는 것이었다. 그것은 완전히 분화된 기관의 체세포는 복제가 불가능할지도 모른다는 것이었다. 그러나 복제양 돌리의 성공으로 완전히 분화된 체세포 핵을 이용한 복제가 가능하다는 것이 증명되었다. 복제양 돌리의 성공 후 세계 곳곳에서 다양한 동물을 이용한 비슷한 실험이 행해졌고 수많은 복제 동물이 탄생하였다.

1998년에는 일본에서 복제 소를 탄생시키는 데 성공하였고, 미국에서는 쥐를 복제하였다. 1999년에는 미국과 캐나다에서 복제 염소를 탄생시켰고, 우리나라에서도 복제 젖소와 복제 한우를 탄생시키는 데 성공하였다. 2000년에는 영국과 일본에서 돼지의 복제에 성공하였다. 2002년에도 동물 복제에 대한 연구가 계속되어 미국에서는 고양이의 복제가 그리고 프랑스에서는 토끼의 복제에 성공하였다. 경북대 김진회 교수 연구팀에서 복제 돼지를 선보인 것은 2002년의 일이다.

2002년 12월에는 미국의 한 종교단체가 인간 복제를 통해 여자 아기를 탄생시켰다고 발표하여 많은 사람들을 놀라게 하였다. 라엘리안 무브먼트라는 종교 단체에 속해 있는 클로네이드라는 회사에서 체세포 염색체 복제를 통해 잉태된 여자 아기가 제왕절개 수술로 탄생했다고 발표하였다. 이 발표 후 내용이 사실이냐 하는 사실성 논쟁이 있기는 했었지만 그것은 그리 중요한 문제가 아니다. 앞에서 살펴본 바와 같이 1996년 이후 여러 동물을 대상으로 복제 실험이 행해졌고, 많은 성공 사례가 보고되었다. 따라서 이번 발표가 진정으로 복제에 의한 것이 아니었다고 결론이 난다 해도 그것이 인간 복제가 가능하지 않다는 것을 의미하지 않는다.

이제 논란의 초점은 인간의 유전자를 해독해 내고, 체세포를 이용하여 복제 인간을 탄생시키는 것이 생물학적으로 가능한가 하는 문제가 아니다. 그런 것들은 시간의 문제일 뿐 생물학적으로 가능하다는 것은 이미 입증되었다. 따라서 사람들은 인간의 유전자지도를 만들고 복제 인간을 탄생시키는 것이 윤리적으로 인류에게 어떤 영향을 미칠지에 더 관심을 집중시키고 있다.

2002년 12월에 있었던 클로네이드사의 발표 이후 각국의 정치 종교 지도자들이 일제히 클로네이드사를 비난하고 나선 것은 이런 상황을 잘 설명해 주고 있다. 로마 교황청에서는 '복제 인간을 탄생시켰다는 클로네이드사의 주장은 윤리 원칙이 결여된 잔인한 정신 상태를 드러낸 것.'이라고 비난했으며, 미국의 부시 대통령은 '의회가 인간 복제를 금지하는 법안을 통과시킬 것을 촉구한다.'는 내용의 성명을 발표하였다. 그런가 하면 이집트, 사우디아라비아 등 이슬람권에서도 '복제 인간이 자연법칙을 혼란스럽게 하고, 혼돈된 미래를 가져올 것.'이라고 경고하였다.

인간의 체세포 복제가 인간의 존엄성에 미치는 영향과 같은 윤리적인 문제는 차지하더라도 과학적이 측면에서도 해결해야 할 문제들이 아식 산석해 있다. 우선 체세포 복제의 성공률이 극히 낮다는 것이다. 현재의 기술로는 수많은 실험과 시행착오를 거친 후에야 한 명의 복제 아기가 탄생할 수 있다. 인간을 대상으로 이렇게 성공률이 낮은 실험을 계속 하는 것이 윤리적일 수 있느냐 하는 문제가 제기될 수밖에 없다. 복제 시술의 중간 단계에서 실패에 의해 죽어 가는 많은 태아들의 문제도 짚고 넘어가야 할 문제이다. 복제 기술에 의해 태어난 인간이 정상적으로 태어난 인간과 정말 똑같은 생활을 영위할 수 있을지에 대해서도 아직 확신하지 못하고 있다. 일부의 학자들은 복제 인간이 심각한 장애나 기형 또는 유전적 결함을 가지고 태어날 가능성을 염려하고 있다. 이것은 새로운 인권문제와 사회문제로 대두될 것이다.

윤리적 비난이나 과학적 비판에도 불구하고, 인간게놈지도를 완성한 것이나 복제 인간을 탄생시키는 것 모두 과학적으로는 매우 어려운 과제를 성공시킨 사건으로 기록될 것이다. 그러나 과학의 발전 과정에서 항상 논란의 대상이 되었던 과학의 발전이 인류의 행복을 위해 기여했느냐 하는 문제는 이제부터 검증해 나가야 할 어려운 문제로 남게 되었다.

18장

컴퓨터가 바꾸어 놓은 새로운 세상

1 전자공학 관련 기술의 발전

전자공학은 18세기의 전자기학의 발달과 더불어 장족의 발전을 거듭했고 특히 1, 2차 세계 대전을 거치면서 무기산업의 발달과 함께 급속히 발전하게 되었다. 그러나 본격적인 전자공학의 발전은 2차 대전 후에 전자공학 분야에서의 몇 가지 기술 혁신과 더불어 획기적으로 발전하게 되었다.

전자공학은 기본적인 전기 소자를 이용하여 여러 가지 목적에 맞게 작용하는 회로를 구성하는 것이다. 전자 회로에는 수많은 소자들이 사용되는데 이 소자들은 크게 두 가지로 나눌 수 있다. 하나는 선형 소자이고 또 다른 하나는 비선형 소자이다. 선형 소자에는 저항, 축전기, 코일 등이 속하는데 이들 선형 소자에 흐르는 전류는 기본적으로 그 소자에 걸리는 전압의 크기에 의해 결정되며 전압의 변화에 따라 연속적으로 변한다.

다이오드와 트랜지스터를 대표로 하는, 선형 소자에 흐르는 전류는 가해준 전압의 크기에 의해 결정되는 것이 아니라 전압의 방향 또는 base에 흐르는 전류의 크기에 따라 불연속적으로 변한다. 전자공학의 첫 번째 기술 혁신은 바로 이 비선형 소자 부분에서 일어났다. 반도체 다이오드나 트랜지스터가 등장하기 전에는 진공관이 그 역할을 대신하고 있었다. 이극진공관은 시간에 따라 방향이 바뀌는 교류를 한 방향으로만 흐르는 직류로 만드는 정류 작용을 하는 부품이다.

비선형 소자 중에 또 하나의 중요한 소자인 삼극진공관은 그리드에 흐르는 전류의 세기에 따라 필라멘트에 흐르는 전류의 세기가 크게 변하도록 설계되어 있다. 그래서 작은 전류의 변화를 큰 전류의 변화로 바꾸는 증폭작용에 사용되었다. 이극진공관과 삼극진공관은 전자기기의 발달과정에서 매우 중요한 역할을 하였다. 이들의 사용으로 라디오, 전축 등의 제품이 실용화되어 현대 전자공학의 시대가 문을 열게 된 것이다.

그러나 이들 진공관에는 여러 가지 문제점이 있었다. 진공관은 필라멘트를 가열하여 그 때 나오는 열전자를 이용하여 작동하므로 스위치를 넣어도 필라멘트가 충분히 가열될 때까지는 작동하지 않았다. 그리고 필라멘트를 가열하는 데는 많은 전력이 필요하였으므로 진공관을 이용한 전기 제품의 전력 소비가 컸다. 그러나 그보다 더 큰 문제점은 진공관은 어느 정도의 크기를 가지고 있어 제품을 작게 만드는데 커다란 제한이 되는 것이었다. 진공관의 여러 가지 성능을 그대로 하면서도 진공관의 단점을 획기적으로 개선한 것이 반도체를 이용한 다이오드와 트랜지스터였다.

반도체는 매우 낮은 온도에서는 부도체처럼 동작하고, 실온에서는 상당한 전도성을 지니는 물질이다. 물질 내의 전자들은 모든 에너지를 가질 수 있는 것이 아니라 특정한 띠구조를 하고 있는 에너지띠에서 허용된 에너지만을 가질 수 있다. 허용된 에너지띠 중 가장 위쪽 띠의 일부에만 전자가 차 있는 것이 도체이고, 가장 위쪽의 에너지띠가 모두 차 있는 것이 반도체와 부도체이다. 부도체는 전자가 차 있는 에너지띠와 바로 위에 비어 있는 에너지띠 사이의 간격이 넓은 물질이고 반도체는 이 간격이 작은 물질이다. 따라서 반도체에서는 전자가 작은 에너지로도 바로 위에 있는 에너지띠로 올라갈 수 있다. 반도체가 높은 에너지에서 전도성을 가지는 것은 이 때문이다.

반도체의 전자가 가전자대에서 전도띠로 얼마나 쉽게 이동하는지는 그 띠 사이의 간격에 달려있다. 이 에너지 띠 사이의 간격이 3 eV 이하인 물질은 반도체이고, 이보다 큰 물질은 부도체이다.

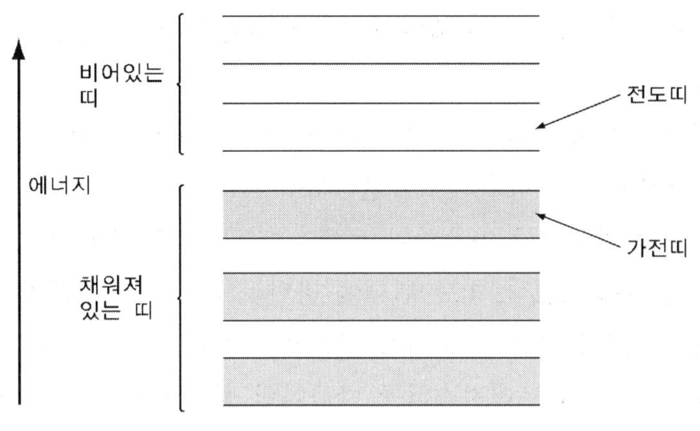

그림 18-1 반도체의 에너지띠 구조

반도체가 전자공학에서 많이 활용되는 중요한 이유 중에는, 불순물을 조금 첨가해서 반도체의 특성을 크게 바꿀 수 있기 때문이다. 반도체에 불순물을 첨가하면, 반도체의 전도율이 10억 배 이상 증가시킬 수 있다. 이러한 특성 때문에 오늘날에는 집적회로를 만들 때, 불순물이 많이 첨가된 다결정 실리콘을 금속 대신에 전도체로 사용하기도 한다.

반도체에는 고유 반도체와 불순물을 첨가시킨 비고유 반도체가 있다. 고유 반도체는 불순물이 반도체의 전기적 성질에 영향을 미치지 않을 만큼 적게 들어 있는 순수한 반도체를 가리킨다. 고유 반도체에서는 외부의 에너지를 받아 전자가 가전자띠에서 전도띠로 올라가게 된다. 이 때 전도띠로 올라간 전자와 전자가 빠져나간 가전자띠의 정공이 전류를 흐르게 하는 운반자의 역할을 한다. 온도가 올라가면 전도띠의 전자와 가전자띠 속의 정공의 수가 증가하여 더 좋은 전도체가 된다. 따라서 반도체는 도체나 부도체가 온도가 올라감에 따라 전기 저항이 증가하는 것과는 달리 온도가 증가함에 따라 전기 저항이 감소한다.

비고유 반도체는 운반자의 종류와 개수를 바꾸기 위해 불순물을 첨가한 반도체를 가리키며, 불순물에 따라 N형과 P형으로 나뉜다. 4족 원소인 실리콘이나 게르마늄과 같은 반도체에 인, 비소, 안티몬과 같은 5족 원소를 불순물로 첨가하면 전도띠의 전자수가 증가한다. 이러한 반도체가 N형 반도체이다. 그러나 반도체에 붕소와 같은 3족 원소를 첨가하면 이 원소들이 반도체의 가전자띠에 있는 전자를 흡수하여 가전자 대에 정공이 생긴다. 이런 경우에는 정공이 운반자가 되는 P형 반도체가 된다. 이렇게 만들어진 P형 반도체와 N형 반도체는 20세기 전자공학 기술 혁명의 주역이 되었다.

윌리엄 쇼클리(William Bradford Shockley, 1910~1989), 존 바딘(John Bardeen, 1908~1991), 그리고 월터 하우저 브래튼(Walter Houser Brattain, 1902~1987)은 P형 반도체와 N형 반도체를 이용하여 트랜지스터를 공동 발명했고, 1956년 노벨 물리학상을 공동 수상하였다. 1940년대에 바딘과 브래튼이 속해있던 벨연구소의 쇼클리 그룹은 진공관을 대체할 소자를 개발하기 위한 연구를 진행하였다. 1947년 12월은 바딘과 브래튼이 트랜지스터를 만들어낸 벨연구소 기적의 달로 기록되어 있다. 이어서 1951년 7월 5일 쇼클리는 접합 트랜지스터를 발명하였다.

1950년대 후반까지 트랜지스터는 라디오, 전화기, 컴퓨터 등에 사용됐다. 트랜지스터는 진공관보다는 훨씬 작았지만 최신 전자 제품에 사용할 만큼 작지는 않았다. 그러나 1958년 텍사스 인스트루먼트의 잭 킬바이(Jack St. Clair Kilby, 1923~2005)와 페어차일드 세미컨덕터의 로버트 노이스(Robert Norton Noyce, 1927~1990 인텔 공동 창업자)는 한 개의 집적 회로에 수많은 트랜지스터를 내장시키는 방법을 발견하였다. 저렴한 비용에 고성능이라는 장점으로 생산 공정에 엄청난 활력을 불어넣으며 고집적 회로 시대의 개막을 알렸다.

1965년 인텔의 공동창업자인 고든 무어(Gordon E. Moore, 1929~)는 집적 회로의 놀라운 성장 속도를 나타내는 '무어의 법칙'을 제시하였다. 무어의 법칙은 한 개의 칩에 내장되는 트랜지스터의 수가 지수 함수적으로 증가해 2년마다 두 배가 될 것이라는 점이다. 1971년 인텔이 선보인 최초의 컴퓨터 칩 4004에는 2,300개의 트랜지스터가 사용됐다. 이는 에니악과 동일한 연산능력을 지녔다. 이후 1989년 i486에는 120만 개, 2000년 펜티엄에는 4,200만 개의 트랜지스터가 내장됐다. 최근 발표된 45나노 펜린에는 무려 4억 1,000만 개의 트랜지스터가 내장되어 무어의 법칙보다 더 빠르게 집적도가 증가하고 있다.

20세기 전자공학 분야에 있었던 또 하나의 기술 혁신은 디지털신호로 신호체계가 변화한 것이었다. 디지털신호가 이용되기 전에는 아날로그신호를 이용했는데 아날로그신호는 전류 또는 전압의 크기를 신호의 내용으로 하였다. 이 신호는 음성을 전달할 때는 그런 대로 사용할 수 있지만 정확한 수치를 전달하는 데는 적당하지 못하였다.

보내는 쪽에서 보낸 신호의 내용과 받는 쪽에서 수신한 내용이 조금씩은 다르게 전달될 위험을 늘 안고 있었다. 이런 문제를 완전하게 해결한 것이 디지털신호의 이용이라고 할 수 있다. 디지털신호에서는 전류나 전압의 크기가 신호의 내용이 되는 것이 아니라 전압이 있느냐(5 volt) 없느냐(0 volt)가 신호의 내용이 됨으로 정확한 정보 전달이 가능하게 된다.

디지털신호 방식이 정확한 정보 전달에 획기적인 방법을 제공하자 종래에는 아날로그신호만을 이용하던 음성신호나 TV의 영상신호에도 디지털신호를 이용하고 있다. 원래 음성신호나 영상신호는 연속된 정보이므로 디지털신호화하는 데는 어려움이 있었지만 신호를 아주 짧은 구간으로 나누어 디지털신호화한 다음 재생시킬 때는 짧은 구간으로 나누어진 신호를 부드럽게 연결함으로써 본래의 신호를 정확하게 재생시키고 있다.

디지털신호 방식이 가장 큰 위력을 발휘할 수 있었던 곳은 숫자를 다루는 일이었다고 할 수 있다. 디지털신호 방식을 이용하면 숫자를 정확하게 다룰 수 있었으므로 컴퓨터의 발전을 가져오게 하였다. 손으로 또는 주판이나 계산자 같은 기구를 이용하여 수일에 걸쳐 해야만 했던 계산을 컴퓨터는 불과 수초 동안에 정확히 계산할 수 있었다. 이러한 컴퓨터의 응용은 사회 각 방면은 물론 자연과학의 연구에도 획기적인 변화를 가져오게 되었다.

2 컴퓨터의 발전

이러한 전자공학과 관계 기술의 발달은 20세기를 컴퓨터의 시대로 만들었다. 고대에도 주판과 같은 여러 가지 계산기를 만들어 사용하였지만 그것을 컴퓨터의 전신이라고는 할 수 없을 것이다. 그러나 19세기에 만들어진 정교한 자동 계산기는 오늘날 컴퓨터의 전신이라고 이야기할 만한 것들이 많았다. 영국 출신의 바베지(Charles Babbage, 1792~1871)가 1833년에 만든 자동 계산기는 이런 종류의 기계 중에서는 가장 우수한 것이었다. 그러나 전 재산을 들인 그의 노력에도 불구하고 바베지는 완전한 계산기의 제작에는 실패하였다.

현재 전 세계의 컴퓨터 시장에서 가장 중요한 자리를 차지하는 미국의 IBM 회사도 이러한 계산기의 제작으로 큰돈을 벌었고 그것이 이 회사의 모체가 되었다. IBM 회사의 창업자인 홀러리스는 1890년 미국에서 실시한 센서스의 통계처리에서 전기를 자동 계산기에 이용하여 카드 분류 장치를 움직이게 하였다. 이 기계를 이용한 결과 1890년의 센서스는 불과 6주 만에 처리되어 미국의 인구가 62,622,250명으로 밝혀졌다. 이 결과에 고무되어 미국에서 수많은 통계 자료 처리의 요청이 있자 워싱턴에 Tabulating Machine이라는 회사를 세웠는데 이것이 오늘날의 IBM으로 성장하였다.

그 후에도 자동 계산기는 계속 개선되어 1936년에는 백만 개의 부품이 들어가고 제작 기간이 5년이나 걸린 거대한 자동 계산기가 만들어지기도 하였다. 이 기계는 2차 대전 중에는 해군에서 사용하였고 대전 후에 일반에게 공개되었다. 이 자동 계산기는 매우 속도가 느린 것이었지만 당시로서는 대단한 기계였으므로 IBM은 거금을 투자한 효과를 충분히 즐길 수 있었다.

1940년대에는 영국에서 진공관을 이용한 디지털 컴퓨터를 암호 해독용으로 제작하였다. 그러나 이 컴퓨터는 범용성이 없었다. 범용성이 있는 컴퓨터를 만들려는 노력은 계속되었다. 하버드대학의 물리학 교수인 에이컨(Howard Aiken, 1900~1973)은 1937년 IBM의 재정 지원으로 범용적인 전기기계식 컴퓨터를 제작하여 '자동순차 제어 계산기(Automatic Sequence Controlled Calculator)'라고 불렀다. 이것은 후에 'Harvard Mark I' 또는 'Mark I'이라는 이름으로 불렸다. 이 계산기가 실제로 가동된 것은 1944년이었다. Mark I은 72개의 톱니바퀴와 3,000개의 릴레이, 1,000마력의 모터를 사용하여 23자리의 10진수 계산을 수 초 이내에 할 수 있었다. 연산의 제어는 천공된 종이테이프를 사용하였으며, 자동축차방식으로 처리되는 완전 자동 계산기였다.

기계 부품을 사용하지 않고 전자 부품만을 사용하여 만든 세계 최초의 컴퓨터인 애니악(ENIAC)은 펜실바니아대학의 에커트(J. Presper Eckert, 1919~1995)와 모클리(John W. Mauchly, 1907~1980)에 의해 1946년에 완성되었다. 애니악은 주요 부품으로 18,800개의 진공관과 1,500개의 릴레이 및 그 밖에 많은 부품이 쓰였으며, 소비전력 150 Kw에 무게는 30톤으로 설치면적은 약 140㎡나 되는 거대한 장치였다. 기억용량은 100여자로 한정되었으나 가감산은 매초 5,000번, 곱셈은 360번,

나눗셈은 170번 정도 할 수 있었다. 그러나 프로그램은 6,000개에 달하는 스위치와 배선반에 의존하였으므로 비능률적이었다.

이러한 단점을 해결하는 방안으로 제안된 것이 프로그램을 미리 기억시키는 방법이다. 프린스턴 고등 학술연구소의 수학교수로 있던 헝가리 태생의 미국인 폰노이만(John von neumann, 1905~1957)은 1945년에 발표한 그의 논문에서 "전자계산기에 기억장치를 갖추고, 연산의 순서를 부호화하여 기억시킨 후, 기억된 내용을 순차적으로 꺼내어 명령을 해독하여 연산을 실행한다."는 이른바 프로그램 내장의 필요성을 주장하였다. 이렇게 되면 컴퓨터에서는 사람의 손을 빌리지 않고 순식간에 프로그램을 변경시킬 수 있을 것이었다. 1949년 모리스 윌킨스가 최초로 프로그램 내장 방식을 채택한 EDSV를 완성했고 1951년에는 노이만 등이 이 방식을 채택한 EDVAC을 개발하였다.

1950년 이후 컴퓨터는 급속히 발전하여 우리 생활의 중요한 일부가 되었다. 이후 현재까지의 컴퓨터 발전 과정은 몇 세대로 나누어 볼 수 있다. 1951년대에 개발되어 사용된 컴퓨터는 1세대 컴퓨터라고 분류한다. 진공관을 사용했던 1세대 컴퓨터는 전력소모가 많고, 열이 많이 발생했으며, 따라서 고장이 많았고, 열을 식히기 위한 냉각장치가 필요하였다. 또한 부피가 매우 컸기 때문에 넓은 공간이 필요하였다. 주기억장치는 수은지연소자이나 윌리엄관이 사용되었으므로 안정성이 적어 후에 자기드럼으로 개선되었다. 프로그램은 기계어로 작성하였다. 이 시기에 사용된 대표적인 기종으로는 UNIVAC I, 80, 90과 IBM 650과 700계열, Burroughs 220 등을 들 수 있다.

트랜지스터를 사용하고 있어서 소형이고, 전력 소모가 적으며 작동 속도가 빠른 컴퓨터는 1954년에 벨연구소에서 처음으로 만들었다. 이 컴퓨터는 800여 개의 트랜지스터를 사용한 것이었다. 1955년에는 트랜지스터를 사용한 UNIVAC-II가 발표되었고, 1960년에는 IBM 7070, 7090 시스템이 발표되어 트랜지스터만 사용한 제2세대 컴퓨터의 막을 올렸다. 드디어 트랜지스터의 시대가 본격적으로 시작된 것이었다. 제2세대 컴퓨터는 크기가 작아졌고, 소비전력이 적어졌으며, 냉각기의 필요성이 감소되었고, 고장이 적어 신뢰성이 높아졌다.

주기억장치에는 접근 시간이 짧은 자리코어가 이용되었으며, 기억용량이 큰 자기드럼, 자기디스크가 보조기억장치로 사용되었다. 계산 속도는 백만분의 1초(μ second)단위 정도까지 향상되었다. 제2세대 컴퓨터의 대표적인 기종으로는 IBM1401, 7070, UNIVAC Ⅲ, 1107, USSC80, CDC3000계열 등을 들 수 있다. 이 기종들은 운영체제(Operating System, OS) 개념을 도입하고, 다중 프로그램 방식을 실현하였으며, 적용분야도 정형적인 관리업무와 과학기술계산 등 다양한 목적에 쓰였다. FORTRAN, COBOL, ALGOL 등의 프로그램 언어가 개발되어 컴퓨터의 이용이 보다 쉽게 된 것도 이 시기였다.

1964년 4월 7일 IBM은 시스템 360을 발표하면서 제3세대 컴퓨터 시대를 열었다. 이 컴퓨터는 회로를 구성하는 요소들을 기판 위에 구성하지 않고 작은 칩 속에 내장시킨 집적 회로를 사용한 컴퓨터였다. 컴퓨터에 집적 회로(IC)를 사용함으로써 중앙처리장치는 소형화되는 반면, 기억용량은 커졌으며, 따라서 다양한 소프트웨어를 구사할 수 있게 되었다. 이 시기에 운영체제, 다중프로그램, 실시간 처리시스템, 시분할시스템 등이 실현되었다. 이 시기에는 영상 표시장치(CRT display)와 같은 단말기를 이용한 자료처리가 보편화되었다.

오늘날 사용되고 있는 대규모 집적 회로(Large Scale Integration, LSI)를 사용한 컴퓨터는 제4세대 컴퓨터로 분류한다. 대규모 집적 회로에는 작은 칩 속에 수십만 개의 논리소자를 집어넣을 수 있다. 연산 속도가 피코세컨드에 이르는 초대형 컴퓨터 중에는 초당 1억 5천만번의 수행속도를 가진 것도 있다. 대용량의 고속 컴퓨터의 개발과 함께 진행된 개인용 컴퓨터의 급속한 발전으로 기업체에서는 사무자동화, 공장에서는 공장 자동화, 가정에서는 가정 자동화가 가능하게 되었다. 또 인터넷과 인공위성을 통한 컴퓨터 정보통신망의 발달로 전 세계가 하나의 정보권이 되었다.

19장

20세기를 바꾸어 놓은 새로운 기술의 등장

1 레이저의 개발과 이용

물질 속에 들어 있는 전자는 모든 에너지를 가질 수 없고 허용된 에너지만을 가질 수 있다. 따라서 낮은 에너지 상태에 있던 전자가 높은 에너지 상태로 변할 때 흡수하는 에너지나 높은 에너지 상태에 있던 전자가 낮은 에너지 상태로 내려올 때 방출하는 에너지도 연속적으로 분포하는 모든 에너지일 수가 없다. 전자는 건너뛰는 두 에너지 준위 사이의 차이에 해당하는 에너지를 흡수하거나 방출할 수 있다.

낮은 에너지 상태에 있던 전자에 높은 에너지 상태로 바뀔 수 있는 충분한 에너지를 공급하면 전자는 에너지를 흡수하고 높은 에너지 상태로 바뀐다. 그러나 높은 에너지 상태는 안정한 상태가 아니기 때문에 곧 다시 낮은 에너지 상태로 바뀌면서 흡수했던 에너지를 내놓게 된다. 이 때 방출하는 빛은 임의 방향으로 방출된다. 이렇게 자연적으로 방출하는 과정을 자연 방출이라고 부른다.

그러나 높은 에너지 상태에 있는 전자가 방출할 수 있는 빛의 파장과 같은 파장의 빛을 비춰주면 비춰준 빛의 진행 방향과 같은 방향으로 전자도 빛을 방출한다. 이

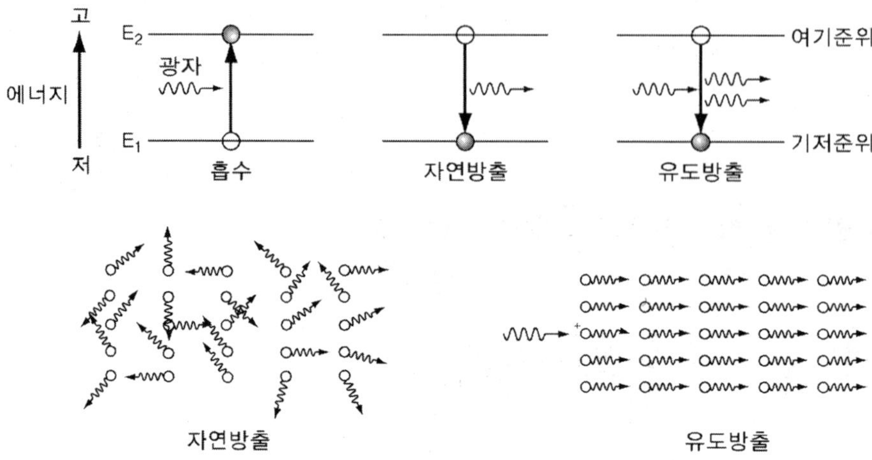

그림 19-1 자연방출과 유도방출

렇게 비춰준 빛의 방향과 위상이 같은 빛을 방출하는 것을 유도방출이라고 한다. 레이저는 이러한 유도방출을 이용하여 증폭시킨 빛을 말한다.

레이저의 기본 원리를 처음으로 제공한 사람은 알베르트 아인슈타인이다. 아인슈타인은 1917년에 플랑크의 가설을 새롭게 유도하는 과정에서 유도방출이론을 처음으로 제시하고 자연방출과 유도방출의 비가 빛의 진동수의 세제곱에 비례한다는 것을 이론적으로 제시하였다. 1928년에는 루돌프 란데베르그(Rudolph W. Landenburg)가 유도방출이 실제로 존재한다는 것을 실험적으로 확인했으며, 1939년에는 발렌타인 파브리칸트(Valentin A. Fabrikant)가 유도방출을 이용해 짧은 파장의 전자기파를 증폭시킬 수 있을 것이라고 주장하였다. 1947년에는 램(Willis E. Lamb)과 레더퍼드(R. C. Retherford)가 수소 원자를 이용하여 유도방출 실험을 하였다. 1950년에는 카스틀러(Alfred Kastler)가 빛을 이용하여 전자를 높은 에너지 상태로 올리는 광펌핑 이론을 제시했고, 그의 이론은 2년 후 실험에 의해 확인되었다. 이러한 일련의 이론과 실험은 레이저가 탄생하는 기반이 되었다.

유도방출을 이용하여 초단파를 증폭시킨 레이저의 전 단계라고 할 수 있는 메이저가 발명된 것은 1964년이었다. 미국의 타운스(Charles H. Townes)는 그의 학생이었던 고든(James P. Gordon)과 차이거(Herbert J. Zeiger)와 함께 유도방출을 이용하여 초단파를 증폭시킨 메이저를 만드는 데 성공하였다. 그러나 암모니아 기체 분자를 이용하는 타운스의 메이저는 연속적으로 작동하지 못하였다. 소련의 바소프(Nikolay Basov)와 프로코프(Aleksandr Prokhorov)는 독립적으로 메이저를 연구하여 연속적으로 작동하는 메이저를 만들어내는 데 성공하였다. 타운스와 바소프, 그리고 프로코프는 메이저를 발명한 것으로 노벨상을 공동 수상하였다.

1957년에 벨연구소에서 일하고 있던 타운스와 쇼로우(Arthur Leonard Schawlow)는 적외선 레이저를 만들기 위한 연구를 시작하였다. 그러나 연구가 진행되는 동안 적외선 대신 가시광선 레이저에 관심을 가지게 되었다. 그들은 가시광선 레이저에 대한 이론적 연구결과를 1958년 피지컬 리뷰에 발표하였다. 레이저라는 말을 처음 사용하기 시작한 사람은 컬럼비아대학에서 박사학위 과정을 이수하고 있던 고든 굴드(Gordon Gould)였다. 1957년 11월 타운스와 만나 여러 가지 문제에 대해 이야기를 나눈 후 굴드는 레이저(LASER)라는 단어와 레이저에 대한 중요한 개념이 포함된 노트를 남겼다. 그의 노트는 레이저의 다양한 용도에 대해서도 언급하고 있다. 굴드는 1959년 학술회의에서 발표한 논문에서 다시 LASER라는 말을 사용하여 레이저라는 단어가 일반에게 알려지게 되었다.

굴드는 레이저에 대한 자신의 생각을 발전시킨 후 1959년 미국 특허청에 특허를 신청했지만 거절당하였다. 대신 특허청은 1960년에 레이저에 대한 특허를 벨연구소에 내주었다. 이로 인해 28년 동안 레이저의 특허를 놓고 법정 공방이 진행되었다. 1977년에 굴드가 일부 권리를 인정받았지만, 굴드가 연방법원에서 레이저에 대한 권리를 인정받은 것은 1987년이었다.

그러나 1960년에 많은 연구팀과의 경쟁에서 이기고 실제로 작동하는 레이저를 처음 제작하는 데 성공한 사람은 휴연구소의 메이만(Theodore H. Maiman)이었

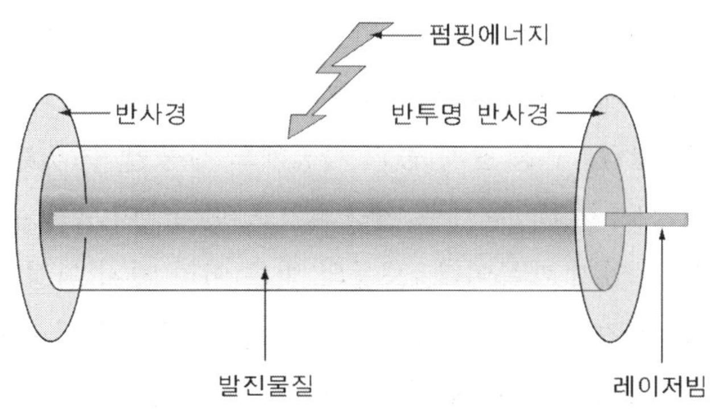

그림 19-2 레이저 발생 장치

다. 그의 경쟁자들 중에는 타운스, 쇼로우, 굴드도 포함되어 있었다. 메이만은 루비 결정을 이용하여 694 nm의 파장을 가지는 붉은색 레이저를 만들어내는 데 성공하였다. 같은 해에 베넷(William R. Bennett), 헤리옷(Donald Herriot)과 함께 일하던 이란 출신의 알리 자반(Ali Javan)이 헬륨과 네온 기체를 이용하여 최초로 기체 레이저를 만드는 데 성공하였다.

반도체 레이저에 대한 이론적 가능성을 제시한 사람은 자반과 바소프였지만 1962년에 반도체 레이저를 처음 만든 사람은 로버트 홀(Robert N. Hall)이었다. 갈륨을 이용한 홀의 반도체 레이저는 파장이 850 nm인 근적외선 영역의 전자기파를 증폭시켰다. 가시광선을 증폭시키는 반도체 레이저는 같은 해에 홀로니약(Nick Holonyak, Jr.)에 의해 개발되었다. 초기의 반도체 레이저는 기체 레이저와 마찬가지로 펄스 형태의 빛만을 방출했고 액체 질소로 냉각된 상태에서만 작동하였다.

다이오드를 이용하여 연속적인 빛을 방출하는 레이저를 만든 것은 1970년의 일이었다. 소련의 알페로프(Zhores Alferov)와 벨연구소의 하야시(Izuo Hayashi)와 파니쉬(Morton Panish)는 독립적으로 다중접합 다이오드를 이용하여 상온에서 연속적으로 작동하는 레이저를 개발하는 데 성공하였다. 뒤이어 유기액체 레이저, 색소 레이저가 개발되어 1970년대 초까지는 스펙트럼의 폭을 확장시키는 탐색연구가 거의 마무리되었다.

인간이 만들어낸 빛인 레이저는 여러 가지 뛰어난 특징을 가지고 있다. 우선 레이저는 뛰어난 지향성을 가지고 있다. 지향성이란 넓게 퍼지지 않고 멀리까지 진행하는 성질을 말한다. 밤하늘이나 어두운 실내에 레이저 쇼를 할 수 있는 것은 레이저의 지향성이 뛰어나기 때문이다. 레이저를 달 표면에 비추었을 때 달 표면에서 광선의 직경이 수 미터에 불과할 정도로 레이저는 지향성이 좋다.

레이저는 또한 높은 에너지 밀도를 가지고 있다. 레이저는 금속이나 세라믹을 가열하거나 용융하고, 절단, 구멍 뚫기 등의 가공에도 사용할 수 있다. 최근에는 수술용 칼 대신 사용되기도 하고, 무기로 사용되기도 한다. 이는 모두 레이저가 높은 에너지 밀도를 가지고 있기 때문이다. 보통의 빛은 여러 가지 파장의 빛이 혼합되어 있으나 레이저는 한 가지 파장의 빛이 같은 위상을 가지고 있다. 따라서 쉽게 간섭현상을 일으키는 가간섭성을 가지게 된다. 레이저가 가지고 있는 단색성과 가간섭성은 정밀 측정과 같은 과학 실험에 아주 유용하게 이용되고 있는 성질이다.

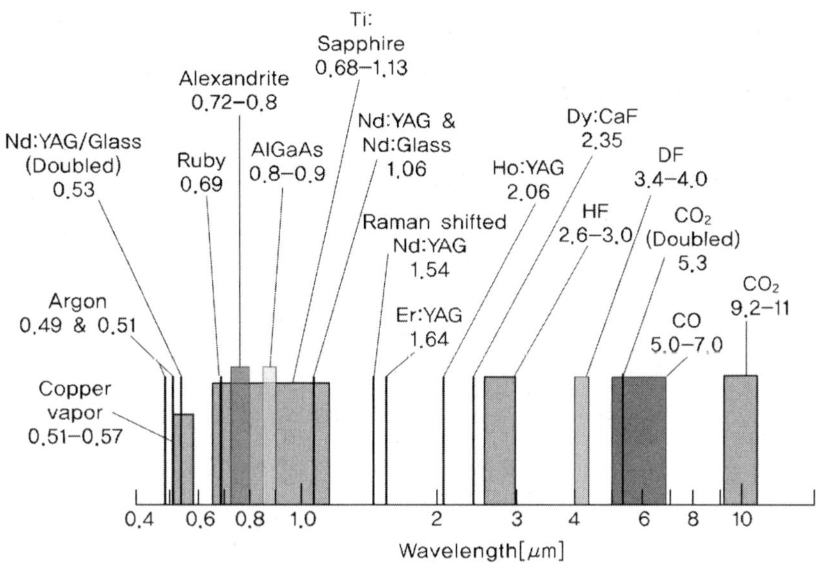

그림 19-3 여러 가지 물질이 내는 레이저의 파장

레이저를 발생시키기 위해서는 낮은 에너지 준위에 있는 전자들을 에너지가 높은 상태로 올려 보내야 한다. 이렇게 낮은 에너지 상태의 전자를 높은 에너지 상태로 올려 보내는 것을 펌핑이라고 한다. 빛을 이용하여 전자를 높은 에너지 상태로 올려 보내는 것이 광펌핑이다. 높은 에너지 상태로 올라간 전자들이 곧바로 빛을 방출하고 아래로 내려오면 레이저를 발진시킬 수 없다. 전자가 높은 에너지 상태에서 어느 정도 머물기 위해서는 준안정 상태의 에너지 준위가 존재해야 한다. 높은 에너지를 가진 준안정 에너지 준위에 있는 전자의 수가 낮은 에너지 준위에 있는 전자의 수보다 많을 때 밀도가 반전된다. 레이저를 발진시키기 위해서는 밀도 발전이 있어야 한다.

물질에 따라 에너지 준위의 구조가 다르므로 물질에 따라 증폭시킬 수 있는 파장도 한정되어 있다. 특정한 물질을 이용한 레이저가 한 가지 색깔의 빛만을 내는 것은 이 때문이다. 따라서 다양한 색깔의 레이저를 얻기 위해서는 여러 가지 발진물질을 개발해야 한다. 최근에는 연속된 스펙트럼을 발진시킬 수 있는 염색 레이저도 개발되었다.

2 초전도체의 개발

도체와 부도체는 온도가 올라가면 전기 저항이 증가한다. 물체를 이루는 원자들의 운동이 활발해져 전자의 진행을 방해하기 때문이다. 온도가 올라가면 전기 저항이 증가한다는 것은 온도가 내려가면 전기 저항이 작아진다는 것을 뜻한다. 실제로 물질의 비저항은 온도가 내려가면 작아진다. 그러나 절대 0도 부근에서는 갑자기 전기 저항이 0이 되는 일이 일어난다. 전기 저항이 0인 물질이 초전도체이다.

초전도 현상은 1911년 액체 헬륨을 이용하여 절대 0도 부근에서 수은의 전기 저항을 조사하던 온네스(Heike Kamerlingh Onnes, 1853~1926)에 의해 처음 발견되었다. 그는 수은의 온도를 낮추어 가자 4.2 K에서 갑자기 전기 저항이 0으로 변하는 것을 발견하였다. 1913년에는 납이 7 K에서 초전도체로 변한다는 것이 발견되었고, 1941년에는 니오븀이 16 K에서 초전도체로 변하는 것이 발견되었다.

1933년에는 마이스너(Fritz Walther Meissner, 1882~1974)와 옥센펠트(Robert Ochsenfeld, 1933~1993)가 초전도체가 모든 자기장을 밀어내는 마이스너 효과를 발견하였다. 1935년에 런던(F. and H. London)이 마이스너 효과는 초전도체에 흐르는 미세한 전류 작용에 의한 것임을 밝혀냈다. 1950년에는 란다우(Lev Davidovich Landau, 1908~1968)와 긴츠부르그(Vitaly Lazarevich Ginzburg, 1916~)가 초전도체에 관한 긴츠부르그-란다우 이론을 발표하였다. 상변화에 관한 란다우의 이론과 파동함수를 결합한 이 이론은 초전도체의 거시적인 성질을 설명하는 데 큰 성공을 거두었다. 아브리코소프(Alexei Alexeyevich Abrikosov, 1928~)는 긴츠부르그-란다우 이론을 이용하여 초전도체를 I형과 II형으로 나눌 수 있다는 것을 보여 주었다. 긴츠부르그와 아브리코소프는 이 이론을 확립시킨 공로로 2003년에 노벨 물리학상을 받았다. 란다우는 1968년에 죽었기 때문에 살아있는 사람에게만 수여하는 노벨상을 공동 수

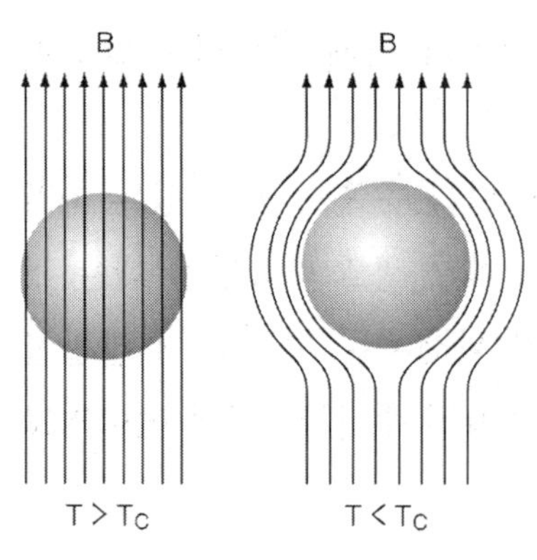

그림 19-4 마이스너 효과

상할 수 없었다. 초전도 현상을 설명하는 완전한 이론은 바딘(John Bardeen, 1908~1991), 쿠퍼(Leon Neil Cooper, 1930~) 그리고 슈리퍼(John Robert Schrieffer, 1931~)에 의해 1957년에 제안되었다. BCS 이론이라고 부르는 이들의 이론에 의하면 초전도 현상은 전자들이 포논을 주고받는 상호작용을 통해 형성한 쿠퍼쌍이라고 부르는 전자쌍이 초유체 성질 때문에 나타난다.

전자들은 음전하를 띠고 있기 때문에 서로 전기적으로 반발한다. 그러나 물질을 이루는 원자들의 원자진동과의 상호작용으로 인하여 어떤 경우에는 전자들 사이에 인력이 작용하여 전자가 쌍을 이루게 된다. 이렇게 형성된 전자쌍을 쿠퍼쌍이라고 한다. 이렇게 전자가 쌍을 이루면 전자의 에너지 상태는 보통의 상태보다 낮아져서 보통의 상태와 초전도 상태 사이에는 일정한 에너지 틈이 생긴다. 초전도체에서는 쿠퍼쌍을 이룬 전자의 에너지 상태와 보통의 전자 상태 사이에 생긴 에너지 틈으로 인해 원자들과 상호작용을 하지 않게 되어 전자는 에너지를 잃지 않고 계속 진행할 수 있는 것이다. 후에 과학자들은 BCS이론이 임계 온도 부근에서는 긴츠부르그-란다우 이론과 같게 된다는 것을 증명하였다.

1962년에는 미국 웨스팅하우스에서 최초로 니오븀과 티탄늄 합금을 이용하여 상업적인 초전도체 도선을 생산하였다. 이 해에 조셉슨(Brian David Josephson, 1940~)은 두 초전체 사이에 얇은 부도체가 끼어 있을 때 이 초전도체 사이에 초전류가 흐를 수 있다는 것을 이론적으로 예측하였다. 조셉슨 효과라고 부르는 이 현상은 정밀한 과학 실험에 널리 응용되고 있다. 2008년에는 일부 과학자들에 의해 초전도체가 만들어지는 것과 같은 현상을 통해 전기 저항이 무한대인 초절연체가 만들어질 수 있다는 것이 밝혀지기도 하였다.

보통의 물체가 초전도체로 변하는 온도를 임계 온도라고 한다. 초전도체의 임계 온도는 원자의 진동에너지와 밀접한 관계가 있다. 대부분 금속의 임계온도는 절대 온도 10도보다 낮으며, 합금의 경우에는 절대온도 23도보다 낮다. 저항이 없는 초전도체는 여러 가지로 유용성이 큰 물질이지만 임계온도가 이렇게 낮기 때문에 경제성이 적다. 낮은 온도를 유지하는 데 많은 비용이 들기 때문이다. 그래서 과학자들은 높은 임계온도를 가진 초전도체를 만들어내려고 노력하고 있다.

1986년까지 과학자들은 BCS 이론에 의해 절대온도 30 K 이상에서는 초전도체가 만들어질 수 없다고 생각하였다. 그러나 1986년에 스위스의 베드노르츠(Johannes

Georg Bednorz, 1950~)와 뮐러(Karl Alexander Müller, 1927~)가 임계온도가 35K인 란탄늄을 기반으로 하는 산화구리 초전도체를 만들어냈다. 다음 해인 1987년에 알라바마대학의 우(M. K. Wu) 등이 란탄늄 대신 이트륨을 기반으로 해 임계온도가 92 K인 초전도체를 만드는 데 성공하였다. 이 초전도체의 임계온도는 액체질소온도(절대온도 77도)보다 높다. 액체질소 온도는 큰 비용을 들이지 않고도 쉽게 만들 수 있기 때문에 이런 높은 임계온도를 가지고 있는 초전도체는 실용성이 크다.

극저온 초전도체가 만들어지는 원인이 BCS 이론으로 설명되었던 것과는 달리 고온 초전도체가 만들어지는 원인에 대해서는 아직 설명하지 못하고 있다. 고온 초전도체가 만들어지는 원인을 규명하게 되면 우리가 일상생활을 하는 온도에서 초전도체로 변하는 상온 초전도체의 개발도 가능하리라고 생각된다. 고온 초전도체가 만들어지는 원인을 설명하는 것은 오늘날 고체물리학 분야의 가장 중요한 연구 과제가 되고 있다.

연구가 진행되면서 계속 더 높은 임계온도를 가지는 초전도체가 개발되고 있다. 1993년에는 탈륨, 수은, 구리, 바륨, 칼슘과 산소를 포함하고 있는 세라믹 물질의 임계온도가 138K인 것을 발견하기도 하였다. 2008년 봄에는 철을 기반으로 하는 고

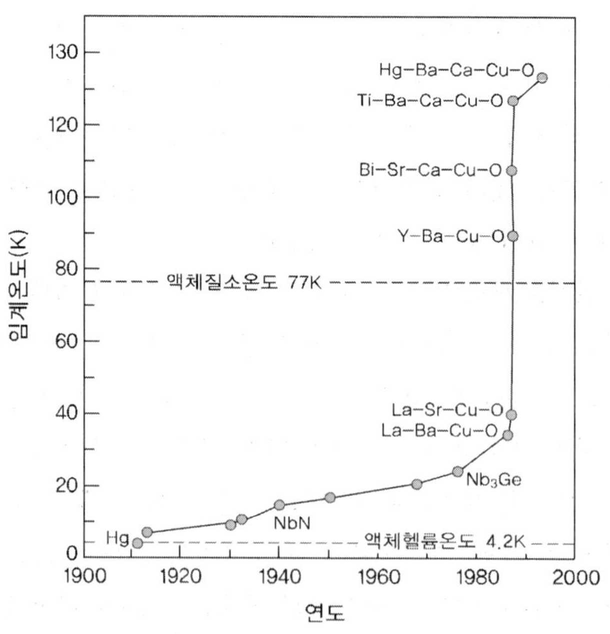

그림 19-5 초전도체의 임계온도 변화

온 초전도체가 개발되기도 하였다. 도쿄 공과 대학의 히데오 호소노(Hideo Hosono) 연구팀은 철에 란탄늄과 불소 그리고 산소가 첨가하여 임계온도가 26 K인 초전도체를 만들어냈다. 과학자들은 이 물질에 란타늄 대신 다른 희토류 원소를 첨가할 경우 임계온도를 52 K까지 올릴 수 있을 것이라고 제안하였다.

초전도체를 이용하면 강한 자기장을 만드는 것이 용이해 진다. 자기장을 만들기 위해서는 전류를 흘려야 하는데 저항이 있는 경우에는 많은 열손실이 생기게 마련이다. 그러나 저항이 없는 초전도체를 이용하면 열손실을 염려할 필요 없이 강한 자기장을 만들어낼 수 있어 자기 부상열차, 자기 추진선과 같은 교통수단의 혁명을 가져올 수 있다. 또한 초전도체는 전기 에너지의 저장, 초전도 발전기, 무손실 송전 등에도 사용될 수 있을 것이다.

3 나노기술의 등장과 발전

최근 들어 나노기술에 대한 관심이 크게 증가하고 있다. 나노기술은 원자와 분자 단위에서 이루어지는 응용기술을 통틀어 부르는 말이다. 나노기술에서는 대략 100 나노미터(nm) 이하의 크기를 다룬다. 나노기술은 물리, 화학은 물론 생물학과 관련된 많은 분야에서 연구되고 있다. 나노기술은 제약, 전자 부품, 에너지 생산과 같은 여러 분야에서 응용될 것으로 예상된다.

나노기술의 개념을 처음 제안한 사람은 미국의 저명한 물리학자였던 파인만(Richard Phillips Feynman, 1918~1988)이었다. 파인만은 1959년 캘리포니아 공과대학에서 열렸던 미국 물리학회에서 '바닥에는 넓은 세계가 있다.'라는 내용의 강연을 하였다. 파인만은 이 강연에서 개개의 원자나 분자를 조작할 수 있는 기술의 가능성을 제안하였다. 파인만은 작은 세계로 내려가면 중력의 중요성이 사라지고, 표면 장력이 중요해 지는 것과 같은 여러 가지 다른 현상이 나타날 수 있을 것이라는 가능성을 제시하기도 하였다.

나노기술(nano-technology)이라는 말을 정의한 사람은 일본 도쿄대학의 노리오 타니구치(Norio Taniguchi)였다. 그는 1974년에 발표한 논문에서 나노기술은 하나의 원자 또는 분자를 다루는 기술이라고 정의하였다. 1980년대에 나노기술의 개념을 일반인들에게 널리 알린 사람은 미국의 드렉셀러(Kim Eric Drexler, 1955~)였다. 드렉셀러는 노리구치가 나노기술이라는 말을 먼저 사용한 사실을 알지 못한 채 『창조의 엔진 : 다가오는 나노기술의 시대』, 『나노 체계 : 분자 기계, 생산, 그리고 계산』과 같은 책들과 강연을 통해 나노기술의 중요성을 널리 홍보하였다.

물질이 나노 단위로 작아지면 커다란 세계에서 보여주던 것과는 전혀 다른 성질을 나타내게 된다. 예를 들면 구리는 커다란 물질일 때는 빛을 통과시키지 못하는 물질이지만 나노 크기에서는 투명해진다. 알루미늄은 큰 물질일 때는 잘 연소하지 않지만 나노 크기에서는 쉽게 연소된다. 금은 큰 물체일 때는 상온에서 고체이지만 나노 크기가 되면 액체가 되며 다른 물질과 화학 반응을 잘하게 되어 화학 반응의 촉매로 사용될 수도 있다. 그런가 하면 큰 물체일 때는 부도체이던 실리콘은 나노 크기에서는 도체가 된다. 물질이 나노 크기에서 이렇게 다른 성질을 나타내게 되는 것은 작은 크기에서는 양자역학적 효과가 중요하게 되고, 부피 대 표면적의 비율이 크게 증가하기 때문이다. 나노기술에서는 나노 크기에서 나타내는 이러한 물질의 성질을 이용하게 된다.

1980년대 이후 나노기술의 발전에 가장 큰 영향을 끼친 것은 주사형 터널 현미경(STM)과 원자력 현미경(AFM)의 개발이라고 할 수 있다. 원자의 배열 상태를 볼 수 있을 정도의 정밀한 해상도를 가지고 있는 주사형 터널 현미경(STM)은 1981년 스위스 취리히에 있는 IBM 연구소에서 일하고 있던 비니히(Gerd Binnig, 1947~)와 로러(Heinrich Rohrer, 1933~)에 의해 개발되었다. 주사형 터널 현미경은 양자역학적 터널링 현상을 응용한 현미경이다. 전도성이 좋은 물질로 만든 탐침을 시료의 표면에 아주 가까이 접근시키면 터널링 현상을 통해 전자가 탐침과 시료 사이를 이동하게 되어 탐침과 시료 사이에 전류가 흐르게 된다. 낮은 전압에서 흐르는 터널 전류의 세기는 시료의 전자 배열 상태에 따라 달라진다.

터널링 현상은 고전 역학적으로 일어날 수 없는 양자역학적 현상이다. 고전 역학에 의하면 물체는 음의 운동에너지를 가질 수 없으므로 물체가 가지고 있는 총에너지보다 높은 에너지 장벽은 절대 통과할 수 없다. 그러나 양자역학에 의하면 전자와 같은 입자들은 자신이 가지고 있는 총에너지보다 높은 에너지 장벽은 일정한

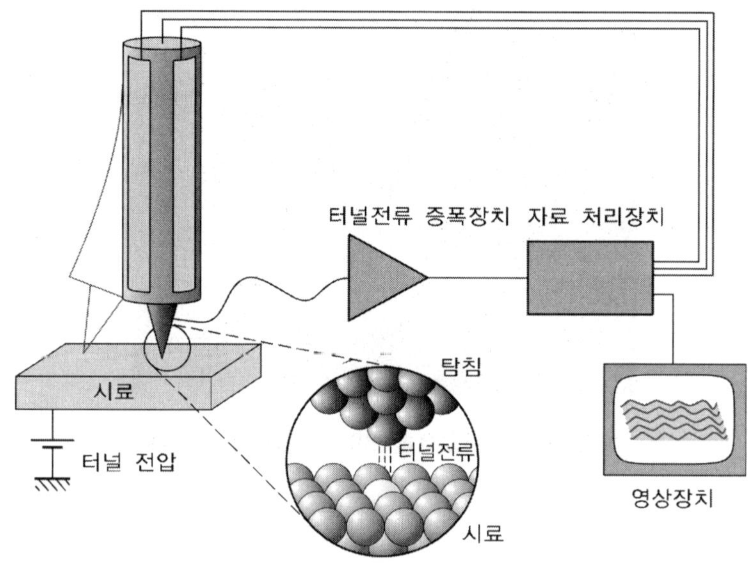

그림 19-6 주사형 터널 현미경의 구조

확률을 가지고 통과할 수 있다. 이렇게 자신의 총에너지보다 높은 에너지 장벽을 통과하는 현상을 터널링이라고 한다. 원자 속에 들어있는 전자는 원자핵의 전기적 위치 에너지 장벽 안에 갇혀 있다고 할 수 있다. 이런 전자들도 터널링 현상에 의해 에너지 장벽을 뚫고 밖으로 나올 수 있다. 외부에서 전압을 걸어주면 에너지 장벽이 낮아져 전자가 에너지 장벽을 뚫고 나올 확률이 커진다. 주사형 터널링 현미경은 시료와 탐침 사이에 흐르는 터널 전류를 이용해 물체의 표면 상태를 조사한다.

일반적으로 주사형 터널 현미경에서 탐침과 시료 사이의 거리는 4~7 Å 정도이다. 탐침은 시료 표면을 스캔하면서 터널 전류의 세기를 측정하거나, 일정한 터널 전류가 흐르는 표면에서부터의 거리를 측정한 후 이 자료를 분석하여 표면 상태를 영상으로 나타낸다. 일정한 거리에서 터널 전류를 측정하는 것을 일정한 거리 측정 방법, 일정한 터널 전류를 나타내는 거리를 측정하는 것을 일정한 전류 측정 방법이라고 부른다.

전류를 일정하게 유지하면서 거리를 측정하기 위해서는 측정된 전압을 압전 물질로 이루어진 거리 조절 장치에 피드백하여 탐침을 아래위로 움직이게 된다. 시료와 탐침 사이의 거리를 일정하게 유지하면서 터널 전류의 크기를 측정하는 방법은 탐침이 아래위로 움직이지 않아도 되기 때문에 빠르게 측정을 진행할 수 있다는 장점

그림 19-7 STM으로 찍은 금원자 배열상태

이 있다.

주사형 터널 현미경의 해상도는 탐침의 반지름과 탐침 끝의 상태에 따라 달라진다. 따라서 해상도가 높은 주사형 터널 현미경을 만들기 위해서는 정밀한 탐침의 제작이 필수적이다. 탐침은 주로 텅스텐, 백금과 이리듐 합금, 또는 금 등으로 만든다. 텅스텐의 경우에는 주로 화학적인 방법으로 만들고 백금과 이리듐 합금의 경우에는 기계적인 방법으로 가공한다. 최근에는 탄소 나노 튜브를 이용한 정밀한 탐침도 사용되고 있다.

주사형 터널 현미경의 탐침과 시료 사이에 흐르는 터널 전류는 탐침과 시료 사이의 거리에 따라 달라지므로 주사형 터널 현미경은 외부의 진동에 큰 영향을 받을 수 있다. 따라서 주사형 터널 현미경을 외부의 진동으로부터 차단시키는 것은 매우 중요하다. 비니히는 자기장을 이용하여 진동을 차단했지만 스프링 시스템을 이용하여 외부 진동을 차단하는 방법이 더 많이 사용된다. 최근에는 주사형 터널 현미경의 원리를 기반으로 하는 새로운 현미경이 많이 개발되어 사용되고 있다. 주사형 광자 현미경(PSTM)은 터널 전류 대신 터널링하는 광자를 측정하는 현미경이고, 주사형 전압 현미경(STP)은 탐침과 시료 사이의 전압을 측정하여 표면 상태를 알아내는 현미경이다.

주사형 터널 현미경은 원자의 배열 상태를 알아낼 수 있는 정도의 해상도를 가지고 있다. 따라서 원자나 분자 단위의 조작이 가능해 진다. IBM의 연구자들은 니켈 표면에 있는 크세논 원자를 옮겨 IBM이라는 글자를 만드는 것을 조작해 보여 주기

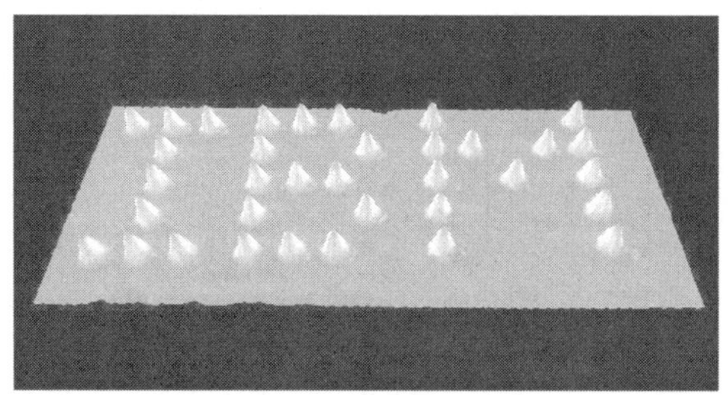

그림 19-8 원자로 쓴 글씨

도 하였다. 최근에는 STM을 이용하여 분자 내의 특정 결합의 방향을 바꾸는 조작에 성공하기도 하였다. 원자 단위의 배열 상태를 확인할 수 있고, 조작을 가능하게 하는 STM의 개발과 이용은 나노기술 발전에 크게 기여하였다.

원자력 현미경(AFM) 역시 나노 크기보다 훨씬 작은 크기의 물체를 확인할 수 있다. 원자력 현미경은 1986년 쿼테(Calvin F. Quate, 1923~)와 거버(Christoph Gerber)에 의해 개발되었다. 원자력 현미경은 표면을 스캔하면서 탐침과 표면 사이에 작용하는 힘을 측정하는 날카로운 끝의 탐침을 가지고 있다. 주로 실리콘으로 제작되는 탐침은 나노미터 정도의 곡률을 가지고 있다. 탐침을 시료 표면 가까이 가지고 오면 시료와 탐침 사이에 작용하는 힘에 의해 탐침이 달려 있는 막대가 휘게 된다.

시료와 탐침 사이에 작용하는 힘은 시료의 종류나 표면 상태, 그리고 거리에 따라 역학적 접촉에 의한 힘일 수도 있고, 전기적인 반발력일 수도 있으며, 화학적 결합력에 기인한 것일 수도 있다. 탐침 휘는 정도는 레이저를 이용하여 측정한다. 탐침이 일정한 높이에서 시료 표면을 스캔하면 탐침과 시료가 충돌할 위험이 있다. 따라서 대부분의 경우에는 일정한 세기의 힘이 작용하도록 탐침의 높이를 조절하면서 스캔하는 방법을 사용한다.

원자력 현미경은 주사형 터널 현미경에 비해 여러 가지 장점이 있다. 주사형 터널 현미경은 표면의 2차원 영상을 얻을 수 있는 반면 원자력 현미경은 표면의 3차원 영상을 얻을 수 있다는 것이 가장 큰 장점이다. 이 밖에도 주사형 터널 현미경에 사용될 시료는 금속이나 탄소 코팅과 같은 준비 단계를 거쳐야 하지만 원자력 현미경에 사용될 시료는 그런 준비 단계가 필요 없다. 또한 주사형 터널 현미경은 대부

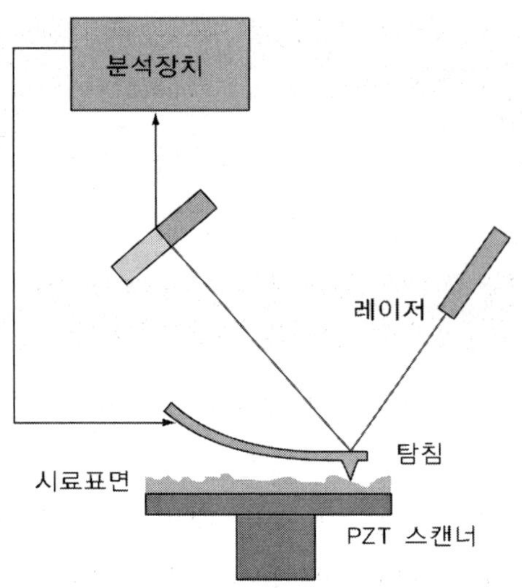

그림 19-9 원자력 현미경의 구조

분의 경우 진공 상태에서 작동하지만 원자력 현미경은 공중 중은 물론 유체 속에서도 사용할 수 있다. 따라서 살아 있는 세포와 같은 생물학적인 시료를 측정하는 데는 원자력 현미경이 적당하다.

나노 크기의 구조물을 만드는 방법은 크게 두 가지로 나눌 수 있다. 하나는 원자와 같이 더 작은 조각들을 모아 나노 크기의 구조를 만들어 가는 아래에서 위로(bottom to up)의 과정이고 다른 하나는 커다란 물체를 기계적으로 절단하여 작은 구조물을 만들어 가는 위에서 아래로(up to bottom)의 과정이다. 현대 화학 지식과 기술을 이용하면 우리는 거의 모든 형태의 분자를 합성할 수 있다. 분자들을 다룰 수 있는 이러한 화학적 기법을 나노기술에 사용하기 위해서는 분자들을 특정한 형태로 배열하여 우리가 원하는 구조물을 만들어낼 수 있어야 한다. 나노 크기에서 분자 하나하나를 조작하여 원하는 구조를 만들어내는 것은 쉬운 일이 아닐 뿐만 아니라 능률적이지도 않다. 따라서 분자를 합성하는 기술을 나노기술에 응용하기 위해서는 분자가 스스로 더 큰 구조를 만들어내도록 통제하는 것이니 효과적이다. 이렇게 간단한 분자 사이의 결합을 통제하여 원하는 구조를 만들어내는 것이 아래서 위로의 기법이다. 아직 이런 방법이 나노기술에서 널리 사용되고 있지는 않지만 생명체의 복잡한 구조가 만들어지는 과정이 바로 이런 과정이고 보면 앞으로 나노기술에서 이런 방법이 널리 시도되고 사용될 것이다.

나노기술은 때로 나노 가공을 가리키기도 한다. 다시 말해 원자와 원자 또는 분자와 분자를 조합하여 분자 단위에서 작동하는 작은 기계를 만들어내는 기술을 뜻한다. 이것은 화학적인 방법으로 나노 구조물을 만들어내는 것과는 다르다. 드렉셀러가 처음 나노기술을 언급했을 때 염두에 두었던 것도 이러한 기술이었다. 그러나 원자를 결합하여 원하는 결합 강도를 가진 특정한 구조를 만들어내는 일은 매우 어려운 일이다. 화학적인 방법을 사용하지 않고 기계적인 방법으로 분자 단위의 구조를 만드는 기술은 아직 걸음마 단계에 있다. 그러나 코넬대학의 호(Ho)와 리(Lee)는 1999년 주사형 터널 현미경을 이용하여 평평한 은 결정 위에서 전압을 가하여 일산화탄소(CO) 분자와 철(Fe) 분자를 결합시키는 데 성공하였다. 또한 로렌스 버클리 연구소와 캘리포니아대학 버클리 캠퍼스의 알렉스 제텔(Alex Zettl)과 그의 동료들은 기계적인 방법으로 컴퓨터로 전압의 세기를 조절하여 작동시키는 분자 단위의 기계장치를 만들어내는 데 성공하였다.

나노기술은 크기를 나타내는 말이기 때문에 그 응용분야를 제한하지 않는다. 따라서 나노기술은 다양한 분야에서 응용하는 것이 가능하다. 우선 나노기술은 새로운 재료의 개발과 제조공정의 혁신에 널리 사용될 것이다. 물리학 분야에서 활발한 연구가 진행되고 있는 탄소 나노 튜브의 개발은 나노기술이 재료 분야에 사용될 중요한 예이다. 탄소 원자만으로 길고 가는 원통형 구조를 이루고 있는 탄소 나노 튜브는 지름은 수 나노미터에서 수십 나노미터이지만 길이는 10마이크로미터가 넘는다. 독특한 구조를 가지고 있는 탄소 나노 튜브는 가벼우면서도 강철보다 단면적 대비

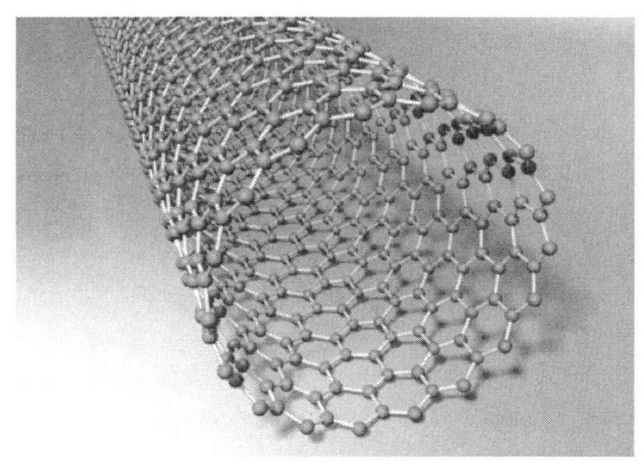

그림 19-10 탄소 나노 튜브

20배, 밀도 대비 80배의 탁월한 기계적 강도를 가지고 있는 초경량 고강도 섬유이다. 탄소 나노 튜브는 이외에도 감기는 방법에 따라 때로는 도체로 때로는 반도체로 작용하는 특이한 전기적 특정으로 그 응용 범위가 넓다. 탄소 나노 튜브는 이미 투명 전극, 평면 패널 디스플레이, 태양전지, 나노 구조를 위한 접착제, 전지용 적극의 소재로 사용되고 있으며 앞으로 그 용도가 더욱 넓어질 것으로 보인다.

나노기술은 생명과학 분야에서도 널리 사용될 전망이다. 나노 구조물은 체내에서 작동하는 원격 제어가 가능한 장치를 개발하는 데 사용될 수 있을 것이며, 약물이 필요한 곳에 전달하여 최대의 효과를 나타내도록 하는 데도 사용될 수 있을 것이다. 그런가 하면 신체 내 특정 부위를 검진하고 진단하는 방법에도 혁신적인 변화를 가져올 수 있을 것이다. 나노기술은 또한 전자 분야에도 큰 변화를 가져올 것이다. 차세대 고성능 디스플레이 장치 개발, 새로운 레이저의 개발, 초고밀도의 3차원 메모리 개발, 폴리머 태양전지 개발, 체내 삽입용 전지의 개발 등 다양한 전자공학 분야에서 나노기술의 응용가능성이 연구되고 있다.

나노기술은 섬유 분야에도 응용될 수 있을 것이다. 섬유가 특수한 성질을 가지도록 나노 코팅을 할 수도 있을 것이고, 각종 센서를 부착할 수 있는 섬유도 개발할 수 있을 것이며, 항상 건강을 체크할 수 있는 스마트 의류의 개발에도 사용될 수 있을 것이다. 나노기술은 또한 환경 친화적이며, 에너지 절감형 자동차나 비행기를 개발하는 데도 이용될 수 있을 것이다. 이 밖에도 나노 기술의 응용 가능성은 아주 많다. 그러나 나노 구조물이 가져올 환경 파괴 가능성과 인체에 유해한 요소에 대해서도 관심을 기울여야 한다고 과학자들은 주의를 환기시키고 있다.

20장

20세기의 마지막 과학 혁명 - 카오스 과학

1 비선형 동력과 나비효과

근대 과학의 과학적, 철학적, 정신적 지주였던 뉴턴 역학이 세상에 등장한 것은 1687년의 일이었다. 뉴턴 역학은 물리학에서는 물론 생물, 화학과 같은 다른 과학 분야에도 많은 영향을 끼치면서 근대 과학을 이끌어 왔다. 뉴턴 역학의 계산에 의해 그 존재가 예언되었던 해왕성의 발견은 뉴턴 역학의 신뢰를 한층 더 높게 했다. 이러한 성공으로 인해 19세기의 과학자들은 이제 뉴턴 역학으로 모든 자연의 문제들을 모두 이해할 수 있을 것으로 믿게 되었다. 당시의 학자들이 실제로 역학적으로 분석해 낼 수 있었던 것은 자연의 여러 가지 복잡한 현상 중에서 간단한 몇몇 현상에 지나지 않았지만, 이러한 간단한 현상에 대한 분석에서 이룩한 큰 성공은 과학자들로 하여금 자연의 모든 현상을 분석해 낼 수 있는 도구를 가지고 있다고 믿게 하기에 충분하였다.

그들의 도구는 뉴턴 역학과 수학이었다. 과학자들은 그들이 아직 자연의 문제를 모두 이해하지 못한 것은 그들이 사용하는 도구가 잘못되었기 때문이라고는 생각하지 않았다. 과학자들은 다만 그들의 도구를 좀 더 세련되게 다듬을 필요가 있다고 생각하였다. 그래서 그들이 사용하는 도구가 좀 더 세련되어 지면 자연의 모든 현상은 지금까지의 방법에 의해 모두 이해되어질 것이라고 확신하고 있었다.

그들은 자연에서 일어나는 모든 현상은 정확히 역학법칙에 따라 운동하고 있으므로 어떤 순간의 상태를 정확히 알면 다음 순간 어떤 일이 일어날 것인지를 정확하게 예측할 수 있을 것이라고 생각하였다. 이러한 생각은 뉴턴 역학을 수학적으로 크게 발전시킨 라플라스(Pierre-Simon Laplace, 1749~1827)에 이르러 절정을 이루었다. 라플라스는 어떤 순간 우주에 있는 모든 입자들의 위치와 속도를 알 수 있다면 운동 방정식으로부터 우주의 미래를 예측할 수 있을 것이라고 생각하였다. 이러한 결정론에 의하면 같은 초기 조건에서 출발한 우주는 단 하나의 결과밖에는 가져올 수 없으므로 우주가 처음부터 새로 시작한다고 해도 초기조건이 같다면 모든 일들이 그대로 재연될 것이라고 하였다.

그런데 1963년에 미국의 기상학자 로렌츠(Edward Norton Lorenz, 1917~2008)는 다양한 기상현상을 기술할 수 있는 기상 모델을 찾기 위하여 세 개의 변수와 세 개의 방정식으로 이루어신 연립방정식을 초보적인 김퓨터를 이용하여 풀려고 시도하였다. 방정식의 해는 매개변수의 값에 따라 크게 달라지는데 어떤 매개변수 값에서는 매우 불규칙한 결과를 나타내었다. 그의 기상 모델은 매우 간단한 모델이었지만 나타난 결과는 매우 복잡하고 불규칙한 것이었다.

이것은 매우 놀라운 발견이라고 할 수 있다. 오랫동안 우리는 복잡한 자연현상은 복잡한 방정식으로 표현될 것으로 짐작하고 있었다. 그런데 간단한 방정식으로부터 복잡한 현상이 나타날 수 있다는 것은 우리 주위에 복잡한 현상들을 간단한 방정식으로 나타낼 수 있는 가능성을 보여 준 것이었다. 그동안 복잡한 현상이라고 생각하여 다루기를 꺼려하던 많은 현상들을 간단한 방법으로 다룰 수 있을 지도 모른다는 생각을 갖게 하였다.

로렌츠가 그의 기상 모델을 이용한 분석에서 또 하나 알게 된 것은 이 방정식들의 해가 초기조건에 매우 민감하다는 것이었다. 약간 다른 초기조건을 이용하면 처음에는 비슷한 운동을 하지만 점차 그 차이가 증폭되어 긴 시간이 흐른 후에는 전혀 다른 운동을 하게 된다는 것을 알게 되었다. 이렇게 결과가 초기조건에 민감하게 의존하는 현상을 나비효과(butterfly effect)라고 부른다. 로렌츠가 그의 기상 모델

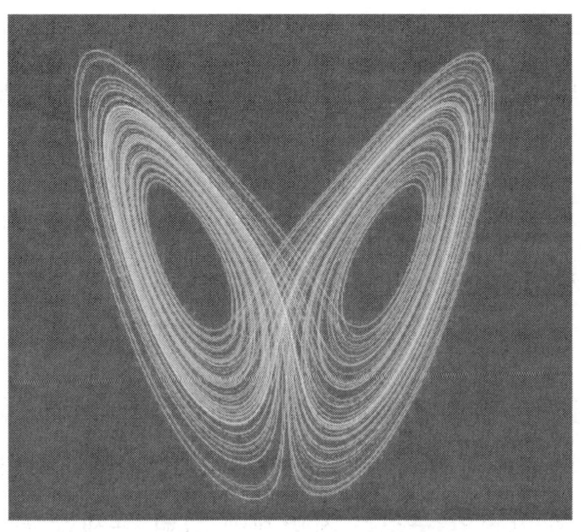

그림 20-1 로렌츠의 끌개

에서 발견한 나비효과는 비선형 방정식으로 표현되는 역학계의 공통적인 현상이라는 것이 밝혀져 비선형 방정식을 선형 방정식으로 근사시켜 해를 구해 온 종래의 방법에 문제가 있음을 알게 해 주었다.

오랫동안 대부분의 전통적인 물리학자들은 잘 풀려지지 않는 비선형 방정식을 푸는 대신 비선형 방정식을 그 식에 가장 근사한 선형 방정식으로 바꾸어 문제를 풀어 왔다. 그들의 기본적인 생각은 자연 현상은 선형 방정식으로 주어지는 기본 질서가 주를 이루고 비선형 항은 이 주된 흐름에 작은 섭동을 일으키지만 곧 사라지는 것으로 생각하였다. 어떤 분야에서는 이런 분석 방법이 큰 성공을 거두기도 하였다.

그러나 자연의 실제 모습은 그런 물리학자들의 이상과는 다르다는 것이 밝혀지기 시작한 것이다. 로렌츠가 그의 기상 모델에서 발견한 나비효과는 비선형 항이 작용한 결과이다. 비선형 항이 들어 있는 방정식의 정확한 해를 구하는 것은 불가능하므로 그동안 근사적인 해만 구해서 그 결과가 선형 방정식의 해와 큰 차이가 없다는 것을 보이는 것으로 만족했으므로 오랜 시간 후에 큰 차이가 난다는 사실이 묻혀 왔었다.

그런데 로렌츠는 매우 초보이긴 했지만 컴퓨터를 사용하여 오랜 시간이 지난 후 비선형 방정식의 해가 어떻게 되는지 알아볼 수 있었기 때문에 이러한 현상을 발견할 수 있었다. 로렌츠가 그의 기상 모델에서 알게 된 또 하나의 사실은 그가 얻은 방정식의 해가 위상공간에서는 복잡한 기하학적인 구조로 나타난다는 사실이었다.

2 프랙탈 기하학

따라서 혼돈현상이라고 부르는 이러한 복잡한 현상을 이해하기 위해서는 위상공간에 나타나는 이러한 기하학적 구조를 이해하는 것이 필요하다는 것을 알게 되었다. 그런데 이러한 기하학적인 구조는 자연계에 널리 존재한다는 것이 이미 물리학이 아닌 다른 분야에서 연구되어지고 있었다. 그러한 기하학적 구조가 바로 프랙탈(fractal)이라고 부르는 기하학적 구조이다. 로렌츠의 이러한 발견은 혼돈현상을 해석하는 새로운 가능성을 제시하는 것이었다.

나뭇가지들이 일정한 거리의 비가 되는 점에서 두 가지로 갈라져 가면 가지의 어느 부분을 선택하여 확대를 해도 전체의 나무 모양과 같은 모양을 얻을 수 있다. 이러한 성질을 자기 유사성이라고 한다. 자기 유사성을 가지는 이러한 기하학적 구조를 프랙탈 구조라고 한다.

허파에서 동맥이 갈라져서 실핏줄을 이루는 구조 역시 자연에서 프랙탈 구조를 하고 있는 대표적인 예이다. 허파로 들어오는 하나의 동맥은 계속 갈라져서 공기와 실핏줄의 접촉면을 최대로 하여 가장 효율적으로 산소의 교환이 일어날 수 있도록 하는 허파꽈리를 형성하게 되는 것이다.

우리를 항상 경탄하게 하는 아름다운 눈송이도 프랙탈 구조로 되어 있다. 한 변의 길이가 1인 정삼각형을 생각해 보자. 이 정삼각형의 세 변 위에서 한 변의 길이를 3등분하여 가운데 부분에 3등분된 길이를 한 변의 길이로 하는 정삼각형 세 개를 만들자. 그리고 다음에는 이렇게 만들어진 작은 삼각형의 모든 변 위에서 같은 일을 반복해 보자. 이런 일을 계속해 나가면 눈송이 모양의 아름다운 구조가 나타나는 것을 알 수 있을 것이다. 이런 구조를 코흐의 곡선이라고 부르는데 실제의 눈송이 모양은 이런 구조를 바탕으로 하고 있다.

이러한 프랙탈 구조는 자연의 구조물에는 물론 수학적 분석, 생태학의 로지스틱

그림 20-2 나뭇잎의 프랙탈 구조

맵, 위상공간에 나타내진 동역학의 운동 모형 등 곳곳에서 발견되어 자연이 가지는 기본적인 구조라는 것을 알게 되었다.

공간구조로서의 프랙탈과 비선형 동역학은 위상공간에서 만나게 된다. 따라서 프랙탈 구조에 대한 이해를 통하여 불규칙해 보이는 자연의 공간적인 구조 속에서 그 속에 내재해 있는 규칙을 찾아낼 수 있고, 혼란스러워 보이는 비선형 동력학의 현상을 지배하는 규칙도 찾아낼 수 있게 된 것이다. 따라서 프랙탈 기하학은 혼란스러워 보이는 현상을 설명하는 새로운 언어로 등장하게 된 것이다.

위상공간의 각 점은 운동 상태를 나타낸다. 따라서 오랜 시간이 흐른 후에 운동하는 질점이 일정한 운동 상태로 다가가 안정한 상태가 된다면 위상공간에서는 운동 상태가 한 점으로 다가가는 것으로 나타날 것이다.

예를 들어 감쇄 동의 경우에는 저항력으로 인해 점점 에너지가 줄어들어 마침내는 평형점에 멈추어 서게 되는데 이 평형점은 위상공간에서 원점이다. 이런 경우에 감쇄진동은 위상공간에서 원점으로 수렴하는 것으로 나타날 것이다. 그러나 저항력이 없는 조화진동에서는 한없이 진동을 계속하므로 위상공간에서 조화진동을 나타내는 궤적은 원이다.

이렇게 오랜 시간이 지난 후에 어떤 계가 안정된 상태로 수렴하게 될 때 위상공간에서 이 안정한 상태를 나타내는 궤적을 끌개라고 한다. 감쇄진동인 경우에는 원점이 끌개가 된다. 그리고 조화진동의 경우에는 원이 끌개가 된다. 이와 같이 끌개는 위상공간 위의 한 점일 수도 있지만 원과 같은 기하학적인 도형으로 나타나기도 한다. 혼돈 운동의 끌개를 위상공간에 그려보면 전형적인 프랙탈 구조를 하고 있다. 이렇게 프랙탈 구조를 갖는 끌개를 기이한 끌개라고 한다.

이렇게 해서 자연에 존재하는 기본 구조인 프랙탈 구조와 혼돈스런 비선형 운동과의 관계가 밝혀졌다. 따라서 프랙탈 구조에 대한 이해는 혼돈운동을 이해하는 데 매우 중요하다는 것을 알게 되었다. 이제 물리학에서는 혼돈스런 운동을 분석할 수 있는 새로운 강력한 분석방법을 갖게 된 것이다.

이러한 발견은 물리학계는 물론 과학 전체에 큰 충격을 주었다. 자연에서 흔히 발견되는 무질서하고 혼란스런 운동도 규칙운동과 같이 잘 정의된 방정식으로 나타날 수 있는 운동의 한 부분이고 따라서 규칙운동과 같이 분석할 수 있다는 것이다. 이렇게 그 생성원인을 알 수 있어서 새로운 방법으로 분석이 가능한 혼돈현상은 그 원인을 알 수 없어서 분석이 가능하지 않은 소음과는 다르다.

따라서 이러한 혼돈현상을 결정론적 혼돈이라고 부른다. 결정론이라는 말과 혼돈이라는 말이 상반되는 뜻을 가지고 있지만 비선형 동역학에서 다루고 있는 혼돈현상을 나타내는 데는 적당한 표현이다. 지금까지 전통적인 방법으로 파악되지 않아서 혼돈으로 치부되던 많은 현상들이 새로운 방법에 의해 분석 가능해짐으로 우리가 분석 가능한 자연 현상의 영역은 매우 넓어졌다. 아직 시작된 지 얼마 안 되는 혼돈과학의 연구가 진척되면 앞으로 자연에 대한 이해가 훨씬 넓고 깊어질 것이다.

21장

동양의 과학과 기술

1 중국의 과학과 기술

흔히들 서양은 자연과학을 비롯한 문화가 발달된 사회이고 동양은 서양에 비해 뒤떨어진 사회라는 생각을 가지고 있다. 그러나 사실 서양의 현대 문명은 서양적인 것과 동양적인 것이 혼합되어 나타난 결과이다. 더구나 오늘날 서양의 과학 문명을 지탱하고 있는 발명과 발견의 많은 부분은 동양에서 이루어져서 서양으로 전래되었다. 그러나 근대 과학 혁명 이후 서양의 과학 문명이 급속도로 발전하여 서양의 과학이 동양을 압도하게 되었다. 그 결과 동양이 서양의 과학과 기술의 진보에 공헌한 것은 잊혀지고 동양은 서양에 비해 열등한 문화권으로 인식되고 동양인은 서양인에 비해 열등한 인종으로 취급되기에까지 이르렀다.

이렇게 생각하는 것은 서양 사람들뿐만 아니라 동양 사람들도 마찬가지여서 서양 사람들은 자신들이 이룩한 모든 것을 동양 사람들보다 뛰어난 자신들의 능력의 결과로 돌리고, 동양 사람들은 경외심에 찬 눈으로 서양의 현대 문명을 바라보고 있는 실정이다.

그러나 최근의 과학사학자들, 특히 영국의 조셉 니덤(Joseph Needham, 1900~1995)과 같은 학자들의 노력에 의해 동양, 그 중에서도 중국의 과학 기술이 서양의 과학보다 얼마나 앞섰고, 또 동양의 앞선 과학 기술과 서양의 현대 과학의 성립에 어떤 공헌을 하였는지에 대하여 알려지게 되었다.

조셉 니덤은 영국 사람으로 케임브리지에서 발생학을 연구하던 생화학자였다. 그러던 그가 중국에 관심을 가지게 된 것은 중국인과 친교를 맺게 되면서 중국이 인류 문명의 진정한 발견자라는 이야기를 듣고부터라고 전해지고 있다. 그는 실제로 고대 중국 문헌을 통해 그 사실을 확인하고는 그 후 40여 년간을 중국의 과학에 대하여 연구하고 『중국의 과학과 문명』이라는 대저술을 집필하였다. 『중국의 과학과 문명』은 서양과 동양사람 모두에게 동양의 과학을 새롭게 인식하는 계기를 제공하고 있다.

(1) 은 왕조와 주 왕조 시대

중국에 문명이 등장한 것은 약 5,000년 전에 황하 강 유역을 중심으로 농경생활을 시작하면서부터였다. 그러나 유사 이전의 중국의 문명에 대해서는 하 왕조, 은 왕조에 관한 여러 가지 전설과 출토된 유물에 의하여 짐작할 뿐이고 정확한 내용을 알 수 없다. 그러나 은나라의 수도였던 안양에서 출토된 많은 유물들과 갑골문자의 해독을 통해 은 왕조시대였던 BC 14세기에 이미 중국에서는 한자가 사용되기 시작했고, 청동이 중요한 재료로 사용되었으며, 천문역산의 기초가 마련되고 있음을 알 수 있다. 이 시기에 이미 10진법이 사용되었던 것도 갑골문자의 해독으로 밝혀졌다.

은 왕조 이전부터 이미 사용되기 시작했던 것으로 보이는 청동기는 은 왕조 이후부터는 널리 사용되었다. 안양에서 출토된 유물 중에는 무게가 875 kg이나 되고 높이가 1 m나 되는 청동제기가 있는데 이는 당시의 청동기 기술 수준을 짐작케 해준다. 안양에서 발견된 도가니에서는 1,200도의 높은 온도에서 청동을 녹여 주조했던 것으로 보인다.

중국에서 일찍부터 발달된 기술 중에는 방직기술이 있다. 은 왕조 이전부터 중국에서는 양잠이 시작되었다. 중국에서는 농업 생산성을 높이기 위한 영농 기술도 일찍부터 발전하여 여러 가지 농기계구들이 사용되었다. 이러한 농기구들의 사용은 서양보다 적어도 2,000년 이상 앞선 것이었다.

농작물을 이랑에 재배하고 철저히 제초를 해 주는 영농기술은 BC 6세기부터 이미 중국에서는 사용되고 있었다. 그러나 이러한 영농기술이 서양에 도입된 것은 1700년대이었다. 또한 중국에서는 BC 6세기경에 주철로 된 괭이가 보급되어 농경에 사용되었고 여러 가지 쇠쟁기가 사용되었다.

동력이 없었던 예전에는 서양이나 동양에서 다같이 말과 소가 동력원으로 이용되었는데 이 때 말이나 소에 마차를 연결하는 마구도 중국에서는 매우 오래 전부터 발달하였다. 말에게 무리를 가하지 않으면서도 말의 힘을 마차에 효과적으로 전달하는 마구의 발달은 매우 중요한 것이었다. 중국에서는 BC 3세기경부터 쇄골걸이 마구를 사용하여 말의 힘을 효율적으로 사용하는 방법을 알고 있었다. 그 외에도 파종기라든지 탈곡기와 같은 농기계들이 일찍부터 사용되었다.

(2) 춘추전국시대

은 왕조는 BC 12세기에 주왕조로 대치되었고, BC 8세기 이후에는 제자백가가 활동하던 춘추전국시대라고 불리는 혼란한 시대가 계속되었다. 이 시기에 중국의 고대 문명은 절정기를 맞게 되고 자연철학도 확립하게 되었다. 주 왕조시대에는 천문을 이용하여 점을 치던 점성술이 성행하였다. 따라서 천문관측이 크게 진보되어 일식, 혜성의 출현 등이 관측되어 기록되었다. 『시경(詩經)』, 『예기(禮記)』, 『춘추(春秋)』에는 일식과 혜성에 관한 많은 기록이 남아 있다. 특히 『춘추』에는 37회의 일식이 기록되어 있는데 이 중의 대부분은 실제로 있었던 일식이라는 것이 확인되었다. 이 당시에는 이미 하늘의 황도를 28개의 별자리로 나누어 28수라고 불렀다. 또 황도를 12개의 같은 간격으로 나누어 12차라 하기도 하였다.

이러한 천문 관측의 발달로 역법이 발달하여 태양의 운동과 달의 운동을 기초로 한 태음태양력이 확립되었다. 주 왕조시대에 이미 확립된 태음태양력에서는 19년마다 7번의 윤달을 넣어 달의 운동 주기인 삭망월과 태양의 1년 주기인 회귀년을 조화시켰다. 이러한 역법은 메소포타미아를 거쳐 그리스에까지 전해지는데 그리스에서는 이것을 메톤주기라고 하였다.

중국에서는 일찍부터 의학도 매우 발달하였다. BC 8세기에서 4세기 사이의 어느 시기에 살았을 것으로 추정되는 편작은 중국 의학의 태두라고 할 수 있다. 편작은 주술적인 치료방법으로부터 탈피하여 합리적인 방법으로 질병을 치료하도록 하는 데 크게 공헌하였다. 그는 무속을 의술과 구별하여 사람의 병이 낫지 않는 6가지 이유 중의 하나로 질병의 치료를 의술에 의존하지 않고 무속에 의존하는 것을 들었다.

중국의 자연관은 춘추전국시대에 활약한 학자들에 의해서 정립되었다. 이 시기에 중국에는 수많은 학파와 학자가 등장하는데 그 중에서 과학 기술 분야에 영향을 준 학파는 후에 중국 사상의 주류가 되었던 유가와 도가, 그리고 묵가였다. 중국 역사에 가장 큰 영향을 끼쳤던 유가는 자연문제에 큰 관심을 보이지 않았고 인간의 도덕과 윤리의 문제를 중점적으로 다루었다. 반면에 도가는 자연에 관심을 주기는 했지만 자연에 인위를 가하기보다는 자연으로 돌아갈 것을 권장하였다. 따라서 도가의 제자들이 자연에 관심을 가지고 자연에 대한 지식을 습득했다고 해도 그것이 서양에서처럼 자연을 개조하고 이용하는 데 사용되지 못하였다.

그러나 묵가의 생각은 달랐다. 묵가는 인위를 강조하여 인간에 이롭기 위해서는 적극적으로 자연을 개조할 것을 권장하였다. 묵가의 저술에는 광학, 역학 등의 내용이 포함되어 있어서 묵가의 자연관을 엿볼 수 있게 해준다. 그러나 묵가의 생각은 중국의 사상의 주류에서 밀려나게 되어 후세에 큰 영향을 비치지 못하였다.

(3) 한(漢)나라 시대

수많은 나라가 패권을 겨루던 춘추전국시대는 진시황의 통일로 막을 내렸다. 그러나 진나라는 오래 계속되지 못하였다. 진나라 이후 중국을 다시 통일한 한나라는 전한과 후한을 합하여 약 400년 동안 중국을 통치하였다. 한 왕조시대에는 춘추전국시대의 사상과 과학 기술을 계승하고 발전시켜 많은 분야에서 큰 발전이 있었다.

전한의 한 무제 때의 대표적인 학자인 동중서(董仲舒, BC 179~104)는 자연현상을 신격을 가진 하늘 뜻으로 파악하고 일식, 혜성의 출현과 같은 천문 이상은 정치적 잘못을 경고하기 위한 것이라고 주장하였다. 그는 나아가 천문의 이상뿐만 아니라 기상현상, 동식물의 이상도 모두 정치의 잘못에 기인한다고 주장했는데 이런 생각은 중국의 정치에는 물론 우리나라의 정치에도 오랫동안 큰 영향을 주었다.

그러나 후한시대의 왕충(王充, 27~100)은 동중서의 생각을 비판하고 하늘(天)의 신성을 부인하고 일식이나 월식은 이상 현상이 아니라 주기적으로 반복되는 자연현상일 뿐이라고 주장하기도 하였다. 왕충의 이런 생각은 매우 합리적이었으며 과학적이었다. 그러나 후대에 크게 영향을 주지는 못하였다.

한 왕조시대의 우주관으로는 개천설과 혼천설이 가장 널리 알려져 있다. 개천설에서는 하늘이 우산과 같은 둥근 뚜껑이고 그 아래 평평한 땅이 있다고 설명하였다. 혼천설에서는 하늘은 달걀 껍질과 같고 땅은 달걀의 노른자와 같아서 하늘이 땅을 둘러싸고 있다고 설명하였다. 또 한 왕조시대에는 천문관측 방법이 정교해져서 행성의 위치가 도 단위까지 정밀하게 측정되었다. 이러한 정밀 측정을 위해서 혼천의라는 천문관측 기구가 제작되어 사용되었다. 혼천의는 우리나라에도 전해져서 신라시대에 세워진 첨성대 윗부분에 혼천의를 설치하고 천문관측을 하였을 것이라고 주장하는 학자들도 있다.

이러한 관측기술의 발달로 BC 4세기에 이미 태양의 흑점을 발견하고 그것이 태양 표면의 현상이라고 설명하였다. 서양에서 17세기까지도 흑점이나 혜성을 기상현상이거나 수성이나 금성이 태양을 일시적으로 가리기 때문에 나타나는 현상이라고 설명한 것보다는 훨씬 앞선 것이었다.

한나라 시대에는 천문관측과 함께 역법도 발달하여 날짜 계산은 물론 천문 계산에도 사용되어 일식과 월식이 예보되고 행성의 위치가 계산되었다. 이 시기에는 또한 하루 동안의 시간의 흐름을 재기 위하여 해시계, 물시계와 같은 시계가 제작되어 사용되었다. 하루를 12시로 나누는 방법도 이 시기에 확립되었다. 이러한 시간 계산법은 우리나라에도 전해져서 사용되었다.

한대에는 수학도 크게 발전했는데 『구장산술(九章散述)』은 당시에 편찬된 수학책들 중에 가장 대표적인 책이다. 이 책은 9장으로 되어 있는데 246개의 구체적인 문제들이 문, 답, 술의 순서로 기술되어 있다. 『구장산술』은 우리나라에도 전해져서 통일신라와 고려시대의 수학 교육의 가장 중요한 교과서로 사용되었다.

중국의 의학은 한나라 시대에 와서 집대성되어 정리되었는데 이 시기에 편찬된 『황제내경(皇帝內經)』은 중국 최고의 의학서로 간주되고 있다. 서양에서는 윌리엄 하비가 1628년에 최초로 혈액 순환설을 발표했지만 BC 2세기에 기록된 황제내경에는 이미 혈액순환설이 기록되어 있는 것으로 보아 실제는 이보다 훨씬 앞선 시대부터 혈액 순환설을 알고 있었을 것으로 보여 진다. 고대의 중국인들은 체액이 두 갈래의 순환 경로를 따라 순환한다고 생각하였다. 심장이 뿜어낸 혈액은 동맥과 정맥

그리고 모세혈관을 흐르고, 순수한 형태의 에너지인 기(氣)는 폐에서 분출되어 눈에 보이지 않는 길을 따라 체내를 순환한다고 주장했는데 이러한 주장은 현재에도 그대로 받아들여지고 있다. 중국의 침술은 이러한 이원적 체액 순환론의 결과이다. 후한의 장기가 지은 『상한론(傷寒論)』은 고대 임상의학의 대표적인 저서이다.

한 왕조시대에 발전하여 전 세계의 문명에 가장 큰 영향을 끼친 것은 아마 제지법일 것이다. 제지법을 비롯하여 중국에서 처음 사용되기 시작했다고 여겨지는 인쇄술, 나침반, 화약이 서양으로 어떻게 전파되었는지에 대해서는 이미 앞에서 자세히 살펴보았으므로 여기서는 자세한 설명을 하지 않겠다.

(4) 당대의 과학 기술

한 왕조가 멸망한 후 약 3세기 동안 통일을 이루지 못하던 중국은 수양제에 의해 통일되지만 수(隋)는 곧 당(唐)에게 중국을 넘겨주었다. 당은 7세기에서 9세기까지 약 300년 동안 중국을 통치하였다. 당나라시대에도 한나라시대의 수학과 천문역법이 계승되어 발전되었고 의학 분야에서도 큰 발전이 있었다.

당나라 시대에는 특히 동진 시대에 발견된 세차 운동이 정밀하게 측정되어 76년에 1도 정도 춘분점이 옮겨간다는 것을 알게 되었다. 이 시기에는 인도의 숫자가 전해지고 불교적 점성술이 나타나기도 하였다. 약학이라고 할 수 있는 약초에 대한 연구가 성행하여 365종의 약초에 대해서 설명하고 있는 『신농본초경』과 같은 책이 6세기 초에 저술되었다.

(5) 송 왕조시대의 새로운 자연관

송 왕조는 북송과 남송을 합해 10세기부터 13세기까지 약 300년 동안 중국을 지배하였다. 송나라시대는 성리학으로 대표되는 신유학 운동이 크게 일어났던 시기이다. 공자에서 출발한 유학은 전한시대의 학자였던 동중서에 의해 종교적인 성격을 띠게 되었다. 그리고 자연의 모든 현상을 정치적인 사건과 결부시키려는 불합리성도 지니고 있었다.

신유학에서는 인간사에 간섭하는 인격신으로서의 하늘(天)을 부정하고, 우주변화의 근원을 태극의 개념으로 설명하려고 하였다. 성리학을 대표하는 주희(朱熹,

朱子, 1130~1200)는 태극을 이중지리(理中之理)라고 하여 만물의 근원으로 보았고 태극이 세상에서 작용할 때는 이(理)와 기(氣)로써 나타난다고 주장하였다. 그러나 신유학에서도 동중서의 재이설(災異說)은 그대로 계승되었다. 그것은 자연의 원리인 태극과 인간사가 무관한 존재라고 생각하지 않았기 때문이었다. 그들은 인간은 자연의 축소판이며 인간사는 자연의 원리에 의해 되어 나간다고 생각하였다. 신유학자들 중에는 세상의 모든 변화를 수에 원인을 둔 상의 변화로 보아 피타고라스학파가 만물을 수의 조화로 보았던 것과 비슷한 생각을 가지고 있었던 사람도 있었다.

송대에는 수학분야에서도 큰 발전이 있었다. 한 왕조시대의 『구장산술』을 본 뜬 『수서구장(數書九章)』에는 방정식의 풀이법이 실려 있는데 10차 방정식의 풀이를 예로 들기도 하였다. 특히 1원 고차 방정식의 해법이 잘 발달했었는데 이를 천원술(天元術)이라고 하였다. 이러한 방정식의 풀이법은 서양보다 적어도 500년이나 앞선 것이었다. 그 외에도 『산학계몽』, 『사원옥감』 등의 수학책이 저술되어 4원 방정식의 풀이, 파스칼의 삼각형이라고 알려진 이항전개식의 계수 등에 대하여 자세하게 설명하고 있다.

송대에는 행성의 운동에 대한 관찰은 물론 항성에 대해서도 체계적인 관측을 실시하였다. 이러한 관측결과를 가지고 1247년에는 세계에서 가장 오래된 천문도인 '순우천문도(淳祐天文圖)'를 돌에 새겨 놓았다. 이 천문도에는 가로 1 m, 세로 2 m의 크기로 1,400개의 별이 나타나 있다. 송의 대표적 천문학자였던 소공은 '수운의상대(水運儀象臺)'라는 시보정치를 갖춘 자동천문시계장치를 만들기도 하였다.

중국의 도자기 역사는 매우 길다. 자기는 점토를 가마에 넣어 500도 내지 1,100도의 고온에서 구워낸 도기(陶器)와는 달리 융해된 점토에 유약이라는 유리질 물질을 발라 약 1,200도 이상의 고온에서 구워 만드는 것으로 고령토를 융해시키는 고온을 만들어내는 기술을 가지고 있던 중국에서 일찍부터 사용되었다. 중국에서 자기의 기원은 1세기까지 거슬러 올라간다.

이렇게 오랜 역사를 가지는 중국의 도자기 제조 기술은 송대에 와서 크게 발전하여, 예술적으로도 매우 세련된 자기가 대량으로 만들어졌다. 이 시대에는 자기의 제조 기술이 고도로 조직화되었고, 분업화되어 있었다. 자기의 제조 기술은 오랫동안 비밀로 지켜져서 유럽에 알려진 것은 훨씬 후의 일이다. 15세기에 가서야 유럽에서 자기가 등장하는데 이때는 아직 자기가 매우 귀해서 봉건 군주와 같은 실력자나 사용할 수 있었다.

(6) 원나라시대의 천문관측

원나라는 몽고족이 세운 나라로 전 중국은 물론 멀리 중동 지방까지를 그 세력하에 두는 거대한 제국을 건설하였다. 이러한 거대한 제국의 건설로 중국과 중동지방을 지배하던 이슬람 문화권과의 교류를 크게 늘렸다. 그 결과 이슬람 천문학이 중국에 들어오게 되었다. 중국의 천문학자 중에는 아랍에 가서 활약한 사람도 있었고, 아랍의 천문학자가 중국에 오기도 하였다. 원의 세조는 몽고에 '회회사천대(回回司天臺)'라는 아랍식 천문대를 세우고, 아랍 역법을 연구하도록 하였다.

이러한 아랍 천문학의 도입으로 프톨레마이오스의『알마게스트』, 유클리드의『기하학원론』등이 중국에 소개되었다. 그러나 이런 서적의 번역 작업은 활발하지 않아서 널리 중국에 영향을 주지는 못하였다.

원대의 천문학자 중에는 전통적 중국 역법을 확립하고 많은 천문관측기구를 제작했던 곽수경이 있다. 곽수경은 왕순과 함께 중국 역법 수시력(授時曆)을 제작하여 역법을 확립시켰다. 곽수경은 이 일을 위해 5년 동안 정밀한 천문관측을 실시했다고 알려져 있다. 그는 또한 간의, 고표, 앙의 등의 천문관측기구를 제작하였는데 이것들은 매우 뛰어난 것이었다. 특히 간의는 아랍에서 전래된 토크튬이라는 천문관측 기계를 개량하여 적도식으로 만든 것으로 아직도 실물이 보존되어 있다. 우리나라에서도 세종 조에 천문관측기구들이 다수 제작되어 천문관측에 사용되었는데 곽수경이 고안한 기구에 영향을 많이 받았다.

곽수경(郭守敬, 1231~1316)

곽수경은 중국 원나라시대의 천문학자로 천체관측과 역법의 정리에 크게 공헌하였다. 1276년 비서감에서 실시한 역법의 개정을 위하여 천문관측을 하였다. 후에 태사원으로 옮겨 왕순 등과 함께 역법을 고쳐 수시력을 만들었다. 위구르 역법의 영향을 받은 것으로 알려진 수시력은 1282년 21권이 완성되어 황제에게 바쳤다. 수시력은 고려시대에 우리나라에도 도입되어 시헌력이 채택될 때까지 오랫동안 사용되었다. 곽수경은 또한 아랍 천문관측기기를 도입하여 여러 가지 관측기구를 설계하여 제작하기도 하였다.

(7) 명나라시대의 의학

명대에는 천문역법에서는 별다른 진전을 보이지 않았다. 그러나 의학 분야에서는 뚜렷한 발전이 있어 이시진의 『본초강목(本草綱目)』과 같은 대저서가 편찬되기도 하였다. 『본초강목』에는 중국의 약학인 본초학이 잘 정리되어 있는데 1,880 항목에 대하여 그 약효를 설명하고 있다. 그리고 각 항목을 16부로 나누고 그것을 다시 60류로 분류하였는데 광물, 식물, 동물이 총 망라되어 있다.

명대에는 『천공개물(天工開物)』이라는 기술전서가 편찬되기도 했는데 이 책은 중국의 전통 기술 전반을 그림과 함께 설명하고 있다. 이 책에는 곡물의 소개와 비료, 재해와 같은 농경기술에서부터 무기 화약의 제조, 인주와 먹의 제조, 술의 양조법 등 중국의 전통적인 기술들을 모두 다루고 있다. 명나라가 멸망할 즈음부터는 사양의 문물이 중국에 조금씩 들어오게 되었다. 지금까지 설명한 바와 같이 15세기 이전에는 중국의 과학과 문명이 서양보다 훨씬 앞선 분야가 많았었다. 그러나 서양에서 있었던 근대 과학 혁명 이후부터는 서양의 과학이 급속도로 발전하여 중국의 과학과 기술을 능가하게 되었다.

이시진(李時珍, 1518~1593)

이시진은 명나라 말기의 약학자로 일생을 의학에 종사하면서 의서를 편찬하였다. 이시진은 35세 되던 1593년에 약물의 기준서를 집대성하는 일에 착수하여 생전에 탈고하였지만, 간행된 것은 그가 죽은 후인 1596년이었다. 이것이 52권으로 된 『본초강목(本草綱目)』이다. 본초강목은 도판 2권에 1,871종의 약품에 대하여 명칭의 유래와 형태, 약효, 약리를 해설하고 처방을 부록으로 달아 놓았다.

서양의 기술 중에서 중국에 가장 먼저 들어온 것은 천문 역법이었다. 천문 역법은 선교사를 통해서 중국에 들어 왔다. 우리에게도 잘 알려진 마테오 리치와 같은 선교사들은 자신들의 종교를 포교할 목적으로 중국에 들어왔다. 그들은 중국인의 호감을 사기 위해 서양 역법을 설명하고 천문 관측기구를 소개하였다.

명나라를 계승한 청나라시대에는 서양 문물이 물밀듯이 중국에 들어왔다. 청나라에 볼모로 잡혀 있다 돌아온 소현세자는 돌아올 때 많은 서양 문물을 가지고 돌아와 우리나라에 서양 문물을 전해 주었는데 그 때 소현세자가 접촉했던 사람이 청나라에 와 있던 서양 선교사 아담 샬이었다. 그러나 중국도 우리나라의 경우와 마찬가지로 서양의 문물을 받아들이는 과정에서 많은 어려움을 겪어야 하였다.

서양 문물을 받아들여 중국을 강하게 만들어야 한다는 주장이 있었는가 하면 서양의 과학이 사실은 별 것이 아니라고 하여 서양 과학을 무시하는 태도를 보인 사람들도 많았다. 청나라는 자신들의 전통적인 철학과 과학을 지키려는 사람들과 새로운 사상을 받아들이려는 사람들 사이의 갈등을 제대로 해결하지 못한 채 불완전하게 서양 문물을 받아들이게 되었다.

그런 와중에서 서양 열강들의 중국 침입 야욕이 노골화되어 청나라는 여러 번의 사변과 전쟁들을 겪게 되었다. 스스로의 노력에 의하여 개방되지 못하고 열강들의 간섭으로 나라가 서양에 문을 연 청나라의 권위는 완전히 실추되고 결국 청조는 멸망하게 되었다. 이런 과정에서 중국 사상과 기술은 서양 문물에 의해 완전히 압도당하게 되는데 그 결과 과연 중국에도 과학이 있었는가 하는 의문을 갖게 하기에 이르렀다.

그러나 지금까지 살펴본 바와 같이 중국을 중심으로 한 동양의 과학과 기술은 오랜 시간 동안 서양보다 훨씬 앞서 있었다. 더구나 서양에서 출발한 물질문명이 여러 가지 문제점을 가지고 있다는 것이 밝혀지는 지금에 와서는 앞섰던 동양 문화의 가치를 다시 생각해 볼 필요가 있다.

2 우리나라의 과학과 기술

(1) 고대의 과학과 기술

우리나라는 세계 4대 문명의 발상지라고 하는 중국의 황하강 문명과 밀접하게 연결되어 있어서 일찍부터 문물이 발전했었다. 중국에서 일찍부터 발달했던 제지법, 인쇄술, 의학 등이 가장 먼저 전파된 곳이 우리나라였다. 더구나 우리 민족은 뛰어난 창의성과 근면성을 바탕으로 중국에서 받아들인 문물을 우리 것으로 소화하고 발전시켜 우리만의 독특한 것으로 만들었다.

우리나라가 자랑하고 있는 인쇄술, 도자기 만드는 기술, 천문 관측, 건축기술, 불교 미술 등은 중국에서 전래되었지만, 우리 조상들이 우리의 것으로 발전시켜 그것을 우리에게 전해 준 중국 본래의 것보다 뛰어난 기술로 발전시킨 대표적인 것들이다.

사계절이 뚜렷하고 산수가 아름다워 사람 살기에 아주 좋은 조건을 갖추고 있는 우리나라에는 오래 전부터 사람들이 살고 있었다. 한반도의 각지에서 구석기시대의 유물이 다수 출토되고 있는 것으로 보아 우리나라에는 구석기시대부터 사람이 살기 시작했을 것이라고 생각되지만 정확한 시기는 알 수가 없다. 그러나 신석기시대에는 전국적으로 사람들이 분포하여 살았음이 틀림없다. 신석기 유물이 전국 각지에서 다량으로 발굴되고 있기 때문이다.

BC 10세기경에 살았을 것으로 추정되는 무문토기인들의 유물은 해안 지방을 중심으로 전국에서 발견되는데 그들의 청동 야금술은 매우 발달했던 것으로 보인다. 우리나라에서 발견되는 초기의 청동기 유물들은 중국의 청동기와 야금 방법에서 차이를 보여 우리나라의 청동기 문화는 중국계가 아닌 북방계일 것이라고 생각된다. 이러한 북방계 청동기 문화는 후에 중국에서 들어온 중국계 청동기 문화와 융합하여 우리의 독특한 청동기 문화가 되었다. 청동기에 적당한 양의 아연을 섞어서 우수한 성질을 가진 청동기를 만드는 기술은 중국에서 발견되지 않는 우리나라의 독특한 기술이었다.

BC 3세기경에는 우리나라에 철기 문화가 전래되었다. 우리나라에 들어온 철기 문화도 두 계통이었을 것으로 생각된다. 하나는 중국의 전국시대에 출현한 철기 문화이고, 하나는 스키타이 계통의 철기 문화였다. 이 무렵부터 우리나라에서는 사암과 활석으로 만든 거푸집을 이용하기 시작하였다. 그 때까지는 돌로 만든 거푸집을 이용하여 청동기를 주조했었다. 거푸집을 사용하는 기술은 청동기와 철기의 주조과정에서 매우 중요한 것으로 거푸집 만드는 기술이 발달했었다는 것은 우리의 주조기술이 상당한 수준이었음을 짐작케 한다.

국보 141호로 지정되어 있는 다뉴세문경은 당시의 청동기 주조기술을 잘 보여주는 대표적인 유물이다. 지름이 21 cm인 이 청동거울 뒷면에는 높이 0.7 mm, 폭 0.22 mm의 13,300개의 세밀한 직선과 100개가 넘는 동심원이 그려져 있다. 당시의 주조기술로 머리카락 굵기의 정교한 선을 그려 넣을 수 있었던 것은 놀라운 사실

그림 21-1 다뉴세문경

이 아닐 수 없다. 아직 어떤 주조법을 이용하여 이러한 정교한 선을 그려 넣을 수 있었는지 밝혀내지 못하고 있다. 특히 우리나라의 청동제품에는 아연의 함량이 높은데 아연은 녹는점이 낮아 구리와 주석의 합금에 첨가하는 것이 어렵다. 청동에 아연을 첨가할 수 있었던 것은 특수한 합금 방법을 터득하고 있었다는 것을 뜻한다.

중국의 철기 문화가 본격적으로 우리나라에 유입된 것은 한사군의 설치 이후의 일이다. 중국에서 들어온 철기 문화의 영향을 받아 한반도의 남부에서는 독특한 토착문화가 발전하였다. 김해 지방을 중심으로 하는 이 토착문화는 철의 생산과 수준 높은 청동기의 제작을 그 특색으로 하고 있다. 이 지방에서 출토된 말 모양의 구리 혁대, 동검 자루 등의 유물은 김해 지방의 뛰어난 청동기 주조 기술을 보여 주는 것이다. 이 지방에서는 철의 제련 기술도 매우 발달하여 북쪽의 낙랑이나 일본까지도 칠을 수출하였다.

BC 1세기경에는 철의 제련과 철기의 제작은 전국에서 행해진 것으로 보인다. 처음에 자연 통풍을 이용하여 사철을 녹인 후에 돌가루를 없애는 방법으로 철을 제련하였을 것으로 생각되지만 차츰 풀무와 같은 송풍장치를 이용하여 높은 온도를 얻을 수 있게 되면서 탄소를 포함하는 강철도 만들어 사용하기 시작하였다.

특히 가야는 동북아 일대로 철제품 생산의 원료가 되는 덩이쇠를 대량으로 수출하였다. 당시에 이미 가야의 덩이쇠를 수입하는 일본의 상인들이 가야에 와서 상주했다는 기록이 남아 있다. 일부 학자들은 이 덩이쇠 무역에 관계하는 상인들이 가야에 상주했던 것을 일본이 임나일본부설로 확대 해석했다고 주장하기도 한다. 또한 가야의 유적지에서 대량으로 출토되고 있는 철제 갑옷은 당시의 제철기술을 알려주는 대표적인 유물이다. 갑옷을 제조하기 위해서는 얇은 철판의 제조 기술이 있어야 하고 이 철판을 이어 붙일 수 있는 리벳팅 기술이 필요하기 때문이다.

우리나라에서 최초로 토기가 만들어졌던 것은 신석기시대인 BC 3000년 정도일 것으로 추정되어 우리나라 토기의 역사는 매우 길다. 당시에 사용되었던 토기는 밑이 뾰족하고 회색이었으며 빗살무늬가 있었다. 이 토기는 모래질의 진흙에 운모와 활석, 석면 따위를 섞어서 만들었던 것으로 보인다. 표면에 무늬가 없는 무문토기는 BC 1000년경부터 사용되기 시작하였다. 그러던 것이 BC 3세기에는 모래를 거의 제거한 고운 진흙으로 엷게 만들고, 표면에 산화철을 입혀서 전면을 갈고 닦은 세련된 토기가 나타났다.

우리나라의 토기가 획기적인 발전을 이룬 것은 1세기경의 김해 지방에서였다. 김해 지방에서는 전래해 온 무문토기 제작법에다가 중국에서 들어온 회도 제작법을 가미하여 새로운 단단한 토기를 제작하였다. 이 토기는 물레를 써서 성형하였고, 종래에 사용되던 개방요 대신에 터널식 등요를 이용하여 1,000도 이상 되는 높은 온도에서 구워 만들었다. 이러한 등요는 조선시대 말까지도 우리나라 도자기를 만드는 데 사용되었다. 김해 지방에서 있었던 물레의 사용과 등요의 사용은 도자기 제조 기술의 급격한 진보였다.

지금까지 살펴본 청동기와 철기의 주조와 토기의 제작 기술만으로도 우리나라에 일찍부터 매우 발달한 기술전통이 있었음을 알 수 있다. 그러한 기술들은 대개 중국이나 북방 민족의 영향을 입었지만 우리나라에서 그 기술을 더욱 발전시켜 독특하고 뛰어난 기술로 향상시켰던 것을 알 수 있다. 이러한 우리나라의 기술 전통은 고대국가시대였던 삼국시대에도 그대로 이어졌다.

(2) 삼국시대의 과학과 기술

고구려의 도읍지였던 통구 일대와 평양 주변에는 고구려의 고분들이 많이 남아 있다. 고구려의 고분은 주로 돌로 만들어진 석총과 흙으로 만든 토총으로 나눠지는데 고분 안에는 벽화가 보존되어 있어 고구려시대의 생활상의 일부를 알 수 있게 해 준다.

고구려의 석총은 아래 부분은 넓고 위로 갈수록 좁아지도록 만들어졌는데 장군총이 그 대표적인 것이다. 반면에 토총은 정방형의 각 변의 이등분점을 연결하여 새로운 정방형을 만들면서 좁혀 올라가는 방법을 사용하였다. 토총의 내부는 큰 석재를 써서 벽과 천장을 쌓아 올렸다. 토총의 현실 네 벽과 천장에는 여러 가지 색채로 채색된 벽화가 남아 있다.

고구려의 고분 중에서 가장 유명한 무용총과 각저총의 천장에는 별자리의 그림이 그려져 있는데 7별자리를 상당히 정확히 나타낸 것으로 보아 당시에 별자리에 대한 상당한 지식을 가지고 있었음을 알 수 있다. 3세기경 고구려에서는 별자리를 돌에 새긴 석각천문도도 제작되었다고 한다. 15세기에 편찬된 『세종실록지리지』에 의하면 평양에는 별을 관측하는 첨성대를 세우기도 했다고 전해진다.

고분의 벽화를 통해서 알 수 있는 고구려인 생활은 매우 발전된 것이었다. 그들은 이미 발방아를 사용하였고, 우물에서 힘을 덜 들이기 위해 한 쪽에 추를 매달아 사용하기도 하였다. 연자 맷돌도 사용되었던 것으로 보이며 소가 끄는 우차도 사용되었다.

1971년에 공주에서 발굴된 무령왕릉(武寧王陵 ; 공주 금성동에 있는 백제 25대 왕인 무령왕과 왕비의 능)의 발견으로 그 동안 제대로 알려지지 않았던 백제의 뛰어난 기술을 알 수 있게 되었다. 무령왕릉은 아름다운 문양을 새긴 벽돌을 쌓아 만든 고분으로 백제의 독특한 양식으로 축조되어 있었다. 또 능 안에서 발견된 각종 부장품 역시 매우 뛰어난 수준임이 증명되었다. 백제의 이런 뛰어난 기술은 신라에도 영향을 주어 경주에 세워졌던 황룡사의 9층탑은 백제의 기술로 세워졌을 정도였다.

백제의 야금기술을 단적으로 보여주는 유물은 일본의 이소노가미 신궁에 보존되어 있는 칠지도이다. 양쪽에 세 개씩 여섯 날이 달린 이 칼은 길이 75 cm인 철검으로 검신에 금상감으로 61자의 명문이 새겨져 있다. 이 기록에 의하면 칠지도는 369년 5월 16일에 만들어졌다. 이 칠지도는 백제의 정련, 주조, 열처리, 단접 그리고 상감 기술 등을 볼 수 있는 대표적인 유물이다.

삼국시대에는 우리나라가 중국은 물론 일본, 멀리 서역과도 교류하였다. 그 중에

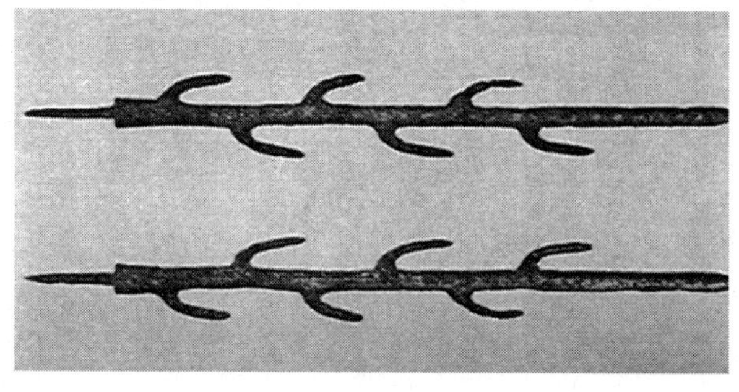

그림 21-2 칠지도의 앞면과 뒷면

서도 일본과의 교류가 가장 활발했던 것은 백제였다. 백제는 4세기 말에 직조, 야금, 양조, 약제 등의 기술을 일본에 전해 주었다. 백제는 일본의 의학의 발전에도 크게 기여한 것으로 보인다. 일본에서 발견된 칠지도는 백제와 일본의 교류를 나타내는 중요한 유물이다.

따라서 백제의 생활상에 대해서는 일본의 기록을 통해서 더 잘 알 수 있다. 일본의 기록에 의하면 백제에서는 상수도가 사용되었다고 한다. 1965년에 익산에서 상수도용으로 사용되었던 것으로 보이는 토관이 발견되어 이런 기록을 뒷받침해 주고 있다.

고분에서 발견된 백제의 공예품들은 매우 높은 기술로 제작되었다. 특히 금관 장식을 비롯한 금제 귀걸이와 같은 금은 세공품들은 매우 정교하고 아름답게 만들어져 있다. 또한 금동 불상의 주조에서도 백제는 매우 뛰어난 기술 수준을 유감없이 발휘하였다. 금동 불상의 제조 중에서 가장 복잡하고 어려운 것은 주형의 제작인데 백제의 주형은 섬세하고 부드러운 불상의 선을 살릴 수 있도록 밀랍을 이용하여 제작되었다.

백제는 농업 기술에서도 높은 수준에 있었다. 백제에는 평야가 많아 벼농사를 주로 하였으므로 중국의 화남지방의 도작농법을 발전시켜 사용하였다. 관개시설의 확충에도 주력하였으며 저수지도 축조하여 생산량 증대에 힘썼다. 전라북도 부안에 있는 벽골제는 이러한 저수지의 하나였다.

(3) 신라시대의 과학기술

삼국유사에는 신라 선덕여왕 때(633년) 경주에 첨성대라는 천문관측기구를 세웠다는 기록이 남아 있지만 신라인들이 하늘의 움직임을 어떻게 파악하고 있었는지에 대해서는 설명하지 않고 있다. 따라서 삼국유사의 기록과 첨성대라는 유물만으로는 하늘에 대한 신라인들의 이해를 측량해 보기는 매우 힘들다.

실제로 첨성대가 어떻게 천문관측에 이용되었는지에 대해서도 자세히 알 수 없다. 첨성대는 높이가 9.108 m, 밑지름이 4.93 m, 윗지름이 2.85 m인 원통형의 축조물로 바닥으로부터 4.16 m 되는 높이에 정남향으로 한 변의 길이가 약 1 m인 창이 나 있다. 첨성대 꼭대기에는 우물 정(井)자의 정자석이 놓여 있다. 그동안 학자들이 이런 특이한 구조를 가진 첨성대의 용도에 대해 많은 논란을 벌였지만 아직 정설이 없다. 현재는 남쪽으로 난 창문까지 흙이 차 있는데 흙이 차 있는 이유에 대해서도 설명이 구구한 실정이다. 그러나 첨성대라는 이름이나 그 특이한 구조로 보아 첨성대가 천문관측과 관계되는 건축물이라는 데는 의견의 일치를 보고 있다.

어쨌든 신라인들은 매우 많은 천체 관측 기록을 남겨서 우리 조상들이 천문 현상에 큰 관심을 가지고 있었다는 것을 알게 해 준다. 삼국사기에는 수백 가지의 천문 관계 관측 사실이 기록되어 있다. 특히 일식과 혜성의 출현에 대해서는 자세한 기록이 남아 있다. 예를 들어 신라의 시조인 혁거세왕 재위 중에 일식이 7회, 혜성이 3회 출현했었다고 기록되어 있는 것을 비롯해서 삼국사기에만 67회의 일식, 2회의 객성, 6회의 행성의 이상 현상이 기록되어 있다.

신라시대의 천문 관측은 성덕왕 17년(718년)에 설치된 누각전에서 실시하였다. 누각전에는 누각박사 6명과 누각사 1명을 두어 천문을 관측하게 하였고 경덕왕 때는 천문박사를 두기도 하였다.

삼국시대에 이미 상당한 정도의 수학도 발달했었다고 알려지고 있다. 통일신라시대에는 국가에서 정식으로 수학 교육을 시행하였다는 기록도 전해진다. 여기에서는 중국에서 들여온 교재로 교육이 진행되었는데 삼개, 구장, 육장 등의 교재가 사용되었다.

삼국시대의 뛰어난 기술을 잘 보여주는 유물로는 범종과 불상이 있다. 특히 구리가 12만 근(25톤)이나 사용되었으며 높이가 333 cm이고 아래 지름이 227 cm인 성덕대왕신종(聖德大王神鐘)은 기술적으로나 예술적으로 매우 훌륭한 작품이라 하지 않을 수 없다. 에밀레종이라고도 잘 알려진 이 종은 모양이나 표면에 새겨진 문양이 아름다워 예술적으로도 뛰어난 작품일 뿐만 아니라 금속기술과 음향기술의 높은 수준을 보여주는 작품이다. 신라시대의 범종 제조기술은 중국이나 일본의 것과 달라 우리 고유의 금속 공예 기술이 상당한 수준이었음을 알게 해 준다.

범종은 모양과 음색이 모두 좋아야 하기 때문에 주조 기술은 매우 까다로운 것이었다. 현대적인 실험장비의 실험으로 성덕대왕신종은 화학조성이 일정하고 기포도 없는 것으로 알려져 당시의 높은 기술을 그대로 보여 주고 있다. 또한 이 종은 구리와 주석에다 아연을 섞은 동합금을 이용하였다. 구리와 주석의 합금에다 아연을 섞어 쓴 새로운 합금은 그 후 우리나라 범종의 제작에 계속 사용되었다.

그림 21-3　성덕대왕신종

전국에 흩어져 있는 고찰에는 규모는 작지만 이 종에 비길 수 있는 범종들이 많이 있는데 상원사 동종이 대표적인 것이다. 성덕대왕신종보다 45년이나 먼저 만들어진 이 종은 높이가 167 cm, 지름이 91 cm이어서 성덕대왕신종보다는 작지만 우아하고 섬세한 모습으로 많은 사람들의 찬사를 받아 왔다. 이러한 범종들은 우리의 예술성과 기술을 한꺼번에 나타내 주는 귀중한 유물이 되고 있다.

삼국유사의 기록에 의하면 754년에는 성덕대왕신종보다 4배가 넘는 50만근의 구리를 사용한 황룡사종도 주조되었던 것을 알 수 있다. 그러나 황룡사종은 감은사대종과 함께 고려시대에 몽고군이 탈취해 간 것으로 전해지고 있다. 1997년에는 몽고군이 이 종들을 탈취해 가다 동해안에 빠뜨렸다는 설을 확인하기 위해 동해안 일대를 탐사하기도 했지만 종을 찾아내지 못하였다.

범종과 함께 전국의 사찰을 지키고 있는 불상 또한 우리 조상들의 기술과 예술 수준을 잘 나타내 주는 유물이다. 신라시대의 불상 중에는 금동미륵반가상이라는 같은 이름을 가진 두 개의 불상이 가장 유명하다. 국보 78호와 83호인 이 불상들은 세련된 주조 기술로 만들어졌음이 밝혀졌다. 국보 78호 금동미륵반가상은 머리와 동체를 따로 주조해서 용접하는 방법으로 만들어졌는데 이는 신라인들이 고도의 용접 기술을 가지고 있었음을 의미한다.

경주의 황복사탑에서 발견된 금제 아미타여래 입상, 석가여래 좌상, 백율사의 금동 약사여래상, 불국사의 금동불상 등은 모두 신라인들의 뛰어난 금속 주조 기술이 만들어낸 걸작품들이다.

이러한 금속 기술은 일본으로 전파되기도 해서 일본의 각지에 흩어져 있는 불상과 범종 중에는 우리나라의 기술에 영향을 받은 것이 많다. 특히 일본 토다이지(東大寺)에 있는 16 m 높이의 불상과 4 m 높이의 범종은 우리나라에서 전래된 기술로 만들어진 것으로 밝혀지고 있다.

통일신라시대에는 건축기술이 뛰어났던 것으로도 잘 알려져 있다. 불국사와 같이 현재까지 전해지는 건축물은 물론 이제는 터만 남은 익산의 미륵사, 경주의 황룡사 같은 건축물은 건축물의 규모에서나 아름다움 그리고 독특한 건축 기술에서 우리나라의 뛰어났던 건축술을 후세에 전해 주고 있다. 그 외에도 사찰에서 많이 발견되는 탑들 또한 우리의 기술 수준을 가늠케 하는 귀중한 문화재이다. 그 중에서도 황룡사에 있었다는 9층탑은 특히 유명하다. 그러나 소실되어 현재는 전해지지 않는다. 현존하는 탑으로 가장 잘 알려진 것은 불국사에 있는 석가탑과 다보탑이다. 높이가 10.4 m인 이 탑들의 뛰어난 건축술은 물론 조각품으로서도 중요한 문화재이다.

자연 동굴을 파서 만든 경주의 석굴암은 여러 가지 기하학적 특징을 갖도록 설계되었다는 데서 주목할 만한 건축물이다. 석굴암은 기하학적으로 완벽한 설계에 의해서 건축되어 신라 실용 수학의 수준을 짐작하게 해 준다. 석굴암의 바닥은 지름 7.15 m의 완전한 원이며 굴 입구의 너비는 석굴 바닥의 지름의 정확한 반으로 원에 내접하는 정육각형의 한 변의 길이에 해당하도록 되어 있다. 석굴은 밑바닥 원의 반지름과 같은 높이까지는 수직으로 올라가다가 그 위에는 돔 형태를 이루고 있는데 돔의 반지름은 밑바닥 원의 반지름과 같게 되어 있다.

1966년 10월 13일 불국사의 석가탑을 수리하다가 발견되어 국보 126호로 지정된 다라니 경문은 세계에서 가장 오래된 목판 인쇄물로 유명하다. '무구정광 대다라니경'이라는 정식 명칭을 가진 이 경문은 폭 6.5~6.7 cm, 길이 70 cm(12장의 종이를 이어 붙인 것)의 종이 위에 한 줄에 8자씩 62줄을 12자의 목판으로 인쇄한 것이다. 이 경문에는 중국 당나라의 측천무후 시대(705년에 죽음)에만 사용하던 한자가 들

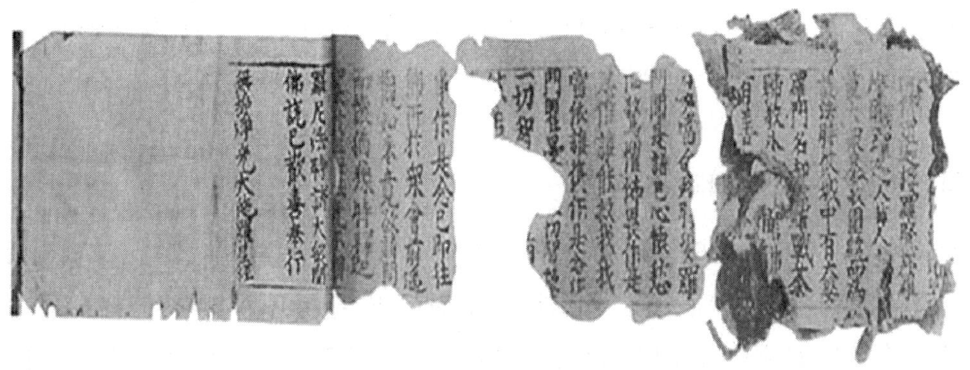

그림 21-4 무구정광 대다라니경

어 있는데 이것을 가지고 중국학자들은 이 경문이 중국에서 인쇄되어 우리나라에 전해진 것이라고 주장하고 있다.

그러나 당시에 이미 신라에서 측천무후의 연호를 사용한 일이 있었으므로 그 당시의 한자를 신라에서 사용하는 것이 자연스러울 뿐만 아니라 인쇄에 사용한 한지가 신라의 것임이 밝혀져 우리나라에서 인쇄되었다는 것을 의심할 수 없게 되었다. 이런 인쇄물이 아직까지 남아 있을 수 있었던 것은 우리 고유의 우수한 한지를 만들 수 있었던 기술이 있었기 때문이다.

경주 국립박물관에는 신라시대의 화강석 원반형의 해시계 파편이 소장되어 있다. 반경 약 33.4 cm인 이 해시계의 파편은 자시에서 묘시부분까지 남아 있는데 6세기경에 제작된 것으로 보인다. 원을 24등분하여 24자를 새긴 시반 위에 8방향을 나타내는 8괘를 새긴 이 해시계는 중심에 시간을 나타내는 막대기를 세웠다.

신라에서는 김해토기의 제작 방법이 더욱 세련되고 숙련되어 도기와 자기의 중간 단계라고 할 수 있는 경질토기를 생산하였다. 신라의 경질토기는 고운 진흙을 원료로 하여 물레를 써서 성형하였고, 벽면을 단단하게 하기 위하여 벽면을 두드렸다. 그리고 김해토기 제작에 사용되던 터널식 등요를 이용해 구웠다. 산등성이나 비탈을 따라 자연스럽게 올라가면서 만들어진 터널식 등요에는 아래쪽 3분의 2에 구울 토기를 놓을 자리가 있었고, 입구 가까이에 있는 널찍한 자리에서 불을 피우면 연기는 맨 꼭대기에 있는 구멍을 통해 나가도록 되어 있었다.

김해토기의 제작에 사용했던 등요를 더욱 발전시킨 이러한 등요는 고려는 물론 조선조를 거쳐 현재에도 사용되고 있다. 이러한 요의 발전은 도자기 제조에 필요한 중요한 기술이 신라시대에 이미 확보되었음을 의미한다. 고려시대에 뛰어난 고려자기를 만들 수 있었던 것은 결코 우연한 일이 아니었다.

(4) 고려시대의 과학과 기술

삼국시대와 통일신라의 과학과 기술은 고려시대에 더욱 발전하였다. 고려시대에는 천문관측을 위하여 태사국, 사천대, 서운관 등의 관청을 두었다. 고려시대의 천문관측 수준은 11세기 초부터 기록된 수천 개의 천문관측 기록을 보면 잘 알 수 있다. 『고려사』 천문지에 실려 있는 이 내용 중에는 일식에 대한 기록이 132회, 월식이 211회, 혜성이 76회, 해무리 228회, 유성 547회나 관측되어 기록되어 있다. 그 중에는 원종 5년(1264년) 7월 2일에 나타났다가 9월 14일에 사라지기까지 72일 동안의 혜성관측 기록도 포함되어 있고, 공민왕 23년(1374년) 2월 26일에 나타났다가 45일 만에 사라진 대 혜성에 관한 관측 기록도 있다.

고려의 천문관측 기록 중에서 특기할 만한 것은 1024년부터 1383년 사이에 8 내지 20년을 주기로 나타난 태양 흑점에 관한 기록이 34회나 포함되어 있다. 그 중에는 태양 흑점의 크기가 달걀만 하다고 하기도 하였다. 이러한 태양의 관측에는 오수정(검은 수정)을 사용하였다.

고려 초에는 신라에서 사용하던 선명력을 계승하여 사용하였다. 이 역법에는 상당한 오차가 있어서 오차를 보정하기 위하여 나름대로 노력했지만 크게 성공을 거두지는 못하였다. 원의 세력 하에 들어간 후인 충선왕 때부터는 원나라가 채용하고 있던 곽수경의 수시력(授時曆)을 사용하였다. 그러나 수시력의 역법 계산 방법을 완전히 익히지 못했기 때문에 일식과 월식의 계산에 상당한 오차가 있었던 것으로 알려지고 있다.

중국의 패권이 원나라에서 명나라로 넘어가자 고려에서도 공민왕 19년부터 명이 채택하여 사용한 대통력을 사용하게 되었다. 이와 같이 고려 때에는 역법이 안정되지 않고 역법이 체계적으로 정립되어 있지 않아 천문계산에 어려움이 있었다. 이것은 건국 초에 칠정산 내외 편이 편찬되어 역법이 잘 정비되었던 조선과 대조되는 부분이다.

수학은 고려시대에도 여전히 발전하였다. 고려시대의 국가 교육 기관이었던 국자감에서는 산학박사 2명을 두어 수학을 교육하였다. 처음에 실시된 과거시험에서는 산학시험도 실시되었는데 산학 시험에는 구장, 삼개 등의 교재가 사용되었다. 산학(算學)은 역법과 도량형과 관계가 깊었을 것이라고 생각된다.

고려시대를 대표하는 기술로는 인쇄술과, 화약, 그리고 고려자기가 있다. 고려시대에는 목판 인쇄와 금속활자 인쇄가 다 같이 발달하였다. 현재 해인사에 보관되어 있는 국보 32호인 팔만대장경은 고려의 자랑할 만한 유산이다. 불경을 목판에 새기는 일은 오래 전에 이미 중국에서 시작되었던 것으로 보인다. 따라서 고려 초에는 이미 중국에서 만든 대장경판의 일부가 고려에 수입되었을 것이다.

그래서 불교를 국교로 하고 있던 고려에서는 불교의 힘을 빌어 나라는 지키기 위해 대규모 대장경 제작 사업을 진행하였다. 고종 23년(1236년)부터 16년간 제작된 대장경에는 5,233만자의 글자가 새겨져 있는데 이는 200자 원고지 25만 장 분량이다. 글씨는 중국의 구양순체를 사용하여 매우 미려하고 아름다워 글씨만으로도 뛰어난 예술품이라고 할 수 있다. 한 자를 새길 때마다 절을 하고 새겼다는 이 대장경판은 내용적으로 오류가 없는 것으로 알려져 있다. 그 뿐 아니라 목판이 뒤틀어지지 않도록 순도 99.6%의 동판으로 네 귀퉁이를 둘렀는데 이는 동판 제조기술을 잘 보여주고 있다. 또한 경판에는 수백만 개의 순도 높은 저탄소강의 못이 사용되었는데 이 또한 제철기술을 잘 보여준다.

이 목판들이 700년이 지난 지금까지 훼손되지 않고 보존되는 것은 그 제작 기술과 함께 보존 기술 또한 뛰어났음을 짐작할 수 있다. 대장경을 보관하고 있는 해인사 경판고의 구조 또한 온도와 습도를 적절히 조절할 수 있도록 합리적으로 만들어져 고려의 건축 기술의 뛰어남을 유감없이 나타내고 있다.

고종 21년(1234년)에 강화도에서 인쇄된 『고금상정예문(古今詳定禮文)』 50권을 주자로 만들어 여러 관청에 나누어 주었다. 이것은 세계 최초의 금속활자 인쇄본이지만 현재 전해지지는 않는다. 이것은 독일의 구텐베르

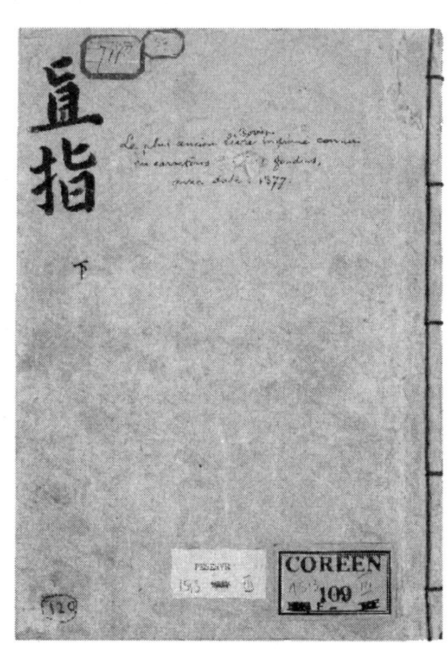

그림 21-5 직지심체 요절

크가 최초로 인쇄한 1450년보다 200년을 앞서는 것이었다. 전해지고 있는 인쇄물 중에서 가장 오래 된 것은 1377년에 청주의 흥덕사에서 인쇄된 직지심경으로 이 책의 정식 명칭은 『백운 화상 초록 불조직지심체』이다. 이런 책이 있었다는 기록은 있었으나 오랫동안 그 진본을 구하지 못했었는데 프랑스에 보관 중인 것을 1972년에 찾아냈다. 1887년부터 12년간 조선에 근무한 프랑스 대사관 직원 플랑시가 수집해서 프랑스로 가져갔던 것이다. 직지가 인쇄된 흥덕사 자리에는 인쇄 기념물 박물관이 세워져 있다. 고려시대에 이렇게 금속활자가 일찍 발달할 수 있었던 것에는 삼국시대부터 전해진 높은 금속 공예 기술도 중요한 역할을 하였을 것이다.

고려의 도자기 기술은 금속활자 못지않게 귀중한 유물이다. 고려자기의 독특한 모양이나 색깔 등은 세계적인 자랑거리이다. 특히 고려자기의 독특한 상감 기법, 색깔을 내는 방법, 도자기 제조에 사용된 가마 등에 대해서는 많은 연구가 계속되어 그 기법을 재현하려고 노력하고 있다. 하지만 아직 고려자기의 모든 것을 재현하지 못하고 있는 것은 고려의 뛰어난 자기 제조 기술을 짐작하게 해 준다.

이러한 고려의 높은 도자기 제조 기술은 신라로부터 전해 내려온 우리 고유의 전통과 중국에서 들어 온 중국 도자기 제조법의 영향을 받았을 것으로 생각된다. 고려시대의 자기에는 백자와 청자가 있지만 백자보다는 청자가 널리 사용되었고 알려져 있어 고려청자는 고려자기의 대명사처럼 되었다. 고려 개국 초기인 10세기경에는 자기보다는 토기가 아직 널리 사용되었지만 토기의 형태가 청자의 형태를 띠고 있어 청자로 발전해 가는 단계임을 알 수 있다. 11세기에는 본격적으로 청자가 생산되기 시작하여 양각, 음각, 무늬가 없는 청자들이 만들어져 지금까지 전해진다.

12세기 전기에 만들어진 자기들은 무늬가 없는 순청자가 대부분이었다. 이때 만들어진 순청자들은 태토가 고르고 얇으며, 유약이 아름다운 것이 특징이었다. 이때 만들어진 순자기들은 인간, 새, 동물, 표주박, 참외 등의 모양을 참고해서 만들어진 것이 많다. 상감청자가 사용되기 시작한 것은 12세기 후기부터라고 생각된다. 태토 표면에 그리고 싶은 문양을 음각으로 파고, 거기에 백토니(白土泥) 또는 자토니 등을 붓으로 발라서 메웠다. 그것이 마른 후에 그릇 면에 넘쳐 묻은 이토를 깎아내면 음각한 곳을 메운 것만 남게 된다. 이 상감문양을 잘 보이게 하기 위해 투명도가 더 높은 유약이 사용되었고, 유약도 점점 얇아지게 되었다.

고려청자의 특징은 매끄럽고 균형 잡힌 곡선, 정교하고 세련된 상감기법, 그윽하고 우아한 비취색의 유약에 있었다. 고려가 전성기일 때 만들어진 청자는 청자의 이러한 특색을 고루 갖추고 있어서 세계에 자랑할 만한 아름다운 미술 공예품이었으나 고려의 국운이 쇠함과 함께 고려자기도 거칠어지고 질이 떨어져 이조의 분청사기에 그 자리를 내주게 되었다.

고려는 신라의 금속 공예기술을 계승하고 송과 원의 기술의 영향을 받아 이 분야에서 큰 발전을 이루었다. 11세기 초에 주조된 천흥사종은 신라의 전통을 이은 고려범종의 대표적 작품이며, 조계사의 동종은 신라의 양식과 중국의 양식을 절충한 대표적인 작품으로 고려 초기의 금속 주조기술을 잘 보여준다. 고려 중엽에 많이 사용한 청동제 향로도 고려의 금속기술을 잘 보여주는 유물이다.

고려 성종 15년에는 철전을 주조하여 사용하였고, 숙종 3년에는 주전이 다시 사용되고 은병이라는 일종의 은화도 주조되어 통용되었다. 숙종 7년에 만들어진 해동통보는 송에서 들어온 새로운 주조법인 고주법을 이용하여 주조하였다. 금속 공예기술 중에는 금속활자의 주조와 화포의 주조도 빼놓을 수 없다.

고려에서는 신라의 전통을 이어받아 청동에 아연을 섞어 만든 합금을 사용하였다. 청동에 아연을 섞는 기술은 매우 어려운 합금기술로 중국에서도 송대에 겨우 나타나는 기술이다. 고려시대에는 또한 청동에 니켈을 섞은 백동도 사용하였다.

고려시대에 최무선이 화약을 발명한 것도 고려시대의 높은 기술 수준을 말해 준다. 당시 이미 중국 원나라에서는 화약이 사용되고 있었지만 화약 제조방법은 비밀로 되어 있어서 우리나라에서는 그 제조법을 입수할 수가 없었다. 최무선은 오랫동

최무선(崔茂宣, ?~1395)

최무선은 고려 말에 화약을 발명하여 군사력의 강화하는 데 크게 공헌하였다. 고려 말에 전국 해안 일대에 왜구의 준동이 심하자 화약제조법의 필요성을 절감하고 원나라 이원에게서 그 제조법을 배웠다. 1377년에는 화통도감을 설치케 하여 화약을 만들고, 화약을 이용한 각종 무기를 제작하였다. 1380년 왜구가 대거 침입했을 때 부원수로서 금강 하구에서 화포와 화통을 사용하여 왜선 500여 척을 침몰시켜 영성군에 봉해졌다. 1383년 남해 관음포에 침입한 왜구를 격파하였다. 1389년 화통도감이 폐쇄되자 『화약수련법』, 『화포법』을 저술하였다.

안 화약을 국산화하기 위해 연구한 끝에 초석을 흙에서 추출하는 법을 알아내었다.

최무선은 중국에 이어 세계 두 번째로 화약을 발명한 것이다. 최무선은 정부에 끈질기게 요청하여 마침내 1377년에는 화통도감이라는 기관을 두어 화약을 이용한 무기를 제조하도록 하였다. 최무선은 화통도감에서 화약을 이용하여 20여 가지에 이르는 무기를 제조하였다. 이 중에는 대포종류, 신호탄, 화살이 포함되어 있을 뿐만 아니라 로켓과 같은 장치도 포함되어 있다. 화약을 이용한 무기들은 남해안에 자주 출몰하던 왜구를 격퇴하는 데 중요한 역할을 하였다.

고려시대에는 이밖에도 많은 외래의 기술이 들어와 우리의 기술로 뿌리를 내렸다. 그 중에는 우리가 지금도 즐겨 마시는 소주를 만드는 기술도 있다. 소주 제조법은 고려시대에 아랍에서 우리나라에까지 전래된 것으로 보인다. 문익점이 목화를 들여와 재배하고 씨앗을 빼내는 물레라는 기구를 만들었던 것은 잘 알려진 사실이다.

(5) 조선시대의 과학과 기술

조선시대에는 더욱 과학 기술이 발전하여 조선 초기 세종조에는 많은 과학 발명품이 나왔고 이 발명품들은 아직까지 전해지는 것들이 많다. 특히 조선시대에는 천문학과 산학이 크게 발전하였는데 조선을 건국한 태조가 즉위 초에 새로운 천문도를 돌에 새기고 '천상열차분야지도(天象列次分野之圖)'라는 이름을 붙인 것을 시작으로 조선시대에는 많은 천문 관측도가 만들어졌다.

'천상열차분야지도'는 왕조의 권위를 나타내기 위해 태조 4년에 제작되었다. 흑요석에 새겨진 이 천문도는 가로 122.8 cm, 세로 200.9 cm의 크기인데 1,463개의 별이 새겨져 있다. 원형인 이 성도의 중심에는 북극이 있고, 이 점을 중심으로 하여 관측지의 출지도에 따른 작은 원과 황도 및 적도가 그려져 있다. 이보다 300년 후인 1687년(숙종 13년)에는 같은 이름의 천문도가 다시 돌에 새겨졌다. 태조 때 만들어진 '천상열차분야지도'는 국보 228호로 지정되어 국립박물관에 보관돼 있고, 숙종 때 만들어진 '천상열차분야지도'는 보물 837호로 지정되어 세종대왕 기념관에 전시되고 있다.

천문관측은 관상감이라는 관청에서 맡아서 했는데 관상감에는 65명이나 되는 관원이 있어서 천문, 역산, 지리, 측후 등의 일을 했었다. 세종 때에는 서울의 삼각산

뿐만 아니라 백두산, 한라산, 마니산에도 관측소를 세워 천문관측을 시행하였다. 이러한 관측의 결과는 거의 그대로 현재까지 전해지고 있어서 당시의 관측 기술을 알 수 있다.

또 세종 조에는 간의라는 천문관측기구를 경회루 근처에 있었던 간의대에 설치하여 천문관측에 주력하게 하였다. 간의는 지름이 20 cm 정도 되는 간단하고도 편리한 천문관측기구였다. 간의에는 간의대에 설치했던 대간의 외에도 이와 비슷한 작은 간의도 만들어 보급하였는데 이것을 소간의라고 한다.

조선 초의 학자들은 여러 가지 우주의 모형 중에서 둥근 우산이 평평한 땅을 덮고 있다고 생각한 개천설과 둥근 땅을 둥근 하늘이 둘러싸고 있다는 혼천설 중에 하나를 받아들이고 있었던 것으로 보인다. 혼천설은 우주의 모양을 달걀 모양에 비유하고 있어서 오늘날 우리가 알고 있는 지구의 모양과 비슷한 모양이라는 것이 특기할 만하다.

세종 시대에는 역법에 대한 연구도 활발해서 칠정산 내 편과 외 편이 완성되었다. 칠정산이란 일곱 개의 별(태양, 달, 수성, 금성, 화성, 목성, 토성)의 위치를 계산한다는 뜻이다. 이 역법의 완성으로 일식과 월식 그리고 행성들의 운동을 정확히 예측할 수 있었다. 칠정산 내 편과 외 편은 각각 원나라의 천문학자였던 곽수경과 아랍의 역법에 근거를 두고 있지만 그것들을 그대로 옮겨 놓은 것이 아니라 서울에서 관측한 천체의 운동에 맞도록 수정을 가한 것이었다. 칠정산은 이순지, 김담 등의 학자들에 의해 완성되었다.

특히 이순지(李純之, 1406~1465)는 세종조의 대표적인 천문학자로 서울의 위도를 정확히 계산한 것으로도 유명하다. 그는 칠정산 외에도 『제가역상집』, 『천문유초』 등의 저술을 남겨 당시의 천문학 내용을 알게 해 준다. 『제가역상집』에는 천문, 역산은 물론 당시에 사용되던 천문관측기구에 대한 설명과 해시계 물시계에 대한 설명도 들어 있다. 『천문유초』는 중국의 천문학 이론을 국내에 소개한 책이다.

세종 조에 만들어진 것으로 잘 알려진 발명품 중에 하나가 자격루라고 부르는 물시계이다. 이 물시계는 삼국시대부터 전해 오던 물시계를 장영실이 개량한 것으로 물을 보내는 그릇인 파수호 4개와 물을 받는 그릇인 수수호 2개로 이루어졌으며 시간을 자동으로 알려 줄 수 있도록 톱니바퀴, 지렛대 등을 이용한 복잡한 기계장치가 되어 있었다. 김돈이 지은 『보루각기』에 의하면 수수호에 물이 차올라 잣대를

그림 21-6 자격루

밀어 올리면 그것이 격발 장치를 건드려 쇠구슬 등을 이용해 징이나 북을 쳐서 시간을 알릴 수 있도록 고안되어 있었다고 한다. 불행히도 이 물시계는 현재는 남아있지 않고 그 작동 설명만 전해지고 있다.

현재 독립기념관에 복원되어 전시되고 있는 자격루는 덕수궁에 보관되어 있는 중종 31년(1536)에 만들어진 자격루를 본떠서 만든 것으로 장영실이 만든 자격루와 똑같지는 않다. 더구나 덕수궁에 보존되고 있는 자격루도 시보장치는 남아 있지 않

장영실(蔣英實, ?~?)

장영실은 조선 세종 때의 과학자로 생몰 연대는 정확하지 않다. 장영실은 기녀의 소생으로 동래현 관노 출신이었으나 물건을 만드는 재주가 뛰어나 1423년(세종 5) 왕의 특명으로 상의원 별좌가 되었다. 1432년에는 중추원사 이천을 도와 간의대를 제작했고 각종 천문의 제작을 감독하였다. 1433년에는 혼천의 제작에 착수하여 1년 만에 완성하고 이듬해에는 금속활자 갑인자의 주조를 지휘 감독하였다. 그는 또한 물시계인 보루각의 자격루를 만들기도 하였다. 1437년부터 6년 동안 천체관측용 대, 소간의, 휴대용 해시계 현주일구와 천평일구, 고정된 정남일구, 앙부일구, 주야 겸용의 일성정시의, 태양의 고도와 출몰을 측정하는 규표, 자격루의 일종인 흠경각의 옥루를 제작하였다. 1441년에는 세계 최초의 우량계인 측우기와 수표를 발명하여 하천의 범람을 미리 알 수 있게 하였다. 그 공으로 상호군에 특진되었으나 이듬해 그가 감독 제작한 왕의 가마가 부서져 불경죄로 의금부에 잡혀가 장형을 받고 파직당하였다.

고 물통만 남아 있어서 복잡한 자동 장치에 대해서는 자세히 알 수가 없다.

자격루를 만든 장영실은 물시계를 이용하여 천문 현상을 나타내 주는 장치를 개발하여 흠경각 안에 설치하였다. 이 장치는 옥루라고 했는데 옥루는 금빛으로 장식한 태양이 실제로 움직이고, 시각에 따라 천사와 관리의 모양의 인형이 방울을 울려 시간을 알려 주게 하는 교묘한 장치였다.

그 외에도 세종 시대에 만들어진 기계들로는 앙부일구(仰釜日晷)라고 부르는 해시계와 측우기가 있다. 세종 시대에는 여러 종류의 해시계를 만들었는데 이 중에 앙부일구는 대표적인 작품이다. 흔히 오목 해시계라고 불리는 이 해시계는 하늘을 쳐다보고 있는 솥 모양의 해시계라는 뜻으로 앙부일구라고 부르게 되었다.

앙부일구의 오목한 반구형의 시계 바닥에는 시각선과 직각으로 13줄이 그어져 있다. 13줄은 그림자의 길이를 이용하여 절기를 알기 위한 것으로 가장 바깥 줄은 동지 때 그림자의 길이를 나타내고, 가장 안쪽 줄은 하지 때의 그림자 길이를 나타낸다. 따라서 13을 이용하면 24절기의 어느 날쯤인가를 알 수 있다. 세종은 이 해시계를 많은 사람이 볼 수 있는 종로의 두 곳에 설치했었다. 그러나 현재는 이 당시에 만들어진 앙부일구가 하나도 전해지지 않는다. 최근에 자료를 이용하여 당시의 앙부일구를 그대로 복원하여 종로에 있는 종묘 앞에 전시하고 있다.

세종 때에는 동표(銅表)라는 해시계도 만들어졌다. 동표는 10 m 정도의 구리 기둥으로 경희루 북쪽에 세웠다. 이 동표의 그림자의 길이를 측정하기 위하여 바닥에는 눈금을 새겨 넣은 푸른 옥이 길게 깔려 있었다. 그런데 이 동표에는 그림자의

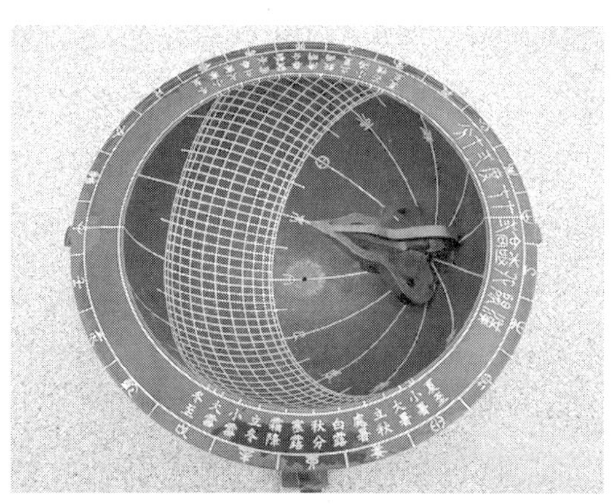

그림 21-7 앙부일구

길이를 보다 정확하게 측정하기 위해서 바닥의 아래위로 이동할 수 있는 어둠상자가 설치되어 있었다. 바늘구멍 사진기의 원리를 이용한 이 상자는 동표 위에 설치한 막대의 그림자가 어둠상자 속의 태양 영상을 가로지르도록 하여 동표 높이를 정확하게 측정하도록 고안되어 있었다.

세종실록의 기록에 의하면 측우기는 세종 23년(1441년)에 호조에서 측우기를 설치할 것을 건의하고 다음 해 5월에는 측우기를 만들어 서울과 각 도의 군현에 설치하였다. 측우기가 처음 만들어져 지방에 보내진 5월 19일은 현재 발명이 날로 지정되어 이를 기념하고 있다. 이 때 만들어진 측우기는 안지름이 약 14.7 cm이고, 높이 45.4 cm인 원통형으로 되어 있었다. 측우기는 처음에는 철로 만들었으나 후에 구리, 자기 등으로 만들기도 하였다. 측우기에 괸 물의 깊이는 나무나 대나무로 만든 자를 이용하여 잿다.

과학은 자연현상을 정량적으로 이해하려는 노력이라고 할 때 강수와 같은 자연현상을 수치적으로 측정하려 했던 것은 매우 과학적인 발상이었다고 할 수 있다. 측우기의 발명과 함께 청계천의 수위를 측정하는 수표를 세워서 강의 수위를 정확히 측정하려고 시도하였다.

조선시대에는 고려의 뛰어난 인쇄 기술을 계승하여 더욱 발전시켰다. 특히 조선 초에는 많은 금속 활자가 제작되었는데 태종 때에는 계미자가 만들어졌고, 세종 조에는 경인자, 갑인자가 만들어졌는데 이것들은 그 활자가 아름다운 것으로 유명하다. 단단하고도 아름다운 활자를 만드는 일은 대단한 금속기술이 없으면 가능하지 않으므로 이런 활자들로 미루어 당시의 뛰어난 금속기술을 알 수 있다.

계미자는 태종 3년(1403년)에 주자소에서 만들었고, 경자자는 세종 3년(1421년)에 그리고 갑인자는 세종 16년(1434년)에 주조되었다. 활자 20여 만 자로 이루어진 갑인자는 판을 짤 때 밀납을 녹여 붓는 방법 대신 대나무 조각의 틈새를 메우는 조립식 판짜기를 사용하여 인쇄 효율을 높였을 뿐만 아니라 한글 활자와 병용한 것으로 잘 알려져 있다.

고려시대에 사용되었던 금속활자가 세계 최초라는 것은 이미 앞에서 언급하였지만 조선 초에 만들어진 이러한 활자들로 인해 우리나라의 인쇄술이 다른 어느 나라보다 앞서 있었다는 것이 다시 한 번 증명되었다. 태종 때 만들어진 계미자(1403년), 세종 때 만들어진 갑인자(1434년)도 구텐베르크가 활자를 사용하여 인쇄하기 시작했다는 1450년보다 앞서 있기 때문이다.

조선시대에는 의학도 상당한 수준으로 발전하여 많은 의학 서적이 출판되었다. 조선 초에는 세종 15년(1433년)에 출판된 『향약집성방』을 시작으로 『의방유취』(1445년)와 같은 의학 서적이 쓰여져 우리나라의 고유한 의학이 체계를 갖추기 시작하였다. 『향약집성방』은 태조 때 출판된 『향약제집성방』을 확장하여 정리한 것으로 85권 30책으로 이루어졌다. 당시의 의학 수준을 잘 나타내 주는 『의방유취』는 세종 27년에 완성된 책으로 365권에 이르는 방대한 것이었다.

이러한 의학서들은 중국 의학에 의존하고 있던 우리나라 의학을 우리 고유 의학으로 발전시키는 계기를 마련하였다. 그러나 아직 향약 수준에 머물고 있던 우리나라 의학을 우리나라의 고유한 의학으로 집대성한 사람은 선조와 광해군 시대에 활약한 허준(許俊, 1546~1615)이었다.

특히 허준이 선조의 명을 받아 편찬한 『동의보감』(1613년)은 우리나라 의학은 물론 동양의학의 대표적인 고전으로 꼽히는 명저이다. 동의보감은 신체의 외부적 특징과 생리학 일반을 다룬 내경 편(내과) 4권, 외과, 피부과, 이비인후과의 내용을 다룬 외경 편(외과) 4권, 진맥과 같은 진단 방법, 구토, 땀, 설사, 열, 기침과 전염병을 다룬 잡병 편 11권, 당시에 사용되던 약품을 다룬 탕액 편 3권, 침과 뜸의 시술 부위와 시술 방법을 다룬 침구 편 1권과 목록 2권을 합하여 모두 25권이다. 동의보감은 중국과 일본에서도 여러 차례에 걸쳐 편찬되었다. 허준은 동의보감 외에도 『신찬벽온방』, 『벽역신방』, 『구급방』, 『두창집』, 『태산요록』 등의 의학서를 남겼다.

허준은 동의보감을 통해 우리나라의 의학이 우리 고유의 민족의학이라는 것을 강조하고 있다. 동의보감의 동의라는 말은 중국 의학에 대하여 우리나라 의학을 나타내는 말이다. 조선 초에 시작한 향약 운동을 시작으로 우리 의학에 대한 자각과 발전이 허준의 『동의보감』으로 크게 완성되었다고 할 수 있다.

이러한 전통은 조선말에 활동했던 이제마(李濟馬, 1837~1900)의 사상의학으로 이어졌다. 이제마는 사람은 폐가 크고 간이 작은 태양인, 간이 크고 폐가 작은 태음인, 지라가 크고 콩팥이 작은 소양인, 콩팥이 크고 지라가 작은 소음인의 4가지 유형으로 나누어진다고 하였다. 그는 또한 사람의 체질에 따라 질병의 양상이 다르므로 치료법도 달라야 한다고 주장하였다. 이제마가 지은 『동의 수세보원』에 동의라는 단어가 들어간 것은 이러한 사상의학이 우리 고유의 의학 전통임을 나타내는 말이다.

조선시대 후기에는 우리나라에도 중국을 통하여 서양 문물이 전래되기 시작하였다. 1631년(인조 9년) 명나라에 사신으로 갔던 정두원(鄭斗源, 1581~?)이 천리경(망원경), 자명종(시계), 천문도, 홍이포 등의 서양 문물을 구해 온 것을 시작으로 1644년에는 청에서 돌아온 소현세자(昭顯世子, 1612~1645)가 상당한 양의 서양 문물을 들여왔다. 조선 양반층은 중국과 빈번하게 교류할 기회가 있었으므로 비교적 빨리 서양 문물이 우리나라에도 들어 왔다.

다른 사람들보다 먼저 서양 문물에 큰 관심을 가졌던 이익, 홍대용, 정약용 등에 의해 서양 문물의 중요성이 역설되었다. 이익(李瀷, 1681~1763)은 이율곡, 유형원의 학풍을 이어받은 사람으로 천문, 지리, 율산, 의학에까지 두루 능통했던 사람이다. 그는『사설』,『곽우록』등의 저서를 통해 사회제도의 개혁과 당쟁의 폐해를 지적하고, 노비의 해방, 양반도 산업에 종사해야 한다는 사농합일 등을 주장하였다. 그의 이러한 주장은 당시에 우리나라에 소개되기 시작하던 서학의 영향을 입은 것으로 보인다.

홍대용(洪大容, 1731~1783)은 동양에서 최초로 지구가 자전하여 낮과 밤이 바뀐다는 지전설을 주장한 것으로 잘 알려져 있다. 홍대용은 지전설뿐만 아니라 우주는 무한하며 그 가운데의 다른 별에도 인간 비슷한 존재가 있을지도 모른다는 주장을 하기도 하였다. 그의 이런 생각은『담헌서(湛軒書)』에 모아져 출판되었다.

홍대용이 이런 주장을 하게 된 데에는 그가 청나라 수도였던 북경을 왕래하면서 서양 선교사들을 만나 새로운 생각을 접할 수 있었기 때문이다. 그러나 그가 지구의 공전에 대해서는 언급하지 않고 자전만을 주장한 것이나 당시 교황에 의해 지동설이 이단시되어 있었던 것으로 미루어 볼 때 지전설은 접촉했던 선교사들로부터 그대로 배워 오지는 않았을 것이다. 따라서 지전설은 서양의 새로운 생각에 영향을 받은 그가 독창적으로 주장한 이론이었다고 보는 것이 타당할 것이다.

새로운 학문을 받아들이는 데 앞장섰고, 또 조선 후기에 가장 큰 영향을 끼친 사람은 정약용(丁若鏞, 1762~1836)일 것이다. 정약용이 사회를 비판하고 관리들에게 바른 길을 제시하기 위해『목민심서』를 쓴 것은 잘 알려진 사실이다. 그는 당시 중국을 통해 들어오고 있던 서학에도 관심이 많았던 선각자였다.

정약용은 그가 쓴『경세유표』라는 책에서 선진기술을 받아들이기 위해 정부에 이용감이라는 전담부서를 두어야 한다고 주장하기도 하였다. 그는 오랑캐에게서라도 선진기술을 배워야 한다고 주장하였다. 그는 중국이나 일본이 서양문물을 받아들이고 있는 것을 지적하기도 하였다. 그러나 정약용의 생각은 당시의 보수적인 위정자들이 받아들이기에는 너무 혁신적이었다.

정약용은 새로운 문물을 받아들일 것을 주장했을 뿐만 아니라 그 자신이 새로운 문물을 상당 수준 이해하고 있었던 것으로 보인다. 그가 수원성을 축조할 때 도르래의 원리를 이용한 기중기를 만들어 축성에 드는 비용을 절약했던 것은 그가 과학기술 분야에도 조예가 깊었음을 단적으로 증명해 준다. 정약용은 기중기를 만들기 위해 중국에서 활약하던 테렌즈라는 선교사가 서양기술을 소개한 『기기도설』이라는 책을 참고했다고 전해진다.

정약용이 쓴 글 가운데 직접적으로 과학의 내용을 다룬 것으로 『완부청설』과 『칠실관화설』이라는 짧은 글이 있다. 『완부청설』에서는 큰 그릇의 바닥에 푸른 표시를 해 놓고 이 표시가 보이지 않을 만큼 뒤로 물러난 후에 그릇에 물을 부으면 표시가 다시 보이게 된다는 것을 이용하여 빛의 굴절을 설명하고 있다. 또 『칠실관화설』에서는 밀폐된 방에서 밖을 향한 창문에 바늘구멍을 뚫어 놓으면 바깥 경치가 맞은편 벽에 거꾸로 보인다고 설명하고 있다. 이는 바늘구멍 사진기에 대한 설명이다.

우리나라에서 서양의 자연과학을 받아들이는 데 중요한 역할을 한 사람으로 최한기가 있다. 최한기는 첨지중추부사라는 벼슬자리에 있던 개화사상가로 천문, 지리,

그림 21-8 최한기와 김정호가 제작한 지구전도

최한기(崔漢綺, 1803~1875)

최한기는 조선 후기의 실학자이며 과학자로 서양 과학을 우리나라에 소개하는 데 앞장섰다. 최한기는 1825년(순조 25) 사마시 급제 후 학문에 전념하였다. 지리학자 김정호와 교류했으며 수많은 저작을 통해 사물을 수학적, 실증적으로 파악할 것을 주장하여, 우리나라에 근대적 합리주의를 싹트게 하였다. 그는 또한 현실 문제를 비판, 과감한 개혁을 주장하여 개화 사상가들의 선구가 되었다. 그의 주요한 저서들은 우리나라보다도 중국에서 더 높이 평가되어 주로 중국에서 출판되었다. 그는 천문, 지리, 농학, 의학, 수학 등 학문 전반에 걸쳐 약 1,000권의 저서를 남겼는데 현재 전해지는 것은 80권 정도이다. 그의 대표적인 저서로는 『만국경위지구도』, 『신기통』, 『기측체의』, 『심기도설』, 『소차유찬』, 『우주책』, 『지구전요』 등이 있다.

농학, 의학, 수학 등 학문 전반에 걸쳐 약 1,000여 권의 저서를 남겼다고 전해진다.

최한기의 저서 중에서 특히 주목을 끄는 것은 1836년에 쓴 『신기통(神氣通)』과 『추측록(推測錄)』이다. 최한기는 이 책들에서 음파, 망원경, 온도계, 습도계를 설명하고 있으며 빛의 굴절을 이야기하고 있다. 따라서 이 책들은 우리나라에 서양의 물리학을 소개한 가장 오래된 책이라고 할 수 있나. 코페르니쿠스의 지동설이 도표까지 첨부되어 처음으로 우리나라에 소개된 것도 이 책들이었다. 그 외에도 『성기운화(星氣運化)』라는 책에서는 허셜의 천문학을 소개하기도 하였다.

아직 우리나라가 외국에 문호를 개방하지 않고 있던 이 시기에 최한기가 이렇게 광범위한 서양문물을 접할 수 있었던 것과 많은 저술을 낼 수 있었던 이유에 대해서는 아직 제대로 알려진 것이 없다. 우리가 서양문물을 받아들이던 이 시기에 과학기술 분야에서 최한기가 차지했던 위치는 아직 제대로 찾지 못하고 있다.

그러나 선각자들에 의해 이렇게 활발하게 받아들인 서양문물은 우리나라에서 제대로 자리를 잡지 못하였다. 그것은 우리나라의 지적 수준이 서양의 그것에 비해 뒤졌기 때문이 아니라 정치, 문화와 같은 과학 외적인 이유 때문이었다고 할 수 있다. 특히 서양문물과 우리나라에 전해진 기독교는 오랫동안 유교적인 지도 이념으로 지탱해 온 우리 사회에 커다란 위험으로 보였을 것이다. 이런 이유들로 인해 우리나라는 서양 문물을 수용하는 데 뒤지게 되었다.

참 고 문 헌

1. S. F. Mason, 『A History of the Science』, 1962
2. S. F. Mason, 박성래 역, 『과학의 역사 I, II』, 1987년, 까치
3. 송상용, 『교양 과학사』, 1984, 유성문화사
4. 김영식, 『과학사 개론』, 1983, 다산 출판사
5. 존 로제, 정병훈 역, 『과학 철학의 역사』, 1980, 흔겨레
6. 허버트 버터필드외, 이정식 역, 『과학의 역사』, 1990, 다문
7. 샤 세이끼, 오진곤 외 역, 『과학사의 새로운 관점』, 1979, 전파과학사
8. 곽영직, 『역사속의 자연과학』, 1994, 청음사
9. C. C. Gillispie, 이필렬 역, 『과학의 역사』, 1983, 종로서적
10. H. I. Brown, 신중섭 역, 『새로운 과학 철학』, 1987, 서광사
11. 곽영직, 『재미있는 과학 이야기』, 1991, 사민서각
12. T. S. Kuhn, 김명자 역, 『과학 혁명의 구조』, 1981, 정음사
13. 김영식, 박성래, 송상용, 『과학사』, 1992, 전파과학사
14. 전상운, 『한국의 고대과학』, 1980, 탐구신서
15. 전상운, 『한국의 과학사』, 1977, 세종대왕기념사업회
16. 박성래 편저, 『중국과학의 사상』, 1978, 현대과학신서
17. 박성래, 『민족과학의 뿌리를 찾아서』, 1991, 동아출판사
18. Tipler, 『Modern Physocs』, 1969, Worth Publishers Inc.
19. R. Hagedon, 『Relativistic Kinematics』, 1963, Lodon

20. M. Born, 『Eistein's Theory of Relativity』, 1962, New York
21. Wolfgang Rindler, 『Introduction to Special Relativity』, 1982, Clarendon Press
22. 모리다 마사또, 손영수 역, 『원자핵의 세계』, 1978, 전파과학사
23. 가다야마 야수히사, 김명수 역, 『양자역학의 세계』, 1992, 전파과학사
24. Raymond L. Murray, 『Nuclear Energy』, 1980, Pergamon Press
25. 요시자와 야스카즈, 『원소란 무엇인가?』, 1990, 전파과학사
26. 가다야마 야스히사, 『소립자론의 세계』, 1990, 전파과학사
27. Physics Survey Committee, 『Elementary Particle Physics』, 1986, National Academy Press
28. 곽영직, 『원자보다 작은 세계 이야기』, 1993, 사민서각
29. 이용수, 『원자력 이야기』, 1990, 보고
30. W. Heizenberg, 오채환 역, 『핵물리를 아십니까?』, 1994, 청음사
31. William J. Kaufmann, III, 『Black Holes and Warped Spacetime』, 1979, Freeman and company
32. Ray A. Gallant, 『Our Universe』, 1986, National Geographic
33. C. Kittel, 『Mechanics』, 1962, Berkeley Physics Course I
34. 곽영직, 『큰 인간 작은 우주』, 1992, 사민서각
35. L. Barnett, 정병휘 역, 『우주와 아인쉬타인 박사』, 1978, 박영사
36. S. Hawking, 현정준 역, 『시간의 역사』, 1990, 삼성출판사
37. G. Gamow, 현정준 역, 『우주의 창조』, 1973, 전파과학사
38. 마야모또 쇼다로, 이은성 역, 『우주란 무엇인가?』, 1979, 전파과학사
39. 고시바 마사토시, 한명수 역, 『중성미자 천문학의 탄생』, 1994, 전파과학사
40. D. H. Busch, 최희선 외 역, 『일반화학』, 1987, 자유 아카데미
41. Henry M. Leicester, 이길상, 양정성 역, 『화학의 역사적 배경』, 1994, 학문사
42. 야나기다 미쓰히로, 이춘녕 외 역, 『DNA학 입문』, 1987, 전파과학사
43. 윤화중 외, 『자연과학개론』, 1984, 이우출판사
44. 강영선 외, 『물질과 생명』, 1992, 향문사
45. J. Gleick, 박배식 외 역, 『카오스』 1993, 동문사
46. S. H. Kellert, 박배식 외 역, 『카오스란 무엇인가?』 1995, 범양사
47. Ian Stewart, 박배식 외 역, 『하나님은 주사위 놀이를 하는가?』, 1993, 범양사 출판부
48. 야마구치 마사야, 한명수 역, 『카오스와 프랙털』, 1993, 전파과학사

49. 최주섭 외 편역, 『환경과학 개론』, 1991, 동화기술
50. 이상훈, 『교양 환경과학』, 1994, 자유 아카데미
51. Britanica Encyclopedia
52. 동아원색대백과사전, 1982, 동아 출판사

찾아보기

ㅎ

기타

과학기술의 역사

2009년 6월 30일 제1판 1쇄 발행
2016년 8월 20일 제1판 7쇄 발행

저 자 ◎ 곽 영 직
발행자 ◎ 조 승 식
발행처 ◎ (주) 도서출판 북스힐
서울시 강북구 한천로 153길 17
등 록 ◎ 제 22-457 호

(02) 994-0071(代)

(02) 994-0073

bookswin@unitel.co.kr
www.bookshill.com

값 16,000원

ISBN 978-89-5526-596-5